分布式跨域预警雷达融合处理技术

Distributed Network Early-Warning Radar Fusion Technology

北京理工大学出版社
BEIJING INSTITUTE OF TECHNOLOGY PRESS

图书在版编目（CIP）数据

分布式跨域预警雷达融合处理技术 / 李渝等著.
北京：北京理工大学出版社，2025. 2.
ISBN 978－7－5763－5172－9

Ⅰ. TN959. 1

中国国家版本馆 CIP 数据核字第 20259RE282 号

责任编辑：谢钰姝 **文案编辑**：谢钰姝
责任校对：周瑞红 **责任印制**：李志强

出版发行 / 北京理工大学出版社有限责任公司
社　　址 / 北京市丰台区四合庄路 6 号
邮　　编 / 100070
电　　话 /（010）68944439（学术售后服务热线）
网　　址 / http://www. bitpress. com. cn

版 印 次 / 2025 年 2 月第 1 版第 1 次印刷
印　　刷 / 三河市华骏印务包装有限公司
开　　本 / 787 mm×1092 mm　1/16
印　　张 / 17
彩　　插 / 8
字　　数 / 292 千字
定　　价 / 158. 00 元

前 言

本书以分布式跨域预警雷达融合探测为背景，开展多站融合处理关键技术的研究。通过调研国内外现有研究基础、技术水平以及后续发展重点，明确分布式跨域协同探测中的性能增益与技术缺陷，有针对性地推进后续相关项目的发展。

第 1 章介绍本书研究的背景和意义，描述典型的分布式跨域预警雷达系统和相应的融合处理关键技术，并给出内容安排。

第 2 章介绍分布式雷达融合处理涉及的基础理论，为后续章节新理论和新方法的提出奠定基础。

第 3 章在分布式跨域相参融合检测关键要素分析的基础上，首先，基于飞艇外标校源对多站位置误差和相位进行联合校正，分别提出基于 TOA 多站混合量测的有源动平台误差校正方法和基于 BLUE 多站混合量测的有源动平台误差校正方法，降低系统同步误差对相参合成效率的影响；然后，基于星间安全距离、雷达载频序列和平台运动形成的空 – 时 – 频自由度，利用遗传算法优化得到稳健的低副瓣全相参发射方向图，适用于有限星群规模条件下的雷达无模糊相参发射。

第 4 章从多维域介绍非相参融合处理方法。空域方面，分别提出适用于空天目标和舰船目标探测的多站对比度加权非相参融合检测方法以及目标三维滑窗检测方法，实现多视角非相参融合检测；时域方面，针对运动模型失配、多目标干扰和二维模糊环境，分别提出相应的多帧非相参融合检测模型，提升时域融合方法的适用范围；特征域方面，通过选用融合杂波抑制和正交投影的级联增量值函数，大幅增加微弱目标的检测概率；像素域方面，通过挖掘分布式目标尺寸与分辨单元的内在关联特性，设计一套分布式目标探测性能的定量评估方法，可在满足虚警概率的前提下改善分布式目标的探测性能。

第5章在采用卫星辐射源的多站接收构型上，对空中目标定位问题展开分析。首先，通过建立基本量测模型，分析目标参数的可识别性，并介绍对目标参数估计的克拉美 – 罗下界（Cramer – Rao Lower Bound，CRLB）和几何精度因子（Geometric Dilution of Precision，GDOP）等典型评判工具。接着，针对基于卫星辐射源的双多基构型单站、三站、四站接收定位问题，分别基于TOA和AOA量测、TDOA和AOA量测、TDOA量测给出不同接收站对应的定位方案。最后，研究航迹级目标跟踪定位策略，进一步改善多站空中目标定位精度。

随着美国星链、“黑杰克”等大规模卫星星座的出现，分布式跨域预警雷达融合处理技术已成为新一代空间信息获取系统的重要感知手段。传统的目标预警系统在探测及跟踪过程中采用独立视角、单维度观测模式，在单帧门限判决过程中极易造成目标漏警和地物杂波虚警，严重制约雷达对目标有效信息的获取能力。分布式跨域预警雷达利用多站联合检测，充分发挥了多视角、多源能量积累的优势。在系统构建方面，在多站系统通过化整为零的方式，具备了大功率孔径积、高空间自由度和多任务网联协同处理等优势；在作战效能方面，分布式跨域预警雷达的多站分布式探测有助于形成有机灵活、威力倍增、以小搏大、以简克繁的预警作战策略；在技术应用方面，分布式跨域预警雷达的多层级融合处理技术可以广泛应用于未来巨型网络化雷达的组建，可为预警监视雷达系统提供新质能力。

作者长期从事天基预警雷达领域研究，经过多年的学术积累，并结合国内外最新发展情况，对当前热点研究方向——分布式跨域预警雷达融合处理的核心技术进行梳理，编著本书。本书首先介绍分布式跨域预警雷达研究方向概述，然后对分布式雷达融合处理基础理论进行描述，最后从分布式跨域相参融合检测、分布式跨域非相参融合检测、分布式高精度融合定位三大融合处理关键技术入手进行了前沿理论探索，希望能对高校、科研院所的学生和研究人员提供点滴帮助，为后续的深入研究奠定技术基础。

本书共5章，段崇棣、王伟伟编著第1章、第2章，李渝、陈金铭编著第3章、第4章和第5章，电子科技大学程子扬提供第2章有关融合处理的基础理论及第 5 章跟踪定位模块的材料，最后由李渝统编成稿。在本书编著过程中，得到了崔万照研究员的悉心指导，在此表示真诚的感谢。

书山学海，一点一滴，方觉才疏学浅。由于作者水平有限，书中难免存在疏漏的地方，恳请广大读者批评指正。

目 录

第1章
概　　述

随着大规模地基稀布阵、蜂群网络以及美国星链、“黑杰克”等卫星星座的出现，分布式雷达系统成为新一代空间信息获取系统的重要感知手段。目前，国内对地基分布式雷达的研究正处于追赶并接近美国的水平，然而对于分布式跨域预警雷达系统的技术研究还处于起步阶段，及时开展相关研究有助于避免我国在新一轮多层级感知领域被美国加速甩开的风险。考虑到当前地基分布式雷达系统应用较为成熟，本书将侧重分布式跨域预警雷达融合处理关键技术的研究。

1.1 分布式跨域预警雷达研究背景及意义

近年来，全球星座[1-3]建设热潮兴起，其批量研制、快速部署、全球覆盖等特点，为军事作战系统建设提供了新思路、新方案，很可能会改变目前太空易攻难守、攻强守弱的现实，颠覆太空攻防的成本收益关系，并对太空威慑战略产生重大影响。一旦拥有大量低成本、可快速升级更换的军用卫星群，可能就意味着潜在对手攻击我方卫星的收益与成本相比并不合算，也就从根本上动摇了对手攻击我方卫星的兴趣与意图。这正是美国大力推动商业航天革命背后的战略逻辑，其目的是重塑全球太空安全格局、颠覆现有太空攻防规则。对于分布式跨域预警雷达系统，需要变革以往的独立工作模式，打破以往的产品形态，以降低跨域组网雷达的费效比。未来的系统效能提升集中体现在以下三个方面。

1. 催生新质作战范式

近年美军不断提出创新作战的概念，包括多域作战、马赛克战（见图1-1）等。其中马赛克战对未来战争模式及形态影响深远。美军马赛克战映射到分布式雷达领域，主要是构建弹性分散系统体系，其核心思想是形散神聚，每个节点都能弹性分散、灵活重组、协同增效。这种多站单元协同处理完成指定任务的方式，单元开发周期更短、成本更低，促进了全体系的快速迭代升级，形成自主式的多路径感知网，属于装备体系发展的一种新的范式。

图1-1 马赛克战理念示意图

2. 多站弹性组网

传统单颗预警雷达功能非常强大，但建造和运营的成本通常较高。由于电磁环境的高速发展，这些复杂、昂贵、庞大的系统非常容易受到攻击，如果遭到干扰或破坏，则可能需要较长周期才能替换。近年来，随着美国低轨卫星星座建设热潮的兴起，批量研制、快速部署、全球覆盖等特点为分布式跨域预警雷达系统建设提供了新思路、新方案。一旦拥有批量研制、快速部署的区域侦察与态势感知小卫星/无人机（unmanned aerial vehicle，UAV）群，就可避免节点级毁灭性打击，形成卫星星座弹性网络（见图1-2）。

图1-2 卫星星座弹性网络

3. 多源融合增效观测

多站协同工作可以在有限资源约束条件下，根据不同的应用环境、任务需求及实时态势进行合理的资源优化配置，利用先进的信号处理手段，基于不同站的工作参数、观测视角等差异获取目标的多维度精细化信息，有利于目标深度特征的挖掘。通过多源数据融合处理，可增大多星组网系统作用距离，改善目标分辨率、定位精度等指标，使系统的应用效能得到优化，为重点观测区域提供近动态战场态势信息，形成增效探测能力（见图 1－3）。

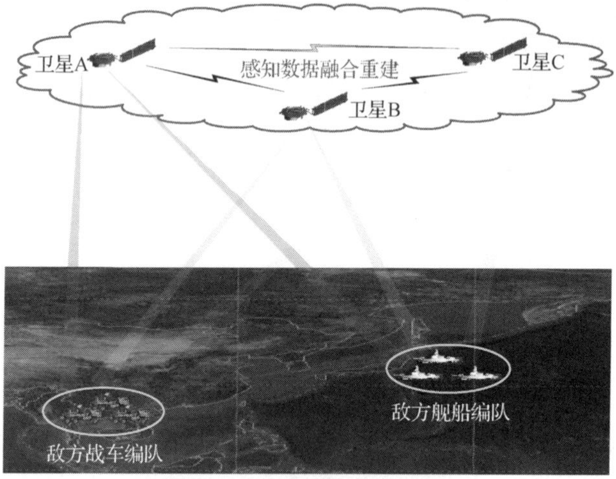

图 1－3　多源融合增效观测

然而，分布式跨域预警雷达融合处理同样存在一系列难题，集中表现在以下几方面。

（1）分布式相参融合检测方面，收发高动态节点间空－时－频误差存在耦合和时变性，严重影响相参积累效率。此外，大尺度接收站能量合成存在“密集”栅瓣问题，制约了系统探测性能。

（2）分布式非相参融合检测方面，不同接收站对应的目标回波分布存在位置差异，对多节点回波在同一混合架构下进行盲配准并探索相应的多站恒虚警检测理论是融合检测的前提。

（3）分布式高精度融合定位方面，目标定位精度同时受到星地观测构型、平台数量、平台位置误差、雷达系统链路、同步误差等多种因素制约，直接利用到达时间定位方法势必会引入较大的量测误差。采用到达时间差方法可有效提升定位精度，但有限节点观测面临目标参数可识别问题。

鉴于上述分析，需要重点研究分布式跨域预警雷达多层级融合新理论和颠覆性方法，实现信号、数据、航迹多个层级目标融合探测、定位和跟踪性能的提升，为分布式跨域预警雷达监视系统提供新质能力。

1.2　分布式跨域预警雷达系统研究现状

1.2.1　Discovery－Ⅱ

Discovery－Ⅱ[4-5]是经典的单基地组网预警雷达，该计划由美国空军联合美国国防高级研究计划局（Defense Advanced Research Projects Agency，DARPA）、美国国家侦查局共同提出，为达到覆盖全球，绝大多数地区需要12～80颗中低轨卫星。计划的第一阶段，使用24颗倾角约为54°的低轨卫星星座完成合成孔径雷达（synthetic aperture radar，SAR）和地面运动目标指示（ground moving target indication，GMTI）的功能，每3颗卫星构成1个轨道平面，24颗卫星一共可构成8个轨道平面。计划的第二阶段，完成空中运动目标指示（air moving target indication，AMTI）的功能，Discovery－Ⅱ天基雷达覆盖区域如图1－4所示。Discovery－Ⅱ天基雷达可对战区进行以10～15 min为周期的高频次观测，对掌握战区实时动态信息非常重要。

图1－4　Discovery－Ⅱ天基雷达覆盖区域

1.2.2　未来天基雷达

20世纪90年代，美国飞利浦实验室联合美国空间和导弹系统中心、航天集团开展了“未来天基雷达”（future space based radar，FSBR）概念[6-9]分析研究。该雷达系统的作战对象重点放在了对空中目标的探测。天基雷达星座设计是该研究的一项重要内容，为了保证足够的观测区域，这种构型设计中发射机选用地球同步轨道卫星，接收系统分为两类：中轨卫星或无人机。这样，该项目提出了“同步轨道 + 中轨”以及“同步轨道 + 无人机”双基地雷达概念，下面对其进行详细介绍。

1. “同步轨道 + 中轨”分布式接收雷达

地球同步轨道（geosynchronous earth orbit，GEO）/中轨道（medium earth orbit，MEO）天基雷达（SBR）概念是由 ESC（电子系统中心）提出的，该概念包含 3 ~ 4 颗工作在同步轨道的雷达发射机卫星和 24 ~ 36 颗工作在中轨道的接收站卫星。系统的理论覆盖范围和控制方法类似于单基地系统，在概念中，工作在同步轨道上的天基雷达包含 3 ~ 4 架同步轨道发射机。如果用于执行空中预警与控制任务，则雷达工作在 L 波段。如果采用抛物面天线，则天线直径达 100 m，重 13.6 t，功率为 20 kW。如果执行类似 E – 8 的对地监视任务，则雷达工作于 S 波段，天线为直径 25 m 的抛物面，重 2.7 t，功率为 2 kW，工作于中轨道的接收站卫星有 24 ~ 36 颗卫星，轨道高度为 1 600 km。如果执行类似 E – 3 预警机的预警控制任务，则中轨卫星的接收阵列尺寸为 35 m × 35 m，重 4.5 t。如果执行类似 E – 8 的对地监视任务，则接收阵列尺寸为 10 m × 10 m，重 1.8 t。

2. “同步轨道 + 无人机”分布式接收雷达

“同步轨道 + 无人机”方案的同步轨道发射机卫星设计同“同步轨道 + 中轨”方案，但接收站则换成了安装在无人机上的相控阵接收站。在该方案中，工作在同步轨道上的天基雷达包含 3 ~ 4 架同步轨道发射机，其雷达配置需求同“同步轨道 + 中轨”方案。据估算，如果想在 2 个战区各维持 5 架无人机处于战备状态，则总计需要至少 40 架无人机。该方案的优势在于需要发射的卫星数量较少（仅 3 颗或 4 颗），且自第一颗同步卫星入轨后即可具备较好的作战能力，其不足之处在于无人机的部署成本及相关的后勤支持成本较高。为了对 2 个战区实施全天时的 5 部雷达覆盖，则需装有接收站的 25 ~ 40 架无人机。无人机的飞行高度为 20 km，且接收阵列尺寸需为 6 m × 1 m。

1.2.3 TechSat – 21

“技术星 – 21”计划（TechSat – 21）由美国空军研究实验室（Air Force Research Laboratory，AFRL）负责，其设计构想[10-12]为由 8 ~ 16 颗编队飞行的小卫星模拟一颗虚拟大卫星，35 颗虚拟大卫星组成一个低轨星座，卫星分布在轨道高度为 800 km 的 7 个轨道平面上，获得全球覆盖，其中每颗卫星均使用 4 m^2 相控阵天线，工作在 1 000 ~ 7 000 km 的低轨卫星轨道。分布式小卫星构型决定了其多视角和大等效口径，因此在探测隐身目标等雷达截面（radar cross - section，RCS）很小的目标时有很大优势。该计划采用编队飞行小卫星代替大卫星，其研制经费和维护费用可节约2/3，且能完成单颗卫星难以胜任的任务或具有更高的性能。TechSat - 21 分布式小卫星如图 1 - 5 所示，每颗小卫星雷达发射信号照射同一地区，同时接收所有小卫星雷达的回波，通过星间链路协同工作和稀疏孔径处理实现 SAR，GMTI 和 AMTI 功能。

图 1 - 5 TechSat - 21 分布式小卫星

相比其他分布式系统，TechSat - 21 在新技术的使用、系统结构和性能、信号处理的创新等方面都更为突出，但同时也有实现上的难度。原计划在 2003 年发射 3 颗卫星进行演示验证，因故推迟。后来美国 AFRL 宣布，TechSat - 21 的技术难度比预想的大得多，其试验计划将再度推迟，转入天基多孔径研究与技术（SMART）计划，以解决系统建模与仿真试验问题。

1.2.4 干涉车轮和干涉钟摆

法国空间局于 1998 年提出干涉车轮（interferometric cartwheel，IC）的概念[13]，通过 3 颗编队小卫星与一颗在轨的传统大卫星协同工作实现 SAR，GMTI 及其他功能。干涉车轮分布式小卫星如图 1 - 6 所示，小卫星相对运动的椭圆轨迹中心与大卫星位于相同轨道，但相距数十千米。距传统雷达（主星）一定距离处有协同工作的若干颗小卫星，这些小卫星形成一个旋转的三角形，就像一个飞旋的车轮，车轮沿着与主星几乎相同的轨道飞行。由于该星群系统是被动式的，所以成本较低。欧洲航天局为实现干涉车轮，制订了发展计划，并于 2002 年 3 月 1 日发射了 Envisat，将它作为未来干涉车轮的主卫星。Envisat 是目前欧洲功能最强大的地球观测卫星。

图 1－6　干涉车轮分布式小卫星

德国宇航中心在干涉车轮基础上提出干涉钟摆（interferometric pendulum, IP）的概念，它与干涉车轮的最大区别在于 3 颗小卫星不在同一椭圆轨道平面内运动，其轨道倾角和开交点略有不同，沿航迹基线长度保持不变并且与垂直航迹基线长度独立，同时垂直航迹基线处于星座运动的水平方向，因此，干涉钟摆构型可以灵活调整其航迹基线长度以满足不同的要求。这种系统更适合海洋方面的预警应用。

1.2.5　MFAR

2000 年，美国海军实验室提出基于分布式子阵天线（distributed subarray antenna, DSA）的舰载多功能相控阵雷达（multi－function array radar, MFAR）系统[14]，该系统在舰载平台上不连续且在较小的安装面积上安装小孔径的子阵天线，再以相参方式处理子阵的接收信号，实现子阵间的相参合成，以得到等效的大孔径天线。基于甚高频（very high frequecy, VHF）雷达天线（见图 1－7）的 DSA 系统已经安装在美国“宙斯盾”巡洋舰上，该系统采用双程方向图综合的方法解决栅瓣及测角模糊问题。

图 1－7　美国“宙斯盾”巡洋舰舰载分布式阵列 VHF 雷达天线侧视图

1.2.6 NGR

2003年，美国导弹防御局为了研究如何应对未来弹道导弹的威胁，提出下一代雷达（next generation radar，NGR）的概念[15]。美国林肯实验室提出的下一代弹道导弹防御分布式阵列相参合成雷达（distributed coherent aperture radar，DCAR）具备如下优势：（1）N^3的信噪比（signal noise ratio，SNR）增益，改善量测的精度以及对目标的识别能力；（2）杂波和其他电子对抗形式可以得到有效抑制；（3）由于多个相参雷达阵列的去相关性和平均性作用，逆大气层效应能够得到最小化；（4）在低仰角下，对目标的探测和识别能力得到显著的提升。林肯实验室对DCAR系统开展了大量的研究工作，并进行了试验（见图1－8）。

(a) (b) (c) (d)

图1－8 林肯实验室对DCAR系统进行试验

（a）L波段试验系统；（b）X波段试验系统；
（c）美国空军雷达实验室试验场景；（d）白沙导弹靶场试验场景

1.2.7 ST－5

2006年3月22日，美国国家航空航天局（NASA）成功发射3颗“太空技术5”（space technology 5，ST－5）微卫星[16]，以验证未来空间对抗任务新技术。单颗ST－5卫星质量为24.75 kg，采用机载发射方式入轨。ST－5微卫星入轨及在轨运行示意图如图 1－9 所示，3 颗卫星几乎在同一轨道平面上，排列成星座，每颗卫星间的距离大约是 354 km，通过单星微推进器实现轨道与姿态的联合控制。

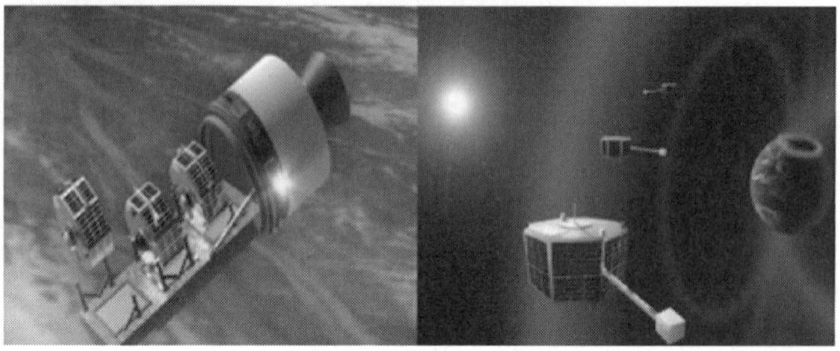

图 1－9　ST－5 微卫星入轨及在轨运行示意图

2007 年 12 月 6 日，DARPA 提出微纳、敏捷卫星群的初步计划，以保证大型航天器的轨道预计卫星质量为 1～4 kg，并进行多种任务验证。该系统将比传统卫星具有更好的及时响应性和灵活性，且在建造、试验和发射校验等环节占据绝对优势。

1.2.8　EDSN

NASA 提出的 EDSN（Edison demonstration of smallsat networks）[17]项目示意图如图 1－10 所示。该项目通过一箭多星技术将 8 颗 CubeSat 卫星送入 500 km 高度的轨道，并基于星间组网通信技术构成松散的集群航天器网络。EDSN 作为卫星群网络技术的验证项目，为未来构建能够容纳上百颗卫星的分布式集群网络奠定了技术基础。

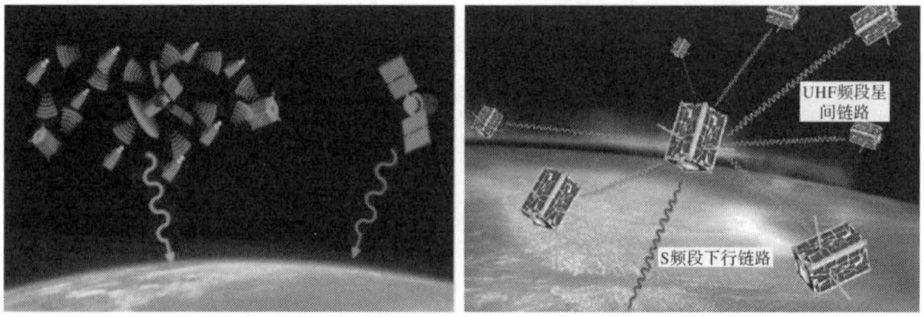

图 1－10　EDSN 项目示意图

1.2.9　第三次抵消战略

2010 年后，美军更加注重星群作战的研究，近年来，美军的创新基于星群的作战概念，如马赛克战（见图 1－11）、弹性分散天基系统体系，智能分布的集群式作战方式正逐步形成。2013 年，美军发布《弹性与分析空间体系白皮书》，提出弹性与分散概念，将卫星功能分布在多个平台上，具有较强的抗毁性。2014 年，美军提出第三次抵消战略概念[18]，即突出信息主导，推出“作战云”“水下作战”“全球监视和打击”（GSS）等概念，以计算机、人工智能等技术为代表的科技创新，推动了定向能武器、电磁轨道炮、自动化无人武器系统、智能武器、高超声速武器等新概念武器的发展。2017 年，美军通过人工智能技术、弹性网络及通信技术推动马赛克战以“分布式决策为中心”的体系作战样式发展，并根据 OODA① 进行功能要素分解、灵活自由组合，构建按需服务、弹性灵活、规模可扩、通道最优的新型跨域杀伤网，即“从任意传感器获取信息、从任意平台发射武器”，极大缩短“传感器到射手”的时间，获取对敌不对称优势。

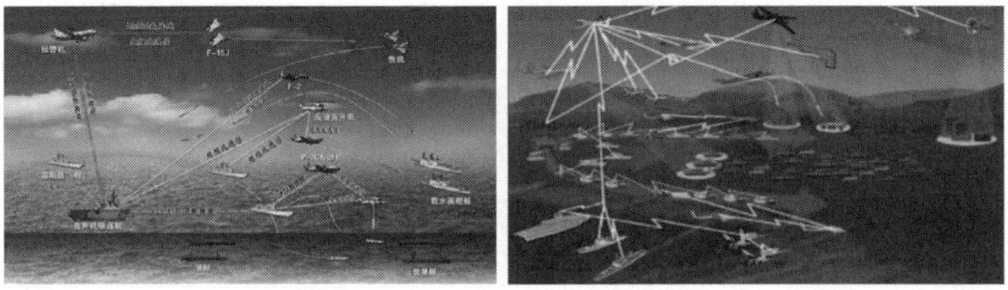

图 1-11　马赛克战示意图

1.2.10　“黑杰克”计划

2018 年，美国提出“黑杰克”计划[19]。该计划由 60～200 颗卫星组成星座，采用分布式的在轨决策处理器，能够在轨进行数据处理、在轨自主运行和执行共同任务。该星座在没有操作中心的情况可运行 30 天，具有先进的商业制造能力，集成有通信、导航、侦察、探测等多类功能，可作为模块安装在通用平台上，大幅简化了机械、电子和网络结构，并减小了尺寸、质量、功率，从而降低了成本。2019—2022 年，美国大规模建设星链，大幅提升低轨卫星数量，抢占有限资源以实现战时“太空封锁”，建立低轨道（low earth orbit，LEO）屏障。

1.2.11　SMOS

欧洲航天局研制的土壤水分和海水盐度（the soil moisture and ocean salinity，SMOS）系统采用 3 颗 L 频段无线电干涉探测器（unconnected L - band interferometer demonstrator，ULID）小卫星围绕主星绕飞的构型[20]，如图 1-12 所示。小卫星尺寸为 12 U②，卫星间距设计为 30～50 m，该卫星系统于 2009 年

① OODA 是指观察（observe）、判断（orient）、决策（decide）、行动（act）。

② 1 U = 10 cm × 10 cm × 10 cm。

发射成功。欧洲航天局布局的下一代 SMOS - Next 小卫星星群采用围绕主星圆形布阵的构型设计，每颗小卫星的间距达到了 2～3 m，用于提升成像分辨率。

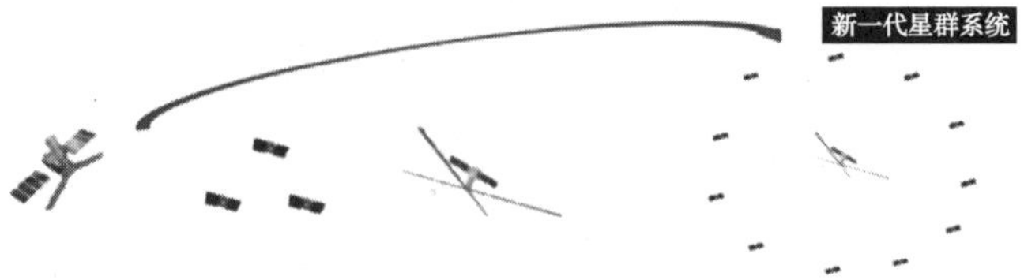

图 1-12　欧洲航天局 SMOS 系统构型

1.3　分布式跨域预警雷达融合处理技术研究现状

1.3.1　分布式相参融合检测技术

分布式相参系统根据是否反馈目标估计参数，可分为闭环分布式系统和开环分布式系统。闭环分布式系统需要在多输入多输出（multiple - input multiple - output，MIMO）模式下估计目标参数，并将目标参数作为反馈，对发射信号补偿来实现信号级相参合成，存在一个“启动”的阶段，且只能针对目标方向进行相参合成，其关键是目标参数的精确估计[21-23]，林肯实验室和中国航天二院等科研机构已实现了闭环系统的分布式相参合成[24-25]；开环系统无须知道目标信息就可以实现任意方向的相参合成，更适合执行预警探测任务，关键是节点雷达之间的高精度空 - 时 - 频同步[26-28]。

空 - 时 - 频同步包括空间同步、频率同步与时间和相位同步三个方面。关于空间同步，也就是高精度地完成卫星构型校准，参考文献［29］用稀疏谱信号替代宽带信号测距，测距精度能够突破毫米级，但存在时延估计模糊问题；参考文献［30］将脉冲双频波形和步进频率波形（SFW）组合，解决了测距模糊的问题；借助加权最小二乘（WLS）估计方法[31-33]可以得到节点间的相对位置。关于频率同步，参考文献［34］通过辅助接收全球定位系统（global positioning system，GPS）信号的方式完成频率同步，但该方法的估计精度有限；参考文献［35］采用双频连续波信号实现频率同步，并在两节点系统中验证了该方法的有效性。关于时间和相位同步，参考文献［36］分析了在不同波形下时间同步误差对信号相参合成效率的影响；参考文献［37］分析了相位同步误差的可识别性，并证明了其相对值具有可识别性。

对于分布式星群动态阵列雷达而言，探测距离远远大于节点雷达之间的距离，因此节点雷达之间包络的走动可以忽略，且由于星载探测系统观测视场广阔，需要通过角度扫描的方式快速访问任务区域，因此不适宜采用逐网格点搜索的扫描方式。分布式星群动态阵列雷达可认为是一种特殊的稀布阵雷达，所以也不可避免地会出现稀布阵空间欠采样，从而使综合方向图上出现密集栅瓣进而引起角度模糊。参考文献［38］提出一种多尺度组合的方法用以解决空域角度模糊问题，但该方法需要在每部星载雷达内配置多个子天线。参考文献［39］和参考文献［40］分别采用参差载频和参差间距的方法解决空域角度模糊问题，但会耗费较高的系统资源。参考文献［41］从构型优化的角度出发，应用粒子群优化算法设计相参无模糊发射方向图，但该方法仅对节点间距进行了优化。

由于分布式跨域预警雷达系统的相参合成效率与系统参数、平台运动特性和工作模式密切相关，因此有必要在误差校正的基础上，结合多维度系统自由度探索新体制相参探测的方法。

1.3.2 分布式非相参融合检测技术

现有的分布式非相参融合检测技术研究主要集中在空间－时间维度，通过多视角空域和多帧时域数据之间的关联，对候选目标进行时空跨度航迹关联，从而实现对高价值目标空间－时间维度的联合探测。空间－时间维度联合探测算法和方法主要包括高阶相关算法、多级假设检验算法、动态规划（dynamic programming，DP）算法、粒子滤波（particle filter，PF）算法和投影变换方法等经典理论。高阶相关算法[42]通过对不同帧之间的数据进行阈值处理，将相关度较高的点联合处理以获得目标运动航迹，而舍弃相关度较小的点，这种算法在杂波噪声较强的环境中性能下降明显。多级假设检验算法[43]由 Blostein 等人提出，该算法通过设置一个较小的门限滤除噪声，降低计算量和存储量，并通过设置一个较高的门限得到目标轨迹。但当 SNR 较低时，要保证一定的检测概率，不同帧之间的数据组合仍然会导致大量的虚假航迹，相应的计算复杂度急剧上升。动态规划算法[44-45]是一种多阶段联合决策的算法，由科学家 Bellman 提出，它通过引入值函数进行多帧目标能量的积累，通过设置最终的阈值完成目标航迹的确定。动态规划算法理论上是一种优化算法，许多改进算法都是在确保算法性能损失不大的情况下尽可能地降低计算量。粒子滤波算法[46]适用于任意噪声背景下快速微弱目标的检测与跟踪，该算法应用主要受到庞大计算量的限制，但随着处理器性能的提高和相关优化方法的提出，粒子滤波算法有着广阔的应用前景。

除了空间–时间维度的非相参融合，科学家们同时对其他维度的融合检测技术进行了研究。Tian 等人在雷达发射脉冲序列中采用联合脉冲重复频率（pulse repetition frequency，PRF）、载波频率（载频）和正交波形的多维融合设计策略[47]，其基本思想如下：首先，将帧内检测和帧间检测相结合，实现距离–速度模糊的解耦并得到航迹集合及相应的参数信息；然后，采用基于累积值函数（CVF）的判断准则，得到一级自适应阈值，从而从累积幅度的角度有效消除伪轨迹数；最后，通过综合分析局部轨迹特征与全局轨迹特征之间的内在联系，利用多项式系数方差统计量进一步减少不同类型的虚警轨迹，从而实现目标探测性能的显著提升。Li 等人基于导航卫星辐射源，采用对称 KT 变换（symmetric keystone transform）算法实现了一阶至三阶距离徙动的同时校正，同时利用星地非对称构型完成多源回波信号在调频率维度的精确融合[48]。Duan 等人根据卫星星历构造了回波预补偿函数，实现了笛卡儿坐标平面下多星多视角的数据融合[49]；在此基础上，利用滑窗对比度权重形成了一套完整的多源融合恒虚警率（constant false alarm rate，CFAR）检测理论。西安电子科技大学胡勤振团队针对传统集中式检测算法数据传输率大的问题，设计了一种双门限恒虚警率检测器，各个局部站将初级门限检测后的统计量传送到融合中心，并与二级门限比较，得到最终的判决结果[50]。由于该算法模型未考虑复杂背景对航迹关联和跟踪精度的影响，因此仅能为多传感器融合检测提供理论基础。

现有的目标非相参融合检测研究大多集中在多视或多帧量测信息融合检测的方法研究上，而更高维度回波信息关联及融合检测量建模，如空间–时间–频率–特征多维度探测理论研究（未见报道），是该领域的一个重点研究方向。

1.3.3 分布式高精度融合定位技术

在多站目标定位中，一般通过直接定位方法[51-53]（直接根据目标信号估计目标参数）或间接定位方法[54-57]（先从目标信号中提取量测信息，再通过定位解算的方式得到目标参数）对目标进行定位。尽管从理论上来说，直接定位方法能获得更高的定位精度，但该方法容易引起模型失配，同时，该方法需要进行多维搜索，这对于参数估计精度和运行时间都有较大程度的影响。因此，本书主要介绍通过主流的间接定位方法对空中目标定位问题的研究。由于目标定位属于一种非合作关系，因此在定位解算之前，需要分析目标参数的可识别性。对于三维空间的目标定位而言，在排除病态观测构型的情况下，若采用直接量测，则至少需要 3 个接收站；若采用间接量测，则至少需要 4 个接收站[58]。需要注意的是，这里接收站的数量仅满足参数可识别条件，若要满足具体的目标定位指标，则需要对观测构型进行优化并引入更多的接收站[59-60]。Chan和Ho提出的两步定位方法[61]是定位解算中经典的定位方法，该方法最初用于解决到达时间差（TDOA）定位问题，具体分为两步：第一步，将目标位置连同参考距离（参考接收站到目标的距离）作为待估计的参数矢量，通过将非线性问题转换为线性问题的方式联立线性方程组，计算目标位置和参考距离；第二步，利用参考距离和目标位置之间的相关性以及第一步的统计知识，联立线性方程组，精炼目标位置估计。在2004年的电气电子工程师学会（IEEE）国际电路与系统研讨会（ISCAS）上，Ho和Parikh进一步将该方法应用到接收站存在位置误差的情况[62]，通过利用位置误差的先验统计知识，实现了接收站存在位置误差下的目标定位，由于允许不确定的接收站位置，该方法大大提高了工程上的可实用性。在此基础上，Ho和Lu等人又提出了联合TDOA和到达频率差（FDOA）的接收站存在位置误差的两步定位方法[63]，该方法引入了FDOA量测，能够一定程度地提高目标定位精度，同时，也能够获得目标速度估计。但由于该方法利用了非线性关系，因此随着接收站位置误差的方差变大，目标定位精度显著降低。为此，参考文献［64］和参考文献［65］在第二阶段采用一阶泰勒（Taylor）展开的方式避免对目标位置的非线性化处理，可在方差变大的情况下显著提高目标定位精度。参考文献［66］直接在第一阶段考虑参考距离和目标位置之间的关系，但该方法未考虑接收站存在位置误差的情况，也未在第二阶段对目标位置进行精炼估计。Cheung和Ma等人结合半正定规划（SDP）理论，研究约束条件下基于到达时间（TOA）的目标定位问题[67]；Yang和Wang等人在此基础上分别研究了基于TDOA的定位问题[68]和椭圆定位问题[69]，对于接收站未能完全同步的情况，基于TDOA的定位方法可以取得相对更好的性能。Amiri和Behnia等人考虑了分布式多输入多输出雷达系统中的目标定位问题[70-72]，以及存在时间同步误差和接收站位置误差的情况[73]。

尽管上述研究考虑了多种实际中的非理想因素，但是，尚未将接收站数量的限制考虑在内。在实际工程应用中，接收站数量是一种十分宝贵的资源，希望用尽可能少的接收站数量去达到既定目标的定位精度指标。为此，有必要充分挖掘不同接收站量测信息的内在关联特性，填补参数矢量可识别条件中的缺项，研究适用于工程应用中接收站数量受限情形的定位方法。

1.3.4 分布式融合处理技术发展方向

基于分布式多站融合处理的预警雷达综合运用多动态节点空、时、频、相等要素，通过“空间视角组合”“多维度信息融合”弥补单站预警雷达作用距离短、检测性能低、定位精度差等问题，实现多站大功率孔径积、节点低系统复杂度、弹性自由度组网和多任务网联协同增效，提升雷达预警系统的工作稳定性、功能灵活性以及作战威力，有助于催生新的作战能力与作战模式，形成增效探测能力。

本节重点从分布式相参融合检测、分布式非相参融合检测和分布式高精度融合定位三方面对相关技术内容进行了调研与梳理，然而，许多与分布式跨域预警雷达融合处理有关的方向还有待进一步研究，后续值得深入研究的部分方向如下。

（1）多站构型设计及优化。针对多站相参、非相参、定位等融合处理模式，通过构造相应的目标优化函数，利用多站空间自由度实现特定模式下的最优构型设计，有助于提升目标融合处理性能。

（2）双基地雷达杂波相消技术。针对星发机收构型，虽然已有研究对相参/非相参探测开展了较为深入的分析，但是未考虑杂波对探测性能的影响，即只考虑了系统 SNR 问题，需要进一步研究双基杂波特性及距离空变性补偿方案，开发稳健的双基杂波抑制技术，解决系统杂噪比问题。

（3）应用模式推广。为了充分发挥基于分布式组网雷达的优势，除了需要研究分布式跨域预警雷达融合处理关键技术，还需要综合考虑已有地基、舰载、空基防御系统作战模式，开展新型工作模式的探索，推广分布式跨域预警雷达的应用场景，提升系统应用效能。

参考文献

[1] TICKER R L, AZZOLINI J D. 2000 survey of distributed spacecraft technologies and architectures for NASA's Earth Science Enterprise in the 2010—2025 Timeframe[R]. Greenbelt: NASA, 2000, 13(6): 45 - 51.

[2] BROWN O, EREMENKO P. Value - centric design methodologies for fractionated spacecraft: Progress summary from phase 1 of the DARPA system F6 program [C]//AAIA Reinventing Space Conference, 2009(6540): 1 - 15.

[3] DAVID J L, ADRIAN J H, KENNETH F, et al. The NASA space communications data networking architecture [C]//Italy: Proceedings of AIAA Conference Rome, on Space Mission Operations and Ground Data Systems(SpaceOps'06), 2006: 1 - 9.

[4] YOUNG R J, GREEN D V, LUSCOMBE C N, et al. Getting physical in drug discovery Ⅱ: The impact of chromatographic hydrophobicity measurements and

aromaticity[J]. Drug Discovery Today, 2011, 16(17 – 18): 822 – 830.

[5] BILLIAU A. Interferons: The pathways of discovery Ⅱ. Immunomodulatory, in vivo and applied aspects[J]. Journal of Clinical Virology, 2007, 39(4): 241 – 265.

[6] HUA L, TANG J, PENG Y N. A new method of jointly applying monostatic and bistatic space – based radar[J]. Dianzi Yu Xinxi Xuebao/Journal of Electronics & Information Technology, 2008, 30(4): 889 – 892.

[7] PAGE D A, HIMED B, DAVIS M E. Improving STAP performance in bistatic space – based radar systems using an efficient expectation – maximization technique[C]// Arlington: IEEE international Radar Conference, 2005: 109 – 114.

[8] MICHAIL A, MIKHAIL C, HUI M A. Space – surface bistatic synthetic aperture radar with navigation satellite transmissions: a review[J]. Sciece China Information Sciences, 2015, 58(6): 1 – 20.

[9] Mazurek, Przemysław. Track – before – detect filter banks for noise object tracking [J]. International Journal of Electronics and Telecommunications, 2016, 59(4): 325 – 330.

[10] STEYSKAL H, SCHINDLER J K, FRANCHI P, et al. Pattern synthesis for TechSat21—a distributed space – based radar system[J]. IEEE Antennas & Propagation Magazine, 2003, 45(4): 19 – 25.

[11] KONG E M C, MILLER D W. Optimal spacecraft reorientation for earth orbiting clusters: Applications to Techsat 21 [J]. Acta Astronautica, 2003, 53 (11): 863 – 877.

[12] SCHINDLER J K, STEYSKAL H, FRANCHI P. Pattern synthesis for moving target detection with TechSat21—a distributed space – based radar system[C]// Edinburgh: Radar 2002, 2002: 375 – 379.

[13] GOLDAMMER J G. Early warning systems for the prediction of and appropriate response to wildfires and related environmental hazards [J]. World Health Organization – WHO, 2002: 9 – 70.

[14] LIN C H. Distributed subarray antennas for multifunction phased – array radar [D]. Monterey: Naval Postgraduate School, 2007.

[15] BARTEE J A. Genetic algorithms as a tool for opportunistic phased array radar design[D]. Monterey: Naval Postgraduate School, 2002.

[16] QIN K, ZENG S Y, LI Z J, et al. Automated antenna design using self – adaptive differential evolution algorithm [C]//Shen Zhen: 2011 Fourth International Conference on Intelligent Computation Technology and Automation, 2011.

[17]陈庆,张锦绣,曹喜滨. 集群航天器网络发展现状及关键技术[J]. 哈尔滨工业大学学报,2017,49(4):1 - 7.

[18]刘志,胡冬冬. 美陆军发展远程精确火力导弹支撑多域战能力[J]. 导弹大观,2017,(7):32 - 34.

[19] ROGER R B, WILBERT E C, HERBERT M, et al. The optimum strategy in blackjack[J]. Journal of the American Statistical Association,2017,51(275):429 - 439.

[20]CABOT F, ANTERRIEU E, AMIOT T, et al. ULID: An unconnected L - band interferometer demonstrator[C]//Yokohama: IGARSS 2019 IEEE International Geoscience and Remote Sensing Symposium,2019.

[21]SUN P L,TANG J,HE Q,et al. Cramer - Rao bound of parameters estimation and coherence performance for next generation radar[J]. IET Radar Sonar and Navigation,2013,7(5):553 - 67.

[22]ZENG T,YIN P L,LIU Q H. Wideband distributed coherent aperture radar based on stepped frequency signal: Theory and experimental results[J]. IET Radar Sonar and Navigation,2016,10(4):672 - 688.

[23] LIU X H, XU Z H, LIU X, et al. A clean signal reconstruction approach for coherently combining multiple radars[J]. EURASIP Journal on Advances in Signal Processing,2018,47(1):1 - 11.

[24]COUTTS S D,CUOMO K M,MCHARG J C,et al. Distributed coherent aperture measurements for next generation BMD radar [C]//Waltham: 4th IEEE Workshop on Sensor Array and Multi - Channel Process (SAM). Piscataway: IEEE,2006.

[25]GAO H W,ZHOU B L,ZHOU D M,et al. Performance analysis and experimental study on distributed aperture coherence - synthetic radar[C]//Guangzhou: 2016 CIE International Conference on Radar. Piscataway: IEEE,2016.

[26] NANZER J A, SCHMID R L, COMBERIATE T M, et al. Open - loop coherent distributed arrays [J]. IEEE Transactions on Microwave Theory and Techniques, 2017,65(5):1662 - 1672.

[27] NANZER J A, MGHABGHAB S R, ELLISON S M, et al. Distributed phased arrays: Challenges and recent advances[J]. IEEE Transactions on Microwave Theory and Techniques,2021,69(11):4893 - 4907.

[28] CHEN J M, WANG T, LIU X Y, et al. Time and phase synchronization using clutter observations in airborne distributed coherent aperture radars[J]. Chinese

Journal of Aeronautics,2022,35(3):432 – 449.

[29] SCHLEGEL A, ELLISON S M, NANZER J A. A microwave sensor with sub – millimeter range accuracy using spectrally sparse signals[J]. IEEE Microwave and Wireless Components Letters,2020,30(1):120 – 123.

[30] ELLISON S M, NANZER J A. High – accuracy multinode ranging for coherent distributed antenna arrays[J]. IEEE Transactions on Aerospace and Electronic Systems,2020,56(5):4056 – 4066.

[31] DIANAT M, TABAN M R, DIANAT J, et al. Target localization using least squares estimation for MIMO radars with widely separated antennas[J]. IEEE Transactions on Aerospace and Electronic Systems,2013,49(4):2730 – 2741.

[32] LU J X, LIU F F, SUN J Y, et al. Joint estimation of target parameters and system deviations in MIMO radar with widely separated antennas on moving platforms [J]. IEEE Transactions on Aerospace and Electronic Systems,2021,57(5):3015 – 3028.

[33] LIU X Y, WANG T, CHEN J M, et al. Efficient configuration calibration in airborne distributed radar systems[J]. IEEE Transactions on Aerospace and Electronic Systems,2022,58(3):1799 – 1817.

[34] TU K Y, CHANG F R, LIAO C S, et al. Frequency syntonization using GPS carrier phase measurements[J]. IEEE Transactions on Instrumentation and Measurement,2011,50(3):833 – 838.

[35] MGHABGHAB S R, NANZER J A. Open – loop distributed beamforming using wireless frequency synchronization [J]. IEEE Transactions on Microwave Theory and Techniques,2021,69(1):896 – 905.

[36] CHATTERJEE P, NANZER J A. Effects of time alignment errors in coherent distributed radar [C]//Oklahoma: Proceedings of the 2018 IEEE Radar Conference. Piscataway:IEEE,2018.

[37] SUN P L, TANG J, WAN S, et al. Identifiability analysis of local oscillator phase self – calibration based on hybrid Cramér – Rao bound in MIMO radar[J]. IEEE Transactions on Signal Processing,2014,62(22):6016 – 6031.

[38] LONG T, ZHANG H G, ZENG T, et al. High accuracy unambiguous angle estimation using multi – scale combination in distributed coherent aperture radar [J]. IET Radar Sonar and Navigation,2017,17(7):1090 – 1098.

[39] ULRICH M, YANG B. Multi – carrier MIMO radar: A concept of sparse array for improved DOA estimation [C]//Philadelphia: Proceedings of the 2016 IEEE

Radar Conference. Piscataway:IEEE,2016.
[40] LEE J H, LEE J H, WOO J M. Method for obtaining three - and four - element array spacing for interferometer direction - finding system[J]. IEEE Antennas and Wireless Propagation Letters,2016,15:897 - 900.
[41] YU X X, CUI G L, YANG S Q, et al. Coherent unambiguous transmit for sparse linear array with geography constraint[J]. IET Radar Sonar and Navigation, 2016,11(2):386 - 393.
[42] LION R, AZIMI - SADJADI M R. Dim target detection using high order correlation method [J]. IEEE Transactions on Aerospace and Electronic Systems,1993,29(3):841 - 856.
[43] BLOSTEIN S D, HUANG T S. Detecting small moving objects in image sequences using sequential hypothesis testing[J]. IEEE Transactions on Signal Processing, 1991,39(7):1611 - 1629.
[44]曹晓英,张智军,向建军. 基于改进动态规划的雷达弱小目标检测与跟踪[J]. 现代防御技术,2013,41(4):141 - 146.
[45] JIANG H, YI W, CUI G, et al. Radar detection and tracking of targets in the presence of clutter edge via DP - TBD[C]//Arlington:2015 IEEE Radar Conference,2015: 339 - 343.
[46] ARULAMPALAM S, MASKELL S, GORDON N, et al. A tutorial on particle filters for online nonlinear/non - Gaussian Bayesian tracking[J]. IEEE Transactions on Signal Processing,2002,50(2):174 - 188.
[47] LI Y, LI C P, TIAN M, et al. Two - step thresholds TBD algorithm for time sensitive target based on dynamic programming[J]. IEEE Access,2020,8(1), 209267 - 209277.
[48] HUANG C, LI Z, WU J, et al. Multistatic beidou - based passive radar for maritime moving target detection and localization[C]//Yokohama 2019 IEEE International Geoscience and Remote Sensing Symposium,2019.
[49] DUAN C , LI Y, WANG W W , et al. LEO - based satellite constellation for moving target detection[J]. Remote Sensing,2022,14(2):403.
[50]胡勤振,杨芊,苏洪涛. 分布式 MIMO 雷达双门限 GLRT CFAR 检测[J]. 西安电子科技大学学报,2016(04):29 - 33.
[51] WEISS A J. Direct position determination of narrow band radio frequency transmitters[J]. IEEE Signal Processing Letters,2004,11(5):513 - 516.
[52] BAR - SHALOM O, WEISS A J. Direct positioning of stationary targets using

MIMO radar[J]. Signal Processing,2011,91(10):2345 – 2358.

[53] TZORE E, WEISS A J. Expectation – maximization algorithm for direct position determination[J]. Signal Processing,2017,133:32 – 39.

[54] SMITH J O, ABEL J S. Closed – form least – squares source location estimation from range difference measurements [J]. IEEE Transactions on Acoustics, Speech, and Signal Processing,1987,35(2):1661 – 1669.

[55] CHAN Y T, HO K C. A simple and efficient estimator for hyperbolic location[J]. IEEE Transactions on Signal Processing,1994,42(8):1905 – 1915.

[56] ZHANG Y, HO K C. Multistatic localization in the absence of transmitter position [J]. IEEE Transactions on Signal Processing,2019,67(18):4745 – 4760.

[57] MELLEN G, PACHTER M, RAQUET J. Closed – form solution for determining emitter location using time difference of arrival measurements [J]. IEEE Transactions on Aerospace and Electronic Systems,2003,39(3):1056 – 1058.

[58] REZA A, BUEHRER R M. Handbook of position location: Theory, practice and advances[M]. 1st edition Hoboken: John Wiley&Sons, Inc. ,2019.

[59] NGUYEN N H, DOGANCAY K. Optimal geometry analysis for multistatic TOA localization[J]. IEEE Transactions on Signal Processing,2016,64(16):4180 – 4193.

[60] SADEGHI M, BEHNIA, AMIRI R. Optimal sensor placement for 2 – D range – only target localization in constrained sensor geometry[J]. IEEE Transactions on Signal Processing,2020,68:2316 – 2327.

[61] CHAN Y T, HO K C. A simple and efficient estimator for hyperbolic location[J]. IEEE Transactions on Signal Processing,1994,42(8):1905 – 1915.

[62] HO K C, KOVAVISARUCH L, PARIKH H. Source localization using TDOA with erroneous receiver positions [C]//Vancouver: 2004 IEEE International Symposium on Circuits and Systems(ISCAS). Piscataway: IEEE,2004.

[63] HO K C, LU X N, KOVAVISARUCH L. Source localization using TDOA and FDOA measurements in the presence of receiver location errors: Analysis and solution[J]. IEEE Transactions on Signal Processing, 2007, 55(2): 684 – 696.

[64] ZHANG F R, SUN Y M, ZOU J F, et al. Closed – form localization method for moving target in passive multistatic radar network[J]. IEEE Sensors Journal, 2020,20(2):980 – 990.

[65] MAO Z, SU H T, HE B, et al. Moving source localization in passive sensor network

with location uncertainty[J]. IEEE Signal Processing Letters, 2021, 28: 823 - 827.

[66] MA H, ANTONIOU M, STOVE A G, et al. Maritime moving target localization using passive GNSS - based multistatic radar [J]. IEEE Transactions on Geoscience and Remote Sensing, 2018, 56(8): 4808 - 4819.

[67] CHEUNG K W, MA W K, SO H C. Accurate approximation algorithm for TOA - based maximum likelihood mobile location using semidefinite programming [C]//Montreal: 2004 IEEE International Conference on Acoustics, Speech and Signal Processing (ICASSP). Piscataway: IEEE, 2004.

[68] YANG K, WANG G, LUO Z Q. Efficient convex relaxation methods for robust target localization by a sensor network using time differences of arrivals[J]. IEEE Transactions on Signal Processing, 2009, 57(7): 2775 - 2784.

[69] ZHAO R C, WANG G, HO K C. Accurate semidefinite relaxation method for elliptic localization with unknown transmitter position[J]. IEEE Transactions on Wireless Communications, 2021, 20(4): 2746 - 2760.

[70] AMIRI R, BEHNIA F, ZAMANI H. Asymptotically efficient target localization from bistatic range measurements in distributed MIMO radars[J]. IEEE Signal Processing Letters, 2017, 24(3): 299 - 303.

[71] AMIRI R, BEHNIA F, SADR M A M. Exact solution for elliptic localization in distributed MIMO radar systems [J]. IEEE Transactions on Vehicular Technology, 2018, 67(2): 1075 - 1086.

[72] AMIRI R, BEHNIA F, NOROOZI A. Efficient joint moving target and antenna localization in distributed MIMO radars [J]. IEEE Transactions on Wireless Communications, 2019, 18(9): 4425 - 4435.

[73] AMIRI R, KAZEMI S A R, BEHNIA F, et al. Efficient elliptic localization in the presence of antenna position uncertainties and clock parameter imperfections[J]. IEEE Transactions on Vehicular Technology, 2019, 68(10): 9797 - 9805.

第2章

分布式雷达融合处理基础理论

根据收发站的空间分布位置，雷达可以分为两大类：一类是天线集中式布置雷达（colocated radar，CR）[1]；另一类是天线分布式布置雷达（distributed radar，DR）[2]。根据各通道回波信号的相关性，雷达又可以分为收发相参雷达（transmit - receive coherent radar，TCR）和收发非相参雷达（transmit - receive noncoherent radar，TNR）。TCR各传输通道中目标回波表现出相同的特性，接收站能够进行相参处理，并利用相参增益提高对目标的探测性能[3]；

TNR 通过观测某一域上不同维度的目标来进行检测，如波形分集、空间分集和极化分集，并利用回波信号的分集增益提高探测性能[4]。分集处理可以克服传统相控阵雷达对于弱目标，尤其是隐身目标检测方面的不足。

本章将系统性地介绍分布式雷达在不同工作模式下的融合处理基础理论。首先，从布站间隔与回波的相参性出发，给出分布式雷达相参融合处理的典型方法。然后，分析分布式非相参雷达不同形态下的检测器设计方法。最后，讨论多基地构型和分布式构型下的多站定位理论。

2.1　分布式雷达相参处理

当分布式雷达系统各站在空间的位置分布相对集中时，可以认为各站从同一方向照射与接收目标回波信号，且各站信号在相参发射与接收时，同一个目标各收发路径的回波会表现出相同的散射特性，即不同路径目标反射系数的幅度相等、相位相同[5-8]，且每条路径的信号回波是相参的。在此种场景下，分布式雷达系统可以看作分布式相参雷达系统[9-10]，可以在发射站和接收站进行相参处理，利用相参增益来提高对目标的检测性能。分布式雷达实现全相参后，其检测器结构与传统相控阵雷达一致，因此通过 N 个雷达站的全相参处理，可以将原 SNR 提高 N 倍。

2.1.1　分布式雷达相参条件

分布式信号级相参融合的前提是各分布式雷达相对于目标的回波散射系数满足相参特性。下面分析分布式雷达的相参性能。

为不失一般性，本节以 MIMO 系统为例，远场条件下的分布式雷达系统空间配置如图 2-1 所示。为了便于相参性建模分析，忽略目标和雷达阵元的高度。

假定分布式雷达系统有 M 个发射站、N 个接收站，发射站 $m(m=1,\cdots,M)$ 和接收站 $n(n=1,\cdots,N)$ 在二维笛卡儿坐标系的位置分别为 $\boldsymbol{T}_m=$

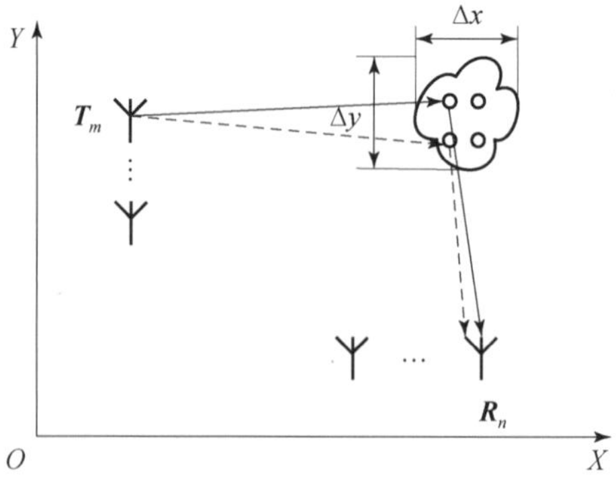

图 2-1　远场条件下的分布式雷达系统空间配置

$[x_{tm},\ y_{tm}]^{T}$和$R_n=[x_{rn},\ y_{rn}]^{T}$。为了便于分析，假设复杂扩展目标由无限多个小散射体构成（实际中目标由有限个大量的散射体构成），从发射站 m 到接收站 n 路径所对应的散射系数为 η_{mn}。无数个散射体均匀分布在 $\left[x_0-\frac{\Delta x}{2},x_0+\frac{\Delta x}{2}\right]\times\left[y_0-\frac{\Delta y}{2},y_0+\frac{\Delta y}{2}\right]$的矩形内，其中，$(x_0,y_0)$是矩形的中心位置。

为了考察任意两个分集路径之间的相关性，定义散射系数 η_{mn}和 $\eta_{m'n'}$之间的相关系数，为

$$\rho(n,m,n',m')=\frac{E\{\eta_{mn}\eta_{m'n'}^{*}\}}{\sqrt{E\{\eta_{mn}\eta_{mn}^{*}\}E\{\eta_{m'n'}\eta_{m'n'}^{*}\}}}\tag{2-1}$$

假定 η_{mn}的方差 $\sigma_{\eta}^{2}=1$，即 η_{mn}近似服从 $\eta_{mn}\sim \mathrm{CN}(0,1)$，则式（2-1）可以简化为

$$\rho(n,m,n',m')=E\{\eta_{mn}\eta_{m'n'}^{*}\}\tag{2-2}$$

$$E\{\eta_{mn}\eta_{m'n'}^{*}\}=\mathrm{sinc}(\psi_x)\,\mathrm{sinc}(\psi_y)\tag{2-3}$$

式中，函数 $E\{AB\}$代表求 A 与 B 的相关系数；$\mathrm{sinc}(x)\triangleq\frac{\sin(\pi x)}{\pi x}$表示归一化的辛格函数，且

$$\begin{cases}\psi_x=\dfrac{\Delta x}{\lambda}\left[\dfrac{(x_{tm}-x_0)}{d_{tm}}-\dfrac{(x_{tm'}-x_0)}{d_{tm'}}+\dfrac{(x_{rn}-x_0)}{d_{rn}}\dfrac{(x_{rn'}-x_0)}{d_{rn'}}\right]\\ \psi_y=\dfrac{\Delta y}{\lambda}\left[\dfrac{(y_{tm}-y_0)}{d_{tm}}-\dfrac{(y_{tm'}-y_0)}{d_{tm'}}+\dfrac{(y_{rn}-y_0)}{d_{rn}}\dfrac{(y_{rn'}-y_0)}{d_{rn'}}\right]\end{cases}\tag{2-4}$$

式中，d_{tm}为发射站 m 到目标的距离，$d_{tm}\triangleq\sqrt{(x_{tm}-x_0)^2+(y_{tm}-y_0)^2}$；$d_{rn}$为目标到接收站 n 的距离，$d_{rn}\triangleq\sqrt{(x_{rn}-x_0)^2+(y_{rn}-y_0)^2}$；$\lambda$ 为载波波长。

由式（2-1）~式（2-4）可知散射系数相关性与分布式 MIMO 雷达站配

置、目标位置、目标尺寸及载波频率均有关。由于 $\rho(n,m,n',m')$ 为二维 sinc 函数，因此可以根据 sinc 函数的特点分析散射系数的相关性。

(1) 当 $\psi_x=0$ 且 $\psi_y=0$ 时，$\rho(n,m,n',m')\approx 1, \forall m,m',n,n'$，散射系数完全相关，即 $E\{\eta_{mn}\eta^*_{m'n'}\}\approx 1$，分布式雷达系统满足相参性假设。

(2) 当 $|\psi_x|\geqslant 1$ 或 $|\psi_y|\geqslant 1$ 时，$\rho(n,m,n',m')\approx 0$，即散射系数不相关或独立。

(3) 当 $0<|\psi_x|<1$ 或 $0<|\psi_y|<1$ 时，$0<|\rho(n,m,n',m')|<1$，即散射系数部分相关。

2.1.2　分布式全相参处理流程

分布式全相参雷达与传统大口径雷达相比，由于其单元雷达天线口径减小，因此更容易实现机动部署。同时它还降低了雷达成本，减少了对器件工艺复杂度和加工精度的要求[11-12]。分布式相参雷达的基本思路是在每个发射站上使用不同的正交波形，通过相同波形的匹配滤波处理在每个接收站分离出单基地和双基地回波信号，这样可以对发射脉冲进行时间/距离和相位校正。当两部雷达在发射站达到真正的相参状态时，发射波形将同时同相到达目标，从而实现相参合成。分布式全相参雷达工作流程图如图 2-2 所示。

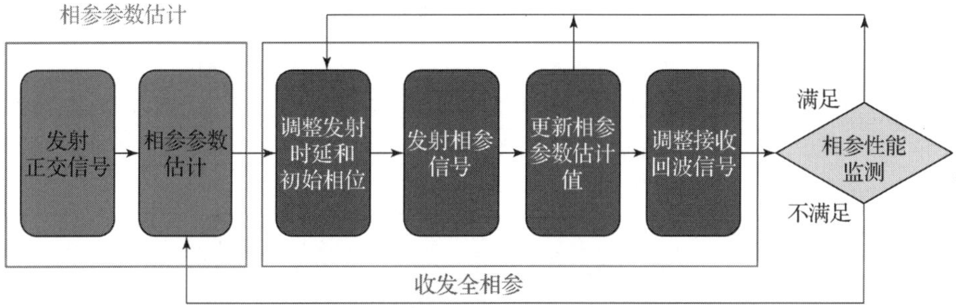

图 2-2　分布式全相参雷达工作流程图

分布式全相参雷达工作流程具体可分为以下 3 个步骤。

1. 相参参数估计

分布式全相参雷达开始工作，此时，各单元雷达发射相互正交的波形，单元雷达通过时间积累的方式获取 SNR 的改善，在检测到目标的基础上进行相参参数（时延和相位）初始估计。该过程为所有单元雷达同时发射电磁波，经过目标反射后，每部单元雷达均可接收到目标的单基地和双基地回波信号，并利用正交信号相互独立的性质，通过匹配滤波处理分离单、双基地回波信号，利用单、双基地回波信号之间的时延差和相位差得到相参参数估计值，实现相参参数的初始估计。此外，利用相参参数估计值对各单元雷达的回波信号进行时延和相位调整，然后将调整后的单元雷达回波信号相加，便可实现系统的相参接收，此时可实现 N^2 倍的回波信号 SNR 增益（相对于单元雷达）。初始相参参数估计及相参接收工作示意图如图 2－3 所示。

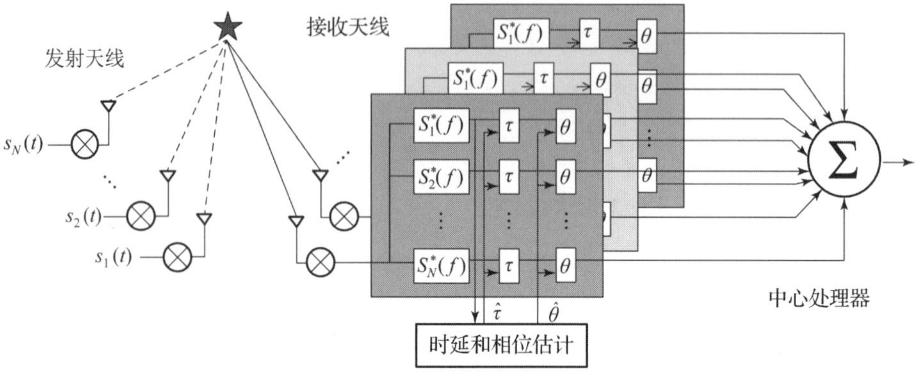

图 2－3　初始相参参数估计及相参接收工作示意图

2. 收发全相参

为了实现相参发射，分布式全相参雷达的发射信号由正交波形改为相参波形，并且利用步骤 1 得到的相参参数估计值调整各发射信号的发射时延和初始相位，以实现各单元雷达发射信号在目标处同时同相叠加，即实现相参发射。在相参发射的前提下，可利用各单元雷达的接收回波信号对相参参数估计值进行更新，然后利用相参参数更新值对各单元雷达的接收回波信号进行时延和相位调整，最后相加以实现相参接收，从而最终实现全相参。收发全相参工作示意图如图 2－4 所示。

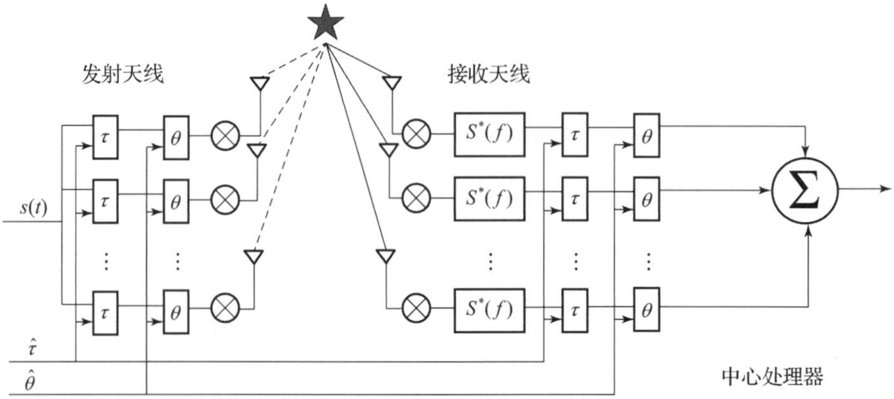

图 2－4　收发全相参工作示意图

3. 相参性能监测

为了保证分布式全相参雷达能够正常有效地工作，需要对其相参性能进行在线实时评估与监测，并与事先设定的系统指标进行比较，根据比较结果确定系统的工作模式。当相参性能满足指标要求时，系统循环工作在全相参模式；当相参性能不满足指标要求时，系统将回到相参参数估计模块重新引导全相参。相参融合的信号处理流程图如图 2－5 所示。

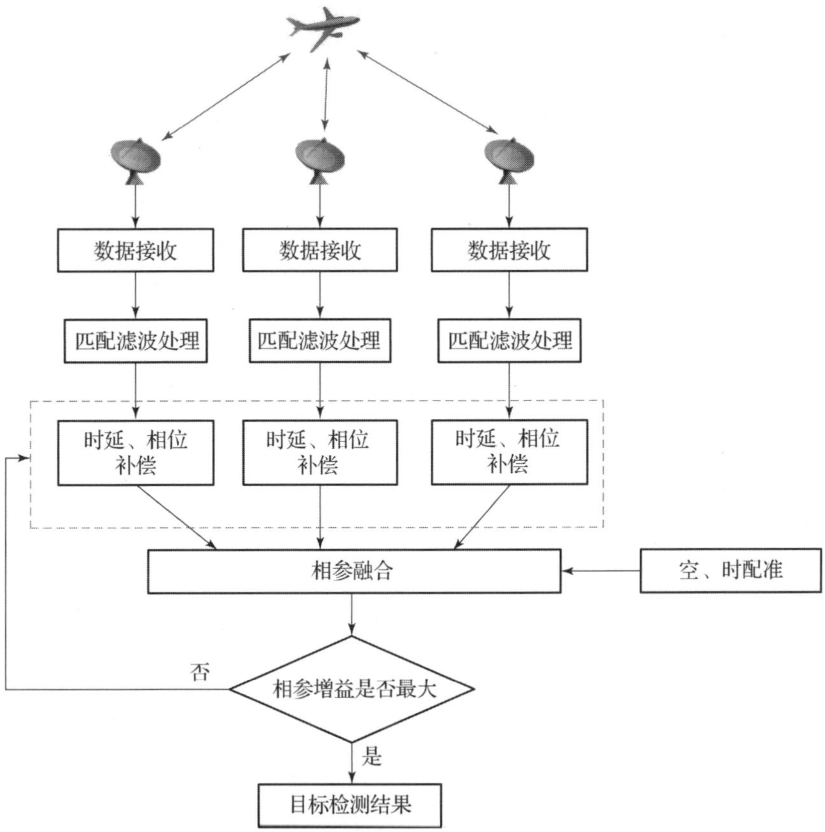

图 2－5　相参融合的信号处理流程图

图 2－5 中，信号级相参融合工作流程为各站接收到回波信号后，先进行匹配滤波处理，然后补偿各路径的时延和相位，最后将补偿后的所有站信号相加，完成相参融合检测。由于估计的时延、相位和真实的时延、相位存在较小误差，因此需要一个相参监测系统，判断相参增益是否最大。若满足增益最大条件，则输出检测结果；若不满足，则重新调整补偿的时延和相位。

然而，与传统雷达相比，为了实现分布式雷达系统的全相参工作，其面临的首要技术难点是各单元雷达之间的时间、相位和空间的同步。时间同步是指分布式雷达系统中各单元雷达的触发时刻保持同步；相位同步是指分布式雷达系统中各单元雷达的本振相位保持同步；空间同步是指分布式雷达系统中各单元雷达的波束同时照射目标。在分布式全相参雷达中，由于单元雷达间的基线较短，且雷达天线口径较小，因此空间同步较容易实现。

关于双（多）基雷达的时间、相位同步方法已有较多研究，最常用的有三大类方法[13-14]：直接同步法、间接同步法和独立式同步法。直接同步法是指发射站雷达利用专门的通信链或同步链直接传送同步信号至接收站雷达，以实现两雷达的触发信号和本振相位同步。间接同步法是指在发射站和接收站设置相同的高稳定频率源，利用频率源自身的频率一致性和高稳定性维持时间和相位同步。独立式同步法是指采用第三方高精度授时，系统对发射站雷达和接收站雷达的触发信号及频率源进行控制，通常采用全球定位系统的高精度标准秒脉冲（pulse per second，PPS）信号进行控制，使收发雷达构成一对“相参振荡源”，在此基础上，收发雷达的脉冲重复周期（pulse repetition time，PRT）信号、本振信号等均由各自的振荡源经分频和倍频得到，从而实现时间和相位同步。这些同步方法可满足双（多）基雷达的测距同步要求。然而，分布式全相参雷达要求各单元雷达信号满足相参性以实现孔径相参合成，因此对系统时间及相位的同步精度要求非常高，而当前的双（多）基雷达同步方法不能满足分布式全相参雷达系统的要求，需要研究针对分布式全相参雷达的同步方法。

因此，要实现分布式全相参，其主要的工作在于相参参数估计以及时间/相位同步这两个方面。

2.1.3 多站同步误差数学模型

假设两单元雷达的时间同步误差为 $\Delta\tau$，相位同步误差为 $\Delta\theta$，则两单元雷达发射信号可分别表示为

$$x_1(t) = u(t)\mathrm{e}^{2\pi \mathrm{j} f_0 t} \tag{2-5}$$

$$x_2(t) = u(t-\Delta\tau)\mathrm{e}^{2\pi \mathrm{j} f_0 t - \mathrm{j}\Delta\theta} \tag{2-6}$$

式中，$u(t)$ 为发射信号的包络；f_0 为发射信号的载波频率。则两单元雷达的发射信号到达目标时的表达式为

$$x_1(t-t_1(t))\mathrm{e}^{2\pi \mathrm{j} f_0 t - \mathrm{j}\Delta\theta} \tag{2-7}$$

$$x_2(t-t_2(t)) = u(t-\Delta\tau - t_2(t))\mathrm{e}^{2\pi \mathrm{j} f_0 (t-t_2(t)) - \mathrm{j}\Delta\theta} \tag{2-8}$$

式中，$t_1(t)=R_1(t)/c$；$t_2(t)=R_2(t)/c$；$R_1(t)$，$R_2(t)$ 分别为 t 时刻两单元雷达与目标的径向距离；c 为电磁波在大气中的传播速度。

为了方便表述，将目标处两单元雷达信号间的时间差和相位差合称为相参

参数，因此，t 时刻的相参参数表达式为

$$\begin{cases}\Delta T(t)=t_1(t)-t_2(t)-\Delta\tau\\ \Delta\Phi(t)=2\pi f_0(t_1(t)-t_2(t))-\Delta\theta\end{cases} \tag{2-9}$$

当两单元雷达发射信号为步进频信号时，目标处两单元雷达信号各子脉冲之间存在时间差和相位差。其中不同子脉冲间的时间差均相同，但由于不同子脉冲具有不同的载频，因此不同子脉冲间存在不同的相位差。当分布式雷达系统发射步进频信号时，t 时刻的相参参数表达式为

$$\begin{cases}\Delta T_n(t)=t_1(t)-t_2(t)-\Delta\tau, & n=0,1,2,\cdots,N-1\\ \Delta\Phi_n(t)=2\pi(f_0+n\Delta f)(t_1(t)-t_2(t))-\Delta\theta, & n=0,1,2,\cdots,N-1\end{cases} \tag{2-10}$$

式中，n 为步进频信号的子脉冲序号；N 为步进频信号的频率步进点数；Δf 为步进频信号的跳频间隔。

为了实现分布式雷达系统的全相参工作，需要保证两单元雷达发射信号在目标处同时同相的相参叠加，因此，需要对相参参数进行精准估计。

2.1.4　相参参数估计方法

分布式全相参雷达的工作过程如下。首先，两单元雷达发射正交信号进行搜索和检测，当检测到目标时，即对相参参数进行估计；然后，两单元雷达改变发射信号的形式，转而发射相参信号，并利用已得到的相参参数估计值调整其中一个单元雷达发射信号的发射时延和初始相位以实现发射相参；在此基础上，对相参参数估计值进行更新，利用更新值对其中一个单元雷达接收到的回波信号进行相应调整；最后，与另一个单元雷达回波信号相加以实现接收相参，从而最终实现分布式雷达系统全相参工作。对应分布式全相参雷达的工作流程，分别提出了基于正交信号和基于相参信号的相参参数估计方法。

基于正交信号的相参参数估计方法，因其相位编码信号具有宽带大、正交性良好、相位值可灵活设计以满足不同需求等优点，故可选择正交多相编码信号作为分布式全相参雷达的发射信号。此时，两单元雷达的发射信号分别为

$$\begin{aligned}x_1(t)&=s_1(t)\cdot e^{2\pi jf_0t}\\&=\sum_{m=1}^{M}\mathrm{rect}\left(\frac{t-(m-1)\tau_{\mathrm{chip}}}{\tau_{\mathrm{chip}}}\right)e^{j\varphi_1(m)}e^{2\pi jf_0t}\end{aligned} \tag{2-11}$$

$$\begin{aligned}x_2(t)&=s_2(t-\Delta\tau)\cdot e^{2\pi jf_0t-j\Delta\theta}\\&=\sum_{m=1}^{M}\mathrm{rect}\left(\frac{t-(m-1)\tau_{\mathrm{chip}}-\Delta\tau}{\tau_{\mathrm{chip}}}\right)e^{j\varphi_2(m)}\cdot e^{2\pi jf_0t-j\Delta\theta}\end{aligned} \tag{2-12}$$

式中，$\mathrm{rect}(t/\tau_{\mathrm{chip}})$是脉宽为$\tau_{\mathrm{chip}}$、起始时刻为零的矩形包络；$s_1(t)$，$s_2(t)$为两个正交相位编码基带脉冲信号；$M$为每个脉冲内编码码元数；$\tau_{\mathrm{chip}}$为码元宽度；$\varphi_l(m)(m=1,2,\cdots,M)$为码元相位。正交基带信号$s_1(t)$，$s_2(t)$的自相关函数和互相关函数满足

$$\begin{cases} A_2(t)=s_i(t)\circ s_i(t)=\delta(t), & i=1,2 \\ C_{ij}(t)=s_i(t)\circ s_j(t)=0, & i,j=1,2\ 且\ i\neq j \end{cases} \tag{2-13}$$

式中，“$\circ$”表示互相关运算；$\delta(t)$表示狄拉克函数（Dirac function）。

目标处两单元雷达信号的叠加信号为$x(t)=\alpha_1 x_1(t-t_1(t))+\alpha_2 x_2(t-t_2(t))$，其中，$\alpha_1$，$\alpha_2$分别为$R_1(t)$，$R_2(t)$对应的路径传输损耗。经过目标反射后，两单元雷达接收到的目标回波信号（下变频）分别为

$$\begin{aligned} y_1(t)=\alpha_1\xi_1\cdot x(t-t_1(t))\mathrm{e}^{-2\pi \mathrm{j}f_0 t}=\xi_1[\alpha_1^2 s_1(t-2t_1(t))\mathrm{e}^{-2\pi\mathrm{j}f_0 2t_1(t)}+ \\ \alpha_1\alpha_2 s_2(t-\Delta\tau-t_1(t)-t_2(t))\mathrm{e}^{-2\pi\mathrm{j}f_0(t_1(t)+t_2(t))-\mathrm{j}\Delta\theta}] \end{aligned} \tag{2-14}$$

$$\begin{aligned} y_2(t)=\alpha_2\xi_2\cdot x(t-t_2(t))\mathrm{e}^{-2\pi\mathrm{j}f_0 t+\mathrm{j}\Delta\theta}=\xi_2[\alpha_2\alpha_1 s_1(t-t_1(t)-t_2(t))\mathrm{e}^{-2\pi\mathrm{j}f_0(t_1(t)+t_2(t))+\mathrm{j}\Delta\theta}+ \\ \alpha_2^2 s_2(t-\Delta\tau-2t_2(t))\mathrm{e}^{-2\pi\mathrm{j}f_0 2t_2(t)}] \end{aligned} \tag{2-15}$$

式中，ξ_1，ξ_2分别为目标对两单元雷达方向的复散射系数。

当目标与雷达的径向距离较远且两单元雷达基线较短时，可使两单元雷达均处于目标的等效波束主瓣内，即满足$d\leqslant(\lambda/D)R$，其中，d为分布式雷达系统中两单元雷达间的基线长度，λ为雷达波长，D为目标等效反射长度，R为目标与雷达的径向距离。此时可认为目标无闪烁，即目标在两单元雷达方向上的复散射系数是相同的，即$\xi_1=\xi_2=\xi$。实际上，$d\leqslant(\lambda/D)R$是容易满足的。在此基础上，假设$R_1(t)$，$R_2(t)$的路径传输损耗是相同的，即$\alpha_1=\alpha_2=\alpha$。接下来的讨论分析均是在$\xi_1=\xi_2=\xi$，$\alpha_1=\alpha_2=\alpha$的前提下进行的。

利用两单元雷达的发射基带信号$s_1(t)$，$s_2(t)$作为匹配滤波器的单位冲激响应，在每部单元雷达上分别进行两通道的匹配滤波处理，从而得到单、双基地目标回波信号。在单元雷达1上，匹配滤波器的起始时刻是以本地时钟为基准的，则两通道匹配滤波器的单位冲激响应分别为$h_1(t)=s_1(t)$，$h_2(t)=s_2(t)$，因此分离出的两路信号分别为

$$y_{11}(t)=y_1(t)\circ h_1(t)=\xi\alpha^2\delta(t-2t_1(t))\mathrm{e}^{-2\pi\mathrm{j}f_0 2t_1(t)} \tag{2-16}$$

$$y_{12}(t)=y_1(t)\circ h_2(t)=\xi\alpha^2\delta(t-\Delta\tau-t_1(t)-t_2(t))\mathrm{e}^{-2\pi\mathrm{j}f_0(t_1(t)+t_2(t))-\mathrm{j}\Delta\theta} \tag{2-17}$$

从式（2-16）、式（2-17）可以看出，采用两路匹配滤波输出信号的峰值时刻及峰值相位可以实现相参参数的估计，其值为

$$\Delta\hat{T}_{01}(t)=t_{\max(|y_{11}|)}-t_{\max(|y_{12}|)}=(t_1(t)-t_2(t))-\Delta\tau \tag{2-18}$$

$$\Delta\hat{\Phi}_{01}(t)=\Phi_{\max(|y_{12}|)}-\Phi_{\max(|y_{11}|)}=2\pi f_0(t_1(t)-t_2(t))-\Delta\theta \tag{2-19}$$

式中，$t_{\max(|y|)}$，$\Phi_{\max(|y|)}$ 分别表示 y 的峰值时刻和峰值相位。

类似地，在单元雷达 2 上，两个匹配滤波器的起始时刻是以单元雷达 2 的时钟为基准，即其单位冲激响应分别为 $h_3(t)=s_1(t-\Delta\tau)$，$h_4(t)=s_2(t-\Delta\tau)$，因此在单元雷达 2 上分离出两路回波信号，分别为

$$y_{21}(t)=y_2(t)\circ h_3(t)=\xi\alpha^2\delta(t-t_1(t)-t_2(t)+\Delta\tau)\mathrm{e}^{-2\pi\mathrm{j}f_0(t_1(t)+t_2(t))+\mathrm{j}\Delta\theta} \tag{2-20}$$

$$y_{22}(t)=y_2(t)\circ h_4(t)=\xi\alpha^2\delta(t-2t_2(t))\mathrm{e}^{-2\pi\mathrm{j}f_0 2t_2(t)} \tag{2-21}$$

同样地，利用单元雷达 2 两路信号的峰值时刻及峰值相位也可得到一组相参参数估计值

$$\Delta\hat{T}_{02}(t)=t_{\max(|y_{21}|)}-t_{\max(|y_{22}|)}=(t_1(t)-t_2(t))-\Delta\tau \tag{2-22}$$

$$\Delta\hat{\Phi}_{02}(t)=\Phi_{\max(|y_{22}|)}-\Phi_{\max(|y_{21}|)}=2\pi f_0(t_1(t)-t_2(t))-\Delta\theta \tag{2-23}$$

为了降低噪声对相参参数估计的影响以提高估计精度，对两组相参参数估计结果进行平均加权，得到相参参数的最终估计值为

$$\Delta\hat{T}_0(t)=\frac{\Delta\hat{T}_{01}(t)+\Delta\hat{T}_{02}(t)}{2} \tag{2-24}$$

$$\Delta\hat{\Phi}_0(t)=\frac{\Delta\hat{\Phi}_{01}(t)+\Delta\hat{\Phi}_{02}(t)}{2} \tag{2-25}$$

当分布式雷达系统中单元雷达发射步进频信号时，由于不同子脉冲的载频不同，在目标处两雷达发射信号第 n 个子脉冲间的相位差为

$$\begin{aligned}\Delta\Phi_n(t)&=2\pi(f_0+n\Delta f)(t_1(t)-t_2(t))-\Delta\theta\\&=2\pi K_n(t)+\Delta\varphi_n(t)\end{aligned} \tag{2-26}$$

式中，$K_n(t)$ 为整数；$\Delta\varphi_n(t)$ 为 $\Delta\Phi_n(t)$ 的主值，且 $-\pi<\Delta\varphi_n(t)\leqslant\pi$。

考虑到噪声的影响，采用依次发射载频为 f_0，$f_0+\Delta f$，$f_0+(N-1)\Delta f$ 正交信号的方法来估计步进频信号的相参参数。使用已介绍的估计方法，此时可分别得到相位差估计值 $\Delta\hat{\varphi}_0(t)$，$\Delta\hat{\varphi}_1(t)$，$\Delta\hat{\varphi}_{N-1}(t)$ 以及时延差估计值 $\Delta\hat{T}_0(t)$，$\Delta\hat{T}_1(t)$，$\Delta\hat{T}_{N-1}(t)$，其中，$-\pi<\Delta\hat{\varphi}_0(t)$，$\Delta\hat{\varphi}_1(t)$，$\Delta\hat{\varphi}_{N-1}(t)\leqslant\pi$。由于步进频各子脉冲间的时间差是相同的，因此可通过式（2-27）对其进行估计，即

$$\Delta\hat{T}_n(t)=\frac{\Delta\hat{T}_0(t)+\Delta\hat{T}_1(t)+\Delta\hat{T}_{N-1}(t)}{3},\quad n=0,1,2,\cdots,N-1 \tag{2-27}$$

下面介绍各子脉冲的相位差的估计方法。令

$$\gamma_1(t)=2\pi\Delta f(t_1(t)-t_2(t))=2\pi K_1'(t)+\Delta\varphi_1'(t) \tag{2-28}$$

$$\gamma_{N-1}(t)=2\pi(N-1)\Delta f(t_1(t)-t_2(t))=2\pi K_{N-1}'(t)+\Delta\varphi_{N-1}'(t) \tag{2-29}$$

式中，$K_1'(t)$，$K_{N-1}'(t)$ 为整数；且 $-\pi<\Delta\varphi_1'(t)$，$\Delta\varphi_{N-1}'(t)\leqslant\pi$ 。则有

$$\begin{aligned}\Delta\Phi_1(t)&=\Delta\Phi_0(t)+\gamma_1(t)\\&=2\pi\left(K_0(t)+K_1'(t)+\left[\frac{\Delta\varphi_0(t)+\Delta\varphi_1'(t)}{2\pi}\right]\right)+\\&\quad\ \mathrm{mod}(\Delta\varphi_0(t)+\Delta\varphi_1'(t),2\pi)\end{aligned} \tag{2-30}$$

$$\begin{aligned}\Delta\Phi_{N-1}(t)&=\Delta\Phi_0(t)+\gamma_{N-1}(t)\\&=2\pi\left(K_0(t)+K_{N-1}'(t)+\left[\frac{\Delta\varphi_0(t)+\Delta\varphi_{N-1}'(t)}{2\pi}\right]\right)+\\&\quad\ \mathrm{mod}(\Delta\varphi_0(t)+\Delta\varphi_{N-1}'(t),2\pi)\end{aligned} \tag{2-31}$$

式中，[·] 表示取整运算；mod(A,B)表示 A 对 B 取余数运算。

因此，得到 $\Delta\varphi_1'(t)$，$\Delta\varphi_{N-1}'(t)$的估计值为

$$\Delta\hat{\varphi}_1'(t)=\mathrm{mod}(\Delta\hat{\varphi}_1(t)-\Delta\hat{\varphi}_0(t),2\pi) \tag{2-32}$$

$$\Delta\hat{\varphi}_{N-1}'(t)=\mathrm{mod}(\Delta\hat{\varphi}_{N-1}(t)-\Delta\hat{\varphi}_0(t),2\pi) \tag{2-33}$$

结合式（2-32）和式（2-33），得到（忽略部分 2π 的整数倍部分）

$$\hat{\gamma}_{N-1}(t)=2\pi\left[\frac{(N-1)\Delta\hat{\varphi}_1'(t)}{2\pi}\right]+\Delta\hat{\varphi}_{N-1}'(t) \tag{2-34}$$

$$\Delta\hat{\Phi}_n(t)=\Delta\hat{\Phi}_0(t)+\frac{\hat{\gamma}_{N-1}}{N-1}n,\quad n=0,1,\cdots,N-1 \tag{2-35}$$

采用正交频分复用-线性调频（orthogonal frequency division multiplexing - linear frequency modulation，OFDM-LFM）正交信号对相参参数进行估计，步进频 $\Delta f=10$ MHz，没路信号带宽为 $\Delta B=10$ MHz，进行 200 次蒙特卡罗（Monte Carlo）仿真试验，计算相参参数估计值的均方根误差（root mean square error，RMSE）为

$$\begin{cases}\Delta\hat{T}_{\mathrm{RMES}}=\sqrt{\dfrac{1}{200}\displaystyle\sum_{k=1}^{200}(\Delta\hat{T}(t,k)-\Delta T(t))^2}\\\Delta\hat{\Phi}_{\mathrm{RMES}}=\sqrt{\dfrac{1}{200}\displaystyle\sum_{k=1}^{200}(\Delta\hat{\Phi}(t,k)-\Delta\Phi(t))^2}\end{cases} \tag{2-36}$$

式中，$\Delta\hat{T}(t,k)$，$\Delta\hat{\Phi}(t,k)$分别为第 k 次蒙特卡罗仿真试验得到的时间差估计值和相位差估计值。时延估计与 SNR 的关系如图 2-6 所示。

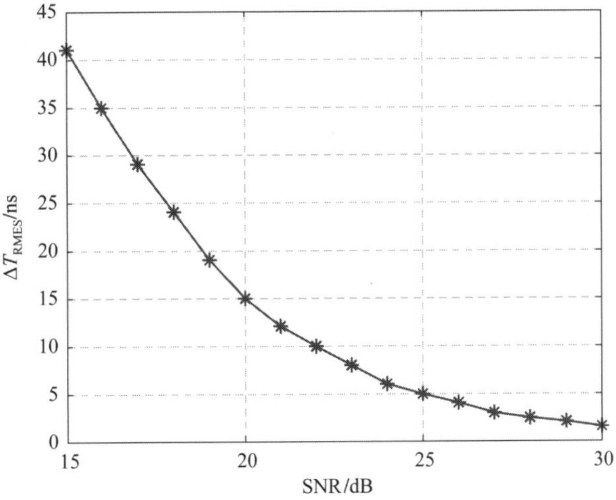

图 2－6　时延估计与 SNR 的关系

2.2　分布式雷达非相参处理

考虑两种分布式雷达非相参的情形，即相位随机分布式雷达和幅相随机分布式雷达。对于相位随机分布式雷达，分布雷达系统各站在空间的位置分布相对集中，各站近似从同一方向照射与接收目标回波信号，但各站发射与接收信号是非相参的。此时，同一个目标的各收发路径回波信号表现出相同的幅度特性，但相位是随机的，即可以认为各个路径散射系数的幅度相同，仅散射系数的相位相互独立。通常假设每条路径反射系数的相位服从$(0,2\pi)$上的均匀分布。

幅相随机分布式雷达则体现为在某些场景下，雷达系统各接收路径对同一个目标的回波信号 RCS 幅度和相位都是随机的（无论各站间信号源是否相参）。当分布式雷达系统各站在空间的位置分散，即各站的间隔并不远远小于雷达到目标的距离时，可认为各站是从不同方向照射与接收目标回波信号的。当各站发射信号间的频率相差较大，即各雷达站发射不同频段的探测信号时，不论分布式雷达系统各站在空间的位置如何，同一目标对不同频段的探测信号将呈现不同的 RCS。在这两种场景下可认为接收到的各路径回波信号 RCS 幅度和相位是随机的。

2.2.1　相位随机非相参雷达检测器

1. 检测器结构

假设衰减系数已知，且已并入反射系数中，设发射天线的数量为 M，接

收天线的数量为 N，发射信号的总能量为 E，则接收天线 n 的回波信号模型为

$$r_n(t) = \sqrt{\frac{E}{M}} \sum_{m=1}^{M} \eta_{mn} s_m(t - \tau_{mn}) + u_n(t) \tag{2-37}$$

式中，η_{mn}为第 m 个发射天线到第 n 个接收天线的复散射系数，$\eta_{mn} = \alpha_{mn} e^{j\beta_{mn}}$；$\alpha_{mn}$为散射系数的幅度；$\beta_{mn}$为散射系数的相位；$\tau_{mn}$为第 m 个发射天线到第 n 个接收天线的传播时延；$u_n(t)$是均值为 0、方差为 σ_n^2 的高斯过程；$s_m(t)$为第 m 个发射站发射的信号，发射波形满足正交性[15]，即

$$\int_T s_m(t) s_{m'}^*(t) \mathrm{d}t = \begin{cases} 1, & m = m' \\ 0, & m \neq m' \end{cases} \tag{2-38}$$

对于每个接收天线的接收回波信号，利用 M 个发射信号分别进行匹配滤波处理，分离出各个路径的信号。称“目标出现在检测单元中”的假设为 H_1，“没有目标出现”的假设为 H_0，则在两种假设下，由发射天线 $m(m=1,\cdots,M)$发射的信号经接收天线 $n(n=1,\cdots,N)$接收后的观测值为

$$y_{mn} = \begin{cases} \sqrt{\frac{E}{M}} \alpha_{mn} e^{j\beta_{mn}} + u_{mn}, & H_1 \\ u_{mn}, & H_0 \end{cases} \tag{2-39}$$

式中，$u_{mn} = \int_T u_n(t) s_m^*(t) \mathrm{d}t$ 为匹配滤波处理后输出的噪声。对于仅相位随机的情况，各个散射系数的幅度是相同的，即 $\alpha_{11} = \alpha_{21} = \cdots = \alpha_{MN} = \alpha$；$MN$ 个相位 β_{11}，β_{21}，…，β_{MN}相互独立，且都服从$(0, 2\pi)$上的均匀分布。将所有观测值表示成矢量的形式，为

$$\boldsymbol{y} = [y_{11}, \cdots, y_{M1}, y_{12}, \cdots, y_{mn}, \cdots, y_{MN}] \tag{2-40}$$

在 H_1 假设下的联合条件概率密度函数（probability density function，PDF）[16]为

$$\begin{aligned} p_1(\boldsymbol{y} | \boldsymbol{\beta}) &= \prod_{m=1}^{M} \prod_{n=1}^{N} \frac{1}{\pi\sigma_n^2} \exp\left(-\frac{1}{\sigma_n^2} \left| y_{mn} - \sqrt{\frac{E}{M}} \alpha e^{j\beta_{mn}} \right|^2 \right) \\ &= \prod_{m=1}^{M} \prod_{n=1}^{N} \frac{1}{\pi\sigma_n^2} \exp\left(-\frac{1}{\sigma_n^2} | y_{mn} |^2 \right) \exp\left(-\frac{E}{M\sigma_n^2} \alpha^2 \right) \cdot \\ &\quad \exp\left(\frac{2\alpha}{\sigma_n^2} \sqrt{\frac{E}{M}} | y_{mn} | \cos(\beta_{mn} - \zeta_{mn}) \right) \end{aligned} \tag{2-41}$$

式中，ζ_{mn}为复观测值 y_{mn}的相位；$\boldsymbol{\beta} = [\beta_{11}, \beta_{21}, \cdots, \beta_{MN}]$。在 MN 个相位上求平均，可得到在假设 H_1 下的联合条件概率密度函数，为

$$p_1(\boldsymbol{y}) = \int_0^{2\pi} p_1(\boldsymbol{y}\mid\boldsymbol{\beta})p(\boldsymbol{\beta})\mathrm{d}\boldsymbol{\beta}$$
$$= \prod_{m=1}^{M}\prod_{n=1}^{N}\frac{1}{\pi\sigma_n^2}\exp\left(-\frac{1}{\sigma_n^2}\mid y_{mn}\mid^2\right)\exp\left(-\frac{E}{M\sigma_n^2}\alpha^2\right)\mathrm{I}_0\left(\frac{2\alpha}{\sigma_n^2}\sqrt{\frac{E}{M}}\mid y_{mn}\mid\right) \tag{2-42}$$

式中，$\mathrm{I}_0(\,)$ 为修正的零阶贝塞尔函数，其表达式为

$$\mathrm{I}_0(x) = \frac{1}{2\pi}\int_0^{2\pi}\mathrm{e}^{x\cos(\beta_{mn}-\xi_{mn})}\mathrm{d}\beta_{mm} \tag{2-43}$$

在 H_0 假设下的联合条件概率密度函数可表示为

$$p_0(\boldsymbol{y}) = \prod_{m=1}^{M}\prod_{n=1}^{N}\frac{1}{\pi\sigma_n^2}\exp\left(-\frac{1}{\sigma_n^2}\mid y_{mn}\mid^2\right) \tag{2-44}$$

得到对数似然比函数

$$\ln L(\boldsymbol{y}) = \ln\frac{p_1(\boldsymbol{y})}{p_0(\boldsymbol{y})} = \sum_{m=1}^{M}\sum_{n=1}^{N}U_{mn} \tag{2-45}$$

式中，分支判决变量 U_{mn} 可以表示为

$$U_{mn} = \ln\mathrm{I}_0\left(\frac{2\alpha}{\sigma_n^2}\sqrt{\frac{E}{M}}\mid y_{mn}\mid\right) - \frac{E\alpha^2}{M\sigma_n^2} \tag{2-46}$$

式（2－46）中的检测器包含了相同的非线性部分，记为 $\ln\mathrm{I}_0(\,)$。非线性部分的性能相当好，但实际很少能够实现，工程中常采用折中的方法[17]：

（1）当 x 很小时，有 $\ln\mathrm{I}_0(x)\approx x^2/4$，称为低 SNR 平方律处理检测器；

（2）当 x 很大时，有 $\ln\mathrm{I}_0(x)\approx x$，称为高 SNR 线性处理检测器。

讨论低 SNR 情况下的处理方法，相位随机 MIMO 雷达的低 SNR 平方律处理检测器的结构如图 2－7 所示。

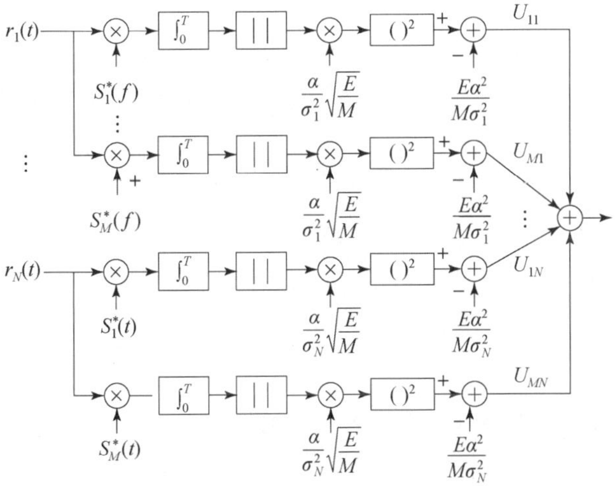

图 2－7　相位随机 MIMO 雷达的低 SNR 平方律处理检测器的结构

2. 检测器性能分析

在低 SNR 条件下，$\ln \mathrm{I}_0(x) \approx x^2/4$，因此，分支判决变量 U_{mn} 可以近似为

$$U_{mn} = \left(\frac{\alpha}{\sigma_n^2} \sqrt{\frac{E}{M}} \mid y_{mn} \mid \right)^2 - \frac{E\alpha^2}{M\sigma_n^2} \tag{2-47}$$

在 H_1 假设下，由于 y_{mn} 是复高斯随机变量，其均值为 $E\{y_{mn}\} = \sqrt{\frac{E}{M}}\alpha e^{j\beta_{mn}}$，方差为 $V\{y_{mn}\} = \sigma_n^2$。令 $\mid y_{mn} \mid = \sqrt{(R\{y_{mn}\})^2 + (S\{y_{mn}\})^2}$，复高斯分布的模服从莱斯分布，则有

$$p(\mid y_{mn} \mid) = \frac{\mid y_{mn} \mid}{\sigma_n^2/2} \exp\left(- \frac{\mid y_{mn} \mid^2 + E\alpha^2/M}{2\sigma_n^2/2} \right) \mathrm{I}_0 \left(\frac{\sqrt{\frac{E}{M}}\alpha \mid y_{mn} \mid}{\sigma_n^2/2} \right) \tag{2-48}$$

令 $T_{mn} = \left(\frac{\alpha}{\sigma_n^2} \sqrt{\frac{E}{M}} \mid y_{mn} \mid \right)^2$，则有

$$\mid y_{mn} \mid = \frac{\sigma_n^2}{\alpha \sqrt{E/M}} \sqrt{T_{mn}} \tag{2-49}$$

且

$$\mathrm{d}T_{mn} = 2 \left(\frac{\alpha}{\sigma_n^2} \sqrt{\frac{E}{M}} \right)^2 \mid y_{mn} \mid \mathrm{d} \mid y_{mn} \mid \tag{2-50}$$

即

$$\mid y_{mn} \mid \mathrm{d} \mid y_{mn} \mid = \frac{\sigma_n^4}{2\alpha^2 E/M} \mathrm{d}T_{mn} \tag{2-51}$$

因此，T_{mn} 的概率密度函数为

$$\begin{aligned} p(T_{mn}) &= \frac{\sigma_n^4}{2\alpha^2 E/M} \cdot \frac{1}{\sigma_n^2/2} \exp\left(- \frac{\left(\frac{\sigma_n^2}{\alpha\sqrt{E/M}} \right)^2 T_{mn} + E\alpha^2/M}{\sigma_n^2} \right) \mathrm{I}_0 \left(\frac{\sqrt{\frac{E}{M}}\alpha \frac{\sigma_n^2}{\alpha\sqrt{E/M}} \sqrt{T_{mn}}}{\sigma_n^2/2} \right) \\ &= \frac{\sigma_n^2}{\alpha^2 E/M} \exp\left(- \frac{\sigma_n^2 T_{mn}}{\alpha^2 E/M} - \frac{E\alpha^2/M}{\sigma_n^2} \right) \mathrm{I}_0 (2\sqrt{T_{mn}}) \\ &= \frac{1}{2s_{mn}^2} \exp\left(- \frac{T_{mn} + \eta_{mn}}{2s_{mn}^2} \right) \mathrm{I}_0 \left(\frac{\sqrt{T_{mn}\eta_{mn}}}{s_{mn}^2} \right) \end{aligned} \tag{2-52}$$

式中，$s_{mn}^2 = \frac{\alpha^2 E/M}{2\sigma_n^2}$；$\eta_{mn} = 4s_{mn}^4$。

T_{mn} 为非中心的卡方分布，T_{mn} 的特征函数可表示为

$$\Phi_{mn}(\mathrm{j}\omega) = \exp\left(- \frac{\eta_{mn}}{2s_{mn}^2} \right) \frac{1}{1 - 2\mathrm{j}\omega s_{mn}^2} \exp\left(\frac{\eta_{mn}/2s_{mn}^2}{1 - 2\mathrm{j}\omega s_{mn}^2} \right) \tag{2-53}$$

因此，$T_1 = \sum_{m=1}^{M}\sum_{n=1}^{N} T_{mn}$ 的特征函数为

$$\Phi(\mathrm{j}\omega) = \prod_{m=1}^{M}\prod_{n=1}^{N}\Phi_{mn}(\mathrm{j}\omega) \tag{2-54}$$

为了简化分析，假设所有接收站的方差相等，即 $\sigma_1^2 = \sigma_2^2 = \cdots = \sigma_N^2 = \sigma^2$，则有 $s_{mn}^2 = s^2$ 和 $\eta_{mn} = \eta$，因此，式（2－54）可以写为

$$\Phi(\mathrm{j}\omega) = \exp\left(-\frac{MN\eta}{2s^2}\right)\frac{1}{(1-2\mathrm{j}\omega s^2)^{MN}}\exp\left(\frac{MN\eta/2s^2}{1-2\mathrm{j}\omega s^2}\right) \tag{2-55}$$

因此，T_1 的概率密度函数为

$$p(T_1) = \frac{1}{2s^2}\left(\frac{T_1}{MN\eta}\right)^{\frac{MN-1}{2}}\exp\left(-\frac{T_1+MN\eta}{2s^2}\right)\mathrm{I}_{MN-1}\left(\frac{\sqrt{MN\eta T_1}}{s^2}\right) \tag{2-56}$$

式（2－56）是自由度为 $2MN$ 的非中心卡方分布的概率密度函数。

在 H_0 假设下，y_{mn} 仅有噪声，因此有

$$|y_{mn}|^2 = \frac{\sigma^2}{2}\left|\frac{y_{mn}}{\sigma/\sqrt{2}}\right|^2 \sim \frac{\sigma^2}{2}\chi_2^2 \tag{2-57}$$

式中，χ_2^2 是自由度为 2 的中心卡方分布。由于

$$\begin{aligned} T_0 &= \sum_{m=1}^{M}\sum_{n=1}^{N}\left(\frac{\alpha}{\sigma^2}\sqrt{\frac{E}{M}}\,|y_{mn}|\right)^2 = \frac{\alpha^2}{\sigma^4}\frac{E}{M}\frac{\sigma^2}{2}\sum_{m=1}^{M}\sum_{n=1}^{N}\left|\frac{y_{mn}}{\sigma/\sqrt{2}}\right|^2 \\ &= \frac{\alpha^2}{2\sigma^2}\frac{E}{M}\sum_{m=1}^{M}\sum_{n=1}^{N}\left|\frac{y_{mn}}{\sigma/\sqrt{2}}\right|^2 \end{aligned} \tag{2-58}$$

且 T_0 服从自由度为 $2MN$ 的中心卡方分布，同时，自由度为 ν 的中心卡方分布定义为

$$p(x) = \begin{cases} \dfrac{1}{2^{\nu/2}\Gamma(\nu/2)}x^{\nu/2-1}\exp\left(-\dfrac{x}{2}\right), & x>0 \\ 0, & x<0 \end{cases} \tag{2-59}$$

因此，T_0 的概率密度函数为

$$p(T_0) = \frac{1}{s^{2MN}2^{MN}\Gamma(MN)}T_0^{MN-1}\exp\left(-\frac{T_0}{2s^2}\right) \tag{2-60}$$

式中，函数 $\Gamma(\cdot)$ 是伽马函数，定义为

$$\Gamma(x) = \int_0^{\infty} t^{x-1}\exp(-t)\,\mathrm{d}t \tag{2-61}$$

当 x 为整数时，$\Gamma(x) = (x-1)!$。

假设所有常量项均归入门限内，根据纽曼－皮尔逊准则，检测概率为

$$P_{\mathrm{d}} = Q_{MN}\left(\frac{\sqrt{MN\eta}}{s}, \frac{\sqrt{\gamma'}}{s}\right) = Q_{MN}\left(2s\sqrt{MN}, \frac{\sqrt{\gamma'}}{s}\right) \tag{2-62}$$

式中，γ' 为门限；$Q(\cdot)$ 为广义 Q 函数。

同样，也可以得到虚警概率，为

$$P_{\mathrm{fa}} = \exp\left(-\frac{\gamma'}{2s^2}\right)\sum_{k=0}^{MN-1}\frac{1}{k!}\left(\frac{\gamma'}{2s^2}\right)^k \tag{2-63}$$

或

$$\gamma' = s^2 F_{\chi^2_{2MN}}^{-1}(1-P_{\mathrm{fa}}) \tag{2-64}$$

式中，$F_{\chi^2_{2MN}}^{-1}$表示χ^2_{2MN}分布的累积函数的逆函数。

2.2.2 幅相随机非相参雷达检测器

1. 检测器结构

本节重点讨论莱斯幅度模型的最优检测器。为了清晰地表示未知幅度的依赖性，重写 H_1 假设下的联合条件概率密度函数式

$$\begin{aligned} p_1(\boldsymbol{y}\mid\boldsymbol{\beta},\boldsymbol{\alpha}) &= \prod_{m=1}^{M}\prod_{n=1}^{N}\frac{1}{\pi\sigma_n^2}\exp\left(-\frac{1}{\sigma_n^2}\left|y_{mn}-\sqrt{\frac{E}{M}}\alpha_{mn}\mathrm{e}^{\mathrm{j}\beta_{mn}}\right|^2\right) \\ &= \prod_{m=1}^{M}\prod_{n=1}^{N}\frac{1}{\pi\sigma_n^2}\exp\left(-\frac{1}{\sigma_n^2}|y_{mn}|^2\right)\exp\left(-\frac{E}{M\sigma_n^2}\alpha_{mn}^2\right)\cdot \\ &\quad \exp\left(\frac{2\alpha_{mn}}{\sigma_n^2}\sqrt{\frac{E}{M}}|y_{mn}|\cos(\beta_{mn}-\zeta_{mn})\right) \end{aligned} \tag{2-65}$$

式中，$\boldsymbol{\alpha}=[\alpha_{11},\alpha_{21},\cdots,\alpha_{MN}]$。首先，在 MN 个相互独立的未知相位上求平均，得到

$$\begin{aligned} p_1(\boldsymbol{y}\mid\boldsymbol{\alpha}) &= \prod_{m=1}^{M}\prod_{n=1}^{N}\frac{1}{\pi\sigma_n^2}\exp\left(-\frac{1}{\sigma_n^2}|y_{mn}|^2\right)\exp\left(-\frac{E}{M\sigma_n^2}\alpha_{mn}^2\right)\cdot \\ &\quad \mathrm{I}_0\left(\frac{2\alpha_{mn}}{\sigma_n^2}\sqrt{\frac{E}{M}}|y_{mn}|\right) \end{aligned} \tag{2-66}$$

假设各个路径上的反射系数的幅度均服从莱斯分布，且有

$$p(\alpha_{mn}) = \frac{\alpha_{mn}}{\tilde{\sigma}_{mn}^2}\exp\left(-\frac{1}{2\tilde{\sigma}_{mn}^2}(\alpha_{mn}^2+\chi_{mn}^2)\right)\mathrm{I}_0\left(\frac{\alpha_{mn}\chi_{mn}}{\tilde{\sigma}_{mn}^2}\right) \tag{2-67}$$

式中，χ_{mn}^2与能量成正比；$\tilde{\sigma}_{mn}^2$与多径能量成正比。如果$\chi_{mn}^2=0$，则概率密度函数为瑞利分布。利用式（2-67），非条件概率密度函数可以表示为

$$\begin{aligned} p_1(\boldsymbol{y}) &= \int p_1(\boldsymbol{y}\mid\boldsymbol{\alpha})p(\boldsymbol{\alpha})\mathrm{d}\boldsymbol{\alpha} \\ &= \prod_{m=1}^{M}\prod_{n=1}^{N}\frac{1}{\pi\sigma_n^2}\exp\left(-\frac{1}{\sigma_n^2}|y_{mn}|^2-\frac{\chi_{mn}^2}{2\tilde{\sigma}_{mn}^2}\right)\cdot\int_0^{\infty}\frac{\alpha_{mn}}{\tilde{\sigma}_{mn}^2}\exp\left(-\alpha_{mn}^2\left[\frac{E}{M\sigma_n^2}+\frac{1}{2\tilde{\sigma}_{mn}^2}\right]\right)\cdot \\ &\quad \mathrm{I}_0\left(\frac{2\alpha_{mn}}{\sigma_n^2}\sqrt{\frac{E}{M}}|y_{mn}|\right)\mathrm{I}_0\left(\frac{\alpha_{mn}\chi_{mn}}{\tilde{\sigma}_{mn}^2}\right)\mathrm{d}\alpha_{mn} \end{aligned} \tag{2-68}$$

式（2-68）由式（2-69）计算[17]。

$$\int_0^{\infty} \boldsymbol{\alpha}\exp(-\boldsymbol{c}\boldsymbol{\alpha}^2)\mathrm{I}_0(\boldsymbol{g}\boldsymbol{\alpha})\mathrm{I}_0(\boldsymbol{e}\boldsymbol{\alpha})\mathrm{d}\boldsymbol{\alpha} = \frac{1}{2\boldsymbol{c}}\exp\left(\frac{\boldsymbol{g}^2+\boldsymbol{e}^2}{4\boldsymbol{c}}\right)\mathrm{I}_0\left(\frac{\boldsymbol{g}\boldsymbol{e}}{2\boldsymbol{c}}\right) \tag{2-69}$$

因此，H_1 下的联合条件概率密度函数为

$$p_1(\boldsymbol{y}) = \prod_{m=1}^{M}\prod_{n=1}^{N}\frac{1}{\pi\sigma_n^2\tilde{\sigma}_{mn}^2}\exp\left(-\frac{1}{\sigma_n^2}|y_{mn}|^2-\frac{\chi_{mn}^2}{2\tilde{\sigma}_{mn}^2}\right)\cdot\frac{1}{2c_{mn}}\exp\left(\frac{g_{mn}^2+e_{mn}^2}{4c_{mn}}\right)\mathrm{I}_0\left(\frac{g_{mn}e_{mn}}{2c_{mn}}\right) \tag{2-70}$$

式中

$$c_{mn} = \frac{E}{M\sigma_n^2}+\frac{1}{2\tilde{\sigma}_{mn}^2} \tag{2-71}$$

随机变量 g_{mn} 为

$$g_{mn} = \frac{2}{\sigma_n^2}\sqrt{\frac{E}{M}}|y_{mn}| \tag{2-72}$$

且

$$e_{mn} = \frac{\chi_{mn}}{\tilde{\sigma}_{mn}^2} \tag{2-73}$$

可得对数似然比函数为

$$\ln L(\boldsymbol{y}) = \ln\frac{p_1(\boldsymbol{y})}{p_0(\boldsymbol{y})} = \sum_{m=1}^{M}\sum_{n=1}^{N}U_{mn} \tag{2-74}$$

式中

$$U_{mn} = -2\ln(\tilde{\sigma}_{mn})-\frac{\chi_{mn}^2}{2\tilde{\sigma}_{mn}^2}-\ln(2c_{mn})+\frac{g_{mn}^2+e_{mn}^2}{4c_{mn}}+\ln\mathrm{I}_0\left(\frac{g_{mn}e_{mn}}{2c_{mn}}\right) \tag{2-75}$$

本节对 $\ln \mathrm{I}_0(\ )$ 采用低 SNR 时的平方律处理检测器近似，由式（2-75）可以得到

$$U_{mn} = g_{mn}^2\left(\frac{1}{4c_{mn}}+\frac{e_{mn}^2}{4c_{mn}^2}\right)-2\ln(\tilde{\sigma}_{mn})-\frac{\chi_{mn}^2}{2\tilde{\sigma}_{mn}^2}-\ln(2c_{mn})+\frac{e_{mn}^2}{4c_{mn}} \tag{2-76}$$

因为 $g_{mn}=\frac{2}{\sigma_n^2}\sqrt{\frac{E}{M}}|y_{mn}|$，所以有

$$\begin{aligned} U_{mn} &= \frac{4}{\sigma_n^4}\frac{E}{M}|y_{mn}|^2\left(\frac{1}{4c_{mn}}+\frac{e_{mn}^2}{4c_{mn}^2}\right)-2\ln(\tilde{\sigma}_{mn})-\frac{\chi_{mn}^2}{2\tilde{\sigma}_{mn}^2}-\ln(2c_{mn})+\frac{e_{mn}^2}{4c_{mn}} \\ &= (a_{mn}|y_{mn}|)^2-2\ln(\tilde{\sigma}_{mn})-\frac{\chi_{mn}^2}{2\tilde{\sigma}_{mn}^2}-\ln(2c_{mn})+\frac{e_{mn}^2}{4c_{mn}} \end{aligned} \tag{2-77}$$

其中

$$a_{mn}=\sqrt{\frac{4}{\sigma_n^4}\frac{E}{M}\left(\frac{1}{4c_{mn}}+\frac{e_{mn}^2}{4c_{mn}^2}\right)}=\sqrt{\frac{\frac{E/M}{\sigma_n^4}\left(\left(\frac{E/M}{\sigma_n^2}+\frac{1}{2\tilde{\sigma}_{mn}^2}\right)+\frac{\chi_{mn}^2}{\tilde{\sigma}_{mn}^4}\right)}{\left(\frac{E/M}{\sigma_n^2}+\frac{1}{2\tilde{\sigma}_{mn}^2}\right)^2}} \quad (2-78)$$

假设所有的常量归入门限内，幅相随机 MIMO 雷达平方律合并检测器结构可简化为图 2-8。

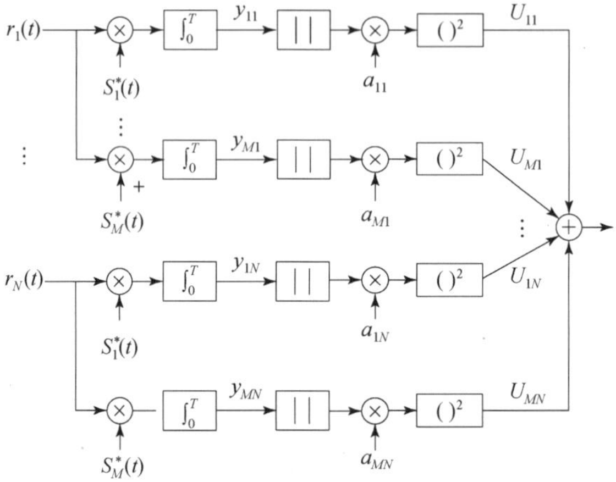

图 2-8　幅相随机 MIMO 雷达平方律合并检测器结构

2. 检测器性能分析

类似于相位随机非相参 MIMO 雷达检测性能分析，将条件概率密度函数表示为

$$p(|y_{mn}\|\alpha_{mn})=\frac{|y_{mn}|}{\sigma_n^2/2}\exp\left(-\frac{|y_{mn}|^2+E\alpha_{mn}^2/M}{2\sigma_n^2/2}\right)\mathrm{I}_0\left(\frac{\sqrt{\frac{E}{M}}\alpha_{mn}|y_{mn}|}{\sigma_n^2/2}\right) \quad (2-79)$$

式中，α_{mn}服从莱斯分布。无条件概率密度函数为

$$\begin{aligned}p(|y_{mn}|)&=\int_0^\infty p(|y_{mn}\|\alpha_{mn})p(\alpha_{mn})\mathrm{d}\alpha_{mn}\\&=\int_0^\infty\left\{\frac{|y_{mn}|}{\sigma_n^2/2}\exp\left(-\frac{|y_{mn}|^2+E\alpha_{mn}^2/M}{2\sigma_n^2/2}\right)\mathrm{I}_0\left(\frac{\sqrt{\frac{E}{M}}\alpha_{mn}|y_{mn}|}{\sigma_n^2/2}\right)\right\}\cdot\\&\quad\left\{\frac{\alpha_{mn}}{\tilde{\sigma}_{mn}^2}\exp\left(-\frac{1}{2\tilde{\sigma}_{mn}^2}(\alpha_{mn}^2+\chi_{mn}^2)\right)\mathrm{I}_0\left(\frac{\alpha_{mn}\chi_{mn}}{\tilde{\sigma}_{mn}^2}\right)\right\}\mathrm{d}\alpha_{mn}\\&=\frac{|y_{mn}|}{\tilde{\sigma}_{mn}^2\sigma_n^2/2}\exp\left(-\frac{|y_{mn}|^2}{2\sigma_n^2/2}-\frac{\chi_{mn}^2}{2\tilde{\sigma}_{mn}^2}\right)\cdot\end{aligned}$$

$$\int_0^\infty \alpha_{mn}\exp\left(-\alpha_{mn}^2\left(\frac{E/M}{2\sigma_n^2/2}+\frac{1}{2\tilde{\sigma}_{mn}^2}\right)\right)\mathrm{I}_0\left(\frac{\sqrt{\frac{E}{M}}\alpha_{mn}\,|y_{mn}|}{\sigma_n^2/2}\right)\mathrm{I}_0\left(\frac{\alpha_{mn}\chi_{mn}}{\tilde{\sigma}_{mn}^2}\right)\mathrm{d}\alpha_{mn} \tag{2-80}$$

根据参考文献［16］可知

$$\int_0^\infty \boldsymbol{\alpha}\exp(-p\boldsymbol{\alpha}^2)\mathrm{I}_0(\boldsymbol{a\alpha})\mathrm{I}_0(\boldsymbol{\beta\alpha})\mathrm{d}\boldsymbol{\alpha}=\frac{1}{2p}\exp\left(\frac{\boldsymbol{a}^2+\boldsymbol{\beta}^2}{4p}\right)\mathrm{I}_0\left(\frac{\boldsymbol{a\beta}}{2p}\right) \tag{2-81}$$

求解式（2－81），得

$$\begin{aligned} p(|y_{mn}|) &= \frac{|y_{mn}|}{\tilde{\sigma}_{mn}^2\sigma_n^2/2}\exp\left(-\frac{|y_{mn}|^2}{2\sigma_n^2/2}-\frac{\chi_{mn}^2}{2\tilde{\sigma}_{mn}^2}\right)\frac{1}{2\left(\frac{E/M}{2\sigma_n^2/2}+\frac{1}{2\tilde{\sigma}_{mn}^2}\right)}\cdot \\ &\quad \exp\left(\frac{\left(\frac{\sqrt{\frac{E}{M}}|y_{mn}|}{\sigma_n^2/2}\right)^2+\left(\frac{\chi_{mn}}{\tilde{\sigma}_{mn}^2}\right)^2}{4\left(\frac{E/M}{2\sigma_n^2/2}+\frac{1}{2\tilde{\sigma}_{mn}^2}\right)}\right)\mathrm{I}_0\left(\frac{\left(\frac{\sqrt{\frac{E}{M}}|y_{mn}|}{\sigma_n^2/2}\right)\left(\frac{\chi_{mn}}{\tilde{\sigma}_{mn}^2}\right)}{2\left(\frac{E/M}{2\sigma_n^2/2}+\frac{1}{2\tilde{\sigma}_{mn}^2}\right)}\right) \\ &= \frac{|y_{mn}|}{\tilde{\sigma}_{mn}^2E/M+\sigma_n^2/2}\exp\left(-\frac{|y_{mn}|^2+\chi_{mn}^2E/M}{2\tilde{\sigma}_{mn}^2E/M+\sigma_n^2}\right)\mathrm{I}_0\left(\frac{|y_{mn}|\chi_{mn}\sqrt{E/M}}{\tilde{\sigma}_{mn}^2E/M+\sigma_n^2/2}\right) \end{aligned} \tag{2-82}$$

式（2－82）可以看作另一个莱斯分布，剩下的过程跟相位未知的情况类似。假设 $T_{mn}=(a_{mn}|y_{mn}|)^2$，由此可得到 T_{mn} 的概率密度函数为

$$\begin{aligned} p(T_{mn}) &= \frac{1}{2a_{mn}^2(\tilde{\sigma}_{mn}^2E/M+\sigma_n^2/2)}\exp\left(-\frac{T_{mn}+a_{mn}^2\chi_{mn}^2E/M}{2a_{mn}^2(\tilde{\sigma}_{mn}^2E/M+\sigma_n^2/2)}\right)\cdot \\ &\quad \mathrm{I}_0\left(\frac{\sqrt{T_{mn}}\chi_{mn}\sqrt{E/M}}{a_{mn}(\tilde{\sigma}_{mn}^2E/M+\sigma_n^2/2)}\right) \\ &= \frac{1}{2s_{mn}^2}\exp\left(-\frac{T_{mn}+\eta_{mn}}{2s_{mn}^2}\right)\mathrm{I}_0\left(\frac{\sqrt{T_{mn}\eta_{mn}}}{s_{mn}^2}\right) \end{aligned} \tag{2-83}$$

式中

$$s_{mn}^2=a_{mn}^2(\tilde{\sigma}_{mn}^2E/M+\sigma_n^2/2) \tag{2-84}$$

$$\eta_{mn}=a_{mn}^2\chi_{mn}^2E/M \tag{2-85}$$

只有假设所有接收站的方差相等，即 $\sigma_1^2=\sigma_2^2=\cdots=\sigma_N^2=\sigma^2$，才能利用相位未知所采用的方法进行下一步分析。

图 2-9[18]对比了不同数量收发站的相位随机非相参雷达检测器性能曲线。图 2-9（a）为当固定发射总能量为 4 W，接收噪声方差为 1 时，检测概率随虚警概率的变化曲线；图 2-9（b）为固定虚警概率 $P_{fa}=10^{-6}$时，检测概率随 SNR 的变化曲线。

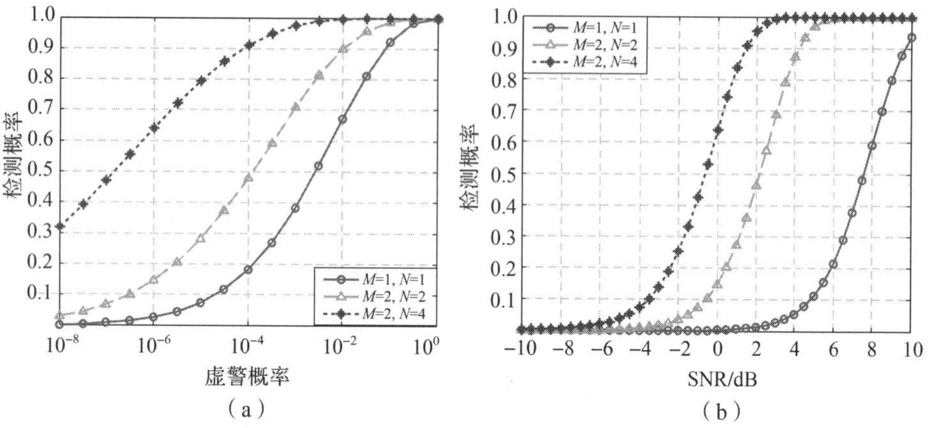

图 2-9　不同数量收发站的相位随机非相参雷达检测器性能曲线

（a）固定发射总能量；（b）固定虚警概率

从图 2-9（a）和图 2-9（b）中可以看出，随着观测路径的增加，要达到与单路径相同的检测性能需要更低的 SNR。例如，在图 2-9（b）中，要达到 0.8 的检测概率，单发单收雷达系统需要 9 dB SNR，2 发 2 收的系统需要 3.5 dB SNR，而 2 发 4 收的系统仅需要 0.8 dB SNR，这就是分集增益带来的 SNR 改善，且改善的增益介于 $10\lg(\sqrt{MN})$ 和 $10\lg(MN)$ 之间。这对工程应用具有重要的指导意义，特别是可达到反隐身目的。针对单部雷达反隐身能力不足，可以通过多部雷达组成分布式 MIMO 雷达系统，利用分布式 MIMO 雷达系统的分集增益，达到反隐身的目的。

2.3　分布式雷达多站定位处理

分布式雷达多站对目标直接定位本质上是在给定的估计准则下，利用观测信号构造的估计器直接求解目标的位置，这决定了直接定位法是一种高度依赖信号模型的定位技术[19]。而雷达信号模型往往与雷达的结构、体制、应用场景等因素密切相关，这导致不同结构、体制的分布式雷达多站在直接定位算法设计上有一定差异。因此，研究分布式雷达多站的直接定位算法需充分考虑雷达的结构、体制和应用场景等因素对算法设计的作用与影响。

利用自身辐射的信号对空间中的目标定位是雷达最常用的定位手段，这种主动的定位方式具有全天候、高精度等优点。本节主要介绍这类主动的分布式雷达多站在单目标场景下的直接定位方法。

2.3.1　多基地雷达单目标直接定位理论

多基地雷达系统的一个主要特征是系统能对多个雷达站接收到的目标信息进行联合处理或融合，狭义的多基地雷达系统是指由一个发射站和几个空间上分开的接收站构成的一部单基地雷达[20]。需要指出的是，在更宽泛的定义下，分布式 MIMO 雷达也属于一种特殊的多基地雷达系统，由于 MIMO 雷达具有独特的系统配置和信号处理方式，为便于分开讨论，本节所指的多基地雷达系统不包含分布式 MIMO 雷达。

1. 信号模型

假设空间中存在广域分布的 1 个发射站和 N 个接收站构成的多基地雷达系统，其示意图如图 2-10 所示。为简化分析，仅考虑二维空间的定位问题，同样的分析方法可向三维空间直接拓展。在二维笛卡儿坐标系中，多基地雷达系统的发射站位于 $\boldsymbol{q}_{\mathrm{t}}=[x_{\mathrm{t}},y_{\mathrm{t}}]^{\mathrm{T}}$，接收站分别位于 $\boldsymbol{q}_{\mathrm{r}l}=[x_{\mathrm{r}l},y_{\mathrm{r}l}]^{\mathrm{T}}(l=1,\cdots,N)$，其中，上标符号 T 为矢量或矩阵的转置操作。雷达的探测区域内有一目标位于 $\boldsymbol{p}=[x,y]^{\mathrm{T}}$，假定探测区域为收发雷达站的共视区域，且目标在雷达站的视距范围内。

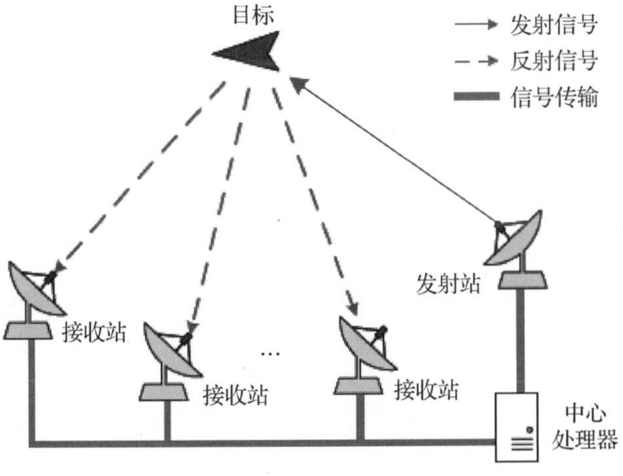

图 2-10　多基地雷达系统示意图

雷达的发射信号为窄带信号，其复包络由 $\tilde{s}(t)=s(t)e^{2\pi jf_ct}$ 表示，其中，$s(t)$ 为复基带信号，f_c 是发射信号载频。假设在一个相参处理间隔（coherent processing interval，CPI）内目标的 RCS 不发生起伏，即目标回波信号的幅度没有明显的去相参效应，并且雷达收发站具有完美的时间同步，则在收发站合作工作的模式下，接收站 l 收到目标反射回波信号的基带形式可表示为

$$r_l(t)=\alpha_l s(t-\tau_l(\boldsymbol{p}))e^{-2\pi jf_c\tau_l(\boldsymbol{p})}+n_l(t),\ 0<t\leqslant T \tag{2-86}$$

式中，α_l 表示目标的反射系数，在一个 CPI 内可看作确定未知的量；T 表示在一个 CPI 内的信号观测时间；$\tau_l(\boldsymbol{p})$ 表示信号沿发射站—目标—接收站 l 路径产生的时延，其表达式为

$$\tau_l(\boldsymbol{p})=\frac{\|\boldsymbol{p}-\boldsymbol{p}_{rl}\|_2+\|\boldsymbol{p}-\boldsymbol{p}_t\|_2}{c} \tag{2-87}$$

式中，$\|\cdot\|_2$ 表示矢量欧几里得范数；c 表示电磁波传播速度。为简化表达式，后续将 $\tau_l(\boldsymbol{p})$ 表示为 τ_l。

用 $n_l(t)$ 表示接收信号的噪声，建模为时间和空间上的零均值白高斯过程，其功率谱密度（power spectral density，PSD）为 σ_ω^2，时间相关函数满足

$$E[n_l(t)n_l(t-\tau)^*]=\sigma_\omega^2\delta(\tau) \tag{2-88}$$

式中，上标符号“*”表示共轭符号；$\delta(\tau)$ 为狄拉克函数。此外，不同接收通道间的噪声相互独立，即对任意的 $l'\neq l$，$E[n_l(t_1)n_{l'}^*(t_2)]=0$。

2. 空间非相参情况下的直接定位理论

讨论接收信号在空间完全非相参情况下的直接定位问题，此种情况多见于长基线的多基地雷达系统应用场景。受雷达空间间距的影响，目标反射信号在各接收站呈现较大的起伏，因此不同接收站接收信号的反射系数 α_l 可看作相互独立的量。当 α_l 服从零均值的复高斯分布时，多基地雷达系统的接收信号等价于单基地雷达中的 Swerling Ⅱ 模型，这里将 α_l 视为确定未知的复变量。

由于反射系数 α_l 会对目标回波信号幅度和相位起调制作用，这会导致不同接收信号之间的初始相位产生模糊，因此可将反射系数 α_l 和时延引起的相位项 $2\pi f_c\tau_l$ 合并考虑。定义复变量 $\beta_l=\alpha_l e^{-2\pi jf_c\tau_l}$，则基带信号可进一步简化为

$$r_l(t)=\beta_l s(t-\tau_l)+n_l(t) \tag{2-89}$$

其中，复数 β_l 包含了接收信号总的幅度和相位调制特性。

1）最大似然估计

对于已知概率密度函数的估计模型，参数估计方法可选用最大似然估计

(maximum likelihood estimation, MLE)，该方法具有渐进无偏和渐进趋于克拉美-罗下界（CRLB）的特性。在推导目标位置估计器前，先定义如下未知参数矢量：

$$\boldsymbol{\theta}_{\mathrm{nc}} = [x, y, (\boldsymbol{\beta}^{\mathrm{R}})^{\mathrm{T}}, (\boldsymbol{\beta}^{\mathrm{I}})^{\mathrm{T}}]^{\mathrm{T}} \tag{2-90}$$

式中，$\boldsymbol{\beta}^{\mathrm{R}} = [\beta_1^{\mathrm{R}}, \cdots, \beta_N^{\mathrm{R}}]^{\mathrm{T}}$；$\boldsymbol{\beta}^{\mathrm{I}} = [\beta_1^{\mathrm{I}}, \cdots, \beta_N^{\mathrm{I}}]^{\mathrm{T}}$。

由于噪声 $n_l(t)$ 是零均值的白高斯过程，因此根据给出的信号模型可得关于未知参数 $\boldsymbol{\theta}_{\mathrm{nc}}$ 的似然函数，为

$$\ell_1(\boldsymbol{r};\boldsymbol{\theta}_{\mathrm{nc}}) \propto \exp\left[-\frac{1}{\sigma_\omega^2}\sum_{l=1}^{N}\int_T |r_l(t) - \beta_l s(t-\tau_l)|^2 \mathrm{d}t\right] \tag{2-91}$$

式中，$\boldsymbol{r}$ 表示接收信号构成的矢量，定义为 $\boldsymbol{r} = [r_1(t), \cdots, r_N(t)]^{\mathrm{T}}$。根据最大似然估计的原理可知，目标位置估计值对应函数 $\ell_1(\boldsymbol{r};\boldsymbol{\theta}_{\mathrm{nc}})$ 的最大值点。

对似然函数 $\ell_1(\boldsymbol{r};\boldsymbol{\theta}_{\mathrm{nc}})$ 两边取对数不改变函数的单调性，由此可利用更为简单的对数似然函数去估计目标的位置，易得对数似然函数的表达式为

$$\ln \ell_1(\boldsymbol{r};\boldsymbol{\theta}_{\mathrm{nc}}) = -\frac{1}{\sigma_\omega^2}\sum_{l=1}^{N}\int_T |r_l(t) - \beta_l s(t-\tau_l)|^2 \mathrm{d}t \tag{2-92}$$

这里用等号取代比例符号不影响参数估计的结果。根据多元函数的最值求解理论可知，求函数 $\ln \ell_1(\boldsymbol{r};\boldsymbol{\theta}_{\mathrm{nc}})$ 的最大值需满足其对未知参数的一阶偏导为零，即

$$\frac{\partial \ln \ell_1(\boldsymbol{r};\boldsymbol{\theta}_{\mathrm{nc}})}{\partial \boldsymbol{\theta}_{\mathrm{nc}}} = 0 \tag{2-93}$$

由于未知参数矢量 $\boldsymbol{\theta}_{\mathrm{nc}}$ 中包含多余的未知参数 β_l，因此需要将估计的 $\hat{\beta}_l$ 代入 $\ln \ell_1(\boldsymbol{r};\boldsymbol{\theta}_{\mathrm{nc}})$，以便进一步估计目标位置参数 $[x, y]^{\mathrm{T}}$。根据式（2-93）可知，复变量 β_l 的估计值 $\hat{\beta}_l = \hat{\beta}_l^{\mathrm{R}} + \mathrm{j}\hat{\beta}_l^{\mathrm{I}}$ 满足

$$\left.\frac{\partial \ln \ell_1(\boldsymbol{r};\boldsymbol{\theta}_{\mathrm{nc}})}{\partial \beta_l^{\mathrm{R}}}\right|_{\beta_l^{\mathrm{R}} = \hat{\beta}_l^{\mathrm{R}}} = 0, \left.\frac{\partial \ln \ell_1(\boldsymbol{r};\boldsymbol{\theta}_{\mathrm{nc}})}{\partial \beta_l^{\mathrm{I}}}\right|_{\beta_l^{\mathrm{I}} = \hat{\beta}_l^{\mathrm{I}}} = 0 \tag{2-94}$$

对复数的实部和虚部求导，可采用更为方便的复数形式偏导法则。定义复数 $z = x + \mathrm{j}y$ 及共轭复数 $z^* = x - \mathrm{j}y$ 的偏导为

$$\frac{\partial}{\partial z} = \frac{1}{2}\left(\frac{\partial}{\partial x} - \mathrm{j}\frac{\partial}{\partial y}\right), \quad \frac{\partial}{\partial z^*} = \frac{1}{2}\left(\frac{\partial}{\partial x} + \mathrm{j}\frac{\partial}{\partial y}\right) \tag{2-95}$$

容易求得

$$\frac{\partial z}{\partial z} = 1, \frac{\partial z}{\partial z^*} = 0, \frac{\partial z^*}{\partial z} = 0, \frac{\partial z^*}{\partial z^*} = 1 \tag{2-96}$$

由式（2-96）可看出，变量 z 和 z^* 可以看作是独立的变量对函数求偏导。

根据复数形式偏导的定义，可求得

$$\left.\frac{\partial \ln \ell_1(\boldsymbol{r};\boldsymbol{\theta}_{\mathrm{nc}})}{\partial \beta_l^*}\right|_{\beta_l = \hat{\beta}_l} = 0 \tag{2-97}$$

进一步利用复数形式偏导法则可求得

$$\frac{\partial \ln \ell_1(\boldsymbol{r};\boldsymbol{\theta}_{\mathrm{nc}})}{\partial \beta_l^*} = \frac{1}{\sigma_\omega^2}\left[\int_T r_l(t)s^*(t-\tau_l)\mathrm{d}t - \beta_l\int_T |s(t-\tau_l)|^2\mathrm{d}t\right] \tag{2-98}$$

易得

$$\hat{\beta}_l = \frac{\int_T r_l(t)s^*(t-\tau_l)\mathrm{d}t}{\int_T |s(t-\tau_l)|^2\mathrm{d}t} \tag{2-99}$$

为不失一般性，对复基带信号的能量归一化处理，即 $\int_T |s(t)|^2\mathrm{d}t = \int_T |s(t-\tau_l)|^2\mathrm{d}t = 1$。

将式（2－99）代入式（2－92）消除变量 β_l 可得

$$\ln \ell_1(\boldsymbol{r};\boldsymbol{p}) = -\frac{1}{\sigma_\omega^2}\sum_{l=1}^{N}\left[\int_T |r_l(t)|^2\mathrm{d}t - \left|\int_T r_l^*(t)s(t-\tau_l)\mathrm{d}t\right|^2\right] \tag{2-100}$$

由于 $\int_T |r_l(t)|^2\mathrm{d}t$ 是与目标位置参数无关的量，其值不影响函数最大值的求解，因此，最大化函数 $\ln \ell_1(\boldsymbol{r};\boldsymbol{p})$ 等价于最大化函数

$$\tilde{\ell}_1(\boldsymbol{p}) = \frac{1}{\sigma_\omega^2}\sum_{l=1}^{N}\left|\int_T r_l^*(t)s\middle|(t-\tau_l)\mathrm{d}t\right|^2 \tag{2-101}$$

至此求得接收信号为空间非相参模型的多基地雷达系统目标位置估计器的表达式为

$$\boldsymbol{p} = \arg\max_{p}\frac{1}{\sigma_\omega^2}\sum_{l=1}^{N}\left|\int_T r_l^*(t)s(t-\tau_l)\mathrm{d}t\right|^2 \tag{2-102}$$

由于该估计器的目标函数是位置参数的复杂函数，通常难以直接获得目标位置的解析解，因此一般采用数值计算方法求解目标函数的最大值。常用的数值计算方法有网格搜索法和基于迭代的计算方法，如 Newton－Raphson 方法、得分法和数学期望最大法等。

2）位置估计的 CRLB

从关于 CRLB 的理论可知，对于任何无偏估计 $\hat{\boldsymbol{\theta}}_{\mathrm{nc}}$，其协方差满足 $\boldsymbol{C}_{\hat{\boldsymbol{\theta}}_{\mathrm{nc}}} \geq \boldsymbol{I}^{-1}(\boldsymbol{\theta}_{\mathrm{nc}})$。为获得目标位置估计的 CRLB，首先需要计算关于未知参数 $\boldsymbol{\theta}_{\mathrm{nc}}$ 的费希尔信息矩阵（Fisher information matrix，FIM）$\boldsymbol{I}(\boldsymbol{\theta}_{\mathrm{nc}})$。对于给定的对数似然函数 $\ln \ell_1(\boldsymbol{r};\boldsymbol{\theta}_{\mathrm{nc}})$，可求得

$$\boldsymbol{I}(\boldsymbol{\theta}_{\mathrm{nc}})=E\left\{\frac{\partial\ln\ell_1(\boldsymbol{r};\boldsymbol{\theta}_{\mathrm{nc}})}{\partial\boldsymbol{\theta}_{\mathrm{nc}}}\left[\frac{\partial\ln\ell_1(\boldsymbol{r};\boldsymbol{\theta}_{\mathrm{nc}})}{\partial\boldsymbol{\theta}_{\mathrm{nc}}}\right]^{\mathrm{T}}\right\} \tag{2-103}$$

考虑到 $\ln\ell_1(\boldsymbol{r};\boldsymbol{\theta}_{\mathrm{nc}})$ 是关于时延的更为简单的函数，为便于求解 $\boldsymbol{I}(\boldsymbol{\theta}_{\mathrm{nc}})$，定义如下中间参数矢量：

$$\boldsymbol{\psi}_{\mathrm{nc}}=[\boldsymbol{\tau}^{\mathrm{T}},(\boldsymbol{\beta}^{\mathrm{R}})^{\mathrm{T}},(\boldsymbol{\beta}^{\mathrm{I}})^{\mathrm{T}}]^{\mathrm{T}} \tag{2-104}$$

式中，$\boldsymbol{\tau}=[\tau_1,\cdots,\tau_N]^{\mathrm{T}}$。利用链式求导法则可得

$$\boldsymbol{I}(\boldsymbol{\theta}_{\mathrm{nc}})=\boldsymbol{U}_{\mathrm{nc}}\boldsymbol{I}(\boldsymbol{\psi}_{\mathrm{nc}})\boldsymbol{U}_{\mathrm{nc}}^{\mathrm{T}} \tag{2-105}$$

式中，$\boldsymbol{I}(\boldsymbol{\psi}_{\mathrm{nc}})$ 是关于参数矢量 $\boldsymbol{\psi}_{\mathrm{nc}}$ 的 FIM。变换矩阵 $\boldsymbol{U}_{\mathrm{nc}}$ 的表达式为

$$\boldsymbol{U}_{\mathrm{nc}}=\frac{\partial\boldsymbol{\psi}_{\mathrm{nc}}^{\mathrm{T}}}{\partial\boldsymbol{\theta}_{\mathrm{nc}}}=\begin{bmatrix}\frac{\partial\boldsymbol{\tau}^{\mathrm{T}}}{\partial x} & \frac{\partial(\boldsymbol{\beta}^{\mathrm{R}})^{\mathrm{T}}}{\partial x} & \frac{\partial(\boldsymbol{\beta}^{\mathrm{I}})^{\mathrm{T}}}{\partial x}\\ \frac{\partial\boldsymbol{\tau}^{\mathrm{T}}}{\partial y} & \frac{\partial(\boldsymbol{\beta}^{\mathrm{R}})^{\mathrm{T}}}{\partial y} & \frac{\partial(\boldsymbol{\beta}^{\mathrm{I}})^{\mathrm{T}}}{\partial y}\\ \frac{\partial\boldsymbol{\tau}^{\mathrm{T}}}{\partial\boldsymbol{\beta}^{\mathrm{R}}} & \frac{\partial(\boldsymbol{\beta}^{\mathrm{R}})^{\mathrm{T}}}{\partial\boldsymbol{\beta}^{\mathrm{R}}} & \frac{\partial(\boldsymbol{\beta}^{\mathrm{I}})^{\mathrm{T}}}{\partial\boldsymbol{\beta}^{\mathrm{R}}}\\ \frac{\partial\boldsymbol{\tau}^{\mathrm{T}}}{\partial\boldsymbol{\beta}^{\mathrm{T}}} & \frac{\partial(\boldsymbol{\beta}^{\mathrm{R}})^{\mathrm{T}}}{\partial\boldsymbol{\beta}^{\mathrm{T}}} & \frac{\partial(\boldsymbol{\beta}^{\mathrm{I}})^{\mathrm{T}}}{\partial\boldsymbol{\beta}^{\mathrm{I}}}\end{bmatrix} \tag{2-106}$$

根据 $\boldsymbol{\theta}_{\mathrm{nc}}$ 和 $\boldsymbol{\psi}_{\mathrm{nc}}$ 的定义可求得

$$\boldsymbol{U}_{\mathrm{nc}}=\begin{bmatrix}\boldsymbol{Q}_{2\times N} & \boldsymbol{0}_{2\times 2N}\\ \boldsymbol{0}_{2N\times N} & \boldsymbol{I}_{2N\times 2N}\end{bmatrix} \tag{2-107}$$

式中，$\boldsymbol{0}_{2\times 2N}$，$\boldsymbol{0}_{2N\times N}$ 分别表示 $2\times 2N$、$2N\times N$ 的零矩阵；$\boldsymbol{I}_{2N\times 2N}$ 表示 $2N\times 2N$ 的单位矩阵。此外，矩阵 $\boldsymbol{Q}_{2\times N}$ 的第 l 列元素表达式为

$$a_l\triangleq\frac{\partial\tau_l}{\partial x}=\frac{1}{c}\left[\frac{x-x_{\mathrm{r}l}}{\sqrt{(x-x_{\mathrm{r}l})^2+(y-y_{\mathrm{r}l})^2}}+\frac{x-x_{\mathrm{t}}}{\sqrt{(x-x_{\mathrm{t}})^2+(y-y_{\mathrm{t}})^2}}\right] \tag{2-108}$$

$$b_l\triangleq\frac{\partial\tau_l}{\partial y}=\frac{1}{c}\left[\frac{y-y_{\mathrm{r}l}}{\sqrt{(x-x_{\mathrm{r}l})^2+(y-y_{\mathrm{r}l})^2}}+\frac{y-y_{\mathrm{t}}}{\sqrt{(x-x_{\mathrm{t}})^2+(y-y_{\mathrm{t}})^2}}\right] \tag{2-109}$$

由此，矩阵 $\boldsymbol{Q}_{2\times N}$ 的表达式可简写为

$$\boldsymbol{Q}_{2\times N}=\begin{bmatrix}a_1 & \cdots & a_N\\ b_1 & \cdots & b_N\end{bmatrix} \tag{2-110}$$

为简化表达，后文的公式推导将省略矩阵 $\boldsymbol{Q}_{2\times N}$ 的下标。

接下来推导矩阵 $\boldsymbol{I}(\boldsymbol{\psi}_{\mathrm{nc}})$ 的表达式，根据 FIM 的定义式可知

$$[\boldsymbol{I}(\boldsymbol{\psi}_{\mathrm{nc}})]_{ij}=-E\left\{\frac{\partial^2\ln\ell_1(\boldsymbol{r};\boldsymbol{\psi}_{\mathrm{nc}})}{\partial[\boldsymbol{\psi}_{\mathrm{nc}}]_i\partial[\boldsymbol{\psi}_{\mathrm{nc}}]_j}\right\} \tag{2-211}$$

$\boldsymbol{I}(\boldsymbol{\psi}_{\mathrm{nc}})$的表达式由如下分块矩阵表示：

$$\boldsymbol{I}(\boldsymbol{\psi}_{\mathrm{nc}}) = \begin{bmatrix} \boldsymbol{C}_{\mathrm{nc}} & \boldsymbol{D}_{\mathrm{nc}} \\ \boldsymbol{D}_{\mathrm{nc}}^{\mathrm{T}} & \boldsymbol{G}_{\mathrm{nc}} \end{bmatrix} \tag{2-112}$$

式中，矩阵$\boldsymbol{C}_{\mathrm{nc}}$表示为

$$\boldsymbol{C}_{\mathrm{nc}} = \mathrm{diag}([c_{\mathrm{nc},1}, \cdots, c_{\mathrm{nc},N}]) \tag{2-113}$$

$$c_{\mathrm{nc},l} = \frac{8\pi^2}{\sigma_\omega^2} |\beta_l|^2 \int_W f^2 |S(f)|^2 \mathrm{d}f \tag{2-114}$$

矩阵$\boldsymbol{D}_{\mathrm{nc}}$表示为

$$\boldsymbol{D}_{\mathrm{nc}} = [\mathrm{diag}([d_{\mathrm{nc},1}^{\mathrm{R}}, \cdots, d_{\mathrm{nc},N}^{\mathrm{R}}]),\ \mathrm{diag}([d_{\mathrm{nc},1}^{\mathrm{I}}, \cdots, d_{\mathrm{nc},N}^{\mathrm{I}}])] \tag{2-115}$$

$$d_{\mathrm{nc},l}^{\mathrm{R}} = \frac{4\pi}{\sigma_\omega^2} \beta_l^{\mathrm{I}} \int_W f |S(f)|^2 \mathrm{d}f \tag{2-116}$$

$$d_{\mathrm{nc},l}^{\mathrm{I}} = -\frac{4\pi}{\sigma_\omega^2} \beta_l^{\mathrm{R}} \int_W f |S(f)|^2 \mathrm{d}f \tag{2-117}$$

矩阵$\boldsymbol{G}_{\mathrm{nc}}$表示为

$$\boldsymbol{G}_{\mathrm{nc}} = \mathrm{diag}([g_{\mathrm{nc},1}^{\mathrm{R}}, \cdots, g_{\mathrm{nc},N}^{\mathrm{R}}, g_{\mathrm{nc},1}^{\mathrm{I}}, \cdots, g_{\mathrm{nc},N}^{\mathrm{I}}]) \tag{2-118}$$

$$g_{\mathrm{nc},l}^{\mathrm{R}} = g_{\mathrm{nc},l}^{\mathrm{I}} = \frac{2}{\sigma_\omega^2} \tag{2-119}$$

式中，符号 $\mathrm{diag}(\boldsymbol{x})$表示以矢量 $\boldsymbol{x}$ 的元素为对角元的对角矩阵；$S(f)$是信号$s(t)$的傅里叶变换谱。

未知参数$\boldsymbol{\theta}_{\mathrm{nc}}$的 FIM $\boldsymbol{I}(\boldsymbol{\theta}_{\mathrm{nc}})$为

$$\boldsymbol{I}(\boldsymbol{\theta}_{\mathrm{nc}}) = \begin{bmatrix} \boldsymbol{Q}\boldsymbol{C}_{\mathrm{nc}}\boldsymbol{Q}^{\mathrm{T}} & \boldsymbol{Q}\boldsymbol{D}_{\mathrm{nc}} \\ (\boldsymbol{Q}\boldsymbol{D}_{\mathrm{nc}})^{\mathrm{T}} & \boldsymbol{G}_{\mathrm{nc}} \end{bmatrix} \tag{2-120}$$

利用矩阵求逆引理可得

$$[\boldsymbol{I}^{-1}(\boldsymbol{\theta}_{\mathrm{nc}})]_{2\times2} = (\boldsymbol{Q}\boldsymbol{C}_{\mathrm{nc}}\boldsymbol{Q}^{\mathrm{T}} - \boldsymbol{Q}\boldsymbol{D}_{\mathrm{nc}}\boldsymbol{G}_{\mathrm{nc}}^{-1}(\boldsymbol{Q}\boldsymbol{D}_{\mathrm{nc}})^{\mathrm{T}})^{-1} \tag{2-121}$$

将矩阵$\boldsymbol{Q}$，$\boldsymbol{C}_{\mathrm{nc}}$，$\boldsymbol{D}_{\mathrm{nc}}$和$\boldsymbol{G}_{\mathrm{nc}}$的表达式代入式（2-121）可得

$$\boldsymbol{Q}\boldsymbol{C}_{\mathrm{nc}}\boldsymbol{Q}^{\mathrm{T}} - \boldsymbol{Q}\boldsymbol{D}_{\mathrm{nc}}\boldsymbol{G}_{\mathrm{nc}}^{-1}(\boldsymbol{Q}\boldsymbol{D}_{\mathrm{nc}})^{\mathrm{T}} = \frac{8\pi^2\chi}{\sigma_\omega^2} \sum_{l=1}^{N} |\beta_l|^2 \begin{bmatrix} a_l^2 & a_l b_l \\ a_l b_l & b_l^2 \end{bmatrix} \tag{2-122}$$

式中，χ是与信号波形特性有关的量，

$$\chi = \int_W f^2 |S(f)|^2 \mathrm{d}f - \left(\int_W f |S(f)|^2 \mathrm{d}f\right)^2 \tag{2-123}$$

最后求得目标位置估计的 CRLB 矩阵表达式为

$$[\boldsymbol{I}^{-1}(\boldsymbol{\theta}_{\mathrm{nc}})]_{2\times2} = \frac{\sigma_\omega^2}{8\pi^2\chi(\nu_{\mathrm{nc},1}\nu_{\mathrm{nc},3} - \nu_{\mathrm{nc},2}^2)} \begin{bmatrix} \nu_{\mathrm{nc},3} & -\nu_{\mathrm{nc},2} \\ -\nu_{\mathrm{nc},2} & \nu_{\mathrm{nc},1} \end{bmatrix} \tag{2-124}$$

式中，$\nu_{\mathrm{nc},1}=\sum_{l=1}^{N}|\beta_l|^2 a_l^2$；$\nu_{\mathrm{nc},2}=\sum_{l=1}^{N}|\beta_l|^2 a_l b_l$；$\nu_{\mathrm{nc},3}=\sum_{l=1}^{N}|\beta_l|^2 b_l^2$。

由此可知空间非相参情况下，位置估计量在 x，y 分量上的 CRLB 解析式为

$$\sigma^2_{\mathrm{CRLB}_{\mathrm{nc}},x}=\frac{\sigma_\omega^2\nu_{\mathrm{nc},3}}{8\pi^2\chi(\nu_{\mathrm{nc},1}\nu_{\mathrm{nc},3}-\nu^2_{\mathrm{nc},2})} \tag{2-125}$$

$$\sigma^2_{\mathrm{CRLB}_{\mathrm{nc}},y}=\frac{\sigma_\omega^2\nu_{\mathrm{nc},1}}{8\pi^2\chi(\nu_{\mathrm{nc},1}\nu_{\mathrm{nc},3}-\nu^2_{\mathrm{nc},2})} \tag{2-126}$$

3. 空间相参情况下的直接定位理论

接收信号空间完全相参情况下的直接定位一般出现在短基线的多基地雷达系统中，此时各雷达站的接收信号具有相关联的 RCS 起伏。这里假设输入各接收站的回波信号具有完全的相关性，这意味着不同接收信号对应同样的目标反射系数。为便于表达，令 $\alpha_l=\gamma(l=1,\cdots,N)$。需要指出的是，反射系数 γ 在不同 CPI 中的取值服从某一统计分布，如幅度服从瑞利分布。此种情况下，多基地雷达系统的接收信号等价于单基地雷达中的 Swerling I 模型。因此，多基地雷达系统在空间完全相参情况下的接收信号模型可表示为

$$r_l(t)=\gamma s(t-\tau_l)\mathrm{e}^{-2\pi \mathrm{j} f_c\tau_l}+n_l(t) \tag{2-127}$$

其中，复数衰减系数 γ 为确定未知的量。

1）最大似然估计

定义未知参数矢量 $\boldsymbol{\theta}_{\mathrm{c}}=[x,y,\gamma^{\mathrm{R}},\gamma^{\mathrm{I}}]^{\mathrm{T}}$，根据式（2-127）的信号模型可得，关于未知参数 $\boldsymbol{\theta}_{\mathrm{c}}$ 的似然函数为

$$\ell_2(\boldsymbol{r};\boldsymbol{\theta}_{\mathrm{c}})\propto\exp\left[-\frac{1}{\sigma_\omega^2}\sum_{l=1}^{N}\int_T|r_l(t)-\gamma s(t-\tau_l)\mathrm{e}^{-2\pi \mathrm{j} f_c\tau_l}|^2\mathrm{d}t\right] \tag{2-128}$$

同样地，取对数后可得

$$\ln\ell_2(\boldsymbol{r};\boldsymbol{\theta}_{\mathrm{c}})=-\frac{1}{\sigma_\omega^2}\sum_{l=1}^{N}\int_T|r_l(t)-\gamma s(t-\tau_l)\mathrm{e}^{-2\pi \mathrm{j} f_c\tau_l}|^2\mathrm{d}t \tag{2-129}$$

对数似然函数 $\ln\ell_2(\boldsymbol{r};\boldsymbol{\theta}_{\mathrm{c}})$ 的最大值需满足

$$\left.\frac{\partial\ln\ell_2(\boldsymbol{r};\boldsymbol{\theta}_{\mathrm{c}})}{\partial\gamma^*}\right|_{\gamma=\hat{\gamma}}=0 \tag{2-130}$$

据此可进一步推导求得复反射系数 γ 的估计值，为

$$\hat{\gamma}=\frac{\sum_{l=1}^{N}\int_T r_l(t)s^*(t-\tau_l)\mathrm{e}^{2\pi \mathrm{j} f_c\tau_l}\mathrm{d}t}{\sum_{l=1}^{N}\int_T|s(t-\tau_l)|^2\mathrm{d}t} \tag{2-131}$$

将式（2-131）代入式（2-129）中，消除未知参数 γ 的同时利用归一化能量假设，可得

$$\ln \ell_2(\boldsymbol{r};\boldsymbol{p}) = -\frac{1}{\sigma_\omega^2}\left[\sum_{l=1}^{N}\int_T \left|r_l(t)\right|^2 \mathrm{d}t - \frac{1}{N}\left|\sum_{l=1}^{N}\int_T r_l^*(t)s(t-\tau_l)\mathrm{e}^{-2\pi \mathrm{j} f_c \tau_l}\mathrm{d}t\right|^2\right] \tag{2-132}$$

由于$\int_T |r_l(t)|^2\mathrm{d}t$是与目标无关的量，因此求函数$\ln \ell_2(\boldsymbol{r};\boldsymbol{p})$的最大值等价于求式（2－133）的最大值。

$$\tilde{\ell}_2(\boldsymbol{p}) = \frac{1}{\sigma_\omega^2 N}\left|\sum_{l=1}^{N}\int_T r_l^*(t)s(t-\tau_l)\mathrm{e}^{-2\pi \mathrm{j} f_c \tau_l}\mathrm{d}t\right|^2 \tag{2-133}$$

至此求得在接收信号空间相参情况下，多基地雷达系统的目标位置估计器表达式，为

$$\boldsymbol{p} = \arg\max_{\boldsymbol{p}} \frac{1}{\sigma_\omega^2 N}\left|\sum_{l=1}^{N}\int_T r_l^*(t)s(t-\tau_l)\mathrm{e}^{-2\pi \mathrm{j} f_c \tau_l}\mathrm{d}t\right|^2 \tag{2-134}$$

由于无法获得目标位置估计量的解析解，因此，此估计器表达式仍需采用数值计算方法求解。

2）位置估计的 CRLB

接下来推导接收信号空间相参情况下的 CRLB。同样地，定义如下中间参数矢量：

$$\boldsymbol{\psi}_\mathrm{c} = [\boldsymbol{\tau}^\mathrm{T}, \gamma^\mathrm{R}, \gamma^\mathrm{I}]^\mathrm{T} \tag{2-135}$$

利用链式法则可得参数$\boldsymbol{\theta}_\mathrm{c}$的 FIM 为

$$\boldsymbol{I}(\boldsymbol{\theta}_\mathrm{c}) = \boldsymbol{U}_\mathrm{c}\boldsymbol{I}(\boldsymbol{\psi}_\mathrm{c})\boldsymbol{U}_\mathrm{c}^\mathrm{T} \tag{2-136}$$

根据$\boldsymbol{\theta}_\mathrm{c}$和$\boldsymbol{\psi}_\mathrm{c}$的定义，易得

$$\boldsymbol{U}_\mathrm{c} = \frac{\partial \boldsymbol{\psi}_\mathrm{c}^\mathrm{T}}{\partial \boldsymbol{\theta}_\mathrm{c}} = \begin{bmatrix} \boldsymbol{Q}_{2\times N} & \boldsymbol{0}_{2\times 2} \\ \boldsymbol{0}_{2\times N} & \boldsymbol{I}_{2\times 2} \end{bmatrix} \tag{2-137}$$

其中，矩阵$\boldsymbol{Q}_{2\times N}$与式（2－110）保持一致，后文推导同样省略矩阵$\boldsymbol{Q}_{2\times N}$的下标。

根据参数$\boldsymbol{\psi}_\mathrm{c}$的似然函数表达式，经过数学推导，可求得其 FIM 为

$$\boldsymbol{I}(\boldsymbol{\psi}_\mathrm{c}) = \begin{bmatrix} \boldsymbol{C}_\mathrm{c} & \boldsymbol{D}_\mathrm{c} \\ \boldsymbol{D}_\mathrm{c}^\mathrm{T} & \boldsymbol{G}_\mathrm{c} \end{bmatrix} \tag{2-138}$$

其中，矩阵$\boldsymbol{C}_\mathrm{c}$表示为

$$\boldsymbol{C}_\mathrm{c} = \mathrm{diag}([c_{\mathrm{c},1}, \cdots, c_{\mathrm{c},N}]) \tag{2-139}$$

$$c_{\mathrm{c},l} = \frac{8\pi^2}{\sigma_\omega^2}|\gamma|^2\int_W (f+f_c)^2|S(f)|^2\mathrm{d}f \tag{2-140}$$

矩阵$\boldsymbol{D}_\mathrm{c}$表示为

$$\boldsymbol{D}_{\mathrm{c}}=\begin{bmatrix} d_{\mathrm{c},1}^{\mathrm{R}} & d_{\mathrm{c},1}^{\mathrm{I}} \\ \vdots & \vdots \\ d_{\mathrm{c},N}^{\mathrm{R}} & d_{\mathrm{c},N}^{\mathrm{I}} \end{bmatrix} \tag{2-141}$$

$$d_{\mathrm{c},l}^{\mathrm{R}} = \frac{4\pi}{\sigma_{\omega}^{2}}\gamma^{\mathrm{I}}\int_{W}(f+f_{c})\ |S(f)|^{2}\mathrm{d}f \tag{2-142}$$

$$d_{\mathrm{c},l}^{\mathrm{I}} = -\frac{4\pi}{\sigma_{\omega}^{2}}\gamma^{\mathrm{R}}\int_{W}(f+f_{c})\ |S(f)|^{2}\mathrm{d}f \tag{2-143}$$

矩阵 $\boldsymbol{G}_{\mathrm{c}}$ 表示为

$$\boldsymbol{G}_{\mathrm{c}}=\begin{bmatrix} g_{\mathrm{c},1} & 0 \\ 0 & g_{\mathrm{c},2} \end{bmatrix} \tag{2-144}$$

$$g_{\mathrm{c},1}=g_{\mathrm{c},2}=\frac{2N}{\sigma_{\omega}^{2}} \tag{2-145}$$

进一步求得参数矢量 $\boldsymbol{\theta}_{\mathrm{c}}$ 的信息矩阵 $\boldsymbol{I}(\boldsymbol{\theta}_{\mathrm{c}})$ 为

$$\boldsymbol{I}(\boldsymbol{\theta}_{\mathrm{c}})=\begin{bmatrix} \boldsymbol{QC}_{\mathrm{c}}\boldsymbol{Q}^{\mathrm{T}} & \boldsymbol{QD}_{\mathrm{c}} \\ (\boldsymbol{QD}_{\mathrm{c}})^{\mathrm{T}} & \boldsymbol{G}_{\mathrm{c}} \end{bmatrix} \tag{2-146}$$

因此，空间相参情况下目标位置估计的 CRLB 矩阵为

$$[\boldsymbol{I}^{-1}(\boldsymbol{\theta}_{\mathrm{c}})]_{2\times 2}=(\boldsymbol{QC}_{\mathrm{c}}\boldsymbol{Q}^{\mathrm{T}}-\boldsymbol{QD}_{\mathrm{c}}\boldsymbol{G}_{\mathrm{c}}^{-1}(\boldsymbol{QD}_{\mathrm{c}})^{\mathrm{T}})^{-1} \tag{2-147}$$

将矩阵 $\boldsymbol{Q}$，$\boldsymbol{C}_{\mathrm{c}}$，$\boldsymbol{D}_{\mathrm{c}}$ 和 $\boldsymbol{G}_{\mathrm{c}}$ 的表达式代入式（2－147）可得

$$\boldsymbol{QC}_{\mathrm{c}}\boldsymbol{Q}^{\mathrm{T}}-\boldsymbol{QD}_{\mathrm{c}}\boldsymbol{G}_{\mathrm{c}}^{-1}(\boldsymbol{QD}_{\mathrm{c}})^{\mathrm{T}}=\begin{bmatrix} \nu_{\mathrm{c},1} & \nu_{\mathrm{c},2} \\ \nu_{\mathrm{c},2} & \nu_{\mathrm{c},3} \end{bmatrix}\frac{8\pi^{2}|\gamma|^{2}}{\sigma_{\omega}^{2}} \tag{2-148}$$

其中，

$$\nu_{\mathrm{c},1} = \sum_{l=1}^{N}a_{l}^{2}\int_{W}(f+f_{c})^{2}\ |S(f)|^{2}\mathrm{d}f-\frac{1}{N}\left(\sum_{l=1}^{N}a_{l}\right)^{2}\left(\int_{W}(f+f_{c})\ |S(f)|^{2}\mathrm{d}f\right)^{2} \tag{2-149}$$

$$\begin{aligned}\nu_{\mathrm{c},2} = {} & \sum_{l=1}^{N}a_{l}b_{l}\int_{W}(f+f_{c})^{2}\ |S(f)|^{2}\mathrm{d}f - \\ & \frac{1}{N}\left(\sum_{l=1}^{N}a_{l}\right)\left(\sum_{l=1}^{N}b_{l}\right)\left(\int_{W}(f+f_{c})\ |S(f)|^{2}\mathrm{d}f\right)^{2}\end{aligned} \tag{2-150}$$

$$\nu_{\mathrm{c},3} = \sum_{l=1}^{N}b_{l}^{2}\int_{W}(f+f_{c})^{2}\ |S(f)|^{2}\mathrm{d}f-\frac{1}{N}\left(\sum_{l=1}^{N}b_{l}\right)^{2}\left(\int_{W}(f+f_{c})\ |S(f)|^{2}\mathrm{d}f\right)^{2} \tag{2-151}$$

进一步求得目标位置估计的 CRLB 矩阵表达式为

$$[\boldsymbol{I}^{-1}(\boldsymbol{\theta}_{\mathrm{c}})]_{2\times 2}=\frac{\sigma_{\omega}^{2}}{8\pi^{2}|\gamma|^{2}(v_{\mathrm{c},1}v_{\mathrm{c},3}-v_{\mathrm{c},2}^{2})}\begin{bmatrix} \nu_{\mathrm{c},3} & -\nu_{\mathrm{c},2} \\ -\nu_{\mathrm{c},2} & \nu_{\mathrm{c},1} \end{bmatrix} \tag{2-152}$$

因此，空间相参情况下位置估计量在 x，y 分量上的 CRLB 解析式分别为

$$\sigma^2_{\mathrm{CRLB}_c,x}=\frac{\sigma^2_\omega\nu_{c,3}}{8\pi^2\,|\gamma|^2(\nu_{c,1}\nu_{c,3}-\nu^2_{c,2})} \tag{2-153}$$

$$\sigma^2_{\mathrm{CRLB}_c,y}=\frac{\sigma^2_\omega\nu_{c,1}}{8\pi^2\,|\gamma|^2(\nu_{c,1}\nu_{c,3}-\nu^2_{c,2})} \tag{2-154}$$

对于窄带信号而言，载波频率满足 $f_c\gg W$，因此有

$$\int_W(f+f_c)^2\,|S(f)|^2\mathrm{d}f\approx f_c^2\int_W|S(f)|^2\mathrm{d}f=f_c^2 \tag{2-155}$$

$$\int_W(f+f_c)\,|S(f)|^2\mathrm{d}f\approx f_c\int_W|S(f)|^2\mathrm{d}f=f_c \tag{2-156}$$

进一步得到窄带发射信号对应的 CRLB 解析式为

$$\sigma^2_{\mathrm{CRLB}_c,x}=\frac{\sigma^2_\omega\bar{\nu}_{c,3}}{8\pi^2f_c^2\,|\gamma|^2(\bar{\nu}_{c,1}\bar{\nu}_{c,3}-\bar{\nu}^2_{c,2})} \tag{2-157}$$

$$\sigma^2_{\mathrm{CRLB}_c,y}=\frac{\sigma^2_\omega\bar{\nu}_{c,1}}{8\pi^2f_c^2\,|\gamma|^2(\bar{\nu}_{c,1}\bar{\nu}_{c,3}-\bar{\nu}^2_{c,2})} \tag{2-158}$$

式中，

$$\bar{\nu}_{c,1}=\sum_{l=1}^{N}a_l^2-\frac{1}{N}\Big(\sum_{l=1}^{N}a_l\Big)^2 \tag{2-159}$$

$$\bar{\nu}_{c,2}=\sum_{l=1}^{N}a_lb_l-\frac{1}{N}\Big(\sum_{l=1}^{N}a_l\Big)\Big(\sum_{l=1}^{N}b_l\Big) \tag{2-160}$$

$$\bar{\nu}_{c,3}=\sum_{l=1}^{N}b_l^2-\frac{1}{N}\Big(\sum_{l=1}^{N}b_l\Big)^2 \tag{2-161}$$

4. 定位性能评价指标

雷达目标定位本质上是参数估计问题，对目标的位置估计实际上是在给定的观测样本集 $\{\boldsymbol{x}\mid\boldsymbol{x}=[x_1,\cdots,x_N]^{\mathrm{T}},x_i=f(\boldsymbol{\theta})+n_i,i=1,\cdots,N,\boldsymbol{\theta}\in\mathbb{R}^{M\times1}\}$ 条件下，利用某一准则估计参数 $\boldsymbol{\theta}$ 的过程。对于某一估计量 $\hat{\boldsymbol{\theta}}=\boldsymbol{g}(\boldsymbol{x})$，一般通过它的无偏性和方差指标考察估计器的性能。无偏性意味着估计量的数学期望满足

$$E(\hat{\boldsymbol{\theta}})=\boldsymbol{\theta} \tag{2-162}$$

其中，$E(\cdot)$ 表示求数学期望。对于任意无偏估计量，其理论可达的最小方差由 CRLB 确定。假定样本数据 $\boldsymbol{x}(\boldsymbol{\theta})$ 的概率密度函数 $p(\boldsymbol{x};\boldsymbol{\theta})$ 满足正则条件，那么任何无偏估计量的协方差满足

$$\boldsymbol{C}_{\hat{\boldsymbol{\theta}}}\geq\boldsymbol{I}^{-1}(\boldsymbol{\theta}) \tag{2-163}$$

其中，符号“$\geq$”表示 $\boldsymbol{C}_{\hat{\boldsymbol{\theta}}}-\boldsymbol{I}^{-1}(\boldsymbol{\theta})$ 为半正定矩阵。$\boldsymbol{I}(\boldsymbol{\theta})$ 的第 ij 个元素为

$$[\boldsymbol{I}(\boldsymbol{\theta})]_{ij}=E\left[\frac{\partial \ln p(\boldsymbol{x};\boldsymbol{\theta})}{\partial \theta_i}\frac{\partial \ln p(\boldsymbol{x};\boldsymbol{\theta})}{\partial \theta_j}\right] \tag{2-164}$$

在 CRLB 的推导中通常利用等式

$$E\left[\frac{\partial \ln p(\boldsymbol{x};\boldsymbol{\theta})}{\partial \theta_i}\frac{\partial \ln p(\boldsymbol{x};\boldsymbol{\theta})}{\partial \theta_j}\right]=-E\left[\frac{\partial^2 \ln p(\boldsymbol{x};\boldsymbol{\theta})}{\partial \theta_i \partial \theta_j}\right] \tag{2-165}$$

可使 $\boldsymbol{I}(\boldsymbol{\theta})$ 的计算更为便利。

2.3.2　分布式雷达单目标直接定位理论

2.3.1 节详细介绍了传统的多基地雷达系统的直接定位算法，本节进一步介绍分布式雷达在单目标场景下的直接定位算法。

1. 信号模型

假设二维空间中存在由 M 个发射站和 N 个接收站构成的分布式 MIMO 雷达系统，发射站分别位于 $\boldsymbol{q}_{t}=[x_{tk},y_{tk}]^{\mathrm{T}}(k=1,\cdots,M)$，接收站分别位于 $\boldsymbol{q}_{rl}=[x_{rl},y_{rl}]^{\mathrm{T}}(l=1,\cdots,N)$，其示意图如图 2-11 所示。此外空间中探测区域内有一目标位于 $\boldsymbol{p}=[x,y]^{\mathrm{T}}$，同样假设目标位于各雷达的共视区域内。与多基地雷达系统不同的是，分布式 MIMO 雷达系统有多个发射站同时向空间辐射信号，且每个发射站辐射的信号为相互正交的波形，接收站能接收并处理所有发射站的信号。

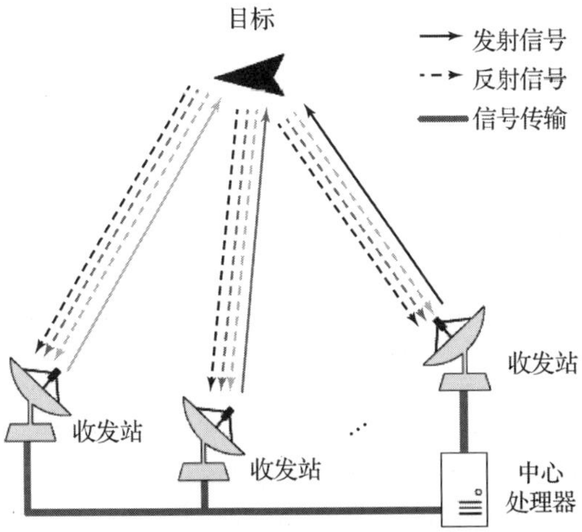

图 2-11　分布式 MIMO 雷达系统示意图

假设雷达收发站具有完美的时间同步，发射站 k 辐射信号的复基带形式为 $s_k(t)$，假设发射信号进行过归一化处理，即满足 $\int_T |s_k(t)|^2 \mathrm{d}t=1$。对于任意时延，发射的正交信号满足

$$\int_T s_k(t-\tau)s_{k'}^*(t-\tau')\,\mathrm{d}t = \begin{cases}1, & k=k' \\ 0, & k\neq k'\end{cases} \tag{2-166}$$

对分布式 MIMO 雷达系统而言，同样有空间相参、非相参两种信号处理方式，并由此得到两种不同的接收信号模型[21-24]。对于信号空间相参的情况，接收站 l 的接收信号模型为

$$r_l(t) = \sum_{k=1}^{M}\zeta s_k(t-\tau_{lk}(\boldsymbol{p}))\mathrm{e}^{-2\pi \mathrm{j} f_c \tau_{lk}(\boldsymbol{p})} + n_l(t) \tag{2-167}$$

式中，ζ 表示目标的复反射系数；$n_l(t)$ 为接收信号的噪声项；建模为功率谱密度为 σ_ω^2 的零均值白高斯过程；时延项 $\tau_{lk}(\boldsymbol{p})$ 定义为

$$\tau_{lk}(\boldsymbol{p}) = \frac{\|\boldsymbol{p}-\boldsymbol{p}_{rl}\|_2 + \|\boldsymbol{p}-\boldsymbol{p}_{tk}\|_2}{c} \tag{2-168}$$

为简化表达，在后续表达式中用 τ_{lk} 代替 $\tau_{lk}(\boldsymbol{p})$。

对于信号空间非相参的情况，接收站 l 的接收信号模型为

$$r_l(t) = \sum_{k=1}^{M}\alpha_{lk}s_k(t-\tau_{lk}) + n_l(t) \tag{2-169}$$

式中，α_{lk} 为接收信号的复反射系数，在不同通道间相互独立，该复反射系数同样包含了时延项对相位偏差的影响。下面针对这两种信号简要推导相应的直接定位算法。

2. 空间非相参情况下的直接定位理论

根据式（2－169）的非相参信号模型，易得关于未知参数的最大似然函数，为

$$\ln \ell_3(\boldsymbol{r};\boldsymbol{p},\boldsymbol{\alpha}) = -\frac{1}{\sigma_\omega^2}\sum_{l=1}^{N}\int_T\left|r_l(t)-\sum_{k=1}^{M}\alpha_{lk}s_k(t-\tau_{lk})\right|^2\mathrm{d}t \tag{2-170}$$

式中，$\boldsymbol{\alpha}=[\alpha_{11},\cdots,\alpha_{NM}]^{\mathrm{T}}$。求函数 $\ln \ell_3(\boldsymbol{r};\boldsymbol{p},\boldsymbol{\alpha})$ 关于 α_{lk}^* 的偏导并令其等于零，得

$$\frac{\partial \ln \ell_3}{\partial \alpha_{lk}^*} = \frac{1}{\sigma_\omega^2}\left[\int_T r_l(t)s_k^*(t-\tau_{lk})\,\mathrm{d}t - \sum_{k'=1}^{M}\alpha_{lk'}\int_T s_{k'}(t-\tau_{lk})s_k^*(t-\tau_{lk})\,\mathrm{d}t\right]=0 \tag{2-171}$$

再利用信号 $s_k(t)$ 的正交性，可得反射系数的估计值，为

$$\hat{\alpha}_{lk} = \int_T r_l(t)s_k^*(t-\tau_{lk})\,\mathrm{d}t \tag{2-172}$$

将式（2－171）代入式（2－170），消除未知参数 α_{lk} 可得

$$\ln \ell_3(\boldsymbol{r};\boldsymbol{p}) = \frac{1}{\sigma_\omega^2}\left[\sum_{l=1}^{N}\sum_{k=1}^{M}\left|\int_T r_l^*(t)s_k(t-\tau_{lk})\,\mathrm{d}t\right|^2 - \sum_{l=1}^{N}\int_T|r_l(t)|^2\mathrm{d}t\right] \tag{2-173}$$

目标位置对应于函数 $\ln \ell_3(\boldsymbol{r};\boldsymbol{p})$ 的最大值点，由此可得信号非相参情况下目标的位置估计器，为

$$\boldsymbol{p} = \arg\max_{p} \frac{1}{\sigma_\omega^2} \sum_{l=1}^{N} \sum_{k=1}^{M} \left| \int_T r_l^*(t) s_k(t-\tau_{lk}) \mathrm{d}t \right|^2 \tag{2-174}$$

式（2-174）同样需采用数值方法求解。

3. 空间相参情况下的直接定位理论

根据已给出的相参信号模型，易得关于未知参数的最大似然函数，为

$$\ln \ell_4(\boldsymbol{r};\boldsymbol{p},\zeta) = -\frac{1}{\sigma_\omega^2} \sum_{l=1}^{N} \int_T \left| r_l(t) - \zeta \sum_{k=1}^{M} s_k(t-\tau_{lk}) \mathrm{e}^{-2\pi \mathrm{j} f_c \tau_{lk}} \right|^2 \mathrm{d}t \tag{2-175}$$

式中，$\boldsymbol{r} \triangleq [r_1(t),\cdots,r_N(t)]^{\mathrm{T}}$。求函数 $\ln \ell_4(\boldsymbol{r};\boldsymbol{p},\zeta)$ 关于 ζ^* 的偏导并令其等于零，可得参数 ζ 的估计值，为

$$\hat{\zeta} = \frac{\sum_{l=1}^{N} \int_T r_l(t) \sum_{k=1}^{M} s_k^*(t-\tau_{lk}) \mathrm{e}^{2\pi \mathrm{j} f_c \tau_{lk}} \mathrm{d}t}{\sum_{l=1}^{N} \int_T \left| \sum_{k=1}^{M} s_k(t-\tau_{lk}) \mathrm{e}^{-2\pi \mathrm{j} f_c \tau_{lk}} \right|^2 \mathrm{d}t} \tag{2-176}$$

由于 $s_k(t)$ 是相互正交的信号，因此式（2-176）的分母项可化简为

$$\int_T \left| \sum_{k=1}^{M} s_k(t-\tau_{lk}) \mathrm{e}^{-2\pi \mathrm{j} f_c \tau_{lk}} \right|^2 \mathrm{d}t = M \tag{2-177}$$

进一步化简得到

$$\hat{\zeta} = \frac{1}{NM} \sum_{l=1}^{N} \sum_{k=1}^{M} \int_T r_l(t) s_k^*(t-\tau_{lk}) \mathrm{e}^{2\pi \mathrm{j} f_c \tau_{lk}} \mathrm{d}t \tag{2-178}$$

将式（2-178）代入式（2-175）并消除未知参数 ζ 可得

$$\ln \ell_4(\boldsymbol{r};\boldsymbol{p}) = \frac{1}{\sigma_\omega^2} \left[\frac{1}{NM} \left| \sum_{l=1}^{N} \sum_{k=1}^{M} \int_T r_l^*(t) s_k(t-\tau_{lk}) \mathrm{e}^{-2\pi \mathrm{j} f_c \tau_{lk}} \mathrm{d}t \right|^2 - \sum_{l=1}^{N} \int_T |r_l(t)|^2 \mathrm{d}t \right] \tag{2-179}$$

目标位置对应于函数 $\ln \ell_4(\boldsymbol{r};\boldsymbol{p})$ 的最大值点，由此可得相参情况下目标的位置估计器，为

$$\boldsymbol{p} = \arg\max_{p} \frac{1}{NM\sigma_\omega^2} \left| \sum_{l=1}^{N} \sum_{k=1}^{M} \int_T r_l^*(t) s_k(t-\tau_{lk}) \mathrm{e}^{-2\pi \mathrm{j} f_c \tau_{lk}} \mathrm{d}t \right|^2 \tag{2-180}$$

同样，由于难以获得目标位置的解析解，因此一般采用数值方法求解该估计器。

4. 定位性能分析

本章已经分别推导了在空间非相参和相参情况下的直接定位算法，以下进一步对比分析这两种算法的性能差异。

1）估计器分析

从非相参与相参情况下直接定位算法的目标位置估计器表达式可以看出，估计器的目标函数均表现为各雷达接收信号与发射信号构成的相关器输出的和，相关函数的输出最大时即输出目标的位置。从信号角度来看，这意味着利用多个接收信号对目标进行直接定位可产生一定的信号处理增益。具体而言，对于空间非相参的估计器，目标函数表现为所有雷达站相关器输出的模的平方和，这意味着空间非相参情况下的直接定位算法仅能产生非相参处理增益。出现这种现象的原因是雷达接收站相距间隔较大，目标反射信号在空间上已经失去相关，不同雷达接收到的信号具有不相关的幅度和相位信息，当对这些接收信号联合处理时，只能进行非相参的叠加。而对于空间相参的位置估计器，其目标函数则表现为所有雷达站相关器输出和的模的平方，直接定位算法能产生相参处理增益。这主要是由于目标反射信号在空间中具有完全的相关性，因此不同雷达接收的信号具有同样的幅度和相位信息，当融合中心对各路空间接收信号进行联合处理时，可充分利用信号的幅度和相位信息，这使得信号的相参叠加处理成为可能。

2）CRLB 分析

根据推导的 CRLB 表达式可以看出，无论是空间相参还是非相参的情况，目标位置无偏估计量的方差下界均与接收信号的 SNR、接收站的数量、发射信号等参数有关。总的来看，两者的 CRLB 均与接收信号的 SNR 成正比，且随着雷达数量的增加而减小。受接收信号空间相关性的影响，发射信号与 CRLB 的关系在空间非相参与相参两种不同情况下呈现一定差异性。具体来说，对于空间非相参的 CRLB，发射信号对 CRLB 的影响体现在波形参数 χ 上，该参数与基带信号波形的均方根（RMS）带宽有关，越大的 RMS 带宽意味着 χ 的值越大，由此得到的 CRLB 也越小。而对于空间相参的 CRLB，窄带信号下的 CRLB 不再受发射信号基带波形的影响，它仅取决于发射信号的载频 f_c，并随着载频 f_c 的增大而减小。此外，CRLB 还受雷达与目标相对位置的影响，这意味着可通过改变雷达位置的分布来改善定位精度。

图 2－12 给出了空间非相参与相参情况下基于 MLE 的直接定位算法的目标位置估计器性能曲线。从 CRLB 曲线可以看出，无论是相参还是非相参的情况，目标位置估计的 CRLB 均随 SNR 的增加而减小。同样的 SNR 环境下，相参情况下的 CRLB 小于非相参情况，这说明利用接收信号的空间相关性可以带来额外的定位性能增益。另外，从 4 条均方误差（MSE）曲线可以看出，无论是针对空间相参还是非相参的情况，利用基于 MLE 的直接定位算法估计的目标位置方差在高 SNR 时均接近于各自的 CRLB，这也与 MLE 算法在高 SNR 时

渐进有效的理论一致。此外，相参情况下的 MSE 曲线要低于非相参情况，这说明针对同等的精度要求，对接收信号进行空间相参处理能获得额外的 SNR 增益。

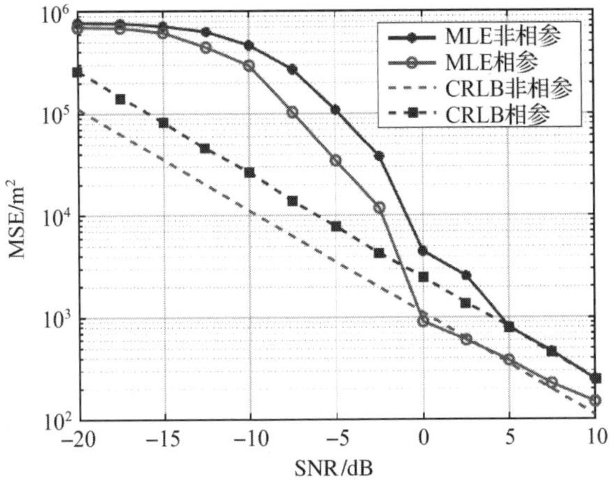

图 2－12　空间非相参与相参情况下基于 MLE 的直接定位算法的目标位置估计器性能曲线

从理论分析已经知道，对于信号空间相参的情况，在发射信号为窄带信号时，目标位置估计的 CRLB 仅与发射信号的载波频率有关，而不取决于发射信号波形。图 2－13 给出了空间非相参与相参情况下 CRLB 随载频的变化曲线。由于非相参的 CRLB 与载频不相关，因此它随载频的变化曲线与横坐标轴平行。从图 2－13 中 CRLB 相参曲线可以看出，空间相参的 CRLB 随载频的增加而降低，这意味着提高信号载频有利于改善空间相参情况下直接定位算法精度的理论下界。

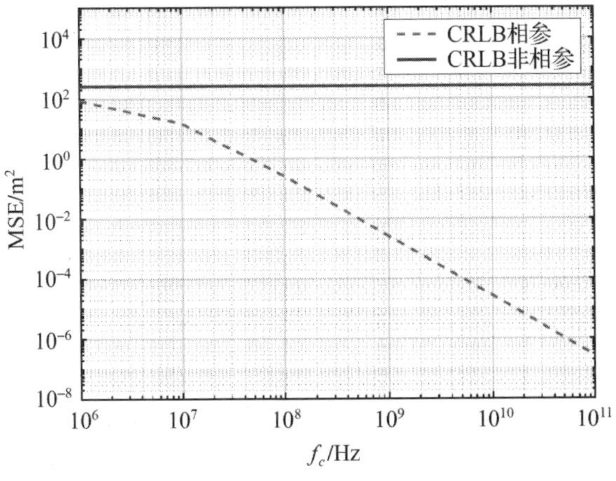

图 2－13　空间非相参与相参情况下 CRLB 随载频的变化曲线

图2-14给出了目标位置估计量的MSE随雷达接收站数量变化的仿真试验。除接收站数量外，其他仿真参数均与先前试验保持一致。假定发射站和目标的位置不变，对于给定数量的雷达接收站，各接收站均匀分布在以原点为中心、20 km为半径的圆弧上。图2-14（a）给出了一个包含9个接收站的多基地雷达系统空间位置示意图；图2-14（b）给出了MSE随接收站数量的变化曲线。从图2-14（b）可以看出，基于MLE的直接定位算法的MSE随接收站数量的增加而降低。这说明利用多基地雷达对目标进行直接定位，可通过增加雷达接收站的数量来提高定位精度。

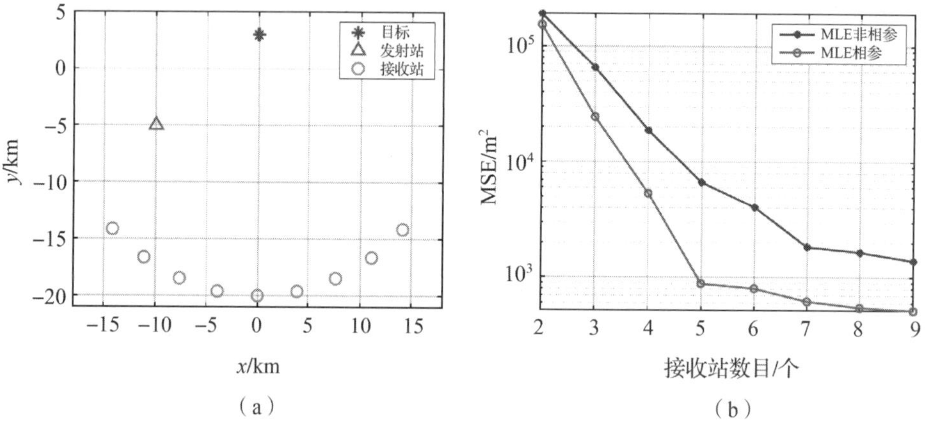

图2-14 目标位置估计量的MSE随雷达接收站数量变化的仿真试验

（a）包含9个接收站的多基地雷达系统空间位置示意图；

（b）MSE随接收站数量的变化曲线

图2-15给出了分布式MIMO雷达与多基地雷达的直接定位算法的性能对比曲线。从图2-15中可以看出，无论是空间非相参还是相参的情况，分布式MIMO雷达的直接定位算法的定位精度均优于多基地雷达的直接定位算法。这主要是因为分布式MIMO雷达系统能处理多个发射站辐射的信号，并获得多个收发通道的信号数据，相比于传统的多基地雷达，它有着更多的接收信号。因此对这些接收回波进行联合处理时，分布式MIMO雷达能获得更大的信号处理增益。此外，与多基地雷达一样，分布式MIMO雷达在空间相参的情况下能获得优于空间非相参的定位性能。需要指出的是，图2-15中的MSE曲线在高SNR时没有继续减小，主要是因为估计目标位置使用了网格计算的方法，此时MSE的值受限于网格的尺寸，继续减小网格的尺寸可使定位算法的MSE一起变小，并接近CRLB。

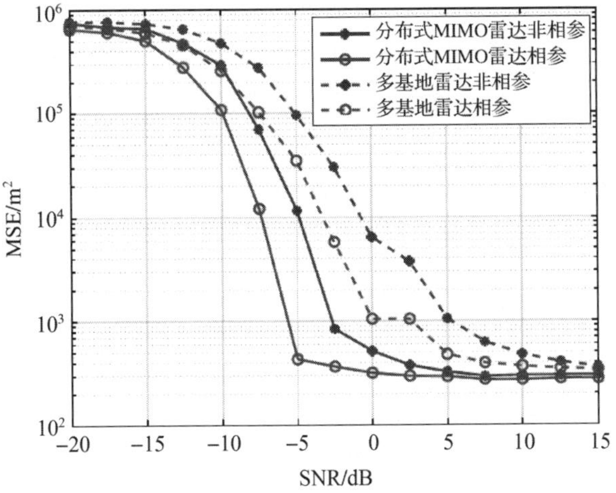

图 2－15　分布式 MIMO 雷达与多基地雷达的直接定位算法的性能对比曲线

参考文献

[1] LI J, STOICA P. MIMO radar with colocated antennas[J]. IEEE Signal Processing Magazine, 2007, 24(5): 106－114.

[2] HAIMOVICH A M, BLUM R S, CIMINI L. MIMO radar with widely separated antennas[J]. IEEE Signal Processing Magazine, 2008, 25(1): 116－129.

[3] XU L Z, LI JIAN, STOICA P. Target detection and parameter estimation for MIMO radar systems[J]. IEEE Transactions on Aerospace and Electronic Systems, 2008, 44(3): 927－939.

[4] FISHLER E, HAIMOVICH A, BLUM R, et al. Spatial diversity in radars－models and detection performance[J]. IEEE Transactions on Signal Processing, 2006, 54(3): 823－838.

[5] MAIO A D, LOPS M. Design principles of MIMO radar detectors[J]. IEEE Transactions on Aerospace and Electronic Systems, 2007, 43(3): 886－898.

[6] CHEN C Y, VAIDYANATHAN P P. MIMO radar ambiguity properties and optimization using frequency hopping waveforms[J]. IEEE Transactions on Signal Processing, 2008, 54(12): 2309－2312.

[7] HE Q, BLUM R S. Diversity gain for MIMO Neyman－Pearson signal detection[J]. IEEE Transactions on Signal Processing, 2011, 59(3): 869－881.

[8] HE Q, LEHMANN N H, BLUM R S. MIMO radar moving target detection in homogeneous clutter[J]. IEEE Transactions on Aerospace and Electronic Systems, 2010,46(3):1290-1301.

[9]宋靖,张剑云. 分布式全相参雷达相参性能分析[J]. 电子与信息学报, 2015,37(1):9-14.

[10] SONG J, ZHANG J Y. Coherence performance analysis for distributed aperture coherent radar[J]. Journal of Electronics and Information Technology, 2015, 37(1):9-14.

[11] GAO H W, CAO Z, WEN S L, et al. Study on distributed aperture coherence-synthesizing radar with several experiment results [C]//Chengdu: IEEE International Conference on Radar, 2011, 1:84-86.

[12]姜伟. MIMO 雷达信号处理关键技术研究[D]. 北京:北京理工大学,2009.

[13]曾涛,殷丕磊,杨小鹏. 分布式全相参雷达系统时间与相位同步方案研究[J]. 雷达学报,2013,2(1):105-110.

[14] ZENG T, YIN P L, YANG X P. Time and phase synchronization for distributed aperture coherent radar[J]. Journal of Radars, 2013, 2(1):105-110.

[15] HE Q, BLUM R S, GODRICH H, et al. Target velocity estimation and antenna placement for MIMO radar with widely separated antennas[J]. IEEE Journal of Selected Topics in Signal Processing, 2010, 4(1):79-100.

[16] ABRAMUWITZ M, STEGUN I A, Miller D. Handbook of mathematical functions with formulas, graphs, and mathematical tables [M]. New York: Dover Publications, 1965.

[17] SCHONHOFF T A, GIORDANO A A. Detection and estimation: Theory and its application[M]. Upper Saddle River: Prentice Hall Press, 2007.

[18]程子扬,何子述,王智磊,等. 分布式 MIMO 雷达目标检测性能分析[J]. 雷达学报,2017,6(01):81-89.

[19]曹鼎. 多基地雷达系统融合检测关键技术研究[D]. 西安:西安电子科技大学,2019.

[20] CHERNYAK V S. Fundamentals of multisite radar systems: Multistatic radars and multiradar systems [M]. London: Taylor & Francis Group, 1998.

[21] GODRICH H, HAIMOVICH A, BLUM R. Target localization accuracy gain in MIMO radar-based systems [J]. IEEE Transactions on Information Theory, 2010, 56(6):2783-2803.

[22] SONG H, WEN G, LIANG Y, et al. Target localization and clock refinement in

distributed MIMO radar systems with time synchronization errors [J]. IEEE Transactions on Signal Processing, 2021, 69: 3088 – 3103.

[23] LEWIS S, INGGS M. Synchronization of coherent netted radar using white rabbit compared with one – way multichannel GPSDOs [J]. IEEE Transactions on Aerospace and Electronic Systems, 2021, 57(3): 1413 – 1422.

[24] HE Q, BLUM R, HAIMOVICH A. Noncoherent MIMO radar for location and velocity estimation: More antennas means better performance [J]. IEEE Transactions on Signal Processing, 2010, 58(7): 3661 – 3680.

第3章

分布式跨域相参融合检测技术

分布式多站信号相参融合处理时，通过相控阵扫描的方式对目标区域完成覆盖，并利用分布式平台接收相参的方式对潜在的目标信号进行检测。若多个接收站之间的视角差异很小（如小于分辨单元3 dB波束宽度），且满足雷达站之间的信号相参条件，即可通过相参处理（射频综合）的方式，显著提升目标回波SNR和系统探测性能。本章主要以满足相参合成效率的指标为基本点，首先分析系统设计涉及的布站准则、时频同步、波束同步、系统构型以及探测区间等要素；然后，在此基础上，介绍多站相位误差联合校正策略；最后，给出分布式跨域相参融合检测技术的方法。

3.1　分布式相参融合检测系统设计

3.1.1　信号相参融合约束条件

1. 信号相参融合空域布站约束

分布式相参探测[1-3]采用若干小孔径雷达，通过信号级相参处理的方式，等效获得单大孔径雷达的探测性能。布站及站间同步水平共同确定多站间的信号相参合成性能[4-6]。本节在给定同步条件下，分析观测视角差异对站间信号去相关的影响，在分析过程中，需建立扩展目标信号模型。

如图 3-1 所示，星载分布式雷达系统由一部星载雷达和 K 部无人机载雷达组成。为了简化推导，扩展目标特定，为矩形目标，其中，星载雷达的位置为 $\boldsymbol{u}_T=(x_{u_T},y_{u_T},z_{u_T})^{\mathrm{T}}$，第 k 部无人机载雷达的实际位置为 $\boldsymbol{u}_k=(x_{u_k},y_{u_k},z_{u_k})^{\mathrm{T}}=\bar{\boldsymbol{u}}_k+\Delta\boldsymbol{u}_k$，其中，$\bar{\boldsymbol{u}}_k=(\bar{x}_{u_k},\bar{y}_{u_k},\bar{z}_{u_k})^{\mathrm{T}}$ 表示标定位置，$\Delta\boldsymbol{u}_k=(\Delta\bar{x}_{u_k},\Delta\bar{y}_{u_k},\Delta\bar{z}_{u_k})^{\mathrm{T}}$ 表示相对位置误差。图 3-1 中阴影区域表示几何中心位于 $\boldsymbol{p}=(p_x,p_y,p_z)^{\mathrm{T}}$ 的矩形目标，假设矩形目标仅沿 $X-Y$ 二维平面扩展，则沿 X 轴方向和 Y 轴方向的尺寸分别为 ΔX 和 ΔY。

用 $\boldsymbol{S}=\{(x,y)\,||x|\leqslant\Delta X/2,\,|y|\leqslant\Delta Y/2\}$ 表示扩展目标所在的矩形区域。假设目标由无穷多个各向同性、相互独立且服从均匀分布的单元散射点构成。位于 $(x+x_0,y+y_0,0)$ 处的单元散射点复增益用 $G(x,y)$ 表示，建模为零均值、

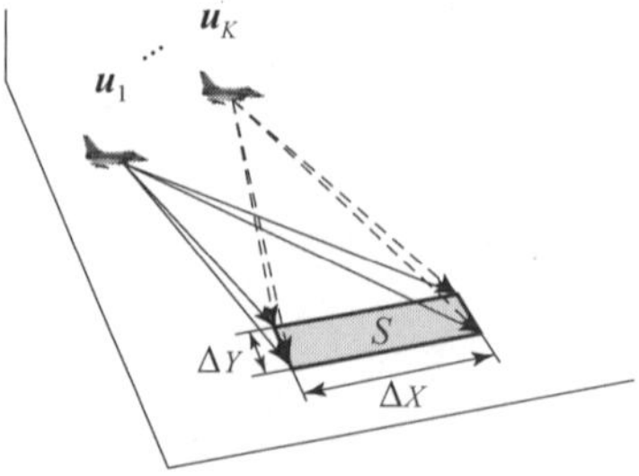

图 3-1　星载分布式雷达系统示意图

复高斯随机变量，满足

$$E\{G(x_i,y_i)G^*(x_j,y_j)\}=\frac{1}{\Delta X\Delta Y}\delta(x_i-x_j,y_i-y_j) \tag{3-1}$$

式中，$\delta(x,y)$表示二维狄拉克函数。由星载雷达发射，经目标单元散射点$\boldsymbol{p}_{x,y}=(p_x+x,p_y+y,p_z)^{\mathrm{T}}$处，被第$k$部无人机载雷达接收的信号路径传播时延为

$$\begin{aligned}\tau_{T,k}(p_x+x,p_y+y)&=\tau_T(p_x+x,p_y+y)+\tau_k(p_x+x,p_y+y)\\&=\frac{R_T(p_x+x,p_y+y)+R_k(p_x+x,p_y+y)}{c}\end{aligned} \tag{3-2}$$

式中，$R_T(x,y)=\|\boldsymbol{u}_T-\boldsymbol{p}_{x,y}\|_2$；$R_k(x,y)=\|\boldsymbol{u}_k-\boldsymbol{p}_{x,y}\|_2$。对于雷达收发对$(T,k)$，来自二维扩展目标的信号可以表示为

$$\begin{aligned}r_k(t)=\int_{-\frac{\Delta X}{2}}^{\frac{\Delta X}{2}}\int_{-\frac{\Delta Y}{2}}^{\frac{\Delta Y}{2}}u&\begin{bmatrix}t-\tau_T(p_x,p_y)-\tau_k(p_x,p_y)-\\\delta\tau_T(p_x+\alpha,p_y+\beta)-\delta\tau_k(p_x+\alpha,p_y+\beta)\end{bmatrix}\cdot\\&G(\alpha,\beta)\mathrm{e}^{-2\pi\mathrm{j}f_c[\tau_T(p_x,p_y)+\tau_k(p_x,p_y)+\delta\tau_T(p_x+\alpha,p_y+\beta)+\delta\tau_k(p_x+\alpha,p_y+\beta)]}\mathrm{d}\alpha\mathrm{d}\beta\end{aligned} \tag{3-3}$$

式中，

$$\begin{aligned}\delta\tau_k(p_x+\alpha,p_y+\beta)&=\tau_k(p_x+\alpha,p_y+\beta)-\tau_k(p_x,p_y)\\&\approx\frac{\alpha(x_{uk}-p_x)+\beta(y_{uk}-p_y)}{c\|\boldsymbol{u}_k-\boldsymbol{p}\|_2}\end{aligned} \tag{3-4}$$

假设目标沿斜距的投影长度远小于距离分辨率，且满足目标（虚拟）阵列的窄带条件，则可得

$$r_k(t)=\rho_k u[t-\tau_{T,k}(p_x,p_y)]\mathrm{e}^{-2\pi\mathrm{j}f_c\tau_{T,k}(p_x,p_y)} \tag{3-5}$$

式中，

$$\rho_k=\int_{-\frac{\Delta X}{2}}^{\frac{\Delta X}{2}}\int_{-\frac{\Delta Y}{2}}^{\frac{\Delta Y}{2}}\mathrm{e}^{-\mathrm{j}\frac{2\pi}{\lambda}\left[\frac{\alpha(x_{uT}-p_x)+\beta(y_{uT}-p_y)}{\|\boldsymbol{u}_T-\boldsymbol{p}\|_2}+\frac{\alpha(x_{uk}-p_x)+\beta(y_{uk}-p_y)}{\|\boldsymbol{u}_k-\boldsymbol{p}\|_2}\right]}G(\alpha,\beta)\mathrm{d}\alpha\mathrm{d}\beta \tag{3-6}$$

表示雷达收发对(T,k)的目标增益。假设雷达标定位置到目标几何中心处的时延和相位可精确补偿，则式（3-5）可改写为

$$\tilde{r}_k(t)=r_k(t-\tau_{T,k}(p_x,p_y)+\bar{\tau}_{T,k}(p_x,p_y))\approx\rho_k u(t)\mathrm{e}^{-\frac{2\pi}{\lambda}\mathrm{j}\Delta R_k} \tag{3-7}$$

式中，ΔR_k 表示由第 k 部雷达相对位置误差带来的距离差，应用一阶泰勒近似，写成

$$\Delta R_k = \| \boldsymbol{u}_k - \boldsymbol{p} \|_2 - \| \bar{\boldsymbol{u}}_k - \boldsymbol{p} \|_2 \approx \frac{(\bar{\boldsymbol{u}}_k - \boldsymbol{p})^{\mathrm{T}} \Delta \bar{\boldsymbol{u}}_k}{\| \bar{\boldsymbol{u}}_k - \boldsymbol{p} \|_2} \tag{3-8}$$

叠加所有机载雷达间的接收信号

$$\tilde{r}(t) = \sum_{k=1}^{K} \rho_k u(t) \mathrm{e}^{-\frac{2\pi}{\lambda}\mathrm{j}\Delta R_k} \tag{3-9}$$

则考虑目标信号相关性的信号相参积累效率 η_T 可以写成

$$\eta_T = \frac{1}{K^2} E\left\{ \int_{T_\mathrm{p}} \left| \tilde{r}(t) \right|^2 \mathrm{d}t \right\} \tag{3-10}$$

不难计算收发对 (T,k) 和 (T,k') 之间的目标增益互相关[7]，

$$\begin{aligned} E\{\rho_k \rho_{k'}^*\} &= E\left\{ \int_{-\frac{\Delta X}{2}}^{\frac{\Delta X}{2}} \int_{-\frac{\Delta Y}{2}}^{\frac{\Delta Y}{2}} \int_{-\frac{\Delta X}{2}}^{\frac{\Delta X}{2}} \int_{-\frac{\Delta Y}{2}}^{\frac{\Delta Y}{2}} \mathrm{e}^{-2\pi\mathrm{j}\left[\frac{\alpha(x_{\mathrm{u}_k} - p_x) + \beta(y_{\mathrm{u}_k} - p_y)}{\lambda \| \boldsymbol{u}_k - \boldsymbol{p} \|_2} - \frac{\alpha'(x_{\mathrm{u}_{k'}} - p_x) + \beta'(y_{\mathrm{u}_{k'}} - p_y)}{\lambda \| \boldsymbol{u}_{k'} - \boldsymbol{p} \|_2} \right]} G(\alpha,\beta) \cdot \right. \\ &\qquad \left. G^*(\alpha',\beta') \mathrm{d}\alpha \mathrm{d}\beta \mathrm{d}\alpha' \mathrm{d}\beta' \right\} \\ &= \frac{1}{\Delta X \Delta Y} \int_{-\frac{\Delta X}{2}}^{\frac{\Delta X}{2}} \int_{-\frac{\Delta Y}{2}}^{\frac{\Delta Y}{2}} \mathrm{e}^{-2\pi\mathrm{j}\frac{\mu_{k,k'}^x}{\lambda}\alpha} \mathrm{e}^{-2\pi\mathrm{j}\frac{\mu_{k,k'}^y}{\lambda}\beta} \mathrm{d}\alpha \mathrm{d}\beta \end{aligned} \tag{3-11}$$

式中，

$$\mu_{k,k'}^x = \frac{\bar{x}_{\mathrm{u}_k} + \Delta x_{\mathrm{u}_k} - p_x}{\| \bar{\boldsymbol{u}}_k + \Delta \boldsymbol{u}_k - \boldsymbol{p} \|_2} - \frac{\bar{x}_{\mathrm{u}_{k'}} + \Delta x_{\mathrm{u}_{k'}} - p_x}{\| \bar{\boldsymbol{u}}_{k'} + \Delta \boldsymbol{u}_{k'} - \boldsymbol{p} \|_2} \tag{3-12}$$

$$\mu_{k,k'}^y = \frac{\bar{y}_{\mathrm{u}_k} + \Delta y_{\mathrm{u}_k} - p_y}{\| \bar{\boldsymbol{u}}_k + \Delta \boldsymbol{u}_k - \boldsymbol{p} \|_2} - \frac{\bar{y}_{\mathrm{u}_{k'}} + \Delta y_{\mathrm{u}_{k'}} - p_y}{\| \bar{\boldsymbol{u}}_{k'} + \Delta \boldsymbol{u}_{k'} - \boldsymbol{p} \|_2} \tag{3-13}$$

注意，

$$\int_{-\frac{\Delta X}{2}}^{\frac{\Delta X}{2}} \mathrm{e}^{-2\pi\mathrm{j}\frac{\mu_{k,k'}^x}{\lambda}\alpha} \mathrm{d}\alpha = \Delta X \mathrm{sinc}\left(\pi \Delta X \frac{\mu_{k,k'}^x}{\lambda} \right) \tag{3-14}$$

若满足不等式 $\mu_{k,k'}^x / \lambda > 1/\Delta X$，则表明超出函数 $\mathrm{sinc}(x)$ 的第一零点，目标增益去相关；否则，若

$$\begin{aligned} &\frac{\bar{x}_{\mathrm{u}_k} + \Delta x_{\mathrm{u}_k} - p_x}{\| \bar{\boldsymbol{u}}_k + \Delta \boldsymbol{u}_k - \boldsymbol{p} \|_2} - \frac{\bar{x}_{\mathrm{u}_{k'}} + \Delta x_{\mathrm{u}_{k'}} - p_x}{\| \bar{\boldsymbol{u}}_{k'} + \Delta \boldsymbol{u}_{k'} - \boldsymbol{p} \|_2} \ll \frac{\lambda}{\Delta x} \\ &\frac{\bar{y}_{\mathrm{u}_k} + \Delta y_{\mathrm{u}_k} - p_y}{\| \bar{\boldsymbol{u}}_k + \Delta \boldsymbol{u}_k - \boldsymbol{p} \|_2} - \frac{\bar{y}_{\mathrm{u}_{k'}} + \Delta y_{\mathrm{u}_{k'}} - p_y}{\| \bar{\boldsymbol{u}}_{k'} + \Delta \boldsymbol{u}_{k'} - \boldsymbol{p} \|_2} \ll \frac{\lambda}{\Delta y} \end{aligned} \tag{3-15}$$

则目标增益相关性强。

若交换雷达和目标的相对观测角色，可以给出式（3－15）的强相关条件的几何解释。（接收）雷达目标增益强相关的几何解释如图 3－2 所

示，天线波束表示扩展目标散射形成的虚拟波束，若两部雷达落入同一波束的顶端范围内，则收发对之间的目标增益强相关；否则，相关性低，即去相关。

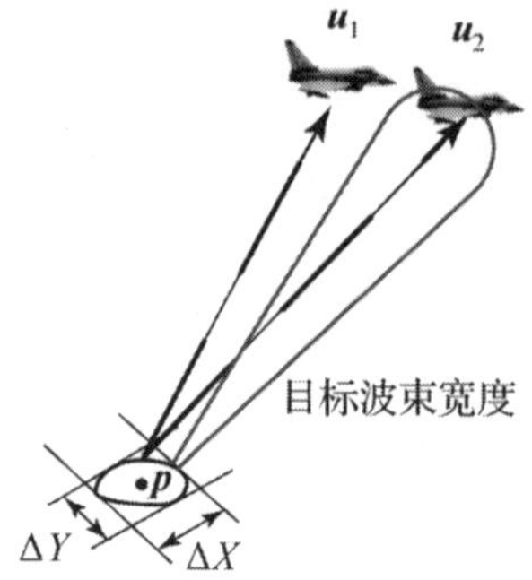

图 3-2 （接收）雷达目标增益强相关的几何解释

进一步考虑，站间目标相关性的信号相参积累效率 η_T，可表示为

$$\eta_T = \frac{1}{K^2}\sum_{k=1}^{K}\sum_{k'=1}^{K}\operatorname{sinc}\left(\frac{\mu_{k,k'}^x}{\lambda}\Delta X\right)\operatorname{sinc}\left(\frac{\mu_{k,k'}^y}{\lambda}\Delta Y\right)e^{-\frac{2\pi}{\lambda}j(\Delta R_k-\Delta R_{k'})} \tag{3-16}$$

不难发现

$$\eta_T \geqslant \eta_{TS}\eta_{TP} \tag{3-17}$$

$$\eta_{TS} = \frac{1}{K^2}\sum_{k=1}^{K}\sum_{k'=1}^{K}\operatorname{sinc}\left(\frac{\mu_{k,k'}^x}{\lambda}\Delta X\right)\operatorname{sinc}\left(\frac{\mu_{k,k'}^y}{\lambda}\Delta Y\right) \tag{3-18}$$

$$\eta_{TP} = \frac{1}{K^2}\sum_{k=1}^{K}\sum_{k'=1}^{K}e^{-\frac{2\pi}{\lambda}j(\Delta R_k-\Delta R_{k'})} \tag{3-19}$$

式（3-18）、式（3-19）分别表示仅考虑观测视角去相关和观测雷达位置误差的相参积累效率，即构型和雷达位置误差分配的相参合成效率指标。若分别满足 η_{TS}和 η_{TP}的指标要求，则 η_T 的指标要求也可以相应得到满足。

雷达布站的约束条件可以表示为

$$S_u = \{\bar{\boldsymbol{U}} \mid \eta_{TS}(\bar{\boldsymbol{U}},\boldsymbol{p}) \geqslant \eta_{TS}, \boldsymbol{U}\in\mathbb{R}^{3\times K}, \forall\boldsymbol{p}\in W\} \tag{3-20}$$

式中，$\bar{\boldsymbol{U}} = [\bar{\boldsymbol{u}}_1, \bar{\boldsymbol{u}}_2, \cdots, \bar{\boldsymbol{u}}_K]$ 表示雷达标定位置构成的位置矩阵；结合位置误差指标，计算 $\eta_{TS}(\bar{\boldsymbol{U}},\boldsymbol{p})$ 可得当前构型下的相参合成效率；W 表示兴趣探测空间。式（3-20）表明多雷达相参合成效率具有空变性，合成效率最差的兴趣探测位置也能够满足设计指标要求。

2. 信号相参融合时频同步约束

时频（相）同步误差[8-12]是影响多雷达信号相参合成的另一个关键因素，

如图 3－3 所示。接下来在一发多收体制下，分析同步误差，即时间同步、频率同步和相位同步误差对信号相参积累效率的影响。

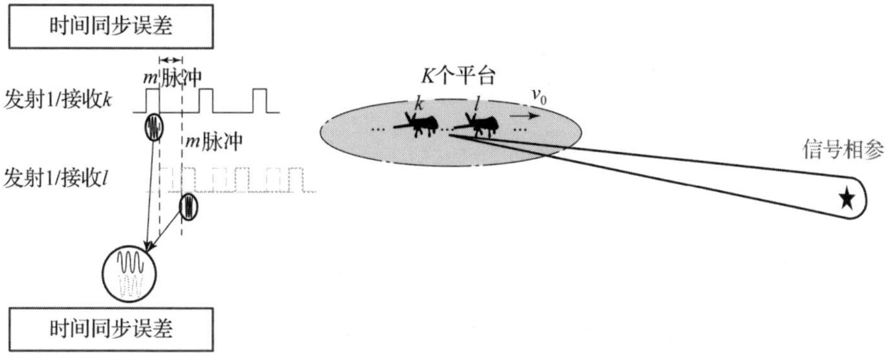

图 3－3　(接收) 雷达时频同步误差示意图

在多雷达相参探测背景下，由星载雷达发射，经期望位置处，再由第 k 部无人机载雷达接收的信号可以表示为

$$\tilde{r}_k(t)=u(t-\tau_k-\Delta t_k)\mathrm{e}^{2\pi \mathrm{j}f_0(t-\tau_k)}\mathrm{e}^{\mathrm{j}\Delta\theta_k} \tag{3-21}$$

式中，$u(t)$ 表示发射信号的基带波形，且 $\int_{T_p}|u(t)|^2\mathrm{d}t=1$，$T_p$ 为脉宽；τ_k 表示由星载雷达发射、第 k 部无人机载雷达接收的信号时延；Δt_k 表示第 k 部无人机载雷达的相对时间同步误差，时间同步误差主要由收发时刻本地时钟不一致引起；f_0 表示信号载频；$\Delta\theta_k$ 表示第 k 部无人机载雷达的相对相位同步误差。相位同步误差主要来源于以下几个方面：(1) 本振初相；(2) 通道相位误差；(3) 时延估计不准引起的相位误差。

经过下变频处理，可得

$$\breve{r}_k(t)=[u(t-\tau_k-\Delta t_k)\mathrm{e}^{2\pi \mathrm{j}\Delta f_k t}]\mathrm{e}^{-2\pi \mathrm{j}f_0\tau_1}\mathrm{e}^{\mathrm{j}\Delta\theta_k} \tag{3-22}$$

式中，Δf_k 表示第 k 部无人机载雷达的相对频率同步误差，频率同步误差主要是由不同接收无人机载雷达的本振相互独立造成的。为了便于分析，假设第 k 部无人机载雷达和参考雷达之间的双基距离差已得到精确补偿，则式 (3－22) 可写成

$$\breve{r}_k(t)=[u(t-\tau_1-\Delta t_k)\mathrm{e}^{2\pi \mathrm{j}\Delta f_k t}]\mathrm{e}^{-2\pi \mathrm{j}f_0\tau_1}\mathrm{e}^{\mathrm{j}\Delta\theta_k} \tag{3-23}$$

特别是对于雷达探测距离远大于雷达间距离的分布式系统，在包络上，雷达间信号时延差在包络上的影响可忽略，即 $\tau_k\approx\tau_1$，近似成立；在相位上，通过相扫的方式实现某一方向上信号相位的对齐。

叠加所有机载雷达间的接收信号可得

$$\breve{r}(t)=\sum_{k=1}^{K}[u(t-\tau_1-\Delta t_k)\mathrm{e}^{2\pi \mathrm{j}\Delta f_k t}]\mathrm{e}^{-2\pi \mathrm{j}f_0\tau_1}\mathrm{e}^{\mathrm{j}\Delta\theta_k} \tag{3-24}$$

在考虑三类同步误差的条件下，信号相参积累效率 η_S 可以写成

$$\eta_S = \frac{|\breve{r}(t)|^2}{K^2} = \frac{1}{K^2}E\left[\sum_{k=1}^{K}\sum_{k'=1}^{K}e^{j(\Delta\theta_k-\Delta\theta_{k'})}\chi(\Delta t_k-\Delta t_{k'},\Delta f_k-\Delta f_{k'})\right] \tag{3-25}$$

式中，$\chi(\tau,f)$ 表示模糊函数，用以确定波形的距离－速度二维分辨率，定义为

$$\chi(\tau,f) \triangleq \int_{-\infty}^{\infty} u(t)u^*(t-\tau)e^{2\pi jft}dt \tag{3-26}$$

可以看到，频率同步误差对模糊函数输出的影响类似于波形的多普勒敏感性。一方面，若波形对多普勒不敏感，则频率同步误差对输出信号的影响将非常小；另一方面，现有技术的频率相对稳定度已相当高，可达到10^{-11}的量级。综上，频率同步误差对信号相位的影响可忽略不计。因此，式（3－25）可以简化为

$$\eta_S \approx \frac{1}{K^2}E\left[\sum_{k=1}^{K}\sum_{k'=1}^{K}e^{j(\Delta\theta_k-\Delta\theta_{k'})}\chi(\Delta t_k-\Delta t_{k'},0)\right] \tag{3-27}$$

类似地，

$$\eta_S \geqslant \eta_E\eta_P \tag{3-28}$$

式中，η_E 和 η_P 分别为仅考虑包络时和仅考虑相位同步误差时的信号相参积累效率，也就是为时间和相位同步误差分配的相参合成效率指标，即

$$\eta_E = \frac{1}{K^2}E\left[\sum_{k_2=1}^{K}\sum_{k_2'=1}^{K}\chi(\Delta t_{k_2}-\Delta t_{k_2'},0)\right] \tag{3-29}$$

和

$$\eta_P = \frac{1}{K^2}E\left[\sum_{k_1=1}^{K}\sum_{k_1'=1}^{K}e^{j(\Delta\theta_{k_1}-\Delta\theta_{k_1'})}\right] \tag{3-30}$$

同步误差指标在时间和相位上实现了分离。若分别满足 η_E 和 η_P 的指标要求，则 η_S 的指标要求也可以相应得到满足。

3. 信号相参融合波束同步约束

波束同步的主要目的是期望将所有雷达收发对的波束中心尽可能地对齐到空间同一位置处。若波束中心未完全对齐，则会带来两方面的影响：第一，在每个雷达站内，波束中心未对齐期望位置，会导致该处信号增益下降，并引入残余相位，但残余相位对单站的影响很小；第二，对于站间的信号相参合成，雷达收发对之间不同的残余相位会进一步造成多站积累增益下降。本节主要针对波束同步问题展开讨论。

如图3－4所示，假设无人机载雷达均装配有 N 元线阵天线，阵元间隔 $d=\lambda/2$，其中，λ 表示波长，天线主波束的期望指向为 $\bar{\theta}_0$方向，实际指向为 $\theta_0=\bar{\theta}_0+\delta\theta$

方向，其中 $\delta\theta$ 表示波束指向误差，则 N 元线阵天线方向图的表达式可以表示为

$$F(\theta)=\frac{\sin\left[\frac{\pi N}{2}(\sin\theta-\sin\bar{\theta}_0)\right]}{\frac{\pi N}{2}(\sin\theta-\sin\bar{\theta}_0)}e^{\frac{\pi N}{2}j(\sin\theta-\sin\bar{\theta}_0)(N-1)} \tag{3-31}$$

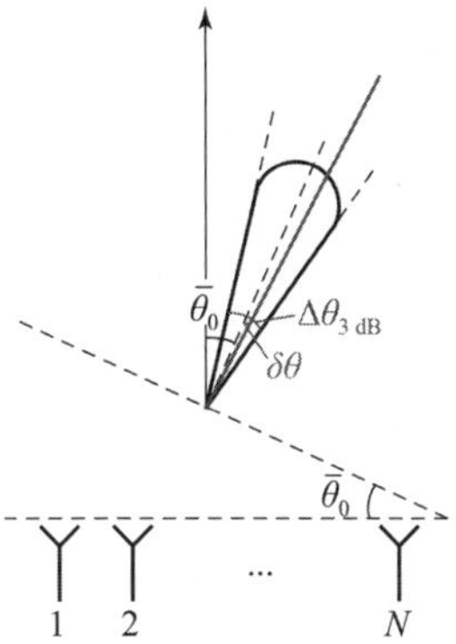

图3-4　N元线阵天线扫描指向未对齐的示意图

实际指向 θ_0 方向处的 N 元线阵天线方向图增益表达式为

$$|F(\theta_0)|=\left|\frac{\sin\left[\frac{N\pi}{2}(\sin(\bar{\theta}_0+\delta\theta)-\sin\bar{\theta}_0)\right]}{\frac{N\pi}{2}(\sin(\bar{\theta}_0+\delta\theta)-\sin\bar{\theta}_0)}\right| \tag{3-32}$$

若 $\delta\theta\neq0$，则 $|F(\theta_0)|<N$。对于单雷达站，波束指向误差会引起期望位置处的信号增益下降。

如图3-5所示，星载雷达发射、第 k 部无人机载雷达接收的双程天线方向图的表达式为

$$D_k(\theta)=F_{\mathrm{T}}(\theta)F_k(\theta) \tag{3-33}$$

式中，$F_{\mathrm{T}}(\theta)$ 表示发射天线方向图，$F_k(\theta)$ 表示第 k 部无人机载雷达的接收天线方向图。来自所有接收雷达总的积累增益为

$$D=\sum_{k=1}^{K}D_k(\theta) \tag{3-34}$$

式中，K 表示接收机载雷达数。波束同步的信号相参合成效率为

$$\eta_{\mathrm{B}}=\frac{D^2}{K^2N^4} \tag{3-35}$$

3.1.2　系统构型及探测区间设计

1. 信号相参融合构型设计

从工程实践可行性角度出发，信号相参融合构型设计主要考虑以下几点因素：

(1) 在满足无人机安全间距条件下，构型需尽可能集中在一个区域内，保证多站回波的相参性；

(2) 构型设计应有利于飞行器相对位置控制，同一平面更容易实现对飞行器的联合测控和运动参数估计（位置误差是引起分布式无人机载雷达相参合成效率损失的主要因素之一）；

(3) 线阵应只涉及一维（方位向）信号相参相加，使信号处理更加容易。

综合分析，从工程实践角度出发，信号相参融合构型设计建议采用线性等构型完成分布式多站相参融合处理。

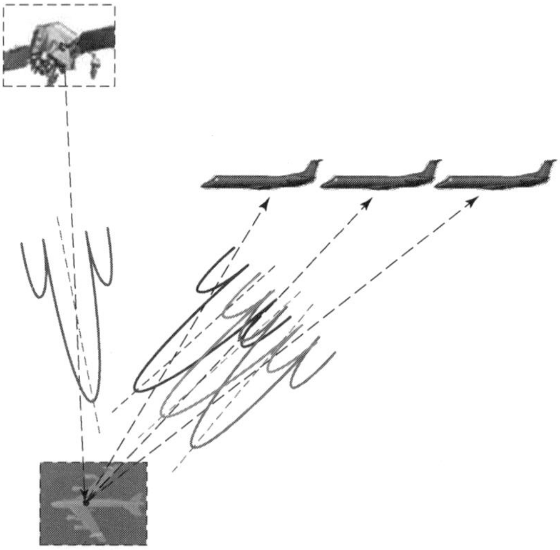

图 3-5　多雷达信号相参合成波束未对齐的示意图（附彩插）

2. 目标探测区间设计

1) 相参探测远场区域约束条件

分布式无人机载阵列雷达搜索区域需要处于远场，以满足空中目标实时检测需求。为了简化工程设计难度，远场约束区间可按照目标探测距离 R 大于 $2D^2/\lambda$ 来计算，其中，D 代表分布式阵列孔径，信号波长 $\lambda = c/f_0$，c 为光速，f_0 为信号载频。

2) 相参探测链路约束条件

假设目标最小可检测 SNR 为 $(S/N)_0$，分布式无人机载阵列雷达最大探测距离为 $R_{\max}$，在搜索模式下，双基地雷达系统探测链路满足

$$R_{\max}^2 = \frac{P_t G_T G_R \lambda^2 \sigma M}{(4\pi)^3 k_0 T_0 FBR_T^2 (S/N)_0 L_s} \tag{3-36}$$

式中，P_t 为发射峰值功率；G_T 为发射天线增益；G_R 为接收天线增益；σ 为目

标 RCS；k_0 为玻尔兹曼常数；T_0 为噪声温度；F 为噪声系数；B 为接收站带宽；L_s 为系统损耗；M 为信号处理增益，可表示为

$$M = \tau B N_{\text{chirp}} \frac{(CN)^2}{N} \tag{3-37}$$

式中，τ 代表信号脉宽；N_{chirp} 为单个相参周期内的积累脉冲数；C 代表接收相参合成效率。

因此，结合接收相参远场区域约束条件和接收相参探测链路约束条件，目标有效探测距离区间需满足

$$\frac{2D^2}{\lambda} < R < R_{\max} \tag{3-38}$$

综合考虑波束指向误差、系统同步误差和目标信号相关性的信号相参积累效率 η 可以表示为

$$\eta = \frac{1}{K^2 N^4} \sum_{k=1}^{K} \sum_{k'=1}^{K} D_k(\theta) D_{k'}(\theta) \operatorname{sinc}\left(\frac{\mu_{k,k'}^{x}}{\lambda}\Delta X\right) \operatorname{sinc}\left(\frac{\mu_{k,k'}^{y}}{\lambda}\Delta Y\right) e^{-\frac{2\pi}{\lambda}j(\Delta R_k - \Delta R_{k'})} \cdot e^{j(\Delta\theta_k - \Delta\theta_{k'})} \chi(\Delta t_k - \Delta t_{k'}, \Delta f_k - \Delta f_{k'}) \tag{3-39}$$

对指标进行分解，可得

$$\eta \geqslant \eta_{\mathrm{T}} \eta_{\mathrm{S}} \eta_{\mathrm{B}} = \eta_{\text{design}} \tag{3-40}$$

工程上一般采用合成损失的形式，即

$$\tilde{\eta}_{\text{design}} = 1 - [(1 - \tilde{\eta}_{\mathrm{T}}) + (1 - \tilde{\eta}_{\mathrm{S}}) + (1 - \tilde{\eta}_{\mathrm{B}})] \tag{3-41}$$

令系统同步误差设置时间同步精度为 30 ns，相位同步精度为 2.5°，阵元位置定位误差为 0.017 m，频率准确度同步精度为 10^{-11}，可以计算得到由系统同步误差引起的合成效率损失为 8.43%；假设波束指向误差为主瓣波束宽度的 0.1 倍，则波束指向误差引起的合成效率损失为 1.29%，最终的分布式多站相参合成效率优于 90%。考虑无人机载运动平台实际工作中可能存在多种非理想因素，可通过外辐射源或外场强散射点标校方案对不同接收雷达相位误差进行进一步校正，或者通过数字域信号处理手段提升最终的分布式雷达相参合成效率。

3.2　多站相位误差联合校正

3.2.1　基于 TOA 多站混合量测的有源动平台误差校正方法

现有硬件水平能够为分布式雷达系统提供稳定的频率源和高精度的授时。

然而，考虑到运动平台的稳定性以及其他工程不可控因素对信号相参合成效率的制约，本节在系统同步方案[13-15]的基础上，提出一种基于外标校源的多站相位联合校正方案，进一步提升多站信号高效相参融合处理能力。需要说明的是，由于目标探测区域可能不属于合作领域，无法在地面部署角反射器等无源标校源，该方案中外标校源采用可以长期悬空的飞艇作为有源标校源，因此校正方案需要考虑飞艇自身存在的位置误差。

所提方案大致分为两步：第一步，通过多架含位置误差的飞艇发射信号、多站无人机接收的方式，采用包络级距离量测，在飞艇位置误差统计信息已知的前提下，估计多站之间的相对位置误差，提高多站构型估计精度；第二步，由卫星发射信号，多站无人机接收信号，在构型估计的基础上，完成对相对相位误差的估计。该校正方案的关键：（1）在第一步中，必须获得足够高的距离估计精度，需要通过增大 SNR 或者增加信号带宽；（2）在第二步中，必须采用远场源辅助相对相位误差估计，近场源无法抵消位置误差的残差带来的影响。下面，对这两个问题依次给出具体的解决方案。

1. **构型估计**

假设构型校准系统包括 M 架飞艇和 K 部无人机载雷达，第 m 架飞艇位于 $\boldsymbol{p}_m = \bar{\boldsymbol{p}}_m + \delta\boldsymbol{p}_m$，其中，$\bar{\boldsymbol{p}}_m$为第 m 架飞艇的导航位置，$\delta\boldsymbol{p}_m$ 为飞艇位置误差，且位置误差服从高斯分布 $\delta\boldsymbol{p}_m \sim N(\boldsymbol{0}_{3\times1}, \sigma_{\mathrm{p}}^2\boldsymbol{I})$，这里假设三维位置误差的方差相同，$\boldsymbol{u}_k = \bar{\boldsymbol{u}}_k + \Delta\boldsymbol{u}_k$ 表示第 k 部无人机载雷达的导航位置，其中，$\bar{\boldsymbol{u}}_k$为第 k 部无人机载雷达的导航位置，$\Delta\boldsymbol{u}_k$ 为相应雷达的位置误差。则第 m 架飞艇到第 k 部无人机载雷达的距离可以表示为

$$\|\bar{\boldsymbol{u}}_k + \Delta\boldsymbol{u}_k - \boldsymbol{p}_m\|_2 = r_{mk} \tag{3-42}$$

考虑到实际中距离量测含噪，因此建立伪距离和真实距离之间的关系，表示为 $\tilde{r}_{mk} = r_{mk} + n_{mk}$，其中 n_{mk}表示量测噪声，代入式（3-42）并对两边平方可得

$$\|\bar{\boldsymbol{u}}_k - \boldsymbol{p}_m\|_2^2 + 2(\bar{\boldsymbol{u}}_k - \boldsymbol{p}_m)^{\mathrm{T}}\Delta\boldsymbol{u}_k \approx \tilde{r}_{mk}^2 - 2n_{mk}\tilde{r}_{mk} \tag{3-43}$$

将飞艇的位置关系代入式（3-43）可得

$$\|\bar{\boldsymbol{u}}_k - \bar{\boldsymbol{p}}_m\|_2^2 - 2(\bar{\boldsymbol{u}}_k - \bar{\boldsymbol{p}}_m)^{\mathrm{T}}\delta\boldsymbol{p}_m + 2(\bar{\boldsymbol{u}}_k - \bar{\boldsymbol{p}}_m)^{\mathrm{T}}\Delta\boldsymbol{u}_k \approx \tilde{r}_{mk}^2 - 2n_{mk}\tilde{r}_{mk} \tag{3-44}$$

定义 ε_{mk}表示式（3-44）中的不确定因素，整理到等式一端，写成

$$\varepsilon_{mk} \triangleq -2n_{mk}\tilde{r}_{mk} + 2(\bar{\boldsymbol{u}}_k - \bar{\boldsymbol{p}}_m)^{\mathrm{T}}\delta\boldsymbol{p}_m = \|\bar{\boldsymbol{u}}_k - \bar{\boldsymbol{p}}_m\|_2^2 - \tilde{r}_{mk}^2 + 2(\bar{\boldsymbol{u}}_k - \bar{\boldsymbol{p}}_m)^{\mathrm{T}}\Delta\boldsymbol{u}_k \tag{3-45}$$

联立飞艇至 k 部雷达的所有量测，建立线性方程组可得

$$\boldsymbol{\varepsilon}_k = \boldsymbol{h}_k - \boldsymbol{G}_k \Delta \boldsymbol{u}_k \tag{3-46}$$

式中，

$$\boldsymbol{\varepsilon}_k = 2\boldsymbol{\Gamma}_k \boldsymbol{n}_k + 2\boldsymbol{A}_k \delta \boldsymbol{p} \tag{3-47}$$

$$\boldsymbol{h}_k = [-\|\bar{\boldsymbol{u}}_k - \bar{\boldsymbol{p}}_1\|_2^2 + \tilde{r}_{1k}^2, -\|\bar{\boldsymbol{u}}_k - \bar{\boldsymbol{p}}_2\|_2^2 + \tilde{r}_{2k}^2, \cdots, -\|\bar{\boldsymbol{u}}_k - \bar{\boldsymbol{p}}_M\|_2^2 + \tilde{r}_{Mk}^2]^{\mathrm{T}} \tag{3-48}$$

$$\boldsymbol{G}_k = 2\begin{bmatrix} (\bar{\boldsymbol{u}}_k - \bar{\boldsymbol{p}}_1)^{\mathrm{T}} \\ (\bar{\boldsymbol{u}}_k - \bar{\boldsymbol{p}}_2)^{\mathrm{T}} \\ \vdots \\ (\bar{\boldsymbol{u}}_k - \bar{\boldsymbol{p}}_M)^{\mathrm{T}} \end{bmatrix} \tag{3-49}$$

其中

$$\boldsymbol{\Gamma}_k = 2\begin{bmatrix} \tilde{r}_{1k} & & & \\ & \tilde{r}_{2k} & & \\ & & \ddots & \\ & & & \tilde{r}_{Mk} \end{bmatrix} \tag{3-50}$$

$$\delta \boldsymbol{p} = [\delta \boldsymbol{p}_1^{\mathrm{T}} \quad \delta \boldsymbol{p}_2^{\mathrm{T}} \quad \cdots \quad \delta \boldsymbol{p}_K^{\mathrm{T}}]^{\mathrm{T}} \tag{3-51}$$

$$\boldsymbol{A}_k = 2\begin{bmatrix} (\bar{\boldsymbol{u}}_k - \bar{\boldsymbol{p}}_1)^{\mathrm{T}} & & & \\ & (\bar{\boldsymbol{u}}_k - \bar{\boldsymbol{p}}_2)^{\mathrm{T}} & & \\ & & \ddots & \\ & & & (\bar{\boldsymbol{u}}_k - \bar{\boldsymbol{p}}_M)^{\mathrm{T}} \end{bmatrix} \tag{3-52}$$

引入 Gauss - Markov 定理：如果数据具有线性模型的形式，即 $\boldsymbol{X} = \boldsymbol{H\theta} + \boldsymbol{w}$，其中，$\boldsymbol{H}$ 是已知的 $N \times P$ 矩阵，$\boldsymbol{\theta}$ 是 $P \times 1$ 的待估计参数矢量，$\boldsymbol{w}$ 是 $N \times 1$ 的、均值为零、协方差为 $\boldsymbol{C}$ 的噪声矢量，则 $\boldsymbol{\theta}$ 的最优线性无偏估计可以写成

$$\hat{\boldsymbol{\theta}} = (\boldsymbol{H}^{\mathrm{T}} \boldsymbol{C}^{-1} \boldsymbol{H}) \boldsymbol{H}^{\mathrm{T}} \boldsymbol{C}^{-1} \boldsymbol{w} \tag{3-53}$$

$\hat{\boldsymbol{\theta}}$ 的协方差矩阵可以写成

$$\boldsymbol{C}_{\hat{\boldsymbol{\theta}}} = \boldsymbol{H}^{\mathrm{T}} \boldsymbol{C}^{-1} \boldsymbol{H} \tag{3-54}$$

则线性方程组 $\Delta \boldsymbol{u}_k$ 的 WLS 解为

$$\Delta \hat{\boldsymbol{u}}_k = (\boldsymbol{G}_k^{\mathrm{T}} \boldsymbol{W}_k \boldsymbol{G}_k)^{-1} \boldsymbol{G}_k^{\mathrm{T}} \boldsymbol{W}_k \boldsymbol{h}_k \tag{3-55}$$

式中，$\boldsymbol{W}_k$ 为加权矩阵，表示为

$$\boldsymbol{W}_k = E[\boldsymbol{\varepsilon}_k \boldsymbol{\varepsilon}_k^{\mathrm{T}}]^{-1} \tag{3-56}$$

具体写成

$$\boldsymbol{W}_k = (\boldsymbol{\Gamma}_k \boldsymbol{Q}_k \boldsymbol{\Gamma}_k^{\mathrm{T}} + \boldsymbol{A}_k \boldsymbol{P} \boldsymbol{A}_k^{\mathrm{T}})^{-1} \tag{3-57}$$

式中，

$$\boldsymbol{Q}_k = E[\boldsymbol{n}_k \boldsymbol{n}_k^{\mathrm{T}}],\ \boldsymbol{P} = E[\delta \boldsymbol{p} \delta \boldsymbol{p}^{\mathrm{T}}] \tag{3-58}$$

$$\boldsymbol{n}_k = [n_{1k} \quad n_{2k} \quad \cdots \quad n_{Mk}]^{\mathrm{T}} \tag{3-59}$$

不难发现，加权矩阵人为地将非理想因素构造为有色噪声，并通过白化的方式在有色噪声背景下进行参数估计。此时相对位置误差的估计可以写成

$$\Delta\hat{\boldsymbol{u}}_{k1} = \Delta\hat{\boldsymbol{u}}_k - \Delta\hat{\boldsymbol{u}}_1 = (\boldsymbol{G}_k^{\mathrm{T}} \boldsymbol{W}_k \boldsymbol{G}_k)^{-1} \boldsymbol{G}_k^{\mathrm{T}} \boldsymbol{W}_k \boldsymbol{h}_k \tag{3-60}$$

该方法仅需要3个外部不精确校正源，反向地通过在待估计雷达中构造量测满足可识别条件，节省了外部校正源的资源。图3－6给出了上述方法的相对位置误差估计结果，可将位置误差估计精度提升一个量级，这为下一阶段利用远场源进行相对相位误差估计提供了基础。

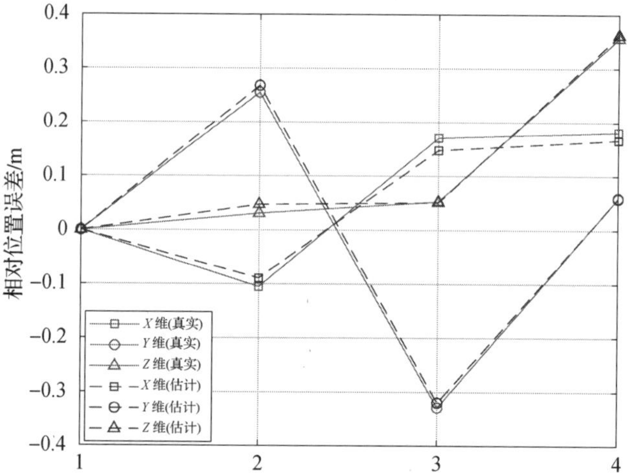

图3－6　相对位置误差估计结果

2. 相对相位误差估计

在构型估计之后，利用卫星发射的信号估计多站雷达相位。由可识别理论可知，该方法仅能获得相对相位估计，而无法获得绝对相位估计。本节利用卫星发射、多站无人机接收的方式来完成该相对相位估计。这里强调必须采用远场辐射源，尽管对于卫星辐射源来说，它的位置精度较差，但远场源可以提供近似相同的视角，在这种情况下，位置误差残差的影响将显著降低，在补偿雷达站间因路径而引起的相位差之后，可以获得相对相位的精确估计。

卫星到第 k 部雷达和参考雷达（第1部雷达）的距离差可以表示为

$$s_{k1}=\|\bar{\boldsymbol{u}}_k+\Delta\boldsymbol{u}_k-\boldsymbol{s}\|_2-\|\bar{\boldsymbol{u}}_1+\Delta\boldsymbol{u}_1-\boldsymbol{s}\|_2 \tag{3-61}$$

式中，$\boldsymbol{s}=\bar{\boldsymbol{s}}+\Delta\boldsymbol{s}$ 表示卫星三维位置坐标，其中，$\bar{\boldsymbol{s}}$ 为卫星的导航位置，$\Delta\boldsymbol{s}$ 为相应的三维位置误差。对式（3－61）进行一阶泰勒展开

$$s_{k1}=\|\bar{\boldsymbol{u}}_k-\boldsymbol{s}\|_2-\|\bar{\boldsymbol{u}}_1-\boldsymbol{s}\|_2+\boldsymbol{\omega}_k^{\mathrm{H}}\Delta\boldsymbol{u}_k-\boldsymbol{\omega}_1^{\mathrm{H}}\Delta\boldsymbol{u}_1 \tag{3-62}$$

式中，

$$\boldsymbol{\omega}_k=\frac{\bar{\boldsymbol{u}}_1-\boldsymbol{s}}{\|\bar{\boldsymbol{u}}_1-\boldsymbol{s}\|_2} \tag{3-63}$$

若观测视角近似相同，即 $\boldsymbol{\omega}_1\approx\boldsymbol{\omega}_2\approx\cdots\approx\boldsymbol{\omega}_K\approx\boldsymbol{\omega}$，则式（3－63）可以简化为

$$s_{k1}=\|\bar{\boldsymbol{u}}_k-\boldsymbol{s}\|_2-\|\bar{\boldsymbol{u}}_1-\boldsymbol{s}\|_2+\boldsymbol{\omega}^{\mathrm{H}}\Delta\boldsymbol{u}_{k1} \tag{3-64}$$

在 $\bar{\boldsymbol{s}}$ 处再进行一阶泰勒展开

$$s_{k1}\approx\|\bar{\boldsymbol{u}}_k-\bar{\boldsymbol{s}}\|_2-\|\bar{\boldsymbol{u}}_1-\bar{\boldsymbol{s}}\|_2+\left[\frac{(\bar{\boldsymbol{u}}_k-\bar{\boldsymbol{s}})^{\mathrm{H}}}{\|\bar{\boldsymbol{u}}_k-\bar{\boldsymbol{s}}\|_2}-\frac{(\bar{\boldsymbol{u}}_1-\bar{\boldsymbol{s}})^{\mathrm{H}}}{\|\bar{\boldsymbol{u}}_1-\bar{\boldsymbol{s}}\|_2}\right]\Delta\boldsymbol{s}+\boldsymbol{\omega}^{\mathrm{H}}\Delta\boldsymbol{u}_{k1} \tag{3-65}$$

若卫星的视角相同，则可以看到卫星三维位置误差 $\Delta\boldsymbol{s}$ 的影响可以忽略，因此式（3－65）可写成

$$s_{k1}\approx\|\bar{\boldsymbol{u}}_k-\bar{\boldsymbol{s}}\|_2-\|\bar{\boldsymbol{u}}_1-\bar{\boldsymbol{s}}\|_2+\boldsymbol{\omega}^{\mathrm{H}}\Delta\boldsymbol{u}_{k1} \tag{3-66}$$

卫星到第 k 部雷达的接收信号可以表示为

$$r_k\approx\alpha_k\mathrm{e}^{-2\pi\mathrm{j}f_0s_k}\mathrm{e}^{\mathrm{j}\Delta\theta^{\mathrm{t}}}\mathrm{e}^{-\mathrm{j}\Delta\theta_k^{\mathrm{r}}}+w_k \tag{3-67}$$

式中，α_k 表示卫星到第 k 部雷达的路径衰减系数；f_0 为信号载频；s_k 为卫星到第 k 部雷达的距离；$\Delta\theta^{\mathrm{t}}$ 表示卫星的发射相位误差；$\Delta\theta_k^{\mathrm{r}}$ 表示第 k 部雷达的接收相位误差；w_k 表示第 k 部雷达的接收噪声。提取卫星到第 k 部雷达和到参考雷达的相位差，为

$$\Delta\varphi=-2\pi f_0s_{k1}-\Delta\theta_{k1}^{\mathrm{r}} \tag{3-68}$$

式中，$\Delta\theta_{k1}^{\mathrm{r}}=\Delta\theta_k^{\mathrm{r}}-\Delta\theta_1^{\mathrm{r}}$ 表示第 k 部雷达的接收相对相位误差，其估计值 $\Delta\hat{\theta}_{k1}^{\mathrm{r}}$ 可通过上述相位差的估计值 $\Delta\hat{\varphi}$ 和相对位置误差的估计值 $\Delta\hat{\boldsymbol{u}}_{k_1}$ 计算获得，即

$$\Delta\hat{\theta}_{k1}^{\mathrm{r}}=\Delta\hat{\varphi}-2\pi f_0(\|\bar{\boldsymbol{u}}_k-\bar{\boldsymbol{s}}\|_2-\|\bar{\boldsymbol{u}}_1-\bar{\boldsymbol{s}}\|_2+\boldsymbol{\omega}^{\mathrm{H}}\Delta\hat{\boldsymbol{u}}_{k1}) \tag{3-69}$$

图3－7给出了在第一步构型估计误差基础上，第二步的相对相位误差估计结果。代入系统参数，相对相位误差估计精度可控制在2.5°以内。

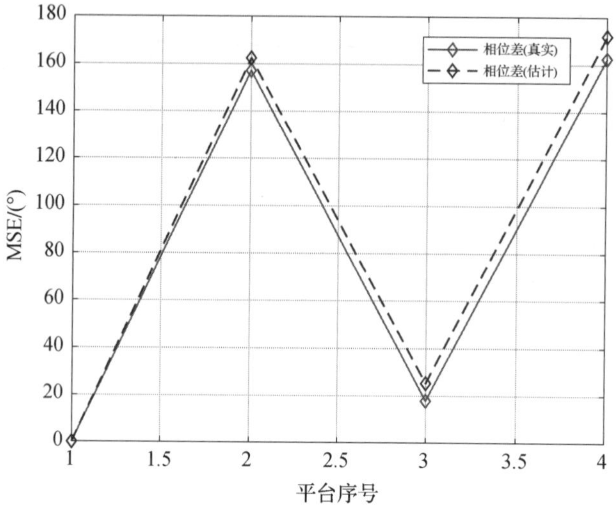

图 3－7　相对相位误差估计结果（附彩插）

对于分布式接收相参雷达，由于运动平台存在相对位置误差，且具有空变性，因此相对相位误差难以精确估计。本节方案基于相对位置误差、相对相位误差串行估计，在获取高精度的相对位置误差估计基础上，可将相对相位误差控制在 2.5°以内，有效提升了无人机载雷达系统的相参合成效率。

图 3－8 给出了三维相对位置误差估计随 SNR 变化的统计结果。可以看到，随着 SNR 的增加，三维相对位置误差估计的 RMSE 在逐步减小，当 SNR 达到 70 dB 时，三维位置误差的估计可以达到毫米级的估计精度。

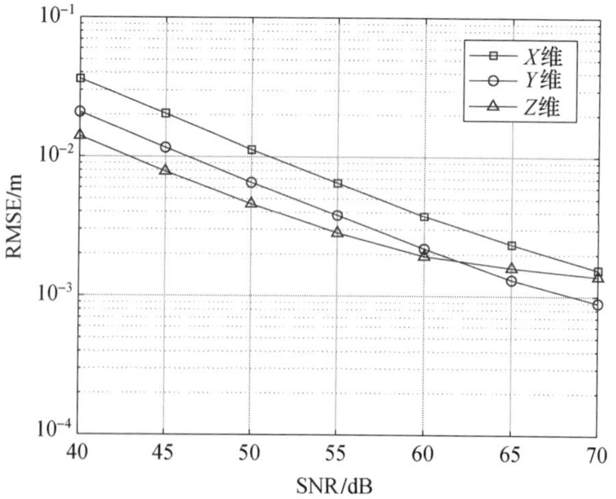

图 3－8　三维相对位置误差估计随 SNR 变化的统计结果

图 3－9 给出了相对初相差估计随 SNR 变化的统计结果。随着 SNR 的增加，相对初相差估计的 RMSE 在逐步减小。

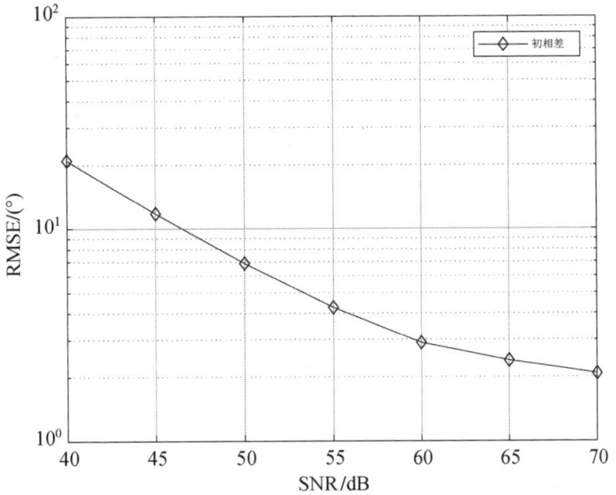

图 3－9　相对初相差估计随 SNR 变化的统计结果

在估计相对位置误差和相对初相差之后，通过对同步参数补偿，可以计算当前方向的信号相参合成效率，选取阵列法线方向作为多站信号相参合成方向。由图 3－10（a）可知，随着 SNR 的增加，同步参数估计精度提高，信号相参合成效率也得到了提高。当 SNR 超过 50 dB 时，信号相参合成效率能够超过 0.97。此时据图 3－10（b），相对位置误差的残差在观测方向上的投影距离须控制在厘米级以内。相对位置误差在不同方向上的投影具有空变性，保持最差观测方向也能满足预先设定的指标要求。

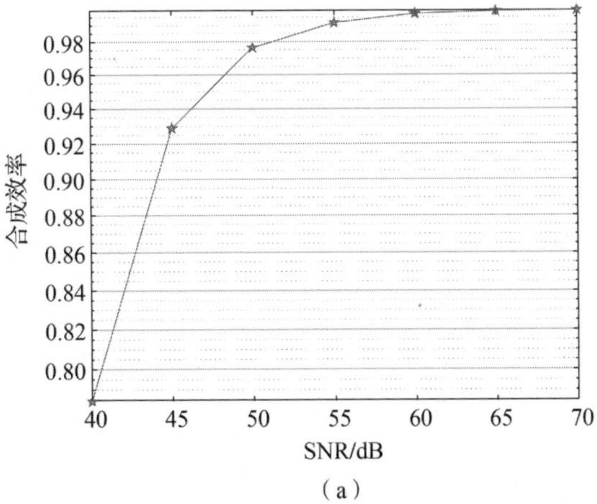

（a）

图 3－10　合成效率和投影距离随 SNR 变化的统计结果

（a）合成效率

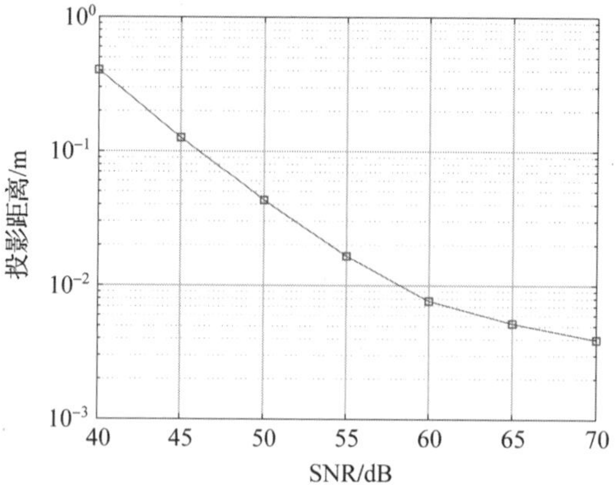

(b)

图 3－10　合成效率和投影距离随 SNR 变化的统计结果（续）

(b) 投影距离

3.2.2　基于 BLUE 多站混合量测的有源动平台误差校正方法

对于动平台系统的位置、时间和相位同步误差的估计[16-24]，基于量测的间接估计方式尚未得到充分研究。因此，利用动平台和校正源之间可得到的接收信号/量测，本节提出基于最佳线性无偏估计（best linear unbiased estimate, BLUE）多站混合量测的有源动平台多站位置、时间和相位同步误差校正方法，进一步提升动平台多站信号相参合成性能，其实现方案如下。

步骤 1　有源动平台与接收站量测误差建模。

假设构型校准系统包括 M 架飞艇和 K 部无人机载雷达，第 m 架飞艇位于 $\boldsymbol{p}_m=\bar{\boldsymbol{p}}_m+\delta\boldsymbol{p}_m$，其中 $\bar{\boldsymbol{p}}_m$ 为第 m 架飞艇的导航位置，$\delta\boldsymbol{p}_m$ 为该飞艇位置误差，且位置误差服从高斯分布 $\delta\boldsymbol{p}_m\sim N(\boldsymbol{0}_{3\times1},\sigma_{\mathrm{p}}^2\boldsymbol{I})$，这里假设三维位置误差的方差相同，$\boldsymbol{u}_k=\bar{\boldsymbol{u}}_k+\Delta\boldsymbol{u}_k$ 表示第 k 部无人机载雷达的导航位置，其中 $\bar{\boldsymbol{u}}_k$ 为第 k 部雷达的导航位置，$\Delta\boldsymbol{u}_k$ 为相应雷达的位置误差，此外，$\Delta\boldsymbol{\tau}_k$ 表示第 k 部雷达的时间同步误差，则第 m 架飞艇到第 k 部雷达的距离可以表示为

$$\|\bar{\boldsymbol{u}}_k+\Delta\boldsymbol{u}_k-\boldsymbol{p}_m\|_2+c\Delta\boldsymbol{\tau}_k=r_{mk} \tag{3-70}$$

式中，c 表示光速。注意到直接对式（3－70）的距离做一阶泰勒近似可能会引入较大的误差，而计算同一飞艇、两个不同机载雷达距离之差对应的一阶泰勒近似之差则能较好地近似。定义第 m 架飞艇到第 k 部雷达相对第 1 部雷达的差分距离量测为

$$\begin{aligned}d_{mk}&=r_{mk}-r_{m1}\\&\approx\|\bar{\boldsymbol{u}}_k-\boldsymbol{p}_m\|_2+\|\bar{\boldsymbol{u}}_1-\boldsymbol{p}_m\|_2+\bar{\boldsymbol{\alpha}}_{km}^{\mathrm{T}}\Delta\boldsymbol{u}_k-\bar{\boldsymbol{\alpha}}_{1m}^{\mathrm{T}}\Delta\boldsymbol{u}_1+c\delta\tau_k\end{aligned}$$

$$\approx \bar{d}_{mk} + \bar{\boldsymbol{\alpha}}_m^{\mathrm{T}}\delta\boldsymbol{u}_k + c\delta\tau_k \tag{3-71}$$

式中，$\delta\tau_k$ 表示相对第1部雷达的时间同步误差；$\delta\boldsymbol{u}_k$ 表示相对第1部雷达的三维位置误差矢量；$\bar{d}_{mk} = \bar{r}_{mk} - \bar{r}_{m1}$ 表示导航位置下第 m 架飞艇对应的差分距离；$\bar{\boldsymbol{\alpha}}_m$ 表示近似相同的导航位置下第 m 架飞艇的观测矢量，具体写成

$$\bar{\boldsymbol{\alpha}}_m \approx \bar{\boldsymbol{\alpha}}_{km} = \frac{\bar{\boldsymbol{u}}_k - \bar{\boldsymbol{p}}_m}{\|\bar{\boldsymbol{u}}_k - \bar{\boldsymbol{p}}_m\|_2},\ k = 1, 2, \cdots, K \tag{3-72}$$

考虑到实际中距离量测含噪，因此含噪差分距离量测可以表示为

$$\tilde{d}_{mk} = \bar{d}_{mk} + \bar{\boldsymbol{\alpha}}_m^{\mathrm{T}}\delta\boldsymbol{u}_k + c\delta\tau_k + \varepsilon_{mk} \tag{3-73}$$

联立飞艇至 k 部雷达的所有量测，建立线性方程组可得

$$\boldsymbol{y}_k = \breve{\boldsymbol{\Lambda}}\boldsymbol{\theta}_k + \boldsymbol{\varepsilon}_k \tag{3-74}$$

式中，$\boldsymbol{\theta}_k = [\delta\boldsymbol{u}_k^{\mathrm{T}}, \delta\tau_k]^{\mathrm{T}}$ 表示第 k 部雷达的待估计参数矢量；$\boldsymbol{y}_k = [\tilde{d}_{1k} - \bar{d}_{1k}, \tilde{d}_{2k} - \bar{d}_{2k}, \cdots, \tilde{d}_{Mk} - \bar{d}_{Mk}]^{\mathrm{T}}$ 表示第 k 部雷达在实际位置下的差分量测和导航位置下的差分量测之差组成的 $M \times 1$ 的矢量；$\boldsymbol{\varepsilon}_k = [\varepsilon_{1k}, \varepsilon_{2k}, \cdots, \varepsilon_{Mk}]^{\mathrm{T}}$ 表示第 k 部雷达对应的 $M \times 1$ 的量测噪声矢量；

$$\breve{\boldsymbol{\Lambda}} = \begin{bmatrix} \bar{\boldsymbol{\alpha}}_1^{\mathrm{T}} & c \\ \bar{\boldsymbol{\alpha}}_2^{\mathrm{T}} & c \\ \vdots & \vdots \\ \bar{\boldsymbol{\alpha}}_M^{\mathrm{T}} & c \end{bmatrix} \tag{3-75}$$

表示第 k 部雷达对应的 $M \times 2$ 观测矩阵。

联立所有雷达的量测，线性方程组可以表示为

$$\boldsymbol{y} = \boldsymbol{\Lambda}\boldsymbol{\theta} + \boldsymbol{\varepsilon} \tag{3-76}$$

式中，$\boldsymbol{\theta} = [\boldsymbol{\theta}_2^{\mathrm{T}}, \boldsymbol{\theta}_3^{\mathrm{T}}, \cdots, \boldsymbol{\theta}_K^{\mathrm{T}}]^{\mathrm{T}}$ 表示 $M(K-1) \times 1$ 的待估计参数矢量；$\boldsymbol{y} = [\boldsymbol{y}_2^{\mathrm{T}}, \boldsymbol{y}_3^{\mathrm{T}}, \cdots, \boldsymbol{y}_K^{\mathrm{T}}]^{\mathrm{T}}$ 表示 $M(K-1) \times 1$ 的量测矢量；$\boldsymbol{\varepsilon} = [\boldsymbol{\varepsilon}_2^{\mathrm{T}}, \boldsymbol{\varepsilon}_3^{\mathrm{T}}, \cdots, \boldsymbol{\varepsilon}_K^{\mathrm{T}}]^{\mathrm{T}}$ 表示 $M(K-1) \times 1$ 的量测噪声矢量；

$$\boldsymbol{\Lambda} = \begin{bmatrix} \breve{\boldsymbol{\Lambda}} & & & \\ & \breve{\boldsymbol{\Lambda}} & & \\ & & \ddots & \\ & & & \breve{\boldsymbol{\Lambda}} \end{bmatrix} \tag{3-77}$$

表示 $M(K-1) \times 4(K-1)$ 的观测矩阵。

步骤2　基于最小二乘（LS）算法的雷达相对位置误差和时间同步误差估计。

引入 Gauss－Markov 定理，则式（3－76）线性方程组 $\boldsymbol{\theta}$ 的最小二乘解为

$$\hat{\boldsymbol{\theta}}=(\boldsymbol{\Lambda}^{\mathrm{T}}\boldsymbol{\Lambda})^{-1}\boldsymbol{\Lambda}^{\mathrm{T}}\boldsymbol{e} \tag{3-78}$$

则第 k 部雷达相对位置误差的估计可以写成

$$\delta\hat{\boldsymbol{u}}_k=\hat{\boldsymbol{\theta}}[4(k-2)+1/4(k-2)+3] \tag{3-79}$$

第 k 部雷达相对时间同步误差的估计可以写成

$$\delta\hat{\tau}_k=\hat{\boldsymbol{\theta}}[4(k-1)] \tag{3-80}$$

步骤3　基于卫星辐射源的雷达相对相位误差估计。

卫星到第 k 部雷达和参考雷达（第1部雷达）的距离差可以表示为

$$s_{k1}=\|\bar{\boldsymbol{u}}_k+\Delta\boldsymbol{u}_k-\boldsymbol{s}\|_2-\|\bar{\boldsymbol{u}}_1+\Delta\boldsymbol{u}_1-\boldsymbol{s}\|_2 \tag{3-81}$$

式中，$\boldsymbol{s}=\bar{\boldsymbol{s}}+\Delta\boldsymbol{s}$ 表示卫星三维位置坐标，$\bar{\boldsymbol{s}}$ 为卫星的导航位置，$\Delta\boldsymbol{s}$ 为相应的三维位置误差。对式（3－81）进行一阶泰勒展开

$$s_{k1}=\|\bar{\boldsymbol{u}}_k-\boldsymbol{s}\|_2-\|\bar{\boldsymbol{u}}_1-\boldsymbol{s}\|_2+\boldsymbol{\omega}_k^{\mathrm{H}}\Delta\boldsymbol{u}_k-\boldsymbol{\omega}_1^{\mathrm{H}}\Delta\boldsymbol{u}_1 \tag{3-82}$$

式中，

$$\boldsymbol{\omega}_k=\frac{\bar{\boldsymbol{u}}_1-\boldsymbol{s}}{\|\bar{\boldsymbol{u}}_1-\boldsymbol{s}\|_2} \tag{3-83}$$

若观测视角近似相同，即 $\boldsymbol{\omega}_1\approx\boldsymbol{\omega}_2\approx\cdots\approx\boldsymbol{\omega}_K\approx\boldsymbol{\omega}$，则式（3－82）可以简化为

$$s_{k1}=\|\bar{\boldsymbol{u}}_k-\boldsymbol{s}\|_2-\|\bar{\boldsymbol{u}}_1-\boldsymbol{s}\|_2+\boldsymbol{\omega}^{\mathrm{H}}\Delta\boldsymbol{u}_{k1} \tag{3-84}$$

若卫星的视角相同，则在 $\bar{\boldsymbol{s}}$ 处再进行一阶泰勒展开，有

$$s_{k1}\approx\|\bar{\boldsymbol{u}}_k-\bar{\boldsymbol{s}}\|_2-\|\bar{\boldsymbol{u}}_1-\bar{\boldsymbol{s}}\|_2+\boldsymbol{\omega}^{\mathrm{H}}\Delta\boldsymbol{u}_{k1} \tag{3-85}$$

卫星到第 k 部雷达的接收信号可以表示为

$$r_k\approx\alpha_k\mathrm{e}^{-2\pi\mathrm{j}f_0s_k}\mathrm{e}^{\mathrm{j}\Delta\theta^{\mathrm{t}}}\mathrm{e}^{-\mathrm{j}\Delta\theta_k^{\mathrm{r}}}+w_k \tag{3-86}$$

式中，α_k 表示卫星到第 k 部雷达的路径衰减系数；f_0 为信号载频；s_k 为卫星到第 k 部雷达的距离；$\Delta\theta^{\mathrm{t}}$ 表示卫星的发射相位误差；$\Delta\theta_k^{\mathrm{r}}$ 表示第 k 部雷达的接收相位误差，它包含相对位置误差估计的残差和相对时间同步误差估计的残差；w_k 表示第 k 部雷达的接收噪声。提取卫星到第 k 部雷达和到参考雷达的相位差

$$\Delta\varphi=-2\pi f_0s_{k1}-\Delta\theta_{k1}^{\mathrm{r}} \tag{3-87}$$

式中，$\Delta\theta_{k1}^{\mathrm{r}}=\Delta\theta_{k1}^{\mathrm{r}}-\Delta\theta_1^{\mathrm{r}}$ 表示第 k 部雷达的接收相对相位误差，其估计值

$\Delta\hat{\theta}_{k1}^{r}$ 可通过上述相位差的估计值 $\Delta\hat{\varphi}$ 和相对位置误差的估计值 $\Delta\hat{\boldsymbol{u}}_{k1}$ 计算获得，即

$$\Delta\hat{\theta}_{k1}^{r}=\Delta\hat{\varphi}-2\pi f_0(\|\bar{\boldsymbol{u}}_k-\bar{\boldsymbol{s}}\|_2-\|\bar{\boldsymbol{u}}_1-\bar{\boldsymbol{s}}\|_2+\boldsymbol{\omega}^{\mathrm{H}}\Delta\hat{\boldsymbol{u}}_{k1})\tag{3-88}$$

步骤 4　接收站相参合成效率计算。

假设经过有源站误差校正，相对相位残余误差对应的多站相参合成效率可表示为

$$\eta=\frac{1}{N^2}\left|\sum_{i=1}^{N}\mathrm{e}^{\mathrm{j}\Delta\hat{\theta}_{k1}^{r}}\right|^2\tag{3-89}$$

假设卫星位置误差为 100 m；4 架无人机位置为[0e3,0e3,20e3] m，[50e3,0e3,20e3] m，[100e3,0e3,20e3] m，[150e3,0e3,20e3] m；4 个有源飞艇校正源位置为[0e3，-10e3,10e3] m，[10e3,10e3,20e3] m，[0e3,0e3,10e3] m，[10e3,0e3,20e3] m；有源校正信号 SNR 为 60 dB。该仿真场景利用 4 个外部不精确有源校正源，反向地通过在待估计雷达中构造量测满足可识别条件，降低了斜距泰勒展开引起的近似误差。图 3-11 和图 3-12 分别给出了上述方法对应的相对时间同步误差和相对位置误差估计结果，相应的相对时间同步误差和相对位置误差估计精度可达到 0.05 ns 和 1.5 cm，这为下一阶段利用远场源进行相位误差估计提供了基础。

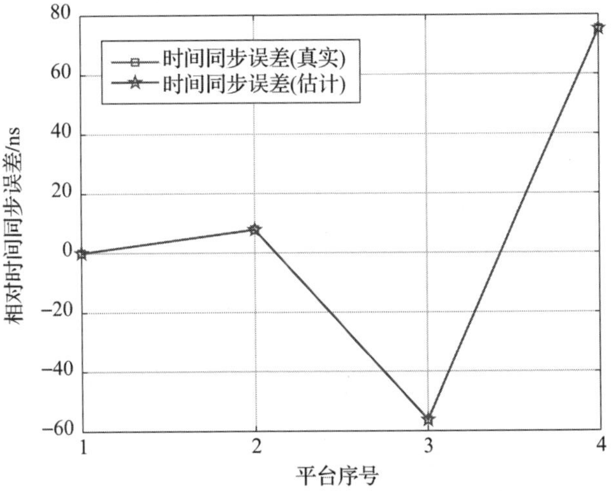

图 3-11　相对时间同步误差估计结果（附彩插）

图 3-13 给出了在相对时间同步误差和相对位置同步误差基础上的相对相位误差估计结果。代入系统参数，总的相对相位误差估计精度可控制在 15.5°以内，最终的接收相参合成效率优于 0.97。

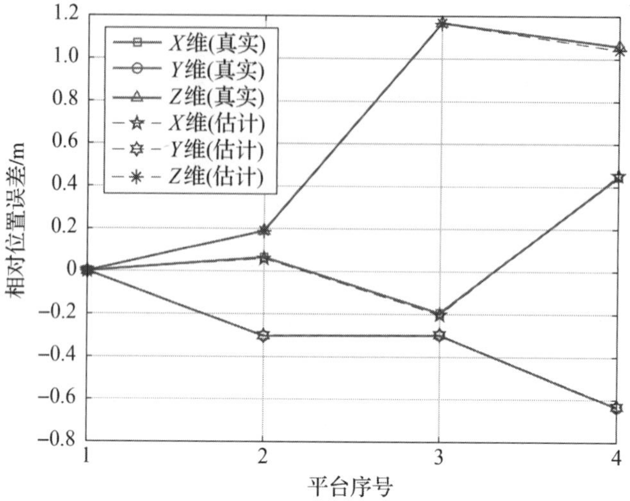

图 3－12　相对位置误差估计结果

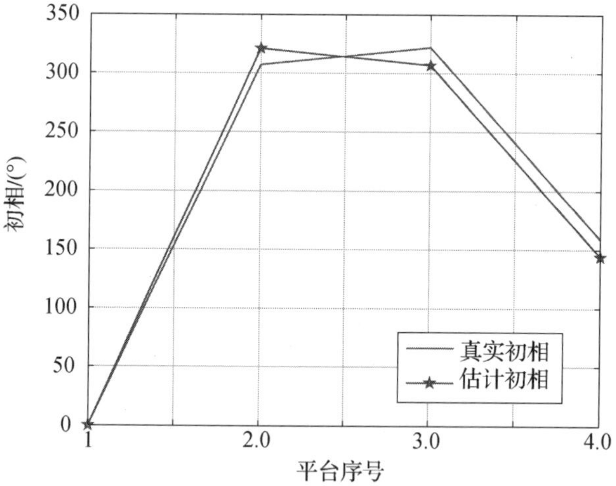

图 3－13　相对相位误差估计结果（附彩插）

对于分布式接收相参雷达，由于运动平台存在相对时间同步误差和相对位置误差，因此相对相位误差难以精确估计。本节方案采用相对时间同步误差、相对位置误差和相对相位误差串行估计，在完成高精度的相对时间同步误差和相对位置误差估计基础上可将总的相对相位误差控制在 15. 5°以内，有效提升了分布式机载雷达系统的相参合成效率。

3.3　开环分布式星载雷达相参融合检测

卫星平台及载荷研制正逐渐向标准化、模块化、轻量化的低成本发展路线转型，这加速了低轨天基雷达的布局，为星群协同探测奠定了基础。然而，星载雷达在时敏目标探测过程中面临探测距离远以及目标 RCS 小的问题，导致回波 SNR 不足。分布式相参雷达由多个可快速部署的雷达单元组成，利用信号级融合使目标所在单元发射信号及接收信号达到同向相加的目的，可获得至多 N^3 倍的 SNR 增益（N 表示分布式星群中小卫星的数量），实现了等效大口径雷达作用距离的功能，为替代传统大型相控阵雷达实现时敏目标探测提供了一种新思路。分布式星群相参阵列雷达通过协同若干小星载雷达，以等效一个大星载雷达的探测性能，是下一代星载雷达系统的发展方向之一。然而，子雷达的分布布置使综合的发射方向图不可避免地产生密集栅瓣问题，严重影响雷达系统的探测性能。如何充分利用系统设计自由度满足分布式星群无模糊视场相参探测应用是一个重要的研究方向[25-28]。

3.3.1　分布式星群相参探测模型

假设分布式星群由 N 颗小卫星构成，每颗星载雷达的方向图均为 $F_e(\theta,\phi)$，则分布式星群相参阵列的近场综合方向图可以表示为

$$F(\theta,\phi) = \sum_{n=0}^{N-1} F_e(\theta_n,\phi_n)\,e^{\frac{j2\pi}{\lambda}\Delta R_n} \tag{3-90}$$

式中，θ_n，ϕ_n 分别为第 n 颗星载雷达的方位角和俯仰角；λ 为波长；ΔR_n 为星间距离差。星载雷达观测视角可认为近似相同，即 $\theta_n \approx \theta$，$\phi_n \approx \phi (n=1,2,\cdots,N)$，因此式（3-90）可重新表示为

$$F(\theta,\phi) = F_e(\theta,\phi)\sum_{n=0}^{N-1} e^{\frac{j2\pi}{\lambda}\Delta R_n} \tag{3-91}$$

相参探测过程中，阵列流形的全场模型可表示为

$$\boldsymbol{w} = \left[1, e^{\frac{2\pi j d_2(\sqrt{R^2+d_2^2-2Rd_2\cos\psi}-R)}{\lambda}}, \cdots, e^{\frac{2\pi j d_n(\sqrt{R^2+d_n^2-2Rd_n\cos\psi}-R)}{\lambda}}\right]^{\mathrm{T}} \tag{3-92}$$

式中，d_n 表示参考雷达到第 n 颗星载雷达的距离；R 表示参考雷达到期望位置处的距离；ψ 为扫描角度。特别地，若探测空间为远场，且分布式星群采用等距线阵构型（$d_n=(n-1)d, n=1,2,\cdots,N$），则阵列流形可简化为

$$w = \left[1, e^{\frac{2\pi j d \cos\psi}{\lambda}}, \cdots, e^{\frac{2\pi j N d_s \cos\psi}{\lambda}}\right]^T \tag{3-93}$$

动态相参雷达探测示意图如图 3－14 所示，可以看出，根据卫星探测目标距离区间的不同，一般将探测空间分为近场和远场。考虑到分布式相参阵列近场网格搜索资源调度困难，需要距离和角度联合扫描，即单个波束内不同距离单元的空域导向矢量具有空变性，难以满足实时性检测要求；而当目标位于远场时，单个波束内不同距离单元的空域导向矢量可认为是近似相同的，只需要进行角度扫描。因此，分布式星群大范围搜索过程中一般采用远场工作模式完成目标的探测。相参体制远近场目标搜索资源调度对比如图 3－15 所示。

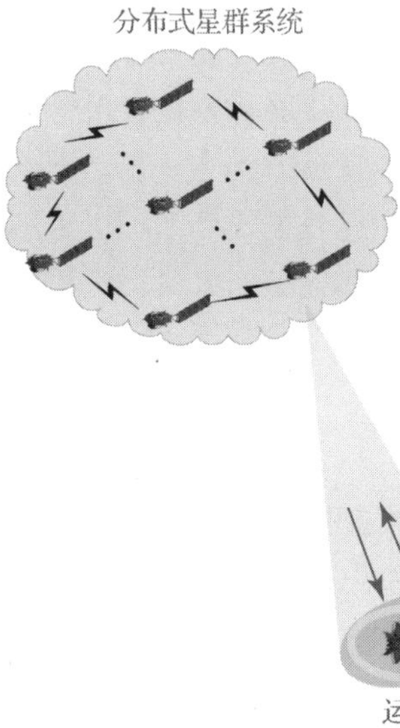

图 3－14　动态相参雷达探测示意图

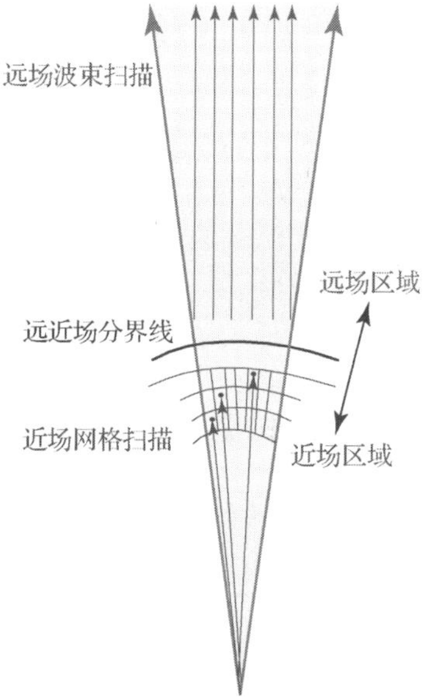

图 3－15　相参体制远近场目标搜索资源调度对比

3.3.2　相参动态阵列雷达检测

下面给出一种基于分布式星群的相参动态阵列雷达设计方法[29]，以解决空天时敏目标的有效探测问题，其主要步骤如下。

步骤 1　分布式星群探测距离区间设计。

分布式星群通过协同在一定范围内分布的多个小卫星，以积少成多的方式等效获得单个大卫星的服务性能。然而，由于星群采用分布式拓扑结构，多雷达可协同相参探测的区域受到一定程度的制约，因此，在设计具体的探测方案之前，需要确定分布式星群相参探测区间。

（1）相参探测约束条件。

组成分布式星群动态阵列的星载雷达间距较大，当观测具有一定尺寸的目标时，多雷达的信号相参合成性能会受到一定程度的影响。对于沿 $X-Y$ 二维平面扩展的矩形目标 $\Delta X \times \Delta Y$，目标几何中心位于 $\boldsymbol{p}=(p_x, p_y, p_z)^{\mathrm{T}}$，通过补偿雷达到目标中心位置的时延，$(k,l)$ 散射点对应回波信号可以写成

$$\tilde{r}_{k,l}(t)=\rho_{k,l}u(t) \tag{3-94}$$

式中，$u(t)$ 表示发射信号的基带波形，且发射脉冲能量经过归一化处理，即 $\int_{T_{\mathrm{p}}}|u(t)|^2\mathrm{d}t=1$，其中 T_{p} 为脉宽；(k,l) 散射点对应增益为

$$\rho_{k,l}=\int_{-\frac{\Delta X}{2}}^{\frac{\Delta X}{2}}\int_{-\frac{\Delta Y}{2}}^{\frac{\Delta Y}{2}}\mathrm{e}^{-2\pi\mathrm{j}\left[\frac{\alpha(x_{\mathrm{u}k}-p_x)+\beta(y_{\mathrm{u}k}-p_y)}{\lambda\|\boldsymbol{u}_k-\boldsymbol{p}\|_2}+\frac{\alpha(x_{\mathrm{u}l}-p_x)+\beta(y_{\mathrm{u}l}-p_y)}{\lambda\|\boldsymbol{u}_l-\boldsymbol{p}\|_2}\right]}G(\alpha,\beta)\,\mathrm{d}\alpha\mathrm{d}\beta \tag{3-95}$$

式中，$\boldsymbol{u}_k=(x_{\mathrm{u}k}, y_{\mathrm{u}k}, z_{\mathrm{u}k})^{\mathrm{T}}$ 为第 k 部星载雷达的三维坐标；λ 为信号波长；$G(\alpha,\beta)$ 为 $(x+x_0, y+y_0, 0)$ 处的单元散射点的复增益，建模为零均值、复高斯随机变量，满足

$$E\{G(\alpha_i,\beta_i)G^*(\alpha_j,\beta_j)\}=\frac{1}{\Delta X\Delta Y}\delta(\alpha_i-\alpha_j,\beta_i-\beta_j) \tag{3-96}$$

式中，$\delta(\alpha,\beta)$ 表示二维狄拉克函数。随机变量 $\rho_{k,l}$ 的均值、方差和互相关可以分别表示为

$$E\{\rho_{k,l}\}=0 \tag{3-97}$$

$$E\{|\rho_{k,l}|^2\}=1 \tag{3-98}$$

$$E\{\rho_{k,l}\rho^*_{k',l'}\}=\mathrm{sinc}\left(\frac{\mu^x_{k,l,k',l'}}{\lambda}\Delta X\right)\mathrm{sinc}\left(\frac{\mu^y_{k,l,k',l'}}{\lambda}\Delta Y\right) \tag{3-99}$$

式中，

$$\mu^x_{k,l,k',l'}=\frac{x_{\mathrm{u}k}-p_x}{\|\boldsymbol{u}_k-\boldsymbol{p}\|_2}+\frac{x_{\mathrm{u}l}-p_x}{\|\boldsymbol{u}_l-\boldsymbol{p}\|_2}-\frac{x_{\mathrm{u}k'}-p_x}{\|\boldsymbol{u}_{k'}-\boldsymbol{p}\|_2}-\frac{x_{\mathrm{u}l'}-p_x}{\|\boldsymbol{u}_{l'}-\boldsymbol{p}\|_2} \tag{3-100}$$

$$\mu^y_{k,l,k',l'}=\frac{y_{\mathrm{u}k}-p_y}{\|\boldsymbol{u}_k-\boldsymbol{p}\|_2}+\frac{y_{\mathrm{u}l}-p_y}{\|\boldsymbol{u}_l-\boldsymbol{p}\|_2}-\frac{y_{\mathrm{u}k'}-p_y}{\|\boldsymbol{u}_{k'}-\boldsymbol{p}\|_2}-\frac{y_{\mathrm{u}l'}-p_y}{\|\boldsymbol{u}_{l'}-\boldsymbol{p}\|_2} \tag{3-101}$$

则补偿后来自所有收发对的接收信号总能量为

$$E=\left\{\int_{T_{\mathrm{p}}}|\tilde{r}(t)|^2\mathrm{d}t\right\}=\sum_{l=1}^{K}\sum_{k=1}^{K}\sum_{l'=1}^{K}\sum_{k'=1}^{K}\tilde{r}_{k,l}(t)\,\tilde{r}^*_{k',l'}(t) \tag{3-102}$$

则矩形目标相参积累效率可定量描述为

$$\eta_T=\frac{E}{\bar{E}}=\frac{1}{N^4}\sum_{l=1}^{N}\sum_{k=1}^{N}\sum_{l'=1}^{N}\sum_{k'=1}^{N}\mathrm{sinc}\left(\frac{\mu^x_{k,l,k',l'}}{\lambda}\Delta X\right)\mathrm{sinc}\left(\frac{\mu^y_{k,l,k',l'}}{\lambda}\Delta Y\right) \tag{3-103}$$

式中，$\bar{E}=N^4$ 表示最优接收信号总能量。为了满足相参探测的要求，在星群拓扑结构确定的条件下，对于尺寸为 $\Delta X\times\Delta Y$ 的矩形目标，可相参探测的区域可以约束为

$$S_C=\left\{\boldsymbol{p}\left|\begin{array}{l}\dfrac{x_{\mathrm{u}k}-p_x}{\|\boldsymbol{u}_k-\boldsymbol{p}\|_2}+\dfrac{x_{\mathrm{u}l}-p_x}{\|\boldsymbol{u}_l-\boldsymbol{p}\|_2}=\dfrac{x_{\mathrm{u}k'}-p_x}{\|\boldsymbol{u}_{k'}-\boldsymbol{p}\|_2}+\dfrac{x_{\mathrm{u}l'}-p_x}{\|\boldsymbol{u}_{l'}-\boldsymbol{p}\|_2}\\ \dfrac{y_{\mathrm{u}k}-p_y}{\|\boldsymbol{u}_k-\boldsymbol{p}\|_2}+\dfrac{y_{\mathrm{u}l}-p_y}{\|\boldsymbol{u}_l-\boldsymbol{p}\|_2}=\dfrac{y_{\mathrm{u}k'}-p_y}{\|\boldsymbol{u}_{k'}-\boldsymbol{p}\|_2}+\dfrac{y_{\mathrm{u}l'}-p_y}{\|\boldsymbol{u}_{l'}-\boldsymbol{p}\|_2}\end{array}\right.,\quad \boldsymbol{p}\in W\right\}$$

(3-104)

式中，W 表示整个探测空间。

（2）远场探测约束条件。

对于分布式星群动态阵列，若采用逐网格搜索的近场工作方式，资源调度困难，需要距离和角度联合扫描，难以满足实时探测的需求。因此，工程上一般采用远场工作方式完成对目标的探测。远场探测要求满足 $\|\boldsymbol{u}_k-\boldsymbol{p}\|_2\geqslant 2D^2/\lambda$ $(k=1,2,\cdots,K)$，其中 D 表示动态阵列孔径。在远场探测的要求下，确定星群拓扑结构下的目标探测区域约束为

$$S_F=\left\{\boldsymbol{p}\left|\min_{k=1,2,\cdots,K}\{\|\boldsymbol{u}_k-\boldsymbol{p}\|_2\}\geqslant\frac{2D^2}{\lambda},\quad \boldsymbol{p}\in W\right.\right\} \tag{3-105}$$

（3）探测链路约束条件。

探测链路约束的下界由相参探测和远场探测约束条件确定，上界 $R_{\max}$ 则由目标最小可检测 SNR$(S/N)_0$ 确定。根据雷达方程，分布式星群最大探测距离 $R_{\max}$ 可以表示为

$$R_{\max}=\left(\frac{P_{\mathrm{t}}G^2\lambda^2\sigma M}{(4\pi)^3kT_0FB\,(S/N)_0L_{\mathrm{s}}}\right)^{\frac{1}{4}} \tag{3-106}$$

式中，P_{t} 为发射峰值功率；G 为天线增益；σ 为目标 RCS；k 为玻尔兹曼常数；T_0 为噪声温度；F 为噪声系数；B 为接收站带宽；L_{s} 为系统损耗；信号增益 M 为

$$M=N_{\mathrm{p}}N_aN^3 \tag{3-107}$$

式中，$N_{\mathrm{p}}=T_{\mathrm{p}}B$ 表示脉宽内的采样点数，T_{p} 为脉宽；N_a 表示一个相参处理间隔内的相参脉冲数。探测链路约束条件下的目标探测距离需满足

$$S(\boldsymbol{p})\geqslant R\geqslant R_{\max} \tag{3-108}$$

式中，$S(\boldsymbol{p})$ 表示由探测距离下界组成的集合，表示为

$$S(\boldsymbol{p})=\left\{R(\boldsymbol{p})\;\middle|\;R(\boldsymbol{p})=\min_{\substack{\boldsymbol{p}\in S_F\cap S_C,\\ k=1,2,\cdots,K}}\{\|\boldsymbol{u}_k-\boldsymbol{p}\|_2\}\right\} \tag{3-109}$$

特别地，若星群限定在一定规模空间内，以近似相同的观测视角探测远场

区域，有效探测区域可简化为

$$\frac{2D^2}{\lambda}\leqslant R\leqslant R_{\max} \tag{3-110}$$

步骤2 分布式星群相参合成效率分析。

对于分布式动态阵列雷达，相参合成效率主要受到系统同步误差、波束指向误差、卫星高速运动特性等因素的影响，下面对其展开定量评估。

（1）系统同步误差对相参合成效率的影响。

考虑在系统同步误差的条件下，相对于参考雷达，第 k 部星载雷达发射的信号可以表示为

$$\tilde{s}_k(t)=u_1(t-\Delta t_k+\bar{\tau}_k)\mathrm{e}^{2\pi\mathrm{j}(f_0+\Delta f_k)(t+\bar{\tau}_k)}\mathrm{e}^{\mathrm{j}\Delta\phi_k} \tag{3-111}$$

式中，$t\in[-T_\mathrm{p}/2,T_\mathrm{p}/2]$ 表示雷达发射信号时刻；Δt_k 表示第 k 部星载雷达相对于参考雷达的发射时间同步误差；$\bar{\tau}_k$ 表示第 k 部星载雷达到目标位置处的理想信号传播时延；Δf_k 表示第 k 部星载雷达相对于参考雷达的频率同步误差；$\Delta\phi_k$ 包含第 k 部星载雷达相对于参考雷达的发射通道相位误差 $\Delta\bar{\phi}_{k1}$、发射本振初相误差 $\Delta\bar{\phi}_{k2}$ 和发射时间与频率同步误差引起的相位 $2\pi(f_0+\Delta f_k)\Delta t_k$，即 $\Delta\phi_k=2\pi(f_0+\Delta f_k)\cdot\Delta t_k+\Delta\bar{\phi}_k$，其中 $\Delta\bar{\phi}_k=\Delta\bar{\phi}_{k1}+\Delta\bar{\phi}_{k2}$。

发射信号经过目标照射后返回接收雷达，在下变频解调后，第 l 部星载雷达接收的信号可以表示为

$$\tilde{r}_l(t)=\sum_{k=1}^{N}u_1(t-\Delta t_{k,l}-\delta\tau_{k,l})\mathrm{e}^{2\pi\mathrm{j}(f_0+\Delta f_k)(t-\delta\tau_{k,l})}\mathrm{e}^{\mathrm{j}\Delta\phi_k}\mathrm{e}^{-2\pi\mathrm{j}(f_0+\Delta f_l)t}\mathrm{e}^{-\mathrm{j}\Delta\phi_l} \tag{3-112}$$

式中，$\Delta t_{k,l}=\Delta t_k-\Delta t_l$；$\Delta\phi_l=2\pi(f_0+\Delta f_l)\Delta t_l+\Delta\bar{\phi}_l$ 类似于 $\Delta\phi_k$，包含第 l 部星载雷达相对于参考雷达的接收通道相位误差、本振初相和时间与频率误差引起的相位；$\delta\tau_{k,l}=\delta\tau_k+\delta\tau_l$ 表示位置误差引起的真实时延 $\tau_{k,l}$ 与不存在位置误差情况理想时延 $\bar{\tau}_{k,l}$ 之差，其中 $\delta\tau_k=\tau_k-\bar{\tau}_k$，$\delta\tau_l=\tau_l-\bar{\tau}_l$，$\bar{\tau}_{k,l}=\bar{\tau}_k+\bar{\tau}_l$，$\tau_{k,l}=\tau_k+\tau_l$。忽略位置同步误差对信号包络的影响以及频率与位置同步误差的耦合项 $\Delta f_k\cdot\delta\tau_{k,l}$，式（3-112）经过整理可以写成

$$r_l(t)\approx\sum_{k=1}^{N}[u_1(t-\Delta t_{k,l})\mathrm{e}^{2\pi\mathrm{j}\Delta f_{k,l}t}]\mathrm{e}^{-2\pi\mathrm{j}f_0\delta\tau_{k,l}}\mathrm{e}^{\mathrm{j}\Delta\phi_k}\mathrm{e}^{-\mathrm{j}\Delta\phi_l} \tag{3-113}$$

式中，$\Delta f_{k,l}=\Delta f_k-\Delta f_l$。进一步叠加所有接收阵列信号可得

$$r(t)\approx\sum_{l=1}^{N}\sum_{k=1}^{N}[u_1(t-\Delta t_{k,l})\mathrm{e}^{2\pi\mathrm{j}\Delta f_{k,l}t}]\mathrm{e}^{-2\pi\mathrm{j}f_0\delta\tau_{k,l}}\mathrm{e}^{\mathrm{j}\Delta\phi_k}\mathrm{e}^{-\mathrm{j}\Delta\phi_l} \tag{3-114}$$

则考虑同步误差的相参合成效率可以表示为

$$\eta_1 = \frac{1}{N^4} E\left[\begin{array}{l} e^{j(\Delta\phi_k - \Delta\phi_{k'})} e^{j(\Delta\phi_l - \Delta\phi_{l'})} e^{-2\pi j f_0(\delta\tau_k - \delta\tau_{k'} + \delta\tau_l - \delta\tau_{l'})} \cdot \\ \sum_{l=1}^{N}\sum_{k=1}^{N}\sum_{l'=1}^{N}\sum_{k'=1}^{N}\int_{T_p} u_1(t - \Delta t_{k,l}) u_1^*(t - \Delta t_{k',l'}) e^{-2\pi j(\Delta f_{k,l} - \Delta f_{k',l'})t} dt \end{array}\right] \tag{3-115}$$

忽略发射波形的多普勒敏感性，则式（3-115）可以简化为

$$\eta_1 = \frac{1}{N^4} E\left[\begin{array}{l} e^{j(\Delta\phi_k - \Delta\phi_{k'})} e^{j(\Delta\phi_l - \Delta\phi_{l'})} e^{-2\pi j f_0(\delta\tau_k - \delta\tau_{k'} + \delta\tau_l - \delta\tau_{l'})} \cdot \\ \sum_{l=1}^{N}\sum_{k=1}^{N}\sum_{l'=1}^{N}\sum_{k'=1}^{N}\int_{T_p} u_1(t - \Delta t_{k,l}) u_1^*(t - \Delta t_{k',l'}) dt \end{array}\right] \tag{3-116}$$

由于式（3-116）中的积分项耦合了不同阵列的收发信号，很难通过式（3-116）直接给出相参合成效率的具体表达式。若用 α_L 表示包络的合成效率的下界，即

$$R(\Delta t_{\max}) \leqslant \alpha_L,\ \Delta t_{\max} = \max_{k,k',l,l'=1,2,\cdots,N}\{\Delta t_{k,l} - \Delta t_{k',l'}\} \tag{3-117}$$

用 α_U 表示包络的合成效率的上界，即

$$R(\Delta t_{\min}) \geqslant \alpha_U,\ \Delta t_{\min} = \min_{k,k',l,l'=1,2,\cdots,N}\{\Delta t_{k,l} - \Delta t_{k',l'}\} \tag{3-118}$$

式中，发射波形的自相关函数为

$$R(x) = \int_{T_p} s_1(t) s_1^*(t + x) dt \tag{3-119}$$

则相参合成效率的范围可以约束为

$$\alpha_L \eta_{1\_\max} \leqslant \eta_1 \leqslant \alpha_U \eta_{1\_\max} \tag{3-120}$$

式中，$\eta_{1_\max}$表示包络完全对齐下的相参合成效率。注意到星群构型位置同步误差相对于传播距离很小，因此利用一阶泰勒近似可得

$$c(\delta\tau_k - \delta\tau_{k'}) \approx \boldsymbol{s}_k^H \Delta\boldsymbol{u}_k \tag{3-121}$$

式中，$\boldsymbol{s}_k = (\boldsymbol{u}_k - \boldsymbol{p})^T / \|\boldsymbol{u}_k - \boldsymbol{p}\|_2 = (a_k, b_k, c_k)^T$，表示第 k 部星载雷达观测目标的方向矢量；$\boldsymbol{p} = (p_x, p_y, p_z)^T$，代表目标位置；$\Delta\boldsymbol{u}_k = (\Delta x_k, \Delta y_k, \Delta z_k)^T$，表示第 k 部星载雷达的三维位置误差。假设同步误差之间互不相关，且 $\Delta\phi_k \sim N(0, \sigma_\phi^2)$，$\Delta x_k \sim N(0, \sigma_x^2)$，$\Delta y_k \sim N(0, \sigma_y^2)$，$\Delta z_k \sim N(0, \sigma_z^2)$ $(k = 1, 2, \cdots, N)$，则存在系统同步误差条件下的相参合成效率的上界 $\eta_{\max}$可以写成

$$\eta_{1\max} = \frac{1}{N^4}\left[(N-1)(N-2)e^{-\sigma_\phi^2} e^{-2\pi^2\frac{\sigma_x^2 a^2 + \sigma_y^2 b^2 + \sigma_z^2 c^2}{\lambda^2}} + 2(N-1)e^{-\frac{\sigma_\phi^2}{2}} e^{-\pi^2\frac{\sigma_x^2 a^2 + \sigma_y^2 b^2 + \sigma_z^2 c^2}{\lambda^2}} + N\right]^2 \tag{3-122}$$

式中，$a \approx a_k$，$b \approx b_k$，$c \approx c_k (k = 1, 2, \cdots, N)$，表示雷达观测目标的方向几乎相同。下面分解相位 $\Delta\phi_k$，若同步误差服从高斯分布 $\Delta f_k \sim N(0, \sigma_f^2)$，$\Delta t_k \sim N(0, \sigma_t^2)$ 和 $\Delta\bar{\phi}_k \sim N(0, \sigma_{\bar{\phi}}^2)$，则

$$\Delta\phi_k \sim N\left(0, 4\pi^2 f_0^2 \sigma_t^2 + \frac{4\pi^2\sigma_f^2\sigma_t^2}{\sigma_f^2 + \sigma_t^2} + \sigma^2_{\bar{\phi}}\right) \tag{3-123}$$

式（3-122）可进一步写成

$$\eta_{1\_\max} = \frac{1}{N^4}\begin{bmatrix}(N-1)(N-2)\mathrm{e}^{-\left(4\pi^2 f_0^2\sigma_t^2 + \frac{4\pi^2\sigma_f^2\sigma_t^2}{\sigma_f^2+\sigma_t^2} + \sigma^2_{\bar{\phi}}\right)}\mathrm{e}^{-2\pi^2\frac{\sigma_x^2 a^2 + \sigma_y^2 b^2 + \sigma_z^2 c^2}{\lambda^2}} + \\ 2(N-1)\mathrm{e}^{-\frac{\left(4\pi^2 f_0^2\sigma_t^2 + \frac{4\pi^2\sigma_f^2\sigma_t^2}{\sigma_f^2+\sigma_t^2} + \sigma^2_{\bar{\phi}}\right)}{2}}\mathrm{e}^{-\pi^2\frac{\sigma_x^2 a^2 + \sigma_y^2 b^2 + \sigma_z^2 c^2}{\lambda^2}} + N\end{bmatrix}^2$$

$$\tag{3-124}$$

（2）其他平台非理想因素对相参合成效率的影响。

①波束指向误差对相参合成效率的影响。

假设每个卫星的波束指向误差为主瓣宽度 $\theta_{3\ \mathrm{dB}}$ 的 T 倍，则卫星存在波束指向误差情况下的合成效率为

$$\eta_2 = \left|\frac{\sin\left(\frac{\pi}{2}(N-1)\sin\left(\frac{2T}{N-1}\right)\right)}{\frac{\pi}{2}(N-1)\sin\left(\frac{2T}{N-1}\right)}\right| \tag{3-125}$$

②卫星高速运动对相参合成效率的影响。

假设单个脉冲相参累积间隔为 CPI，目标相对卫星的最大切向速度为 v_{re}，雷达探测距离为 R_0，则 CPI 内卫星高速运动引起的目标最大角度偏移为

$$\Delta\theta = \arctan\left(\frac{\mathrm{CPI} * v_{\mathrm{re}}}{R_0}\right) \tag{3-126}$$

式中，arctan 代表反正切运算。

假设归一化天线方向图函数为 $F(\theta)$，波束中心指向为 θ_0，则卫星高速运动条件下相参合成效率为

$$\eta_3 = \frac{F(\theta_0 + \Delta\theta)}{F(\theta_0)} \tag{3-127}$$

综上，相参工作模式下分布式星群总的合成效率可表示为

$$\eta_{\mathrm{total}} = 1 - [(1-\eta_1) + (1-\eta_2) + (1-\eta_3)] \tag{3-128}$$

步骤 3　分布式星群空时频三维低副瓣波束形成。

分布式星群相参探测要求目标处于远场，因此星群规模受限，有限的阵列自由度无法在空域进行低副瓣稳健波束形成。为了更有效地抑制栅瓣并压低副瓣，可以采用有限空域自由度 + 多载频 + 时域虚拟阵元的空时频多维联合方法进行低副瓣波束形成，增加无模糊视场范围。本节抑制栅瓣并压低副瓣的算法主要思想如下：（1）利用雷达阵列运动特性在不同 CPI 下形成虚拟孔径，增

加空域自由度；(2) 在频率维度上引入多个频点自由度，进一步提升系统自由度；(3) 采用阵列非均匀排布优化算法，在满足卫星安全间距的条件下进一步降低系统栅瓣和副瓣。一方面，分布式星群在目标探测过程中一个 CPI 较短，因此可以利用卫星在时域上的运动特性形成虚拟孔径，弥补卫星间距之间的空域自由度空白；另一方面，在空时联合阵列波束形成的基础上，引入多载频方法，即采用多个发射频点，通过多频波束图取模相乘达到去栅瓣及压低副瓣的效果。

对于空时频多维联合方法，分布式星群中的每个卫星同步按相同脉冲重复间隔（pulse repetition interval，PRI）依次发送 K 个频点的脉冲信号，每个 CPI 发射信号频点不同；获得每个频点对应的方向图函数 $F_1(\theta)$，$F_2(\theta)$，…，$F_K(\theta)$，对每个频点对应的方向图函数进行取模相乘处理，获得多频方向图函数 $\hat{F}(\theta)=\sqrt{\prod_{j=1}^{K}|F_j(\theta)|}$；脉冲重复间隔等于单个脉冲相参累积间隔 CPI；随分布式星群飞行位置的改变，在每个飞行位置分别重复上述步骤，获得 L 个位置对应的多频方向图函数，对 L 个位置对应的多频方向图函数进行取模相乘处理，获得合成方向图函数 $\bar{F}(\theta)=\sqrt{\prod_{t=1}^{L}|F_t(\theta)|}$，即可实现空时频三维低副瓣波束形成。

基于上述理论分析，本节采用遗传算法进行低副瓣波束形成优化设计，低副瓣波束形成优化的目的是获得尽可能小的星群方向图峰值副瓣电平（peak sidelobe level，PSL）。取卫星位置 $\{[x_i y_i]\}$ $(1\leqslant i\leqslant N)$，雷达系统频点 $\{f_j\}$ $(1\leqslant j\leqslant K)$ 为优化变量，这些变量作为遗传算法（genetic algorithm，GA）中的个体，个体中基因值选用真实浮点数来表示，即实值编码方法，它不仅使 GA 的变异操作能够保持更好的种群多样性，还克服了二进制编码方法运行性能差的缺点，使 GA 有较高精度和运算效率。不同卫星的位置应满足相邻间距不小于最小安全间距 d_c，优化频点位于 L 波段（1～2 GHz），若目标相对卫星的径向速度为 v_{re}，假设峰值副瓣电平求解函数为 PSLL，则要求解的问题可以描述为

$$\begin{gathered}
\min \mathrm{PSLL}([x_1y_1],[x_2y_2],\cdots,[x_Ny_N],f_1,f_2,\cdots,f_K,\hat{F}_1,\hat{F}_2,\cdots,\hat{F}_L)\\
\mathrm{s.t.}\quad d_c\leqslant\sqrt{(x_i-x_j)^2+(y_i-y_j)^2},\quad 1\leqslant j<i\leqslant N\\
|x_i-x_j|\leqslant D,\quad |y_i-y_j|\leqslant D,\quad 1\leqslant j<i\leqslant N\\
1\times10^9<f_{ii}<2\times10^9,\quad 1\leqslant ii\leqslant K\\
L\leqslant\frac{c}{4BKv_{\mathrm{re}}\mathrm{CPI}}
\end{gathered}\tag{3-129}$$

式中，D 表示动态阵列孔径；B 表示雷达系统带宽；K 表示雷达系统发射频点数。

为了评价每个个体的优劣，依据最大峰值副瓣电平构造 GA 适应度函数

$$\mathrm{fit}([x_1y_1],[x_2y_2],\cdots,[x_Ny_N],f_1,f_2,\cdots,f_K,\widehat{F}_1,\widehat{F}_2,\cdots,\widehat{F}_L)=\max\left\{\left|\frac{\bar{F}(u)}{\bar{F}_{\max}}\right|\right\} \tag{3-130}$$

式中，$\bar{F}_{\max}$ 表示星群方向图主瓣峰值；u 在副瓣区域取值，即寻找离主瓣最近的两个谷值，从谷值点向远离主瓣方向的区域取值。

目标函数可以描述为

$$\min\left\{\mathrm{fit}\begin{pmatrix}[x_1y_1],[x_2y_2],\cdots,[x_Ny_N],\\ f_1,f_2,\cdots,f_K,\widehat{F}_1,\widehat{F}_2,\cdots,\widehat{F}_L\end{pmatrix}\right\}=\min\left\{\max\left\{\left|\frac{\bar{F}(u)}{\bar{F}_{\max}}\right|\right\}\right\} \tag{3-131}$$

所提方法给出了同步误差、波束指向误差以及卫星高速运动特性对相参合成效率的定量影响评估方法。利用空时频多维联合方法实现了低副瓣稳健波束形成，可有效增加无模糊视场范围，适用于有限星群规模的雷达探测应用场景。

图 3－16 所示为基于分布式星群的相参阵列雷达设计方法流程图。

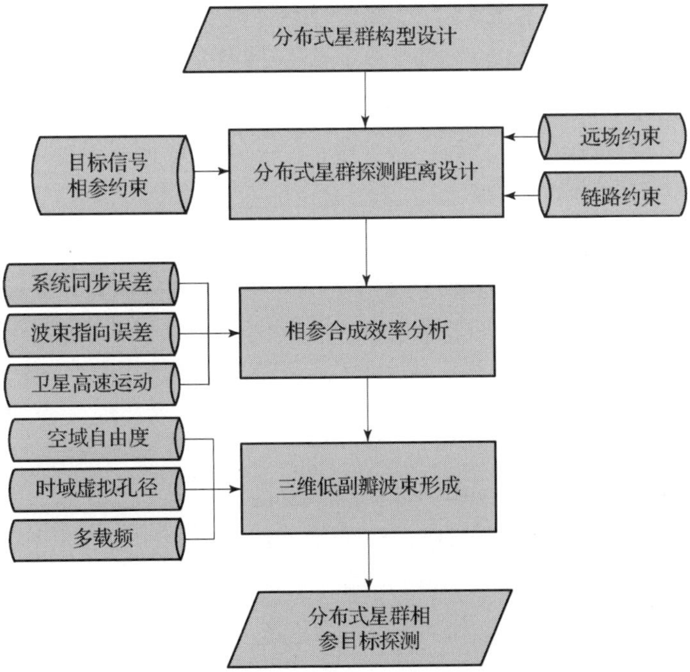

图 3－16　基于分布式星群的相参阵列雷达设计方法流程图

3.3.3 仿真分析

假设星群构型采用 6×6 方阵，卫星安全距离设为 50 m，如图 3-17 所示。单个卫星天线尺寸为 5 m，卫星的波束指向误差为主瓣宽度的 0.01 倍，卫星运行高度为 500 km，单个脉冲相参累积间隔 CPI 为 5 ms，目标探测距离为 800 km，雷达信号载频为 1.25 GHz，信号带宽为 1 MHz。单颗小卫星雷达发射峰值功率为 5 kW，天线增益为 34.18 dB，目标 RCS 为 0.03 m^2，噪声系数为2 dB，接收站带宽为 1 MHz，系统损耗为 8 dB，信号处理增益为 86.9 dB。

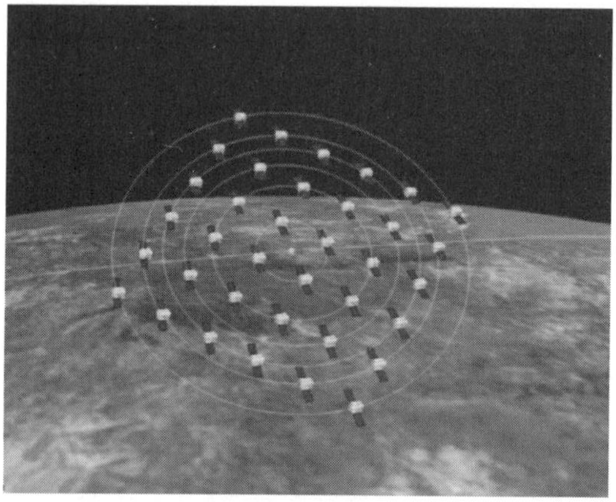

图 3-17　基于 STK 软件的星群构型图

基于相参远场约束条件和探测链路约束条件，可以得到探测区间的最小距离为 600 km，最大距离为 1 000 km。图 3-18 对比了理想条件和相参探测距离约束条件下的相参积累效率图。可以看出，在远场约束条件下，目标的空间相参积累效率基本趋于 1，该区域可作为目标可相参处理区间。

按照星群系统相参合成效率 90% 约束条件，时间同步误差、相位同步误差、波束指向误差和卫星高度运动特性等因素下的合成效率损失如图 3-19 所示，要求分布式雷达系统时间同步精度优于 60 ps，相位同步误差优于 27°，波束指向误差与主瓣波束宽度比小于 0.25，卫星和目标的相对切向速度为 23 700 m/s，该边界值为相参系统同步、波束指向等指标设计提供了参考依据。

令系统同步误差设置时间同步精度为 48 ps，通道相位误差为 5°，阵元位置定位误差为 5 mm，相对频率稳定度为 10~12，可以计算得到由系统同步误差引起的合成效率损失为 7.74%，波束指向误差引起的合成效率损失为 0.02%，卫星高速运动引起的合成效率损失为 1.69%，最终的星群相参合成效率优于 90%。

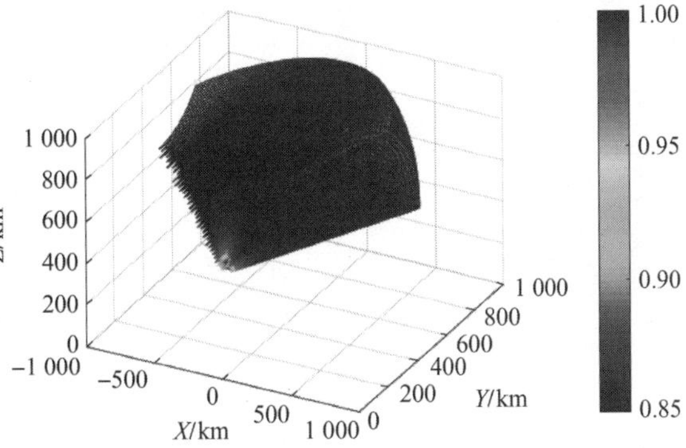

（a）

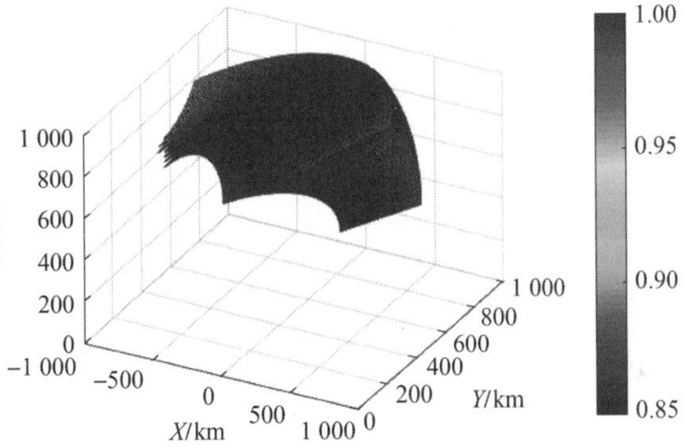

（b）

图3－18　相参积累效率图（附彩插）

（a）理想条件下；（b）相参探测距离约束条件下

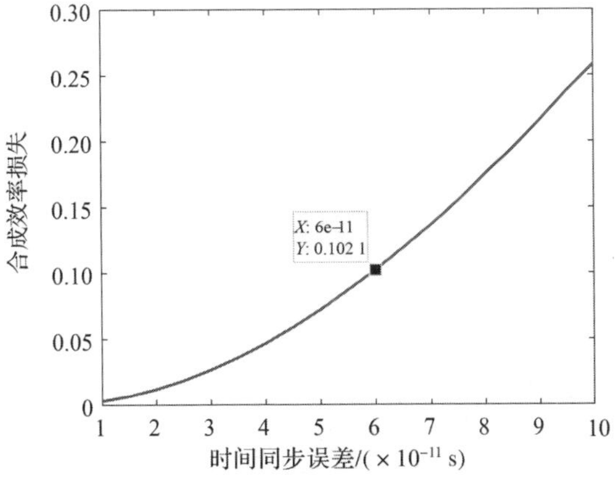

（a）

图3－19　不同非理想因素下的合成效率损失

（a）时间同步误差

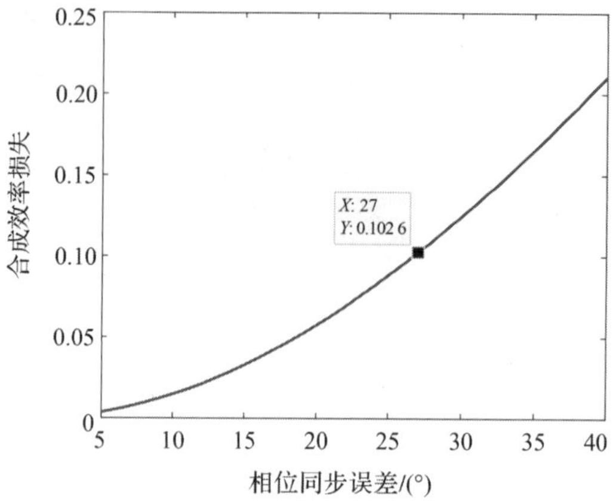

(b)

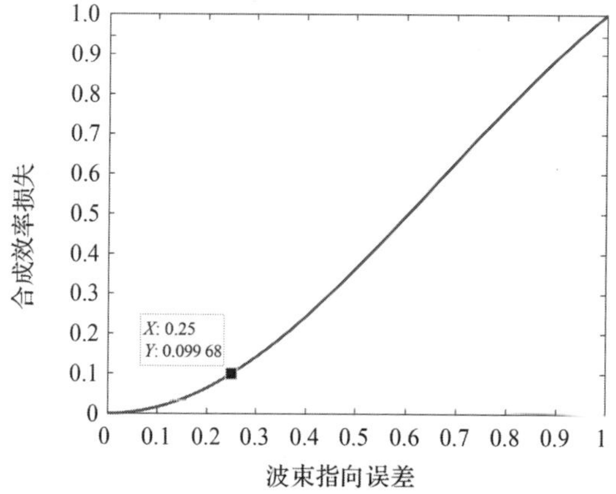

(c)

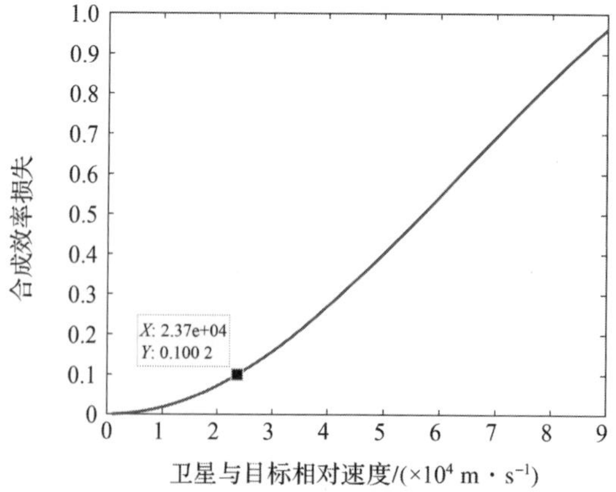

(d)

图 3-19　不同非理想因素下的合成效率损失（续）

(b) 相位同步误差；(c) 波束指向误差；(d) 卫星高度运动特性

基于上述卫星构型，利用卫星在时域上的旋转特性形成虚拟孔径，弥补 50 m 阵元间距之间的空白，进一步抑制栅瓣并压低副瓣。图 3 - 20 所示为 3 个脉冲相参累积间隔形成的虚拟阵列图，包括当前 CPI 的真实孔径以及两个 CPI 对应的虚拟孔径。

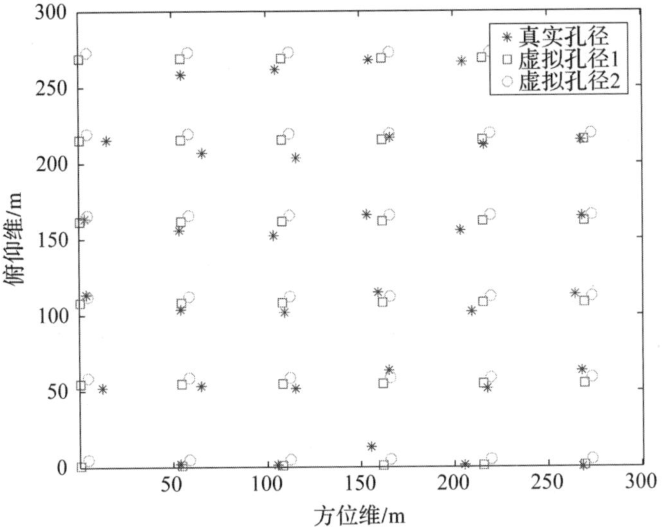

图 3 - 20　3 个脉冲相参累积间隔形成的虚拟阵列图

三维低副瓣波束形成过程中，在卫星安全间距为 50 m，目标探测距离为 600 km 以上的约束条件下，以最小化第一副瓣为目标函数，经过遗传算法优化，获得的 10 个雷达系统频点 $f_1, f_2, f_3, f_4, f_5, f_6, f_7, f_8, f_9, f_{10}$ 如表 3 - 1 所示。

表 3 - 1　雷达系统频点优化结果

频点	f_1	f_2	f_3	f_4	f_5
值	1.000 0 GHz	1.078 2 GHz	1.123 3 GHz	1.186 9 GHz	1.250 0 GHz
频点	f_6	f_7	f_8	f_9	f_{10}
值	1.585 3 GHz	1.649 1 GHz	1.678 7 GHz	1.796 2 GHz	1.817 6 GHz

图 3 - 21 所示为波束中心俯仰角、方位角均指向 90°时的二维波束图。若使用单频实现阵列波束形成，则第一副瓣仅为 - 2 dB 左右，无法满足工程应用。若采用空时频联合优化策略，则对应星群俯仰/方位维的最大副瓣均优于

−14 dB。从统计的角度可知，若目标速度大小为 5 km/s，空天时敏目标相对星群大概率具有一定的径向速度，因此在多普勒域与目标竞争的杂波一般位于偏离波束中心指向 5°以外的空域，相应的星群波束图二维副瓣电平均优于 −30 dB，满足微弱目标的探测要求。

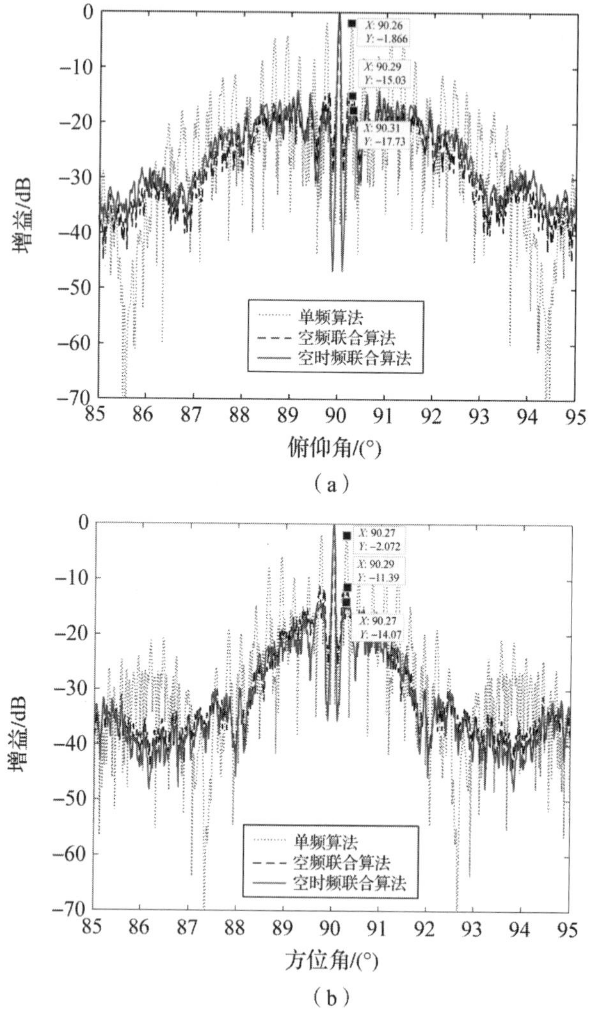

图 3−21　90°俯仰角、90°方位角波束指向条件下二维波束图（附彩插）

(a) 俯仰波束图；(b) 方位波束图

为了进一步验证所提算法低副瓣稳健波束形成的性能，图 3−22 ~ 图 3−24 给出了波束中心扫描过程中对应的星群俯仰/方位维最大副瓣情况，可以看出不同扫描角对应的第一副瓣均优于 −12.4 dB，5°以外副瓣电平均优

于 -30 dB，相比单频波束形成方法，大幅压低了副瓣水平。与正侧视状态不同的是，波束扫描过程中天线等效基线变小，优点是星群稀疏性降低，缺点是波束图主瓣波束展宽，增益下降。

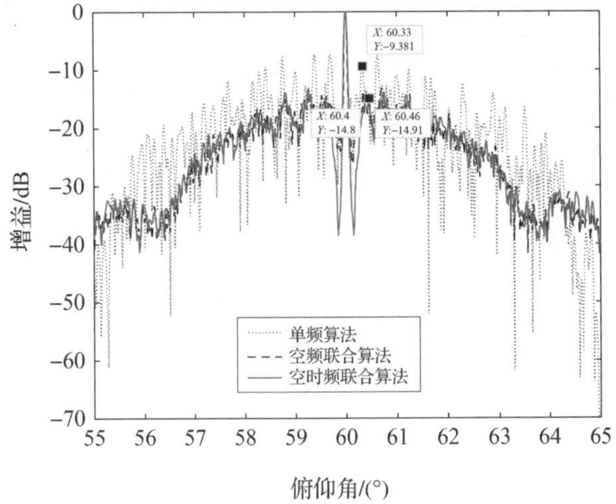

（a）

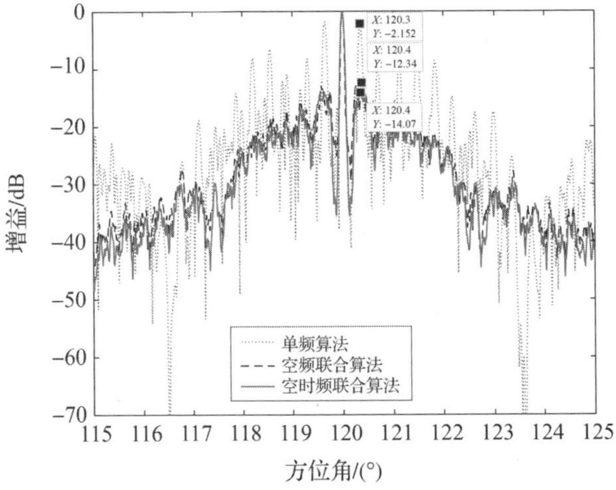

（b）

图 3-22　60°俯仰角、120°方位角波束指向条件下二维波束图（附彩插）

（a）俯仰波束图；（b）方位波束图

仿真结果表明，对于有限空域自由度的分布式星群，利用基于分布式星群的相参动态阵列雷达设计方法，在满足 90% 相参合成效率前提下，可实现波束扫描条件下稳健的低副瓣波束形成。

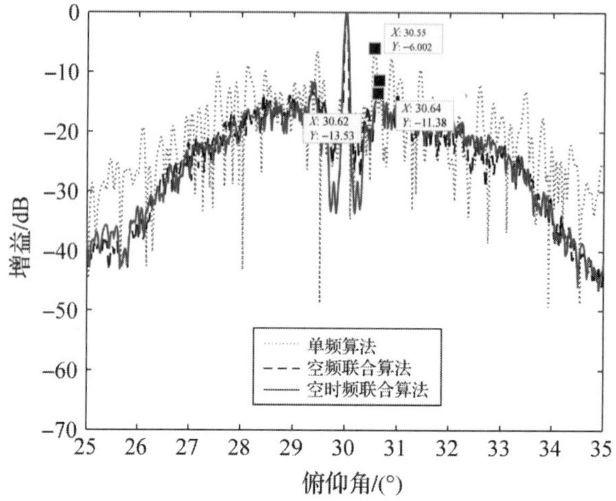

(a)

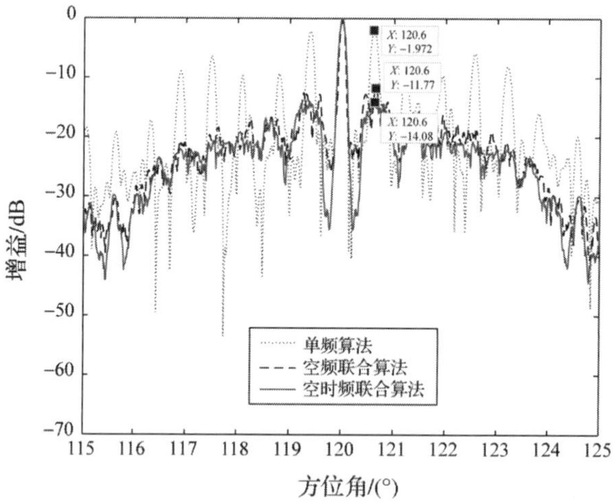

(b)

图 3－23　30°俯仰角、120°方位角波束指向条件下二维波束图（附彩插）

(a) 俯仰波束图；(b) 方位波束图

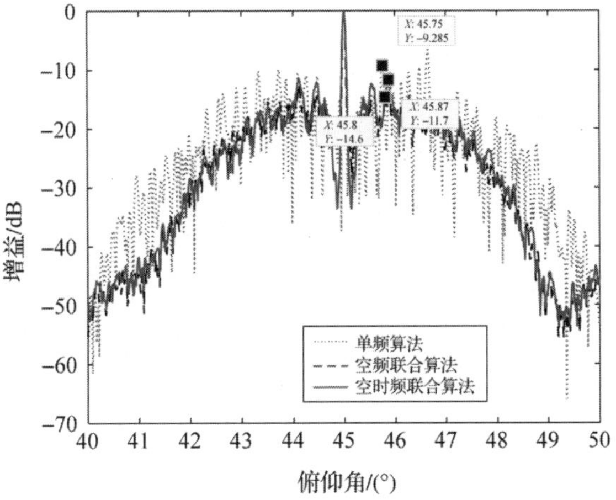

(a)

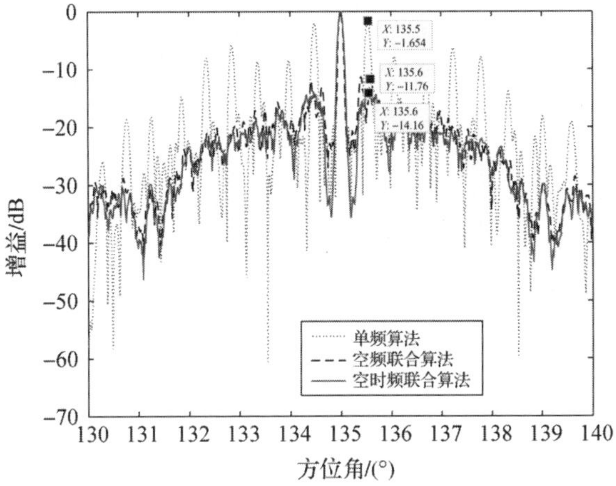

(b)

图 3-24 45°俯仰角、135°方位角波束指向条件下二维波束图（附彩插）

(a) 俯仰波束图；(b) 方位波束图

3.4 闭环分布式机载雷达相参融合检测

对于发射多个相参脉冲串的分布式雷达系统而言，在收发对之间的信号相参积累之前，通过脉压和多普勒滤波的方式，可以在收发对内部分别获得距离域和多普勒域的信号相参积累增益，从而提高低 SNR 下目标参数的估计精度。然而，在收发对内部信号相参积累的过程中，不可避免地受到滤波器网格失配对目标参数估计的影响。主要有两个方面的影响：一方面，网格失配会引起收发对内部信号积累增益下降，降低目标参数的估计精度；另一方面，网格失配在收发对之间引入的不同残余相位会严重破坏收发对之间的信号相参合成。因此，信号相参合成必须考虑滤波器网格失配问题。

3.4.1 多普勒域信号模型

分布式相参雷达和目标之间的几何关系需要满足布阵准则，以能够对目标进行相参探测[30-32]；当雷达间距远大于半波长时，空间欠采样将会使合成方向图出现十分密集的栅瓣，需要稀疏阵列多栅瓣解模糊的处理；在收发对之间信号相参合成前，还需要进行雷达间发射时间对齐和相位同步。以上提到的问题均是闭环分布式相参雷达信号相参合成的关键问题，但为了着重研究目标参数估计方法，信号模型将直接建立在以上问题已解决的基础上。此外，无人机载雷达工作时主波束指向略微向下，会不可避免地接收到地杂波信号，使用空时自适应处理技术可以抑制和目标竞争的杂波。根据杂波独立采样性原理，雷达间的杂波信号已去相关，不能用于抑制杂波，可以先在收发对内部抑制杂波，再在收发对之间相参积累目标信号，也就是说，目标信号的相参积累相当于在杂波抑制后的噪声背景下完成。为了便于描述，在估计目标参数的过程中，也假设已完成杂波抑制。

如图3-25所示，假设分布式相参雷达由K部收发共置的无人机载雷达组成，高度为H，均以速度v_0沿X轴正向飞行。各雷达在MIMO模式下发射正交信号，经目标后向散射后，返回各接收雷达。各雷达信号载频f_0相同，一个相参处理间隔内的相参脉冲数为M，脉冲重复间隔为T_r。

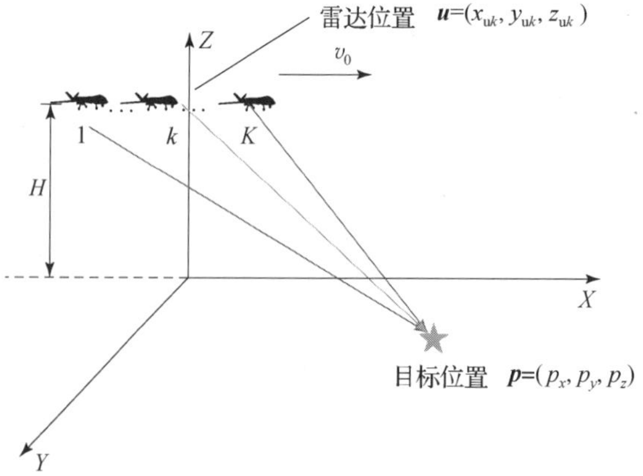

图3-25 MIMO模式分布式相参雷达工作示意图

第 k 部发射雷达的信号可以写成

$$s_k(t) = \widetilde{u}_k(t)\mathrm{e}^{2\pi \mathrm{j} f_0 t} \tag{3-132}$$

式中，

$$\widetilde{u}_k(t) = \sum_{m=1}^{M} u_k[t-(m-1)T_\mathrm{r}] \tag{3-133}$$

表示第 k 部发射雷达的脉冲复包络，其中 $u_k(t)$ 是单个脉冲的复包络。假设发射信号已能量归一，即 $\int_{T_\mathrm{p}} |s_k(t)|^2 \mathrm{d}t = 1\ (k=1,2,\cdots,K)$，其中 T_p 为脉冲宽度。

1. 目标模型

考虑位于 $\boldsymbol{u}_k=(x_{\mathrm{u}k},y_{\mathrm{u}k},z_{\mathrm{u}k})^\mathrm{T}(k=1,2,\cdots,K)$ 处的雷达组成的分布式相参雷达，此时，已捕获位于 $\boldsymbol{p}=(p_x,p_y,p_z)^\mathrm{T}$ 处的目标，假设在观测时间内雷达速度恒定，位置近似保持不变，则第 k 部发射雷达到目标，再到第 l 部接收雷达的路径时延可表示为

$$\tau_{k,l} = \tau_k + \tau_l = \frac{R_k + R_l}{c} \tag{3-134}$$

式中，c 表示光速；$R_k = \|\boldsymbol{u}_k - \boldsymbol{p}\|_2$，表示第 k 部发射雷达到目标的距离。收发对(k,l)的目标多普勒频率为

$$f_{k,l}^{\mathrm{d}} = \frac{v_k + v_l}{\lambda} \tag{3-135}$$

式中，v_k 表示目标相对于第 k 部发射雷达的径向速度。经过解调后，第 l 部接收雷达接收到来自所有发射雷达的第 m 个脉冲的目标回波总和为

$$\bar{r}_l^{\mathrm{Tar}}(t,m) = \xi_\mathrm{t}\sum_{k=1}^{K} u_k(t-\tau_{k,l})\mathrm{e}^{2\pi \mathrm{j} f_{k,l}^{\mathrm{d}}(m-1)T_\mathrm{r}}\mathrm{e}^{-2\pi \mathrm{j} f_0 \tau_{k,l}} \tag{3-136}$$

式中，ξ_t 表示目标信号随机复幅度，满足 $E\{|\xi_\mathrm{t}|^2\}=\sigma_\mathrm{t}^2$，其中 σ_t^2 表示目标信号功率。通过雷达方程计算可得

$$\sigma_\mathrm{t}^2 = \frac{P_\mathrm{t} T_\mathrm{p} G_\mathrm{t} G_\mathrm{r} \lambda^2 \sigma_0}{(4\pi)^3 L_\mathrm{s} R_k^2 R_l^2} \tag{3-137}$$

式中，P_t 表示发射峰值功率；G_t 和 G_r 分别表示发射和接收天线增益；σ_0 表示目标 RCS；L_s 表示系统损耗。各雷达到目标的距离差很小，可以假设收发对接收到的目标信号功率近似相同。第 l 部接收雷达接收到的所有脉冲信号排成一矢量，表示为

$$\bar{\boldsymbol{r}}_l^{\mathrm{Tar}}(t) = \left[\bar{r}_l^{\mathrm{Tar}}(t,1),\quad \bar{r}_l^{\mathrm{Tar}}(t,2),\quad \cdots\quad, \bar{r}_l^{\mathrm{Tar}}(t,M)\right]^\mathrm{T} \tag{3-138}$$

经多普勒滤波处理，可得

$$\boldsymbol{r}_l^{\text{Tar}}(t)=[r_l^{\text{Tar}}(t,1),\quad r_l^{\text{Tar}}(t,2),\quad \cdots\quad ,r_l^{\text{Tar}}(t,M_{f^{\text{d}}})]^{\text{T}}=\boldsymbol{F}^{\text{H}}\,\bar{\boldsymbol{r}}_l^{\text{Tar}}(t)\tag{3-139}$$

式中，$\boldsymbol{F}=[\boldsymbol{f}_1,\boldsymbol{f}_2,\cdots,\boldsymbol{f}_{M_{f^{\text{d}}}}]\in\mathbb{R}^{M\times M_{f^{\text{d}}}}$表示离散傅里叶变换（discrete Fourier transform，DFT）矩阵，其中 $M_{f^{\text{d}}}$ 为多普勒通道数，$\boldsymbol{f}_{m_{f_{\text{t}}^{\text{d}}}}=[1,\mathrm{e}^{2\pi \mathrm{j}m_{f_{\text{t}}^{\text{d}}}/M},\cdots,\mathrm{e}^{2\pi \mathrm{j}m_{f_{\text{t}}^{\text{d}}}(m-1)/M}]^{\text{T}}$ 表示第 $m_{f^{\text{d}}}$ 个多普勒通道对应的滤波器权矢量。假设目标位于当前多普勒通道，则有

$$r_l^{\text{Tar}}(t,m_{f_{\text{t}}^{\text{d}}})=\xi_{\text{t}}\sum_{k=1}^{K}g_{k,l}(m_{f_{\text{t}}^{\text{d}}})u_k(t-\tau_{k,l})\mathrm{e}^{-2\pi \mathrm{j}f_0\tau_{k,l}}\tag{3-140}$$

式中，

$$g_{k,l}(m_{f_{\text{t}}^{\text{d}}})=\frac{\sin(\pi M\Delta f^{\text{d}})}{\sin(\pi\Delta f^{\text{d}})}\mathrm{e}^{\pi \mathrm{j}(M-1)\Delta f^{\text{d}}}\tag{3-141}$$

表示多普勒滤波的复增益，其中 Δf^{d} 为目标归一化多普勒频率和当前滤波器中心频率之差，写成

$$\Delta f^{\text{d}}=\min_{m_{f^{\text{d}}}=1,2,\cdots,M_{f^{\text{d}}}}\left\{\frac{f_{k,l}^{\text{d}}}{f_{\text{r}}}-\left(m_{f^{\text{d}}}-\frac{1}{2}\right)\frac{f_{\text{r}}}{M}\right\}\tag{3-142}$$

式中，f_{r} 表示脉冲重复频率。

2. 噪声模型

接收站噪声 $\bar{n}_l(t,m)$ 建模为零均值复合高斯随机过程。不同接收雷达和/或不同脉冲之间不相关，表示为

$$E\{\bar{n}_l(t,m)\,\bar{n}_{l'}^{*}(t,m)\}=\begin{cases}\sigma_n^2, & m=m',\ l=l'\\ 0, & \text{其他}\end{cases}\tag{3-143}$$

式中，σ_n^2 表示接收站噪声功率。第 $m_{f_{\text{t}}^{\text{d}}}$ 个多普勒通道的噪声可以表示为

$$n_l(t,m_{f_{\text{t}}^{\text{d}}})\sim CN(0,M\sigma_n^2)\tag{3-144}$$

3.4.2 目标参数的最大似然估计

在高 SNR 下，最大似然估计的方差可以逼近参数估计的克拉美-罗下界（CRLB），是无偏参数估计中的渐进最优估计。本节推导滤波器网格失配下目标参数的最大似然估计。

多普勒滤波后，第 l 部接收雷达接收到的目标加噪声信号可以表示为

$$r_l(t,m_{f_{\text{t}}^{\text{d}}})=\xi_{\text{t}}\sum_{k=1}^{K}g_{k,l}(m_{f_{\text{t}}^{\text{d}}})u_k(t-\tau_{k,l})\mathrm{e}^{-2\pi \mathrm{j}f_0\tau_{k,l}}+n_l(t,m_{f_{\text{t}}^{\text{d}}})\tag{3-145}$$

则所有接收雷达的信号排列成的观测矢量写成

$$\boldsymbol{r}=[r_1(t,m_{f_{\text{t}}^{\text{d}}}),\quad r_2(t,m_{f_{\text{t}}^{\text{d}}}),\quad \cdots\quad r_K(t,m_{f_{\text{t}}^{\text{d}}})]^{\text{T}}\tag{3-146}$$

定义总参数矢量为

$$\boldsymbol{\eta}\triangleq[\boldsymbol{\mu}^{\mathrm{T}},\boldsymbol{\xi}^{\mathrm{T}}]^{\mathrm{T}}\in\mathbb{R}^{2K\times 1} \tag{3-147}$$

式中，$\boldsymbol{\mu}=[\Delta\tau_2,\Delta\tau_3,\cdots,\Delta\tau_K,\Delta f_2^{\mathrm{d}},\Delta f_3^{\mathrm{d}},\cdots,\Delta f_K^{\mathrm{d}}]^{\mathrm{T}}$ 表示目标参数矢量，其中 $\Delta\boldsymbol{\tau}_K=\boldsymbol{\tau}_K-\boldsymbol{\tau}_1$，$\Delta f_K=f_K-f_1$；$\boldsymbol{\xi}=[\xi_{\mathrm{t}}^{\mathrm{R}},\xi_{\mathrm{t}}^{\mathrm{I}}]^{\mathrm{T}}$ 表示复幅度矢量，其中 $\xi_{\mathrm{t}}^{\mathrm{R}}$ 和 $\xi_{\mathrm{t}}^{\mathrm{I}}$ 分别表示目标复幅度的实部和虚部。

在给定参数矢量 $\boldsymbol{\eta}$ 条件下，观测矢量 $\boldsymbol{r}$ 的条件概率密度函数的对数形式可以表示为

$$\ln p(\boldsymbol{r}\mid\boldsymbol{\eta})\propto-\frac{1}{M\sigma_n^2}\sum_{l=1}^{K}\int_{T_{\mathrm{P}}}\left|r_l(t,m_{f_{\mathrm{t}}^{\mathrm{d}}})-\xi_{\mathrm{t}}\sum_{k=1}^{K}g_{k,l}(m_{f_{\mathrm{t}}^{\mathrm{d}}})s_k(t-\tau_{k,l})\mathrm{e}^{-2\pi\mathrm{j}f_0\tau_{k,l}}\right|^2\mathrm{d}t+C_1 \tag{3-148}$$

式中，C_1 表示与参数矢量 $\boldsymbol{\eta}$ 无关的常数。据此，可得参数矢量 $\boldsymbol{\eta}$ 的最大似然估计为

$$\begin{aligned}\hat{\boldsymbol{\eta}}_{\mathrm{ML}}&=\arg\max_{\boldsymbol{\eta}}\left\{-\frac{1}{M\sigma_n^2}\sum_{l=1}^{K}\int_{T_{\mathrm{P}}}\left|r_l(t,m_{f_{\mathrm{t}}^{\mathrm{d}}})-\xi_{\mathrm{t}}\sum_{k=1}^{K}g_{k,l}(m_{f_{\mathrm{t}}^{\mathrm{d}}})s_k(t-\tau_{k,l})\mathrm{e}^{-2\pi\mathrm{j}f_0\tau_{k,l}}\right|^2\mathrm{d}t\right\}\\&=\arg\max_{\boldsymbol{\eta}}\left\{-G_0\,|\xi_{\mathrm{t}}|^2+2\mathrm{Re}\left\{\sum_{l=1}^{K}\left[\int_{T_{\mathrm{P}}}r_l^*(t,m_{f_{\mathrm{t}}^{\mathrm{d}}})\xi_{\mathrm{t}}\sum_{k=1}^{K}g_{k,l}(m_{f_{\mathrm{t}}^{\mathrm{d}}})s_k(t-\tau_{k,l})\cdot\right.\right.\right.\\&\qquad\left.\left.\left.\mathrm{e}^{-2\pi\mathrm{j}f_0\tau_{k,l}}\mathrm{d}t\right]\right\}\right\}\end{aligned} \tag{3-149}$$

式中，

$$G_0=\sum_{l=1}^{K}\sum_{k=1}^{K}\left|g_{k,l}(m_{f_{\mathrm{t}}^{\mathrm{d}}})\right|^2 \tag{3-150}$$

对 ξ_{t} 求导，可得复幅度的最大似然估计为

$$\hat{\xi}_{t,\mathrm{ML}}=\frac{1}{G_0}\sum_{l=1}^{K}\int_{T_{\mathrm{P}}}r_l(t,m_{f_{\mathrm{t}}^{\mathrm{d}}})\sum_{k=1}^{K}g_{k,l}^*(m_{f_{\mathrm{t}}^{\mathrm{d}}})s_k^*(t-\tau_{k,l})\mathrm{e}^{2\pi\mathrm{j}f_0\tau_{k,l}}\mathrm{d}t \tag{3-151}$$

压缩形式目标参数矢量 $\boldsymbol{\mu}$ 的最大似然估计为

$$\hat{\boldsymbol{\mu}}_{\mathrm{ML}}=\arg\max_{\boldsymbol{\mu}}\left\{\left|\sum_{l=1}^{K}\sum_{k=1}^{K}\left[\int_{T_{\mathrm{P}}}r_l(t,m_{f_{\mathrm{t}}^{\mathrm{d}}})s_k^*(t-\Delta\tau_k-\Delta\tau_l)\mathrm{d}t\right]g_{k,l}^*(m_{f_{\mathrm{t}}^{\mathrm{d}}})\mathrm{e}^{-2\pi\mathrm{j}f_0(\Delta\tau_k+\Delta\tau_l)}\right|^2\right\} \tag{3-152}$$

压缩形式的最大似然估计没有闭合形式解，需要通过多维联合搜索的方式来对目标参数进行估计，随着雷达数的增加，计算量呈指数增长。实际上，没必要估计目标多普勒频率差，可以先将多脉冲信号在收发对内部积累，再在积累后的收发对之间对时延差进行估计，实现目标多普勒频率差和时延差估计的分离。然而，这种方式处理会出现滤波器网格失配问题，即目标多普勒频率和当前滤波器频率中心未完全对准，滤波增益下降且引入额外的残余相位项 $\mathrm{e}^{\pi\mathrm{j}(M-1)\Delta f^{\mathrm{d}}}$。下面先分析滤波器网格失配的影响，再给出网格失配下的目标参数估计方法。

3.4.3 滤波器网格失配影响分析

本节分析滤波器网格失配对目标参数估计和信号相参合成的影响[33]。使用多脉冲串的目的是获得多普勒滤波和脉压处理增益，而非对目标进行测速。如3.4.2节所述，可以先在收发对内部进行多普勒滤波和脉压处理，再利用积累后收发对之间的信号估计目标时延差。然而，在这种处理方式中，由于信号采样点数有限，因此滤波器的频率响应函数非狄拉克函数，即频率响应函数的主瓣有一定的宽度，即使目标频率未完全和滤波器中心频率对准，也可以得到滤波输出（希望目标信号能够通过多普勒滤波器，但不希望产生失配），此时，滤波增益会出现一定程度下降，且引入残余相位，即滤波器网格失配问题。类似地，在脉压处理时，当目标距离未完全和当前中心距离对准时，也会出现网格失配问题。

对发射信号分离处理，忽略非理想正交波形带来的互相关副瓣泄漏，第 k 部发射雷达的信号分量为

$$r_{k,l}(t,m_{f_t^d}) = \xi_t g_{k,l}(m_{f_t^d})u_k(t-\tau_{k,l})\mathrm{e}^{-2\pi \mathrm{j} f_0 \tau_{k,l}} + n_{k,l}(t,m_{f_t^d}) \quad (3-153)$$

式中，$n_{k,l}(t,m_{f_t^d})$表示噪声分量。以采样频率 f_s 对式（3-153）进行离散时间采样，对于第 n 个采样时刻 $t_n = nT_r/N$［其中 $N=T_r f_s$ 为距离门数（距离采样数）］，采样信号写成

$$x_{k,l}(n,m_{f_t^d}) = r_{k,l}(t,m_{f_t^d})\big|_{t=t_n} = \xi_t g_{k,l}(m_{f_t^d})u_k\left(\frac{n}{N}T_r - \tau_{k,l}\right)\mathrm{e}^{-2\pi \mathrm{j} f_0 \tau_{k,l}} + n_{k,l}(n,m_{f_t^d}) \quad (3-154)$$

式中，$n_{k,l}(n,m_{f_t^d})$表示采样噪声。对式（3-154）进行脉压处理，可以写成

$$\begin{aligned} x_{k,l}(n_t,m_{f_t^d}) &= F^{-1}\left\{F[x_{k,l}(n,m_{f_t^d})]F^*\left[u_k\left(\frac{n}{N}T_r\right)\right]\right\} \\ &= \xi_t g_{k,l}(m_{f_t^d})h_{k,l}(n_t)\mathrm{e}^{-2\pi \mathrm{j} f_0 \tau_{k,l}} + n_{k,l}(n_t,m_{f_t^d}) \end{aligned} \quad (3-155)$$

式中，$F[x(n)]$和$F^{-1}[\tilde{x}(n_f)]$分别表示傅里叶变换和傅里叶逆变换；n_t 表示目标所在距离门；$h_{k,l}(n_t)$表示脉压增益，写成

$$h_{k,l}(n_t) = \frac{\sin(\pi \bar{N}\Delta f^l/N)}{\sin(\pi \Delta f^l/N)}\mathrm{e}^{-\pi \mathrm{j}(\bar{N}-1)\Delta f^l/N} \quad (3-156)$$

式中，$\bar{N}$ 表示脉宽内的采样点数；Δf^l为目标距离对应的距离门和当前距离门之差，写成

$$\Delta f^l = \min_{n=1,2,\cdots,N}\{f_s \tau_{k,l} - n\} \quad (3-157)$$

可知，可以通过搜索的方式估计目标多普勒频率和距离（包络时延），当滤波器中心频率完全对准时，滤波输出 SNR 达到最大；若中心频率未完全对

准，当目标信号通过滤波器时，未达到最优滤波增益，则会引入残余相位项 $e^{\pi j(M-1)\Delta f^{d}}$ 和 $e^{-\pi j(\bar{N}-1)\Delta f^{l}/N}$。这种目标信号可以通过滤波器，但目标频率未完全和该滤波器中心频率对准，进而使滤波增益下降并引入残余相位的现象称为滤波器网格失配。

多普勒滤波和脉压处理会引入额外的残余相位，以多普勒滤波为例，残余相位最小值为零，即滤波器中心频率完全对准；最大值出现在两个相邻滤波器中心频率的中心位置处，最大频率差为 $1/(2M)$。图3－26（a）给出了最大残余相位随采样点数的变化关系，有限采样点数引入的最大残余相位为 $\pi/2$，即使采样点数为2，最大残余相位也达到 $\pi/4$。图3－26（b）给出不同采样点数的残余相位随归一化频率差的变化关系，当归一化频率差为1/4时，引入的残余相位为 $\pi/4$，且采样点数越多，残余相位对归一化频率差的变化越敏感。

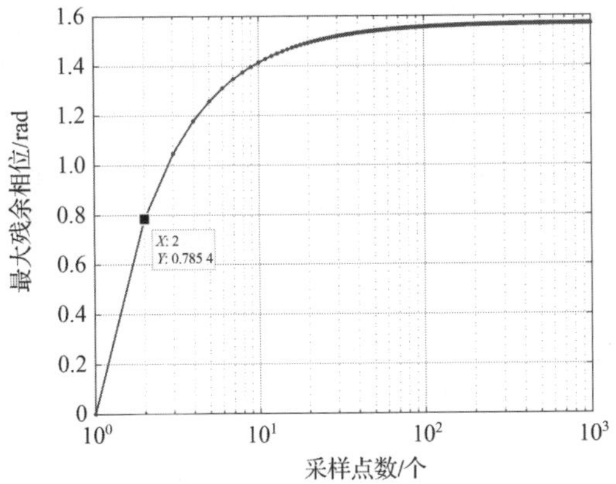

（a）

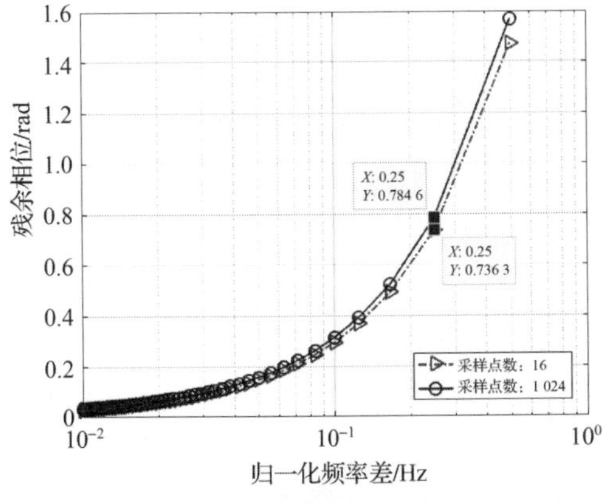

（b）

图3－26　残余相位的影响

（a）最大残余相位随采样点数的变化；（b）残余相位随归一化频率差的变化

滤波器网格失配会导致滤波增益下降，并引入残余相位。首先考虑未完全对准时的滤波增益，若 $0<|\Delta f^{d}|\leqslant 1/(2M)$，则 $1\leqslant \sin(\pi M\Delta f^{d})/\sin(\pi\Delta f^{d})<M$，表明网格失配会出现滤波增益下降，这会造成目标参数估计精度的下降，进一步降低收发对之间信号的相参积累增益。若单纯是滤波增益下降，还不会完全破坏信号相参合成，但更严重的是，每组收发对内部的滤波输出会引入不同的残余相位，若收发对之间的频率差很小（和滤波器中心频率接近）或近似不变（产生近似相同的残余相位），则残余相位不会对信号相参合成产生大的影响；若收发对之间的频率差各不相同，且频率差之间的差异也不可忽略，则在收发对之间的信号叠加时会引入不同的残余相位，从而破坏信号相参合成。

3.4.4 滤波器网格失配下的同步目标参数估计

目标多普勒频率和距离不能和相应的多普勒滤波器中心频率和中心距离完全对准，会出现滤波器网格失配。对于各收发对之间目标多普勒频率和距离存在细微差别的情况，需要精确估计各收发对的目标参数。如果能减小目标多普勒频率与滤波器中心频率和目标距离与中心距离之差，就能提高目标参数估计精度，同时降低残余相位对收发对之间信号相参合成的影响。所述的目标参数包括多普勒频率（差）、距离（差）和时延差，在精确估计前两者的同时，收发对内部滤波输出增益提高，再利用相参积累后收发对之间的信号估计时延差。此外，为了着重分析滤波器网格失配的影响，假设目标参数在观测时间内不会由于载机或目标运动而产生变化。本节提出全局－局域联合搜索和基于稀疏傅里叶变换（sparse Fourier transform，SFT）的两种估计方法来减少滤波器网格失配，提高目标参数估计精度。

1. 全局－局域联合搜索估计方法

信号先补零再变换的处理是最容易想到的减少滤波器网格失配的方法。由于信号长度增加，因此相应频域滤波器组数也得到相应增加，补零后增加的频域滤波器可认为是滤波器中心频率网格的再划分，目标参数和加密后的滤波器中心频率之差也会相应减小。显然，估计目标频率无须对整个频域进行加密，并且直接补零的方式额外地增加了计算量。现提出一种全局－局域联合搜索估计方法，其示意图如图 3－27 所示，该方法通过局域精细化处理的方式减少滤波器网格失配。

首先，在脉压后的距离－多普勒域搜索目标信号输出功率峰值，对应的多普勒滤波器中心频率和距离门为收发对内部目标参数的全局估计；然后，以全局搜索的参数估计值作为先验知识，仅局域加密当前滤波器，搜索新的目标参

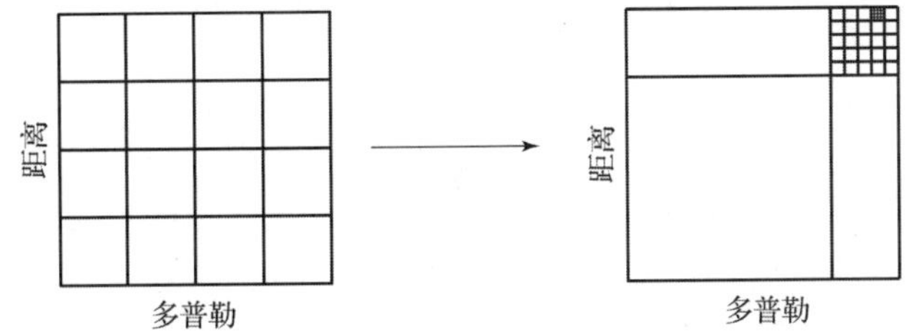

图3－27　全局－局域联合搜索估计方法示意图

数估计，新的参数估计值再作为下一次搜索的先验知识；最后，通过反复全局－局域联合搜索的方法，不断减少滤波器网格失配。

现将全局－局域联合搜索估计方法归纳如下。

步骤1　多普勒滤波处理、发射信号分离和脉压处理。

在距离－多普勒全域搜索目标信号输出功率峰值，峰值处的多普勒滤波器中心频率和距离门为目标参数的估计初值，即

$$\hat{f}^{\mathrm{d}}_{k,l,0} = \left(m_{f^{\mathrm{d}}_{\mathrm{t},k,l,0}} - \frac{1}{2}\right)\frac{1}{M} \tag{3-158}$$

$$\hat{f}^{\mathrm{l}}_{k,l,0} = n_{\mathrm{t},k,l,0} \tag{3-159}$$

步骤2　算法参数初始化。

滤波器加密倍数分别记作 α^{d} 和 α^{l}，参数估计偏差分别记作 δ^{d} 和 δ^{l}，误差容许门限分别记作 ε^{d} 和 ε^{l}，迭代次数计数器 $i=0$。

步骤3　根据第 i 次目标多普勒频率和距离估计 $m_{f^{\mathrm{d}}_{\mathrm{t},k,l,i}}$和 $n_{\mathrm{t},k,l,i}$，结合加密倍数 α^{d} 和 α^{l}，分别可以得到以参数估计值$\hat{f}^{\mathrm{d}}_{k,l,i}$和$\hat{f}^{\mathrm{l}}_{k,l,i}$为中心、局域均匀加密的多普勒频率和距离集合，分别记作$\boldsymbol{f}^{\mathrm{d}}_{k,l,i}$和$\boldsymbol{f}^{\mathrm{l}}_{k,l,i}$，那么以$\boldsymbol{f}^{\mathrm{d}}_{k,l,i}$和$\boldsymbol{f}^{\mathrm{l}}_{k,l,i}$作为中心频率的滤波器$\boldsymbol{F}^{\mathrm{d}}_{k,l,i}$和$\boldsymbol{F}^{\mathrm{l}}_{k,l,i}$对目标参数进行精细化搜索，第 i 次迭代的滤波器可以表示为

$$\boldsymbol{F}_{k,l,i} = \boldsymbol{F}^{\mathrm{l}}_{k,l,i} * \boldsymbol{F}^{\mathrm{d}}_{k,l,i} \tag{3-160}$$

步骤4　将滤波后的信号再逆变换到脉冲－距离频域，用 $\boldsymbol{X}_{k,l}$表示，其中矩阵元素关系为$[\boldsymbol{X}_{k,l}]_{m,n_{f^{\mathrm{l}}}} = x_{k,l}(m,n_{f^{\mathrm{l}}})$，其中 $n_{f^{\mathrm{l}}}$为距离频域通道号。使用步骤3中估计的滤波器对 $\boldsymbol{X}_{k,l}$滤波，获得第 $i+1$ 次目标多普勒频率和距离估计，分别记作 $m_{f^{\mathrm{d}}_{\mathrm{t},k,l,i+1}}$和 $n_{\mathrm{t},k,l,i+1}$，相应的参数估计值分别记作$\hat{f}^{\mathrm{d}}_{k,l,i+1}$和$\hat{f}^{\mathrm{l}}_{k,l,i+1}$。

步骤5　计算参数估计偏差 $\delta^{\mathrm{d}}=\hat{f}^{\mathrm{d}}_{k,l,i+1}-\hat{f}^{\mathrm{d}}_{k,l,i}$和 $\delta^{\mathrm{l}}=\hat{f}^{\mathrm{l}}_{k,l,i+1}-\hat{f}^{\mathrm{l}}_{k,l,i}$，并判断终止条件 $|\delta^{\mathrm{d}}|<\varepsilon^{\mathrm{d}}$ 和 $|\delta^{\mathrm{l}}|<\varepsilon^{\mathrm{l}}$ 是否分别得到满足。若不满足某一维的终止条件，则转至步骤3，对该维滤波器再次加密；而对满足终止条件的滤波器不再加密，迭代次数更新 $i=i+1$。反之，终止迭代，得到收发对(k,l)的目标多普

勒频率和距离估计值，即

$$\hat{f}^{\mathrm{d}}_{k,l}=\hat{f}^{\mathrm{d}}_{k,l,I} \tag{3-161}$$

$$\hat{R}_{k,l}=\hat{f}^{\mathrm{l}}_{k,l,I}\frac{c}{f_{\mathrm{s}}} \tag{3-162}$$

式中，I表示迭代终止次数。

步骤6　依次对每一组收发对执行步骤1～步骤5，得到所有收发对的目标参数估计值和信号滤波输出。

表3－2给出了全局－局域联合搜索估计方法的一般处理流程。

表3－2　全局－局域联合搜索估计方法的一般处理流程

算法： JointSearch$\{\boldsymbol{X}_{k,l},m_{f^{\mathrm{d}}_{\mathrm{t},k,l,0}},n_{\mathrm{t},k,l,0}\}$　$k,l=1,2,\cdots,K$
初始化： $\alpha^{\mathrm{d}},\alpha^{\mathrm{l}},\varepsilon^{\mathrm{d}},\varepsilon^{\mathrm{l}}$ $i=0$

主程序：
For $k=1:K$
For $l=1:K$
While $(\alpha^{\mathrm{d}}+\alpha^{\mathrm{l}}\neq 2)$
$m_{f^{\mathrm{d}}_{\mathrm{t},k,l,i}}\rightarrow\boldsymbol{f}^{\mathrm{d}}_{k,l,i}\rightarrow\boldsymbol{F}^{\mathrm{d}}_{k,l,i}$
$n_{\mathrm{t},k,l,i}\rightarrow\boldsymbol{f}^{\mathrm{l}}_{k,l,i}\rightarrow\boldsymbol{F}^{\mathrm{l}}_{k,l,i}$
$\boldsymbol{F}_{k,l,i}=\boldsymbol{F}^{\mathrm{l}}_{k,l,i}*\boldsymbol{F}^{\mathrm{d}}_{k,l,i}$
$\boldsymbol{x}=\mathrm{vec}(\boldsymbol{X}_{k,l})$
$(m_{f^{\mathrm{d}}_{\mathrm{t},k,l,i}},n_{\mathrm{t},k,l,i})=\arg\max\ \left\|\boldsymbol{F}^{\mathrm{H}}_{k,l,i}\boldsymbol{x}\right\|^2$
$\delta^{\mathrm{d}}=\hat{f}^{\mathrm{d}}_{k,l,i+1}-\hat{f}^{\mathrm{d}}_{k,l,i}$
$\delta^{\mathrm{l}}=\hat{f}^{\mathrm{l}}_{k,l,i+1}-\hat{f}^{\mathrm{l}}_{k,l,i}$
If $\left\|\delta^{\mathrm{d}}\right\|<\varepsilon^{\mathrm{d}}$, Then $\alpha^{\mathrm{d}}=1$
If $\left\|\delta^{\mathrm{l}}\right\|<\varepsilon^{\mathrm{l}}$, Then $\alpha^{\mathrm{l}}=1$
$i=i+1$
End While
End For
End For

返回值： $(\hat{f}^{\mathrm{d}}_{k,l,i+1},\hat{f}^{\mathrm{l}}_{k,l,i+1})$　$k,l=1,2,\cdots,K$

2. 基于 SFT 估计方法

全局－局域联合搜索估计方法可以总结为目标在距离－多普勒域的局域遍历搜索，需要信号通过滤波器组并比较各滤波器输出的幅度，才能得到目标多普勒频率和距离的估计值。由于目标参数估计在滤波之后，因此该方法的计算量仍然较大。考虑到目标多普勒频率和距离相对于整体距离－多普勒域是稀疏的，因此可以借助 SFT 这一数学工具，先通过梯度下降的方式估计目标多普勒频率和距离，再构造特定滤波器对目标信号做一次滤波处理，如图 3－28 所示。这种方式可以避免对目标参数遍历搜索，效率显著提高。

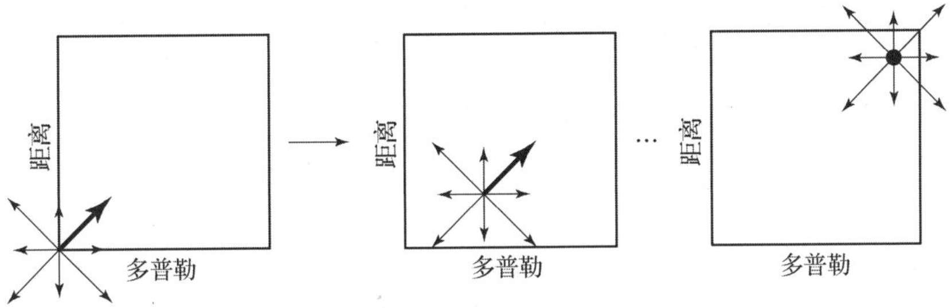

图 3－28　基于 SFT 估计方法示意图

现将基于 SFT 估计方法归纳如下。

步骤 1　参见全局－局域联合搜索估计方法步骤 1。

步骤 2　算法参数初始化。

在梯度下降算法中，多普勒频率和距离的搜索步长分别记作 d^{d} 和 d^{l}，参数估计偏差分别记作 δ^{d} 和 δ^{l}，误差容许门限分别记作 $\boldsymbol{\varepsilon}^{\mathrm{d}}$ 和 $\boldsymbol{\varepsilon}^{\mathrm{l}}$，迭代次数计数器 $i=0$。将接收信号逆变换到脉冲－距离频域，用 $\boldsymbol{X}_{k,l}$ 表示该信号矩阵，矩阵元素关系为 $[\boldsymbol{X}_{k,l}]_{m,n_{f^{\mathrm{l}}}}=x_{k,l}(m,n_{f^{\mathrm{l}}})$，计算初始误差，可得

$$e_{k,l,0}=\|\boldsymbol{x}-\boldsymbol{f}_{k,l,0}\boldsymbol{\gamma}_{k,l,0}\|_2^2 \tag{3-163}$$

式中，$\boldsymbol{x}=\mathrm{vec}(\boldsymbol{X}_{k,l})$ 表示矩阵矢量化后的矢量；$\boldsymbol{\gamma}_{k,l,0}=\boldsymbol{f}_{k,l,0}^{\dagger}\boldsymbol{x}$，其中上标 † 代表伪逆矩阵操作，$\boldsymbol{f}_{k,l,0}$ 由步骤 1 中全局搜索的估计值构造得到。采用离散方向搜索的梯度下降法搜索第 $i+1$ 次目标多普勒频率和距离的估计值。将可行方向均匀离散化为 P 个搜索方向，这 P 个搜索方向分别为正方形中心到正方形四个顶点、四边中点和自身中心的 9 个方向，选择这 P 个搜索方向中梯度下降最快的方向作为前进方向。可行方向矩阵 $\boldsymbol{P}$ 表示为

$$\boldsymbol{P}=\begin{bmatrix}-1 & -1 & -1 & 0 & 0 & 1 & 1 & 1 & 0\\ 1 & 0 & 1 & -1 & 1 & -1 & 0 & 1 & 0\end{bmatrix} \tag{3-164}$$

步骤 3　根据 P 个可行搜索方向及相应的步长，可以得到第 $i+1$ 次迭代中

P 个目标的多普勒频率和距离估计值。第 p 个可行搜索方向矢量写成

$$\begin{pmatrix} m_{f^{\mathrm{d}}_{\mathrm{t},k,l,i+1,p}} \\ n_{\mathrm{t},k,l,i+1,p} \end{pmatrix} = \begin{pmatrix} m_{f^{\mathrm{d}}_{\mathrm{t},k,l,i,p}} \\ n_{\mathrm{t},k,l,i,p} \end{pmatrix} - \boldsymbol{p}_p \odot \begin{pmatrix} d^{\mathrm{d}} \\ d^{\mathrm{l}} \end{pmatrix} \tag{3-165}$$

式中，$\boldsymbol{p}_p$ 表示可行方向矩阵 $\boldsymbol{P}$ 中第 p 个方向矢量。由 $m_{f^{\mathrm{d}}_{\mathrm{t},k,l,i,p}}$ 和 $n_{\mathrm{t},k,l,i,p}$ 构造的第 p 个滤波器可以表示为

$$\boldsymbol{f}_{k,l,i+1,p} = \boldsymbol{f}^{\mathrm{l}}_{k,l,i+1,p} \otimes \boldsymbol{f}^{\mathrm{d}}_{k,l,i+1,p} \tag{3-166}$$

第 p 个可行搜索方向的搜索误差为

$$e_{k,l,i+1,p} = \| \boldsymbol{x} - \boldsymbol{f}_{k,l,i+1,p} \boldsymbol{\gamma}_{k,l,i+1,p} \|_2^2 \tag{3-167}$$

式中，$\boldsymbol{\gamma}_{k,l,i+1,p} = \boldsymbol{f}^{\dagger}_{k,l,i+1,p}\boldsymbol{x}$。计算第 $i+1$ 次迭代中第 p 个可行搜索方向的误差 $e_{k,l,i+1,p}$ 和第 i 次迭代的误差 $e_{k,l,i}$ 之差，利用差分替代求导来计算梯度，选取梯度下降最快的方向作为前进方向，并将相应的多普勒频率和距离作为第 $i+1$ 次迭代的估计值，表示为

$$\left(m_{f^{\mathrm{d}}_{\mathrm{t},k,l,i+1}}, n_{\mathrm{t},k,l,i+1}, e_{k,l,i+1} \right) = \arg \max_{p} \left(\frac{e_{k,l,i+1,p} - e_{k,l,i}}{\| \boldsymbol{p}_p \|_2^2} \right) \tag{3-168}$$

步骤 4　分别计算参数估计偏差 $\delta^{\mathrm{d}} = m_{f^{\mathrm{d}}_{\mathrm{t},k,l,i+1}} - m_{f^{\mathrm{d}}_{\mathrm{t},k,l,i}}$ 和 $\delta^{\mathrm{l}} = n_{\mathrm{t},k,l,i+1} - n_{\mathrm{t},k,l,i}$，并判断终止条件 $|\delta^{\mathrm{d}}| < \varepsilon^{\mathrm{d}}$ 和 $|\delta^{\mathrm{l}}| < \varepsilon^{\mathrm{l}}$ 是否分别得到满足。若不满足，则跳转至步骤 3，迭代次数更新 $i = i+1$；反之，终止迭代，得到收发对 (k,l) 估计的多普勒滤波器中心频率和中心距离，并根据参数估计值构造特定滤波器对目标信号做一次滤波处理。

步骤 5　依次对每一组收发对执行步骤 1 ~ 步骤 4，得到所有收发对的目标参数估计值和信号滤波输出。

表 3-3 给出了基于 SFT 估计方法的一般处理流程。

表 3-3　基于 SFT 估计方法的一般处理流程

算法： SFTBased$\{\boldsymbol{X}_{k,l}, m_{f^{\mathrm{d}}_{\mathrm{t},k,l,0}}, n_{\mathrm{t},k,l,0}\}$　$k,l = 1,2,\cdots,K$
初始化： $d^{\mathrm{d}}, d^{\mathrm{l}}, \varepsilon^{\mathrm{d}}, \varepsilon^{\mathrm{l}}$ $i = 0$
主程序： For $k = 1:K$ 　For $l = 1:K$ 　　$m_{f^{\mathrm{d}}_{\mathrm{t},k,l,0}} \rightarrow \boldsymbol{f}^{\mathrm{d}}_{k,l,0}$

续表

算法： SFTBased$\{\boldsymbol{X}_{k,l}, m_{f^{\mathrm{d}}_{\mathrm{t},k,l,0}}, n_{\mathrm{t},k,l,0}\}$　$k,l=1,2,\cdots,K$

$n_{\mathrm{t},k,l,0}\rightarrow\boldsymbol{f}^{\mathrm{l}}_{k,l,0}$
$\boldsymbol{f}_{k,l,0}=\boldsymbol{f}^{\mathrm{l}}_{k,l,0}\otimes\boldsymbol{f}^{\mathrm{d}}_{k,l,0}$
$\boldsymbol{x}=\mathrm{vec}(\boldsymbol{X}_{k,l})$
$\gamma_{k,l,0}=\boldsymbol{f}^{\dagger}_{k,l,0}\boldsymbol{x}$
$e_{k,l,0}=\left\Vert\boldsymbol{x}-\boldsymbol{f}_{k,l,0}\gamma_{k,l,0}\right\Vert_2^2$
While $(s^{\mathrm{d}}+s^{\mathrm{l}}\neq 0)$
For $p=1:P$
$\begin{pmatrix} m_{f^{\mathrm{d}}_{\mathrm{t},k,l,i+1,p}} \\ n_{\mathrm{t},k,l,i+1,p}\end{pmatrix}=\begin{pmatrix} m_{f^{\mathrm{d}}_{\mathrm{t},k,l,i,p}} \\ n_{\mathrm{t},k,l,i,p}\end{pmatrix}-\boldsymbol{p}_p\odot\begin{pmatrix} d^{\mathrm{d}} \\ d^{\mathrm{l}}\end{pmatrix}$
$m_{f^{\mathrm{d}}_{\mathrm{t},k,l,i+1,p}}\rightarrow\boldsymbol{f}^{\mathrm{d}}_{k,l,i+1,p}$
$n_{\mathrm{t},k,l,i+1,p}\rightarrow\boldsymbol{f}^{\mathrm{l}}_{k,l,i+1,p}$
$\boldsymbol{f}_{k,l,i+1,p}=\boldsymbol{f}^{\mathrm{l}}_{k,l,i+1,p}\otimes\boldsymbol{f}^{\mathrm{d}}_{k,l,i+1,p}$
$\gamma_{k,l,i+1,p}=\boldsymbol{f}^{\dagger}_{k,l,i+1,p}\boldsymbol{x}$
$e_{k,l,i+1,p}=\left\Vert\boldsymbol{x}-\boldsymbol{f}_{k,l,i+1,p}\gamma_{k,l,i+1,p}\right\Vert_2^2$
End For
$(m_{f^{\mathrm{d}}_{\mathrm{t},k,l,i+1}}, n_{\mathrm{t},k,l,i+1}, e_{k,l,i+1})=\arg\max\limits_{p}\left(\dfrac{e_{k,l,i+1,p}-e_{k,l,i}}{\Vert\boldsymbol{p}_p\Vert_2^2}\right)$
$\delta^{\mathrm{d}}=\hat{f}^{\mathrm{d}}_{k,l,i+1}-\hat{f}^{\mathrm{d}}_{k,l,i}$
$\delta^{\mathrm{l}}=\hat{f}^{\mathrm{l}}_{k,l,i+1}-\hat{f}^{\mathrm{l}}_{k,l,i}$
If $\lvert\delta^{\mathrm{d}}\rvert<\varepsilon^{\mathrm{d}}$, Then $d^{\mathrm{d}}=0$
If $\lvert\delta^{\mathrm{l}}\rvert<\varepsilon^{\mathrm{l}}$, Then $d^{\mathrm{l}}=0$
$i=i+1$
End While
End For
End For

返回值： $(\hat{f}^{\mathrm{d}}_{k,l,i+1}, \hat{f}^{\mathrm{l}}_{k,l,i+1})$　$k,l=1,2,\cdots,K$

表 3－4 进一步比较了全局搜索、全局－局域联合搜索和基于 SFT 这三种估计方法在单组收发对下目标参数估计的时间复杂度。

表 3 – 4　算法时间复杂度比较

算法名称	时间复杂度
全局搜索估计方法	$O(\alpha^{d}\alpha^{l}M^{2}N^{2})$
全局 – 局域联合搜索估计方法	$O(M\log_2 M)+O(N\log_2 N)+O(\alpha^{d}\alpha^{l}MNI)$
基于 SFT 估计方法	$O(M\log_2 M)+O(N\log_2 N)+O(MNPI)$

全局搜索估计方法需要对距离 – 多普勒全域进行搜索，计算量主要来源于滤波，时间复杂度为 $O(\alpha^{d}\alpha^{l}M^{2}N^{2})$，随着相参脉冲数和采样点数的增加，复杂度迅速增加。全局 – 局域联合搜索估计方法需要对距离 – 多普勒域进行多次精细化搜索，计算量主要来源于滤波和迭代，初值计算的复杂度为 $O(M\cdot\log_2 M)+O(N\log_2 N)$，滤波的复杂度为 $O(\alpha^{d}\alpha^{l}MNI)$。基于 SFT 估计方法仅根据梯度下降方向对数据进行一次滤波处理，无须搜索所有滤波器，滤波的复杂度降至 $O(MNPI)$。

3.4.5　仿真分析

假设分布式相参雷达由 4 部收发共置的动平台雷达组成，雷达载频相同，均工作在 P 波段，一个 CPI 内的相参脉冲数 $M=128$ 个，脉冲重复频率（PRF）设为 $f_r=4$ kHz，占空比为 10%，基带信号采用带宽 $B=4$ MHz 的线性调频（LFM）信号，选取正交时分多址（time division multiple access，TDMA）波形作为雷达的发射信号，假设目标已捕获，脉压前、单脉冲的目标 SNR 为 5 dB。

1. 目标参数估计性能分析

在 MIMO 模式下，根据滤波输出峰值可得目标参数估计值。图 3 – 29 给出了不同方法下目标多普勒频率和距离的估计结果。实线表示目标参数真实值，虚线表示滤波器网格失配下的参数估计值，用“*”标记的线表示全局 – 局域联合搜索估计方法的参数估计值，用“○”标记的线表示基于 SFT 估计方法的参数估计值。

滤波器网格失配下的目标参数估计值和真实值之间偏差较大，所提的两种估计方法在局域加密了滤波器，减少了滤波器网格失配，参数估计精度显著提高。由于全局搜索估计方法和所提两种估计方法的估计精度相同，因此这里不再加入比较。

表 3 – 5 比较了全局搜索、全局 – 局域联合搜索和基于 SFT 的三种估计方法的运行时间，其中后两种估计方法无须对整个距离 – 多普勒域加密，运行时

间显著降低。相较于全局 - 局域联合搜索估计方法，基于 SFT 估计方法采用先估计再一次滤波的方式估计目标参数，运行时间最短。

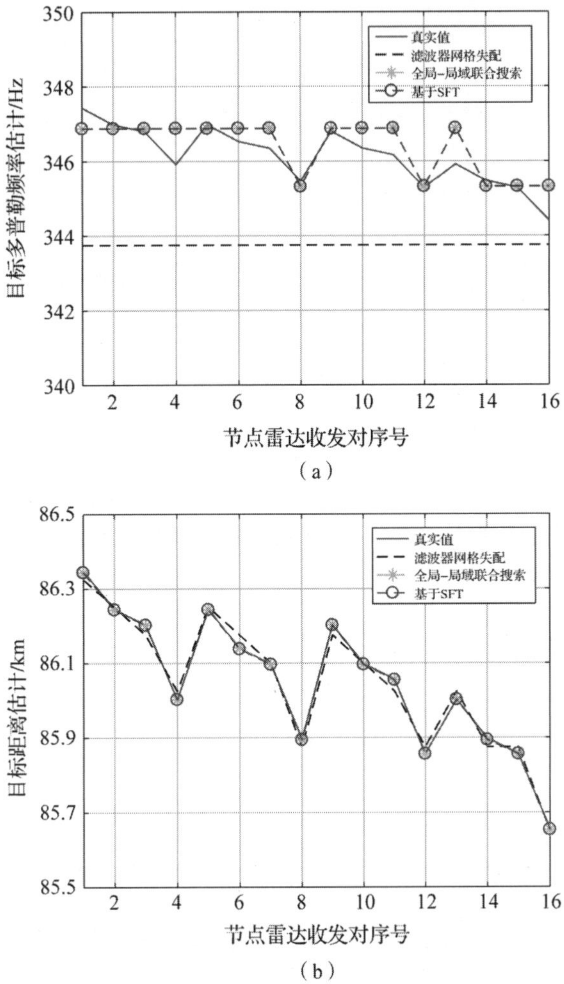

图 3 - 29　不同方法下目标多普勒频率和距离的估计结果

(a) 目标多普勒频率估计结果；(b) 目标距离估计结果

表 3 - 5　算法运行时间比较

算法名称	消耗时间/s
全局搜索估计方法	996.300 6
全局 - 局域联合搜索估计方法	0.359 4
基于 SFT 估计方法	0.120 4

为了比较不同 SNR 下的目标参数估计性能，定义目标参数估计的平均均方根误差（average root mean square error，ARMSE）为

$$\text{ARMSE}_{\text{d}} \triangleq \frac{1}{K^2}\sqrt{\frac{1}{U}\sum_{u=1}^{U}\sum_{k=1}^{K}\sum_{l=1}^{K}(\hat{f}^{\text{d}}_{k,l,u}-f^{\text{d}}_{k,l})^2} \tag{3-169}$$

$$\text{ARMSE}_{\text{R}} \triangleq \frac{1}{K^2}\sqrt{\frac{1}{U}\sum_{u=1}^{U}\sum_{k=1}^{K}\sum_{l=1}^{K}(\hat{R}_{k,l,u}-R_{k,l})^2} \tag{3-170}$$

式中，U 表示蒙特卡罗仿真试验次数；$\hat{f}^{\text{d}}_{k,l,u}$和 $\hat{R}_{k,l,u}$表示第 u 次试验下目标多普勒频率和距离的估计值。

图 3－30 比较了不同方法得到的目标参数估计的 ARMSE 随 SNR 的变化关系，其中，实线表示单组收发对内部目标多普勒频率和距离估计的 CRLB。随着 SNR 的增大，滤波器网格失配下的 ARMSE 很快恒定，这是由于搜索滤波器中心频率随 SNR 增大不再改变，这种方式得到的目标参数估计精度低，滤波输出信号会引入残余相位，破坏收发对之间的信号相参合成。图 3－30 中的两种估计方法均减少了滤波器网格失配，参数估计精度随 SNR 的增大而提高，逐步逼近参数估计的 CRLB。然而，由于网格划分精度有限，因此两种估计方法的 ARMSE 也会收敛。

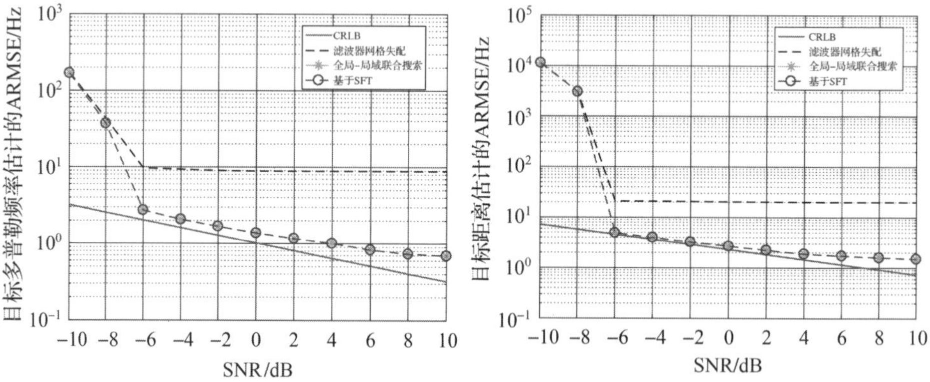

（a）　　　　　　　　（b）

图 3－30　目标参数估计的 ARMSE 随 SNR 的变化关系

（a）目标多普勒频率估计；（b）目标距离估计

2. 信号相参合成性能分析

滤波后，每组收发对的目标输出 SNR 增加，然而，该目标参数估计精度还不足以实现信号相参合成。下面利用滤波后收发对之间的信号，采用目标定位的方式估计目标时延差，提高时延差估计精度。

通过局域加密滤波器的方式可以减少目标参数和滤波器中心频率之差，提高收发对内部目标参数的估计精度，滤波后的目标输出 SNR 增加，残余相位对目标信号真实相位的扰动变小。收发对(k,l)的滤波输出可以表示为

$$x_{k,l}^{\text{out}} \approx \xi_{\text{o}} \text{e}^{-2\pi \text{j} \frac{R_k + R_l}{\lambda}} + n_{k,l} \tag{3-171}$$

式中，ξ_{o}表示输出信号复幅度；$n_{k,l}$表示输出噪声。由 3.4.4 节对收发对内部的信号进行滤波处理，得到的收发对之间的滤波输出相位比较如图 3-31 所示。滤波器网格失配下的输出信号相位明显偏离了真实目标信号相位，而图 3-31 中两种方法均较好地估计了目标信号相位。

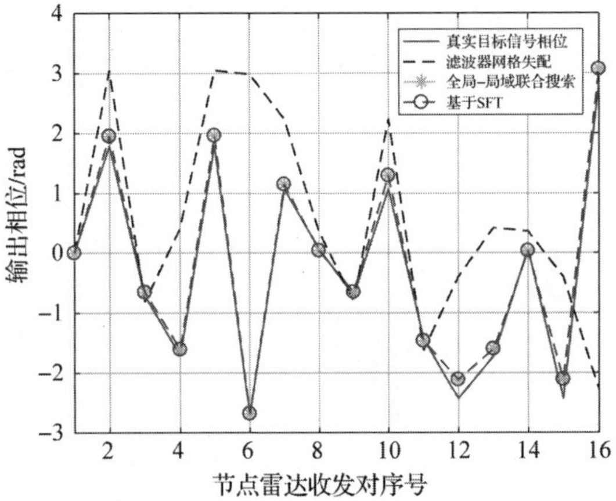

图 3-31　收发对之间的滤波输出相位比较

取出各组收发对滤波输出相位作为 MIMO 雷达目标导向矢量，对目标所在区域进行局部搜索。图 3-32 给出了两种估计方法的目标定位结果，可以看到两种估计方法的输出均在目标位置处达到最大。

根据目标定位结果可以进一步得到目标时延差的估计，再利用时延差补偿目标信号实现相参合成。接收相参模式下目标信号相参合成比较如图 3-33 所示，其中，实线表示目标参数精确已知下的信号输出，即最优输出，虚线表示目标参数在滤波器网格失配下的信号输出，用“.”标记的线表示目标参数采用图中所示两种估计方法估计下的信号输出，此外，点线表示 MIMO 模式下单接收雷达的信号输出。

在 MIMO 模式下，如果不对单接收雷达的信号分离并补偿，而直接对它进行脉压处理，不仅目标信号输出功率下降，而且由于收发对之间的目标距离不同，脉压位置也会偏移。将滤波器网格失配条件下得到的目标参数估计值在接收站补偿目标信号，信号输出功率非但不会增加，还会由于信号相消而产生约 1.5 dB 的损失。采用全局-局域联合搜索/基于 SFT 估计方法得到的目标参数

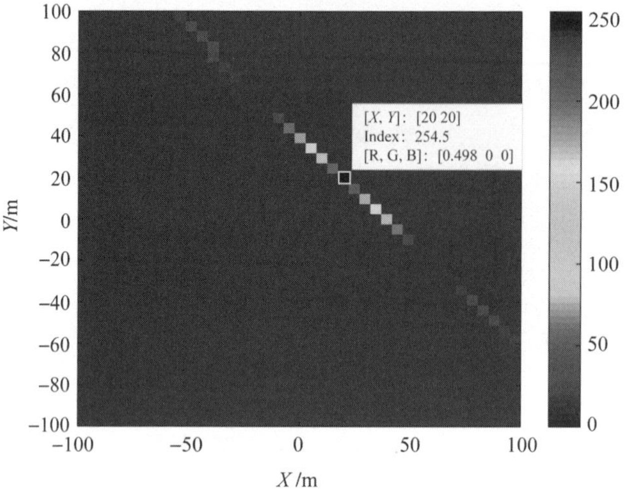

（a）

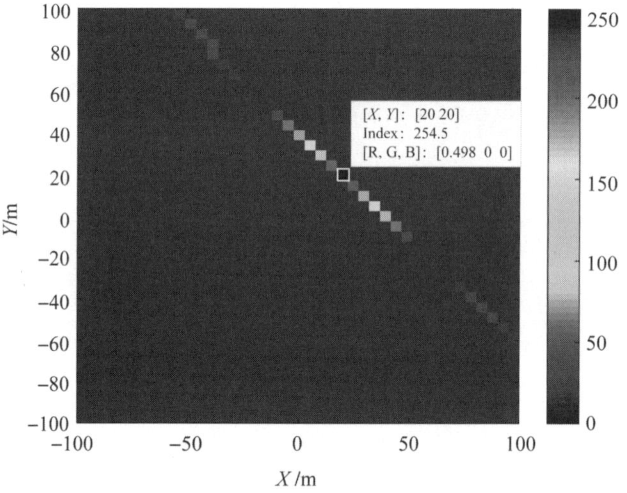

（b）

图 3－32　两种估计方法的目标定位结果（附彩插）

（a）全局－局域联合搜索；（b）基于 SFT

估计值补偿目标信号，相较于 MIMO 模式下的输出，功率增加了约 6 dB，几乎可以达到最优输出。

图 3－34 比较了在全相参模式下目标信号相参合成结果。用滤波器网格失配下的目标参数估计值补偿目标信号，相较于 MIMO 模式，目标信号功率提高了约 5 dB；而用全局－局域联合搜索/基于 SFT 估计方法的目标参数估计值补偿目标信号，目标信号功率则提高了约 12 dB，也逼近最优输出。

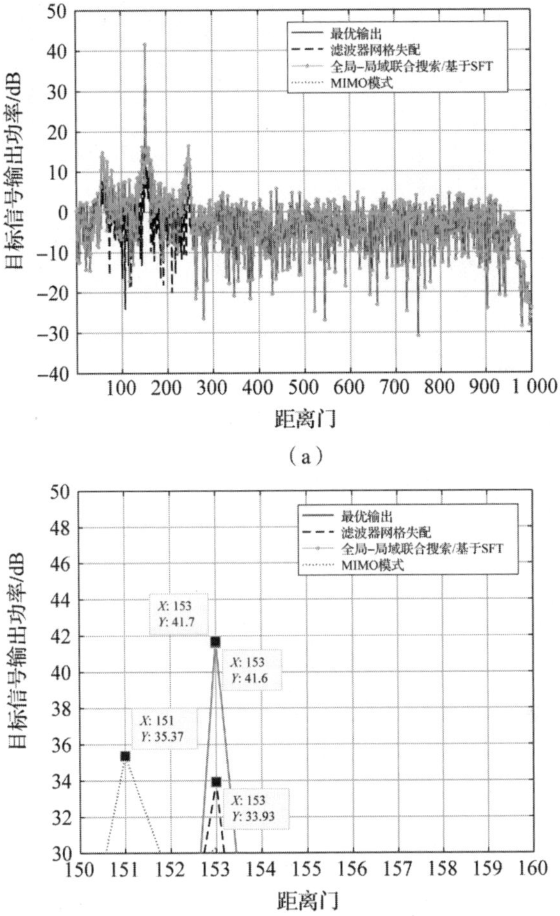

(a)　(b)

图 3－33　接收相参模式下目标信号相参合成比较（附彩插）

(a) 目标信号输出功率比较；(b) 局部放大结果

当存在滤波器网格失配时，无法得到接收相参或全相参模式下的目标信号 SNR 增益。但通过比较图 3－33（b）和图 3－34（b），不难发现全相参模式比接收相参模式下的信号输出功率提高了约 6 dB，这与 $K\approx 6$ dB 理论结果一致。

需要说明的是，所提的目标参数估计方法是在雷达位置、时间和相位精确已知的条件下得到的。若雷达之间未进行同步，尽管收发对内的距离－多普勒二维滤波不会受到影响，但收发对间的信号在相参积累的过程中，多雷达不同步引入的额外相位同样会导致无法获得精确的目标时延差和相位差估计，也就无法实现信号相参合成。

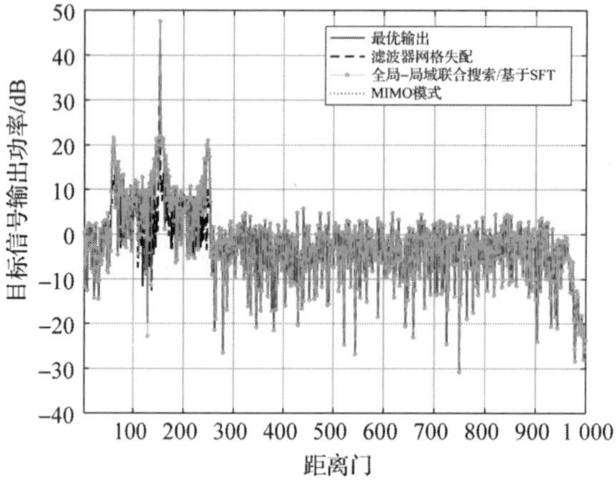

(a)

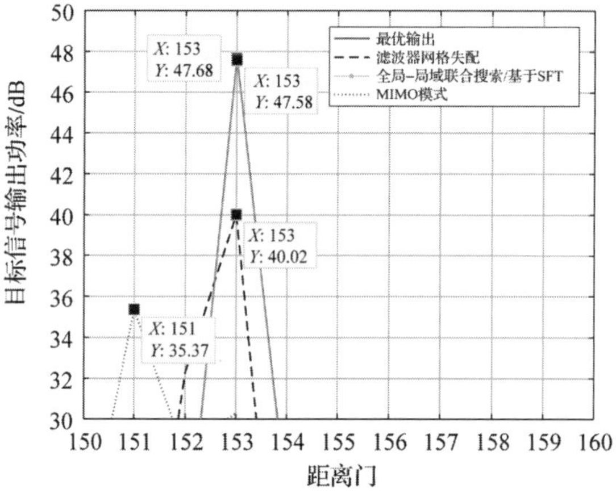

(b)

图 3-34　全相参模式下目标信号相参合成比较

(a) 目标信号输出功率比较；(b) 局部放大结果

参 考 文 献

[1] BROWN O, EREMENKO P. Value - centric design methodologies for fractionated spacecraft: Progress summary from phase 1 of the DARPA system F6 program [C]//Niigata: AAIA Reinventing Space Conference, 2009(6540): 1 - 15.

[2] DAVID J, ADRIAN J, HOOKE K. The NASA space communications data networking architecture [C]//Rome: Proceedings of AIAA Conference, 2006: 1 - 9.

[3] AHLGREN G. Next generation radar concept definition team final report: NG - 3 [R]. Lexington: MIT Lincoln Laboratory, 2003.
[4] KOSINSKI J. Distributed coherent RF operations[C]//San Diego: Proceedings of the 35th Annual Precise Time and Time Interval Systems and Applications Meeting, 2003.
[5] MUDUMBAI R, CROWN R, MADHOW U. Distributed transmit beamforming: Challenges and recent progress[J]. IEEE Communications Magazine, 2009, 47(2): 102 - 110.
[6] FLETCHER A, ROBEY F. Performance bounds for adaptive coherence of sparse array radar[C]//Lexington: 11th Conference Adaptive Sensors Array Processing, 2003.
[7] SUN P L, TANG J, HE Q. Cramer - Rao bound of parameters estimation and coherence performance for next generation radar[J]. IET Radar Sonar and Navigation, 2013, 7(5): 553 - 67.
[8] ZENG T, YIN P, LIU Q. Wideband distributed coherent aperture radar based on stepped frequency signal: Theory and experimental results[J]. IET Radar Sonar and Navigation, 2016, 10(4): 672 - 688.
[9] LIU X, XU Z, LIU X. A Clean signal reconstruction approach for coherently combining multiple radars[J]. EURASIP Journal on Advances in Signal Processing, 2018, 47(1): 1 - 11.
[10] COUTTS S D, CUOMO K M, MCHARG J C, et al. Distributed coherent aperture measurements for next generation BMD radar[C]//Waltham: 4th IEEE Workshop on Sensor Array and Multi - Channel Process (SAM). Piscataway: IEEE, 2006.
[11] GAO H, ZHOU B L, ZHOU D M. Performance analysis and experimental study on distributed aperture coherence - synthetic radar[C]//Guangzhou: 2016 CIE International Conference on Radar. Piscataway: IEEE, 2016.
[12] NANZER J, SCHMID R, COMBERIATE T. Open - loop coherent distributed arrays[J]. IEEE Transactions on Microwave Theory and Techniques, 2017, 65(5): 1662 - 1672.
[13] NANZER J A, MGHABGHAB S R, ELLISON S M, et al. Distributed phased arrays: Challenges and recent advances[J]. IEEE Transactions on Microwave Theory and Techniques, 2021, 69(11): 4893 - 4907.
[14] CHEN J, WANG T, LIU X, et al. Time and phase synchronization using clutter

observations in airborne distributed coherent aperture radars[J]. Chinese Journal of Aeronautics,2022,35(3):432 - 449.

[15] SCHLEGEL A, ELLISON S M, NANZER J A. A microwave sensor with sub - millimeter range accuracy using spectrally sparse signals[J]. IEEE Microwave and Wireless Components Letters,2020,30(1):120 - 123.

[16] ELLISON S M, NANZER J. High - accuracy multinode ranging for coherent distributed antenna arrays[J]. IEEE Transactions on Aerospace and Electronic Systems,2020,56(5):4056 - 4066.

[17] DIANAT M, TABAN M R, DIANAT J, et al. Target localization using least squares estimation for MIMO radars with widely separated antennas[J]. IEEE Transactions on Aerospace and Electronic Systems,2013,49(4):2730 - 2741.

[18] LU J X, LIU F F, SUN J Y, et al. Joint estimation of target parameters and system deviations in MIMO radar with widely separated antennas on moving platforms [J]. IEEE Transactions on Aerospace and Electronic Systems, 2021, 57(5): 3015 - 3028.

[19] LIU X Y, WANG T, CHEN J M, et al. Efficient configuration calibration in airborne distributed radar systems[J]. IEEE Transactions on Aerospace and Electronic Systems,2022,58(3):1799 - 1817.

[20] TU K Y, CHANG F R, LIAO C S, et al. Frequency syntonization using GPS carrier phase measurements[J]. IEEE Transactions on Instrumentation and Measurement, 2011,50(3):833 - 838.

[21] MGHABGHAB S R, NANZER J A. Open - loop distributed beamforming using wireless frequency synchronization[J]. IEEE Transactions on Microwave Theory and Techniques. 2021,69(1):896 - 905.

[22] CHATTERJEE P, NANZER J A. Effects of time alignment errors in coherent distributed radar [C]//Oklahoma: Proceedings of the 2018 IEEE Radar Conference. Piscataway: IEEE,2018.

[23] SUN P L, TANG J, WAN S, et al. Identifiability analysis of local oscillator phase self - calibration based on hybrid Cramér - Rao bound in MIMO radar[J]. IEEE Transactions on Signal Processing,2014,62(22):6016 - 6031.

[24] LONG T, ZHANG H, ZENG T, et al. High accuracy unambiguous angle estimation using multi - scale combination in distributed coherent aperture radar[J]. IET Radar Sonar and Navigation,2017,17(7):1090 - 1098.

[25] ULRICH M, YANG B. Multi - carrier MIMO radar: A concept of sparse array for

improved DOA estimation [C]//Philadelphia: Proceedings of the 2016 IEEE Radar Conference. Piscataway: IEEE, 2016.

[26] LEE J H, LEE J H, WOO J M. Method for obtaining three - and four - element array spacing for interferometer direction - finding system [J]. IEEE Antennas and Wireless Propagation Letters, 2016, 15: 897 - 900.

[27] YU X X, CUI G L, YANG S Q, et al. Coherent unambiguous transmit for sparse linear array with geography constraint [J]. IET Radar Sonar and Navigation, 2016, 11(2): 386 - 393.

[28] FISHLER E, HAIMOVICH A, BLUM R, et al. Spatial diversity in radars - models and detection performance [J]. IEEE Transactions on Signal Processing, 2006, 54 (3): 823 - 838.

[29] TAN X, DUAN C, LI Y, et al. Transmit beampattern design for distributed satellite constellation based on space - time - frequency DoFs [J]. Remote Sensing, 2022, 14(23): 6181.

[30] WANG C, FU F, LI Y. Detecting solder balls in full - field ball grid array images using a coarse - to - fine process [C]//Shanghai: Sixth International Conference on Optical and Photonic Engineering (icOPEN 2018). International Society for Optics and Photonics, 2018, 10827: 1082718.

[31] PENG Y, SCALES W, ESSWEIN M, et al. Small satellite formation flying simulation with multi - constellation GNSS and applications to future multi - scale space weather observations [C]//Miami: Proceedings of the 32nd International Technical Meeting of the Satellite Division of the Institute of Navigation (ION GNSS + 2019), 2019: 2035 - 2047.

[32] VALLADO D. Fundamentals of astrodynamics and applications [M]. 2nd edition. Torrance: Microcosm, Inc., 2001.

[33] 陈金铭. 机载分布式相参雷达同步参数估计理论和方法研究[D]. 西安: 西安电子科技大学, 2022.

第4章

分布式跨域非相参融合检测技术

随着电磁环境的日益复杂，雷达系统在预警、战场评估及海洋目标监测时面临严峻考验。目前雷达系统关注的大多数重点目标具有回波SNR低的特点。工程中定义的微弱目标有两种，一种是雷达距离目标较远导致回波SNR低；另一种是目标自身RCS较小（如隐身目标），导致雷达接收信号强度（received signal strength，RSS）较弱。在最新的技术条件下，隐身目标的RCS远低于同类型目标的

RCS，直接作门限检测会出现目标漏检或虚警问题，致使目标探测性能降低。相比相参融合方式，非相参融合不考虑目标回波相位信息，虽然能量积累效率没有相参积累融合方式高，但应用限制条件少，容易实现，因此适用于不同维域的融合处理应用。本章将从多站（空域）、多帧（时域）、多特征（特征域）以及多分辨单元（像素域）对非相参融合检测技术开展研究。

4.1　非相参融合检测性能典型评估方法

典型的非相参融合检测分为多站检测和多帧检测，本节首先从统计学角度出发对上述融合方法进行定量评估。以分布式多基地雷达系统构型为例，以卫星作为辐射源，多个无人机作为接收平台，对监测区域进行波束覆盖。如果多接收站平台之间的视角远大于角度分辨单元 3 dB 波束宽度，则不满足信号相参积累的条件，此时可根据不同接收站获取的目标检测信息进行非相参融合处理[1-2]，多站非相参融合示意图如图 4 - 1 所示。通过对不同接收站回波进行坐标转换，结合定位信息完成目标单元配准，并在配准后的坐标系中进行多源非相参融合处理，从而实现检测性能的增强。

当分布式雷达系统多接收站平台间不满足相参积累的条件时，可利用不同接收站回波视角差异进行非相参融合处理来克服目标自身 RCS 起伏引起的检测性能恶化问题。典型的非相参融合处理手段包括多站非相参融合检测方法和多帧非相参融合检测方法。假设目标起伏类型为 Swerling I 型，图 4 - 2 ~ 图 4 - 5 给出了不同平台数量和不同帧数对应的目标检测性能及目标跟踪性能曲线。

滑窗目标检测方法是分布式目标的可靠检测手段之一。由于似然比检测量构建受到计算复杂度约束，因此滑窗大小设计不宜过大。图 4 - 6 对比了不同滑窗大小对目标检测性能的影响，仿真中蒙特卡罗仿真试验次数为 500 次，融

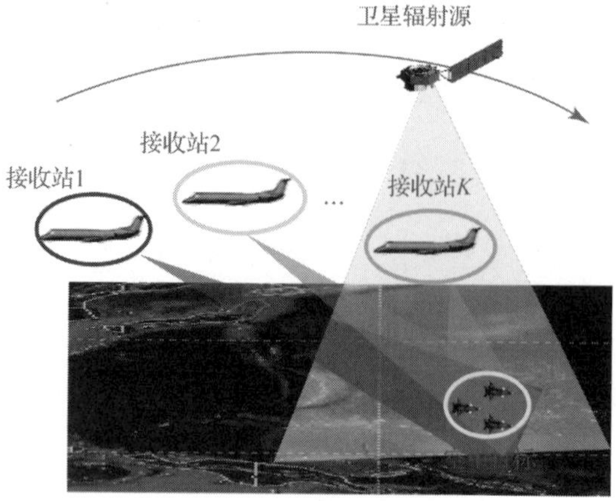

图 4-1 多站非相参融合示意图

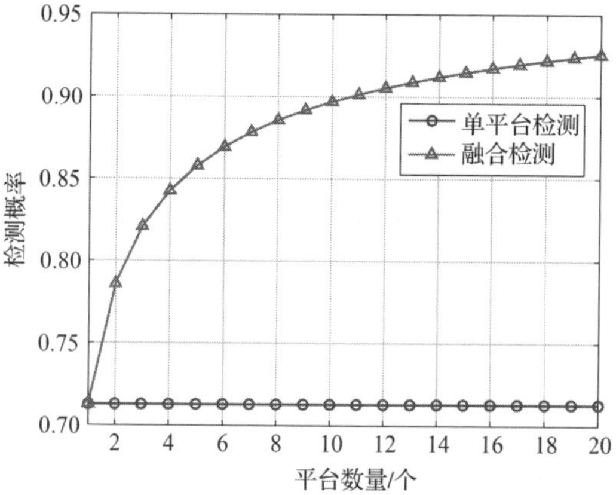

图 4-2 不同平台数量对应的目标检测性能曲线

注：单站 SNR 为 16 dB，虚警概率为 1e-6。

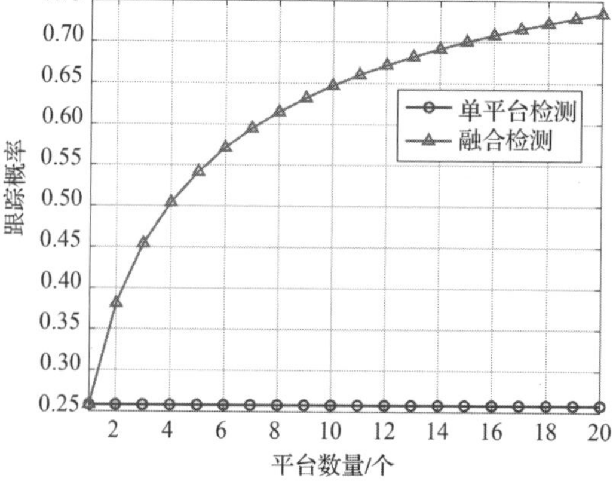

图 4-3 不同平台数量对应的目标跟踪性能曲线

注：单站 SNR 为 16 dB，虚警概率为 1e-6。

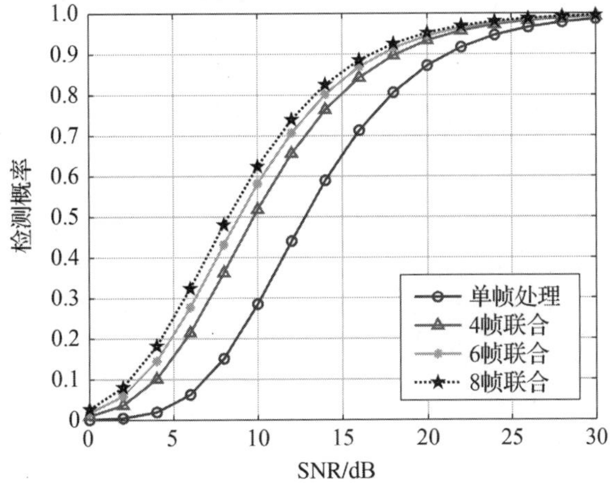

图 4-4　不同帧数对应的目标检测性能曲线

注：虚警概率为 1e-6。

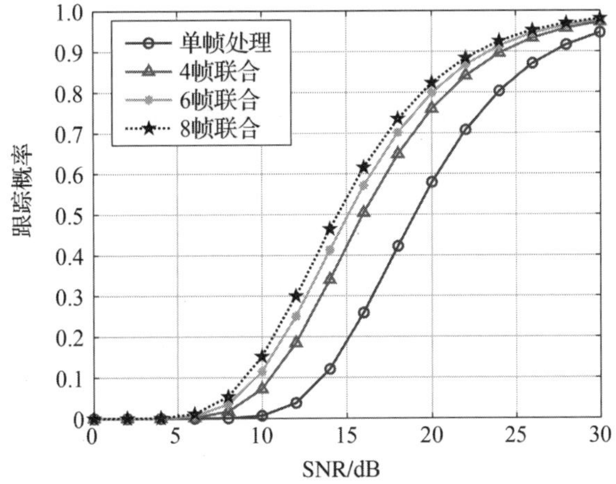

图 4-5　不同帧数对应的目标跟踪性能曲线

注：虚警概率为 1e-6。

合处理采用非相参能量积累方式，目标 SNR 区间设为 0~30 dB，接收平台数量为 5，虚警概率设为 1e-6。通过比较 3×3 滑窗、4×4 滑窗和 5×5 滑窗对基于滑窗对比度的多源融合目标恒虚警检测性能的影响（其中接收平台数量为 5 个，虚警概率设为 1e-6），可以看出小的滑窗有利于目标检测性能的提升，这是由于较大的滑窗会导致目标单元与邻近单元对比度权重降低，即基于滑窗对比度权重获得的背景单元指数型似然比更接近目标单元，导致恒虚警检测门限对目标所在单元和背景单元的区分能力下降。综合考虑计算复杂度和检测性能等因素，所提算法滑窗大小应选取 3×3。

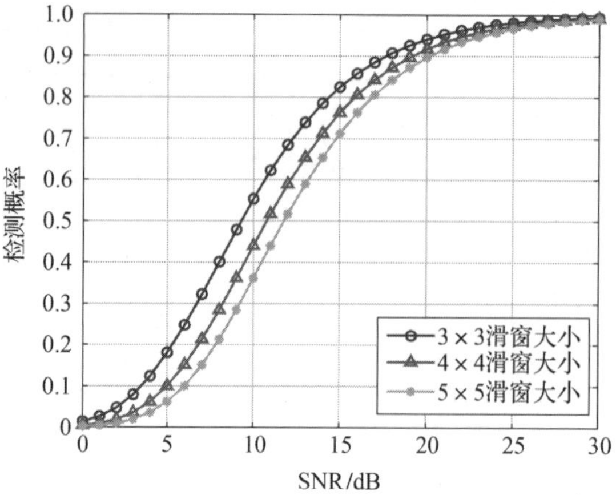

图 4-6　不同滑窗大小对应的目标检测性能曲线

对于多帧非相参融合检测，以双门限检测算法为例，该融合处理算法可兼顾目标检测性能和虚警性能。然而，预处理门限可能导致目标信息的丢失，因此，初级门限应设置得足够低以保留尽可能多的目标信息。但如果初级门限设置太低，每一个测量值都会超过这个门限，这样双门限处理将退化为传统的处理方式，因此初级门限的选择应该能够平衡计算量和目标信息损失两者间的矛盾。不同初级门限对应的目标检测概率如图 4-7 所示，图中给出了在不同 SNR 下的检测概率与不同虚警概率 P_{fa}（即不同的初级门限）的关系曲线。可以看出，随着虚警概率的减小，检测性能会变差。不同初级门限对应的目标跟踪概率如图 4-8 所示，图中对比了不同初级门限条件下的目标跟踪性能曲线，与传统的单门限最优处理相比，当初级门限对应虚警概率为 0.000 1 时，有 0.5~2 dB 的检测性能损失。因此，双门限检测算法有助于在计算复杂度与检

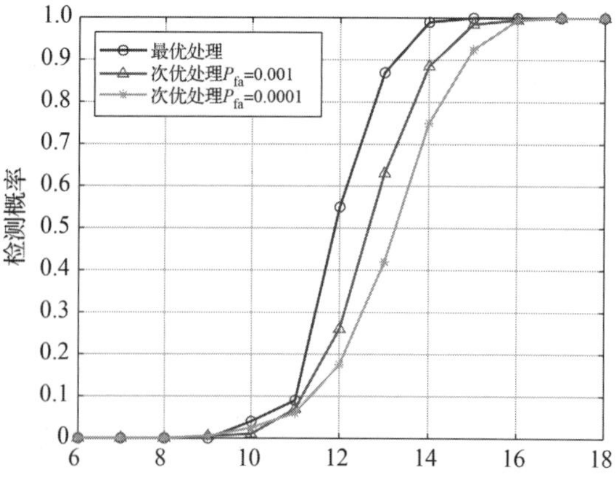

图 4-7　不同初级门限对应的目标检测概率

测性能之间实现一个高效的平衡，即在可接受的探测性能损失条件下将算法的应用范围扩展到实时处理领域。

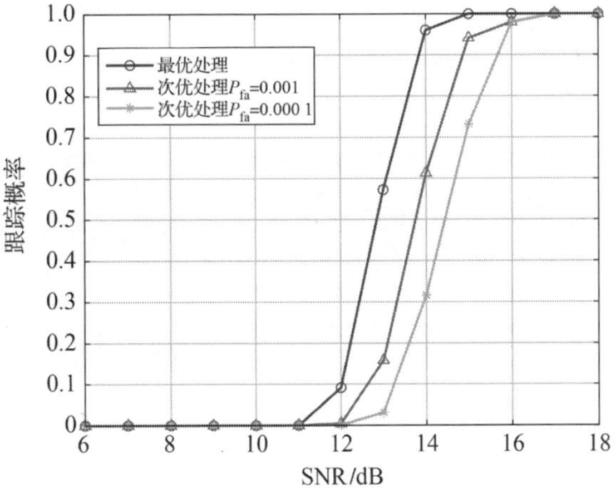

图 4-8　不同初级门限对应的目标跟踪概率

4.2　多站非相参融合检测技术

4.2.1　多站对比度加权非相参融合检测技术

考虑到雷达平台广域探测面临的目标回波 SNR 不足问题，多源融合检测技术利用多站联合检测策略，充分发挥了多视角、多源能量积累的优势。相关研究的难点在于如何构建多源融合检测统计模型，从而提升目标探测性能。已有研究主要从图像域出发，实现目标多站间的融合，完成目标 SNR 的提升。然而，已有的研究没有充分挖掘融合后图像的深度特征，构建的多源融合检测量相对单一，因此亟须深入挖掘融合观测回波中目标单元与背景噪声的差异，探索适用于融合观测数据的目标恒虚警增强检测方法[1]。

1. 信号模型

假设低轨多源卫星采用自发自收的工作模式对监测区域进行波束覆盖，如图 4-9 所示。由于不同卫星的轨道六根数存在差异，因此需要分别对不同的小卫星接收回波进行能量积累[3-4]，并对聚焦后的数据做融合处理，以实现场景目标的增强检测。

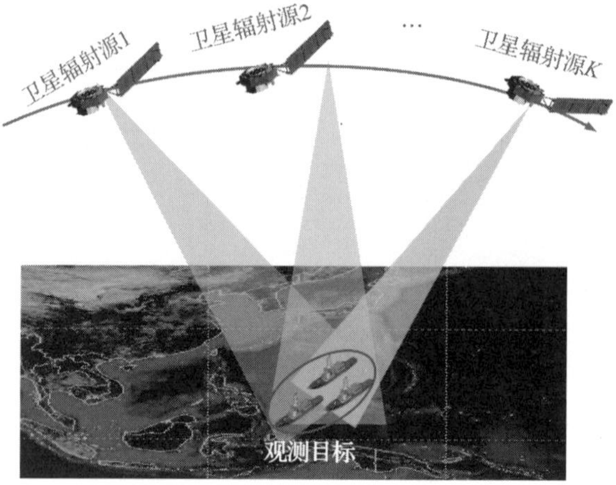

图 4-9　多源回波融合示意图

由于每个低轨卫星平台的目标观测视角、飞行速度及飞行方向不同，多源卫星回波的距离及多普勒历程均存在较大差异，因此多源回波的稳健融合处理存在较大的难度。将第 k 个卫星平台回波表示在距离维，可表示为 $S_k(R)$ $(k=1,2,\cdots,K)$，其中，R 代表目标所在距离，K 代表平台数量，进而将多源回波投影到本地坐标平面中。将观测区域所在平面进行网格划分，进而可以得到该网格坐标对应的距离，表示为

$$R_k(x,y)=2\left|\boldsymbol{P}_k(x,y,z)-\boldsymbol{P}_{\mathrm{Tg}}(x,y,z_0)\right| \tag{4-1}$$

式中，$\boldsymbol{P}_k(x,y,z)$，$\boldsymbol{P}_{\mathrm{Tg}}(x,y,z_0)$ 分别代表卫星辐射源和目标的位置矢量，为了方便后续的处理，假设目标位于地球表面，则目标所在网格坐标可表示为 $\boldsymbol{P}(x,y,z_0)=(x,y,0)$。

假设 $S_k(x,y)$ 是以地表网格坐标表征的 $S_k(R)$ 所在距离回波，根据 $S_k(R)$ 与 $S_k(x,y)$ 的映射关系，可对多个卫星平台数据在笛卡儿坐标平面 $X-Y$ 进行融合处理，其中卫星双程斜距映射到笛卡儿坐标平面后表现为一组等距离线，多站融合后不同距离线的交点，即目标所在位置。多个低轨卫星融合处理过程可表示为

$$S(x,y)=\frac{1}{K}\sum_k\left|S_k(x,y)\right| \tag{4-2}$$

2. 回波预补偿处理

参考文献［5］提出了一种基于北斗卫星照射源的目标多源融合探测方法，实现了海面舰船目标在距离-调频率域的聚焦，该方法采用位于中高轨道的北斗卫星作为辐射源，卫星速度远低于低轨卫星，因此多普勒模糊问题可以忽略。然而，对于本节的低轨星群应用场景，上述方法存在以下应用问题。

一方面，卫星的 PRF 一般已预先设置，调节范围有限，低轨卫星的高速运动可能引起 PRF 小于观测场景杂波多普勒带宽 B_d 的现象（PRF 与 B_d 关系示意图如图 4－10 所示）。因此，keystone 变换等快时间－慢时间域解耦合方法不再适用。

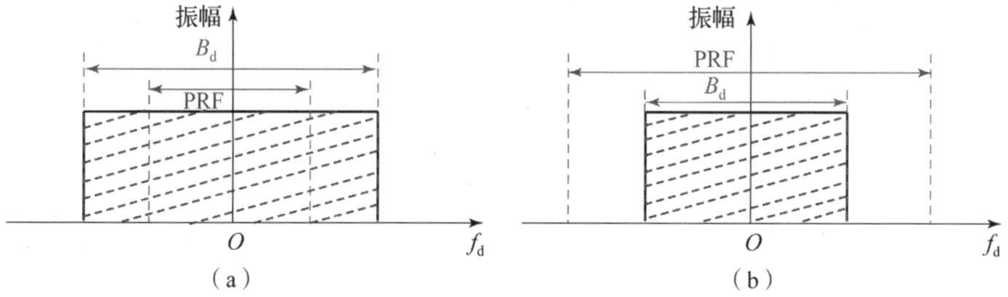

图 4－10　PRF 与 B_d 关系示意图

(a) 低轨照射源 PRF 与 B_d 的关系；(b) 中高轨照射源 PRF 与 B_d 的关系

另一方面，低轨卫星采用自发自收工作模式，这种构型不具备基于中高轨卫星辐射源星地双基构型的收发非对称性，因此不同低轨卫星辐射源回波融合后在距离－调频率域会出现不重合的问题。基于多发一收构型和单基地构型的目标多普勒调频率（Doppler frequency rate，DFR）为

$$f_{\mathrm{dr1},k} = -\frac{1}{\lambda}\{-|\boldsymbol{P}_{\mathrm{T},k}-\boldsymbol{P}_{\mathrm{Tg}}|^{-3}\cdot[(\boldsymbol{P}_{\mathrm{T},k}-\boldsymbol{P}_{\mathrm{Tg}})(\boldsymbol{v}_{\mathrm{T},k}-\boldsymbol{v}_{\mathrm{Tg}})^{\mathrm{T}}]^2+|\boldsymbol{P}_{\mathrm{T},k}-\boldsymbol{P}_{\mathrm{Tg}}|^{-1}\cdot[|\boldsymbol{v}_{\mathrm{T},k}-\boldsymbol{v}_{\mathrm{Tg}}|^2]+|\boldsymbol{P}_{\mathrm{T},k}-\boldsymbol{P}_{\mathrm{R}}|^{-3}\cdot[(\boldsymbol{P}_{\mathrm{T},k}-\boldsymbol{P}_{\mathrm{R}})(\boldsymbol{v}_{\mathrm{T},k}-\boldsymbol{v}_{\mathrm{R}})^{\mathrm{T}}]^2-|\boldsymbol{P}_{\mathrm{T},k}-\boldsymbol{P}_{\mathrm{R}}|^{-1}\cdot[|\boldsymbol{v}_{\mathrm{T},k}-\boldsymbol{v}_{\mathrm{R}}|^2]-|\boldsymbol{P}_{\mathrm{Tg}}-\boldsymbol{P}_{\mathrm{R}}|^{-3}\cdot[(\boldsymbol{P}_{\mathrm{Tg}}-\boldsymbol{P}_{\mathrm{R}})(\boldsymbol{v}_{\mathrm{Tg}}-\boldsymbol{v}_{\mathrm{R}})^{\mathrm{T}}]^2+|\boldsymbol{P}_{\mathrm{Tg}}-\boldsymbol{P}_{\mathrm{R}}|^{-1}\cdot|\boldsymbol{v}_{\mathrm{T},k}-\boldsymbol{v}_{\mathrm{R}}|^2\} \tag{4-3}$$

$$f_{\mathrm{dr2},k} = -\frac{2}{\lambda}\{-|\boldsymbol{P}_{\mathrm{T},k}-\boldsymbol{P}_{\mathrm{Tg}}|^{-3}\cdot[(\boldsymbol{P}_{\mathrm{T},k}-\boldsymbol{P}_{\mathrm{Tg}})(\boldsymbol{v}_{\mathrm{T},k}-\boldsymbol{v}_{\mathrm{Tg}})^{\mathrm{T}}]^2+|\boldsymbol{P}_{\mathrm{T},k}-\boldsymbol{P}_{\mathrm{Tg}}|^{-1}\cdot[|\boldsymbol{v}_{\mathrm{T},k}-\boldsymbol{v}_{\mathrm{Tg}}|^2]\} \tag{4-4}$$

式中，λ 为波长；$\boldsymbol{P}_{\mathrm{T},k}$ 表示第 k 颗卫星的位置矢量；$\boldsymbol{v}_{\mathrm{T},k}$ 表示该卫星的速度矢量；$\boldsymbol{P}_{\mathrm{R}}$ 代表接收站的位置矢量；$\boldsymbol{v}_{\mathrm{R}}$ 表示该接收站的速度矢量；$\boldsymbol{P}_{\mathrm{Tg}}$ 与 $\boldsymbol{v}_{\mathrm{Tg}}$ 分别表示目标的位置矢量与速度矢量。

在中高轨卫星辐射源星地双基构型条件下，目标多普勒调频率可近似表示为

$$f_{\mathrm{dr1},k} \approx -\frac{1}{\lambda}\{-|\boldsymbol{P}_{\mathrm{Tg}}-\boldsymbol{P}_{\mathrm{R}}|^{-3}\cdot[(\boldsymbol{P}_{\mathrm{Tg}}-\boldsymbol{P}_{\mathrm{R}})(\boldsymbol{v}_{\mathrm{Tg}}-\boldsymbol{v}_{\mathrm{R}})^{\mathrm{T}}]^2+|\boldsymbol{P}_{\mathrm{Tg}}-\boldsymbol{P}_{\mathrm{R}}|^{-1}\cdot|\boldsymbol{v}_{\mathrm{Tg}}-\boldsymbol{v}_{\mathrm{R}}|^2\} \tag{4-5}$$

可以看出，非对称构型导致目标多普勒调频率主要取决于接收站的位置矢

量，因此多发一收构型有利于实现目标的融合处理。然而，在自发自收模式下，由于不同卫星轨道特性存在差异，在距离 - 调频率域无法聚焦在同一位置，因此上述近似条件不再成立。

为了实现星群多源融合目标探测方法的普适性，即对于高、中、低轨卫星以及不同功能的通信、导航、遥感卫星，均能实现星群多源回波的稳健融合，需要研究基于卫星平台运动特性及星地观测构型等先验信息的预补偿处理方法。

假设第 k 个低轨卫星距离频域 - 方位时域回波可表示为

$$S_k(f_\tau,\eta)=\sigma_\eta P(f_\tau)\,\mathrm{rect}\left(\frac{\eta}{T_a}\right)\exp\left\{-2\pi \mathrm{j}\frac{f_\tau+f_c}{c}R_k(\eta)\right\} \tag{4-6}$$

式中，f_τ 表示距离频率；η 代表方位时域；T_a 为合成孔径时间；f_c 为信号载频；$P(f_\tau)$ 表示距离窗函数的傅里叶变换结果；$R_k(\eta)$ 代表双程斜距沿方位的变化历程。

由于每颗卫星星历和波束中心指向是已知的，因此可巧妙地借助波束中心所在分辨单元的距离历程对整个场景回波进行距离和多普勒预补偿，预补偿函数设置为

$$H_k(f_\tau,\eta)=\exp\left[-2\pi \mathrm{j}\frac{f_\tau+f_c}{c}R_k(\eta)\right] \tag{4-7}$$

经过上述的预补偿操作，可对由卫星平台高速运动和观测视角等引起的多普勒展宽及调频率偏移进行有效补偿。

3. 基于多普勒调频率网格约束的杂波抑制

本节在预补偿处理的基础上，通过合理设置多普勒调频率网格大小，实现目标在距离 - 调频率域的融合处理。一方面，虽然预补偿处理可校正不同卫星高速运动和观测视角等因素引起波束中心所在分辨单元的调频率差异，但是探测目标的速度矢量仍然会导致多星回波在调频率域融合能量的散焦，因此多普勒调频率网格大小的设置存在一个理论下限，来保证多源卫星探测目标回波能量均能融合于同一个调频率网格内；另一方面，为了确保目标与观测场景杂波在调频率域可分离，目标与场景杂波在调频率域聚焦位置应大于多普勒调频率网格，因此多普勒调频率网格大小的设置存在一个理论上限。

假设第 k 个低轨卫星回波 $S_k(f_\tau,\eta)$ 经过回波预补偿处理，在距离 - 调频率域可表示为 $S'_k(R,f_{\mathrm{dr}})$，若将离散调频率网格大小设置为 $\Delta_{f_{\mathrm{dr}}}$，为实现目标的精确融合及杂波的有效抑制，$\Delta_{f_{\mathrm{dr}}}$ 的选取应满足以下约束条件。

（1）多源卫星的目标多普勒调频率估计值之差应小于 $\Delta_{f_{\mathrm{dr}}}/2$，即

$$|f_{\mathrm{dr}2,m}-f_{\mathrm{dr}2,n}|<\Delta_{f_{\mathrm{dr}}}/2 \tag{4-8}$$

式中，$f_{\mathrm{dr2},m}$和$f_{\mathrm{dr2},n}$分别代表第 m 个低轨卫星和第 n 个低轨卫星对应的目标多普勒调频率，m，n 满足 $1\leqslant m$，$n\leqslant K$，$m\neq n$，则目标多普勒调频率可表示为

$$\left|\begin{aligned}&\frac{2}{\lambda}\{|\boldsymbol{P}_{\mathrm{T},m}-\boldsymbol{P}_{\mathrm{Tg}}|^{-3}[(\boldsymbol{P}_{\mathrm{T},m}-\boldsymbol{P}_{\mathrm{Tg}})(\boldsymbol{v}_{\mathrm{T},m}-\boldsymbol{v}_{\mathrm{Tg}})^{\mathrm{T}}]^{2}-\\&|\boldsymbol{P}_{\mathrm{T},n}-\boldsymbol{P}_{\mathrm{Tg}}|^{-3}[(\boldsymbol{P}_{\mathrm{T},n}-\boldsymbol{P}_{\mathrm{Tg}})(\boldsymbol{v}_{\mathrm{T},n}-\boldsymbol{v}_{\mathrm{Tg}})^{\mathrm{T}}]^{2}-\\&|\boldsymbol{P}_{\mathrm{T},m}-\boldsymbol{P}_{\mathrm{Tg}}|^{-1}[|\boldsymbol{v}_{\mathrm{T},m}-\boldsymbol{v}_{\mathrm{Tg}}|^{2}]+|\boldsymbol{P}_{\mathrm{T},n}-\boldsymbol{P}_{\mathrm{Tg}}|^{-1}\cdot[|\boldsymbol{v}_{\mathrm{T},n}-\boldsymbol{v}_{\mathrm{Tg}}|^{2}]\}\end{aligned}\right|<\frac{\Delta_{f_{\mathrm{dr}}}}{2} \tag{4-9}$$

式中，$\boldsymbol{P}_{\mathrm{T},m}$和$\boldsymbol{P}_{\mathrm{T},n}$分别表示第 m 颗、第 n 颗卫星的位置矢量；$\boldsymbol{v}_{\mathrm{T},m}$和$\boldsymbol{v}_{\mathrm{T},n}$代表相应的速度矢量。

（2）目标与场景杂波的多普勒调频率差应大于$\Delta_{f_{\mathrm{dr}}}$，即

$$|f_{\mathrm{dr2},k}-f_{\mathrm{dr2,clutter},k}|>\Delta_{f_{\mathrm{dr}}} \tag{4-10}$$

式中，$f_{\mathrm{dr2},k}$和$f_{\mathrm{dr2,clutter},k}$分别代表第 k 个低轨卫星对应的目标多普勒调频率和杂波多普勒调频率。

综合约束条件（1）和（2），可以得到$\Delta_{f_{\mathrm{dr}}}$的可选区间。

4. 多源融合目标恒虚警检测

预补偿处理和多普勒调频率网格约束方法实现了目标的精确聚焦以及杂波的有效分离，但是由于多源卫星探测目标的距离存在差异，直接在距离－调频率域对目标进行恒虚警检测操作会造成检测损失。本节从星地观测构型出发，将探测距离投影到东北天（east north up，ENU）坐标系平面，在笛卡儿坐标平面完成目标的聚焦及检测，其主要步骤如下。

步骤1　多源目标信号融合。

假设多源目标信号融合后，目标位于调频率单元f_{dr0}，根据星地几何关系，对多源卫星回波进行距离－调频率域融合处理，获取 K 组信号 $S'_k(R,f_{\mathrm{dr0}})$，其中$k=1,2,\cdots,K$。将 $S'_k(R,f_{\mathrm{dr0}})$沿着调频率单元f_{dr0}进行平面网格投影，令投影后的笛卡儿坐标系中信号为 $S''_k(x,y)$，将多源回波投影后的结果进行非相参积累，可完成多站回波的信号融合，即

$$S''(x,y)=\frac{1}{K}\sum_{k=1}^{K}|S''_k(x,y)| \tag{4-11}$$

步骤2　滑窗对比度权重计算。

假定滑窗大小选为 $M\times M$ 分辨单元，滑窗中心单元位置为(x_0,y_0)，边缘单元位置为(x_0+i,y_0+j)，滑窗中心位置对比度权重定义为

$$\eta(x_0,y_0)=\frac{|S''(x_0,y_0)|}{\sum_{i,j}^{i,j\neq 0}|S''(x_0+i,y_0+j)|} \tag{4-12}$$

式中，$i,j\neq 0$，且 $i,j=-\text{floor}\left(\frac{M-1}{2}\right),\cdots,-1,0,1,\cdots,\text{floor}\left(\frac{M-1}{2}\right)$，floor 代表向下取整数操作。

步骤 3　指数型似然比建模。

$$\text{Ratio}(x,y)=\log_e\left[\frac{p(z(x,y)\mid H_1)}{p(z(x,y)\mid H_0)}\eta(x,y)\right] \tag{4-13}$$

式中，e = 2.718 281 83，代表自然常数；$z(x,y)$ 是坐标 (x,y) 处的指数量测值，可表示为 $z(x,y)=\exp(S(x,y))$；$p(z(x,y)\mid H_1)$ 和 $p(z(x,y)\mid H_0)$ 分别对应是否存在目标情形下的概率密度函数，表达式分别为

$$p(z(x,y)\mid H_1)=\frac{1}{\sqrt{2\pi\sigma}}\exp\left(-\frac{(z(x,y)-A)^2}{2\sigma^2}\right) \tag{4-14}$$

$$p(z(x,y)\mid H_0)=\frac{1}{\sqrt{2\pi\sigma}}\exp\left(-\frac{z(x,y)^2}{2\sigma^2}\right) \tag{4-15}$$

式中，exp 代表指数运算操作；A 为目标所在单元的幅度；σ 为观测噪声标准差。

式（4-14）表明观测单元越远离目标，构建的指数型似然比值越小。相比幅度检测量，似然比检测量更适用于扩展目标的检测，因此本章选用似然比作为多源融合检测算法的检测量。

步骤 4　多源融合目标恒虚警检测。

恒虚警门限 T_0 的设置方法如下：

$$T_0=\frac{(2I-2)/(I-2)-1}{P_{\text{fa}}^{(I-2)/(2I-2)}}+1-\frac{(2I-2)}{(I-2)} \tag{4-16}$$

式中，I 代表指数型似然比 Ratio 的二阶统计量；T_0 为多源融合目标恒虚警门限；P_{fa} 为虚警概率。

图 4-11 所示为基于对比度加权的非相参融合检测方法流程图。

5. 仿真分析

为了模拟基于低轨星群的目标多源融合检测应用场景，一方面，需要考虑卫星下视观测构型带来的地表杂波对检测性能的影响，即信杂比问题；另一方面，需要考虑低轨多源卫星高速运动引起的融合能量散焦对检测性能的影响，即 SNR 问题。本节从预补偿处理、杂波抑制和多源融合检测三方面入手验证所提算法的有效性。

图4-12 给出了预补偿操作前后的对称 keystone 变换结果，从图4-12（a）可以看出原始回波存在明显的距离徙动。若直接进行对称 keystone 变换，则低轨卫星严重的回波多普勒模糊会导致对称 keystone 变换补偿函数失配，无法去除

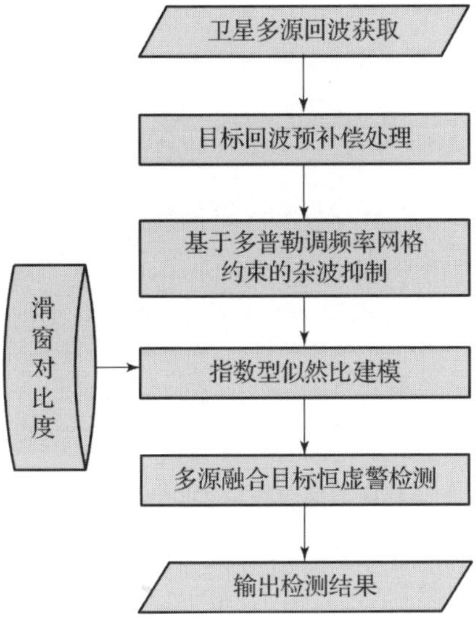

图 4－11　基于对比度加权的非相参融合检测方法流程图

一阶至三阶距离徙动，如图 4－12（b）所示。经过预补偿处理，目标多普勒不再模糊，对称 keystone 变换可实现距离方位去耦合，如图 4－12（c）所示。仿真参数设置卫星脉冲重复频率为 1 000 Hz，载频为 9.65 GHz，信号带宽为 50 MHz，轨道偏心率为 0.003，轨道高度为 580 km，升交点赤经为 195°，轨道倾角为 55°，近地点幅角为 200°，近地点时刻为零，卫星天线波束中心方位角为 90°、下视角为 30°，探测目标所在坐标为(5 km,1 km)（假设卫星波束中心与地球表面交点为原点）。

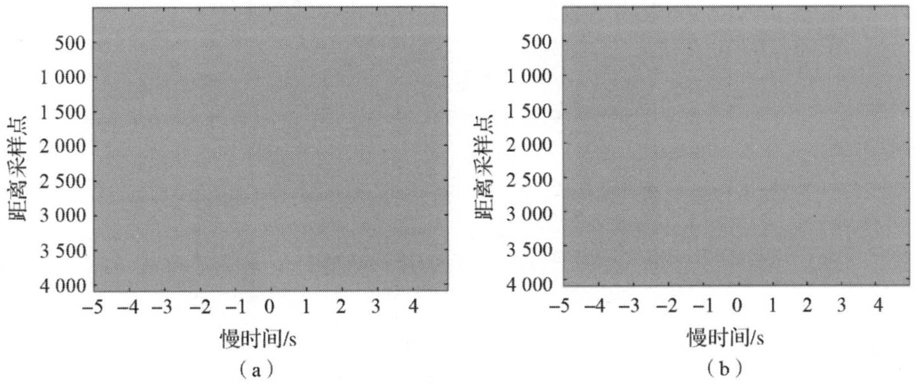

图 4－12　预补偿操作前后的对称 keystone 变换结果（附彩插）

（a）原始回波；（b）预补偿前的对称 keystone 变换结果

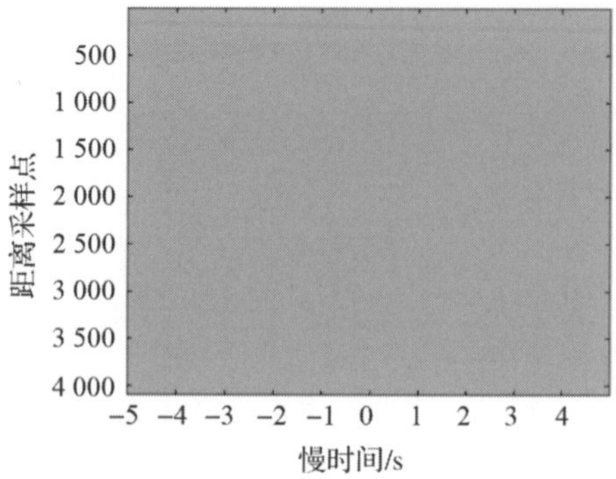

（c）

图 4－12 预补偿操作前后的对称 keystone 变换结果（续）（附彩插）

（c）预补偿后的对称 keystone 变换结果

基于上述预补偿处理，4 颗低轨卫星在距离－调频率域多源融合结果如图 4－13（a）所示，可以看出多星融合后目标能量可聚焦在同一位置，进一步说明了本节预补偿理论的有效性。4 颗卫星的仿真参数设置同上，不同的是，其他 3 颗卫星近地点时刻分别设为[－0. 5,0. 5，－1. 5]。

需要说明的是，考虑到卫星视角差异造成的回波去相关问题，对于每颗卫星，将预补偿及对称 keystone 变换得到的 10 s 回波平均分为 5 帧，帧内进行相参积累，帧间进行非相参积累，最后进行多星的融合处理。

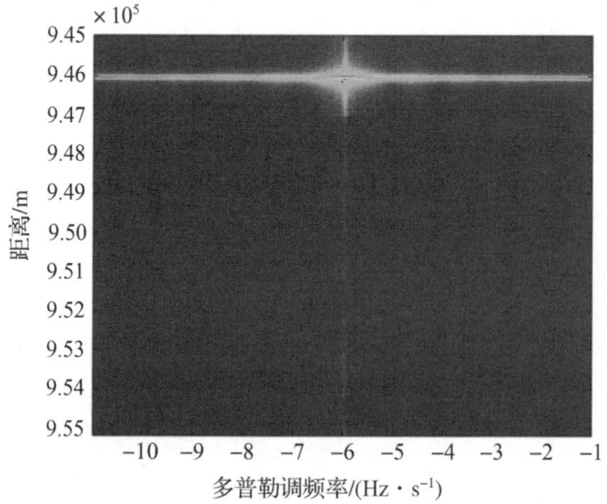

（a）

图 4－13 4 颗低轨卫星多源融合结果（附彩插）

（a）在距离－调频率域

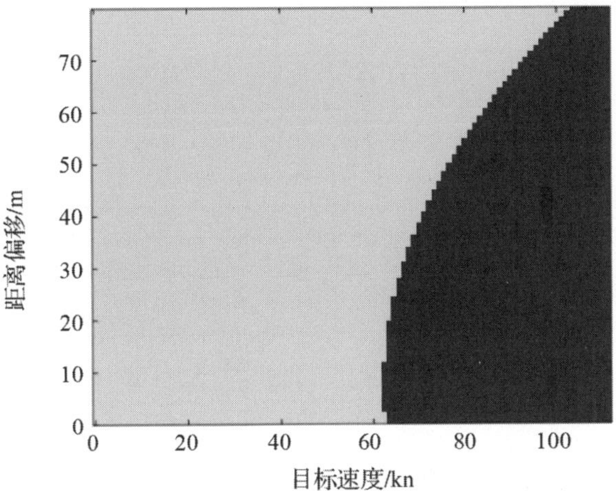

(b)

图4-13 4颗低轨卫星多源融合结果（续）（附彩插）

(b) 多普勒无模糊区间

为了评估本节预补偿理论的性能边界，图4-13（b）给出了目标偏离波束中心所在分辨单元以及目标存在速度条件下的多普勒无模糊区间，如图中浅色区域所示，其中目标速度方向设置为东北天坐标系下与 X 轴（正东方向）顺时针夹角为45°。可以看出，当目标速度小于63 kn①，且目标位置处于卫星波束中心指向分辨单元的80 km半径范围内时，不存在多普勒模糊现象。

多普勒调频率网格大小的理论上限设置要求目标与观测场景杂波在调频率域可分离，图4-14（a）和图4-14（b）分别为目标与场景杂波在调频率域的分布图，可以看出通过合理设置多普勒调频率网格的最大值，可对接收回波中杂波信号进行有效抑制。仿真中只考虑天线主瓣杂波对应的调频率区间，卫星天线俯仰、方位主瓣波束宽度分别为6°和9°，目标速度大小为20 kn，速度方向与东北天坐标系 X 轴顺时针夹角为45°。多普勒调频率网格大小的理论下限设置要求目标多源融合后回波能量聚焦位置在同一个调频率网格内，因此多普勒调频率网格设置存在一个极小值，从而大幅缓解了目标速度引起的多星融合能量散焦问题。图4-15为多普勒调频率网格可选区间与目标速度的关系图，M 的可选区间位于虚线和实线之间，随着目标速度的增加，对多普勒调频率网格的约束区间逐渐放宽。

① 1 kn≈1.852 km/h。

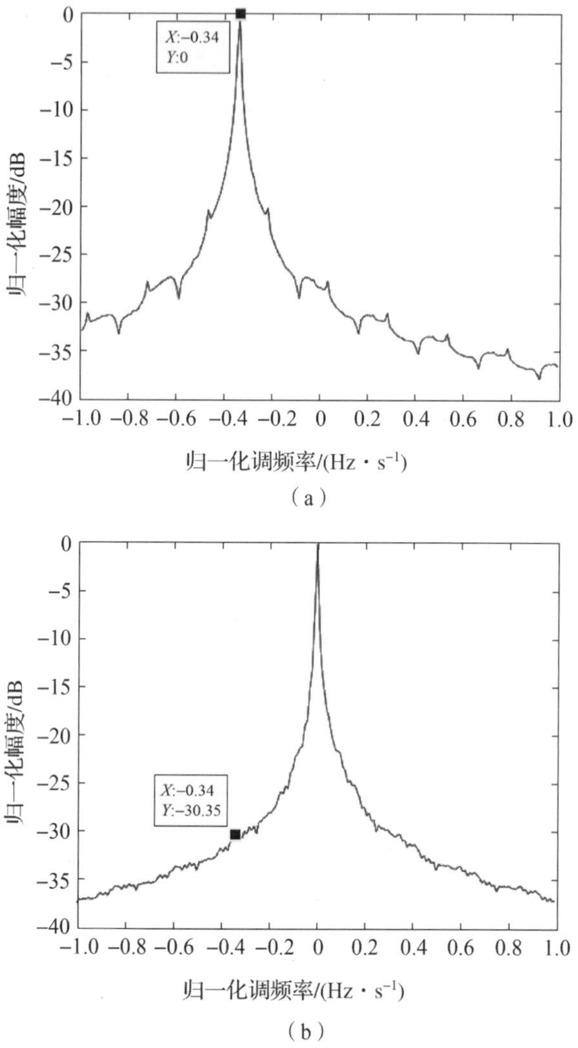

图 4－14　目标与场景杂波在调频率域的分布图

(a) 目标在调频率域的分布图；(b) 场景杂波在调频率域的分布图

1) 单目标场景

不同接收站探测过程中存在位置、波束指向等差异，直接进行回波会出现散焦等问题，为了在不同数据源中将目标信息精确融合，本节仿真引入基于波束中心斜距历程的预补偿函数，补偿后将融合数据投影到二维直角坐标系平面，不同距离环的交点即目标所在位置，相应的定位误差大小主要取决于地面网格划分精细程度。

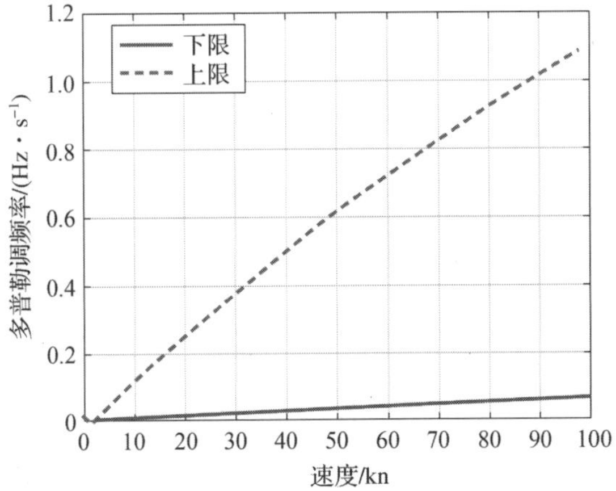

图4-15　多普勒调频率网格可选区间与目标速度关系图

图4-16（a）所示为4个基站对应的目标回波融合处理后，目标的双站距离设置为1~2 km，目标RCS为0.1 m^2，由距离-调频率域 $R-f_{dr}$ 映射到笛卡儿坐标系-调频率域 $X-Y-f_{dr}$ 的三维投影结果。图4-16（b）所示为目标所在调频率切面的二维目标信号融合结果。经过距离维向笛卡儿坐标系投影后，不同卫星目标回波在本地直角坐标系下可聚焦于同一分辨单元，这与理论分析一致。考虑到多个基站视角引起的目标起伏特性，仿真中多站回波信号应引入3 dB的幅度起伏。

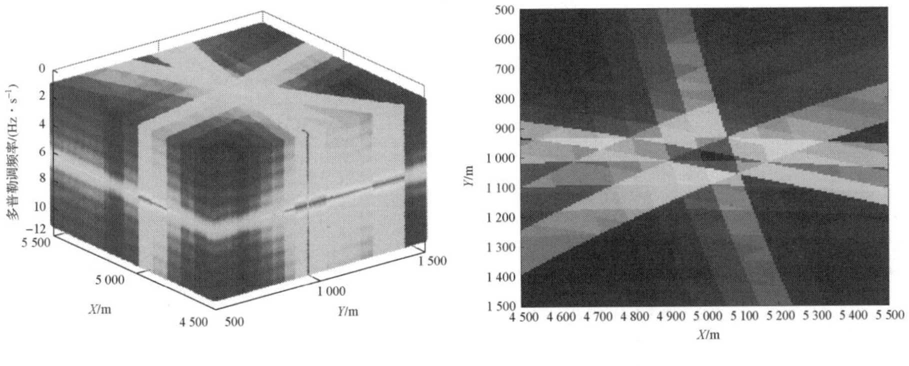

（a）　　（b）

图4-16　目标多源融合处理结果（附彩插）

（a）三维投影结果；（b）二维目标信号融合结果

图4-17（a）所示为目标多源融合信号的滑窗对比度权重分布，由于滑窗内中心边缘对比度的引入，目标所在单元周围的扩散能量大幅降低。仿真中二维滑窗大小设置为3×3分辨单元。图4-17（b）所示为多源信号融合结果

对应的场景指数型似然比，相比原始的目标多源信号融合结果，指数型似然比增加了目标分辨单元与邻近分辨单元的对比度，因此指数型似然比的引入有助于目标多源融合恒虚警检测算法性能的提升。

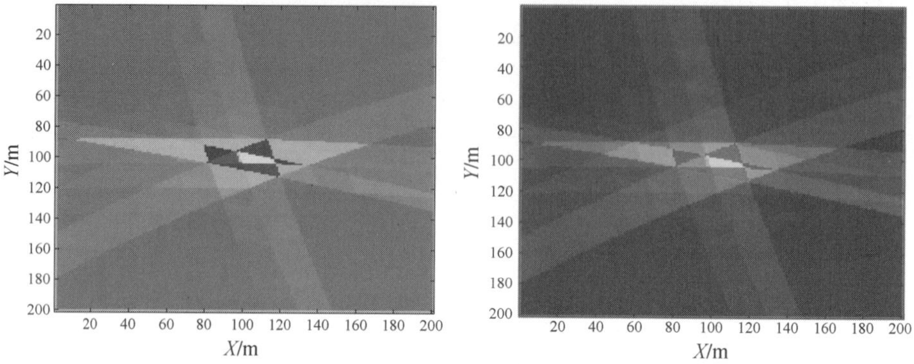

图 4-17 目标多源融合信号对应的中间变量图（附彩插）

（a）滑窗对比度权重分布；（b）场景指数型似然比

假定目标起伏类型服从 Swerling I 型分布，不同方法对应的目标检测概率如图 4-18 所示。图中对比了不同似然比检测方法的性能，仿真中虚警概率设为 1e-6，蒙特卡罗仿真试验次数为 500 次，融合处理采用非相参能量积累方式，目标 SNR 区间设为 3~15 dB。从图中可以看出，相比单平台似然比检测方法，多源融合检测方法可大幅提升微弱目标的检测概率，加权似然比融合检测方法可进一步提升小目标的探测性能。

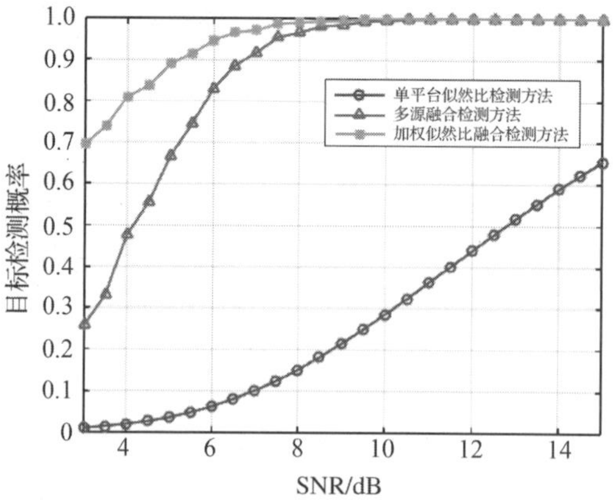

图 4-18 不同方法对应的目标检测概率

不同恒虚警检测融合算法检测结果如图 4-19 所示，由于所提算法通过引入加权似然比增加了目标与背景单元的对比度，因此可以更精确地检测出目标所在位置。仿真中不同算法对应的虚警概率和目标 SNR 统一设为 1e－6 和 7 dB。

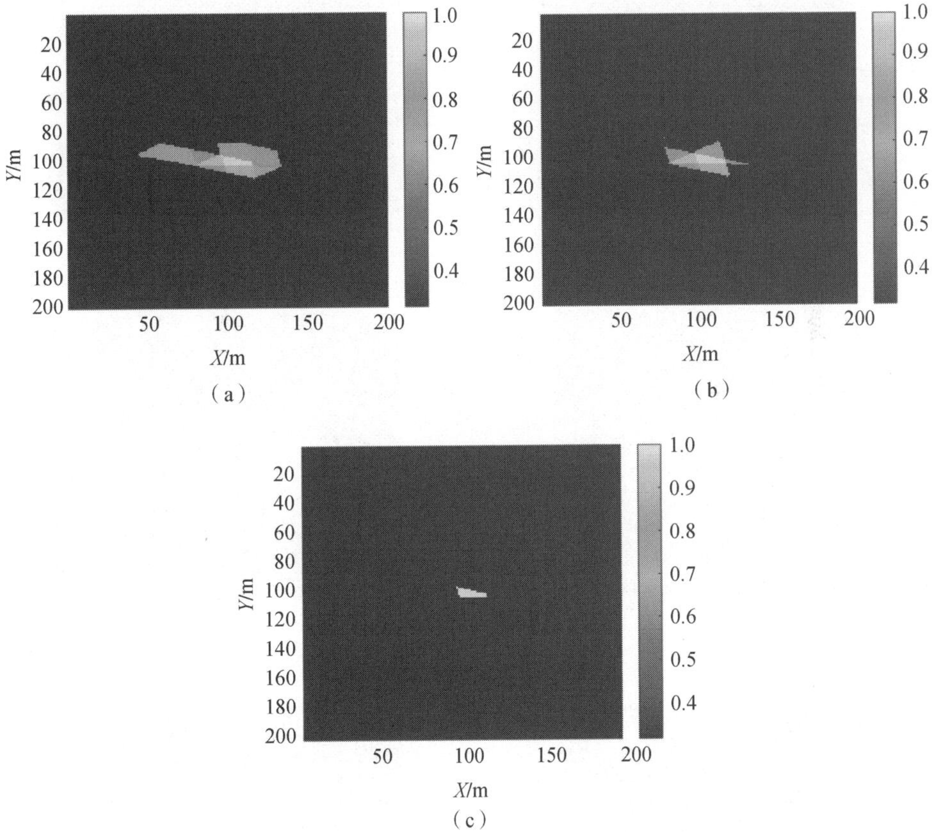

图 4－19　不同恒虚警检测融合算法检测结果（附彩插）

（a）基于 LRB 算法的单站检测；（b）基于 LRB 算法的多站检测；

（c）基于 LRWB 算法的多站检测

2）多目标场景

对于多目标场景，多源融合处理结果如图 4－20 所示，其中两个目标坐标分别为[－0.5 km,1.5 km]和[4 km,2 km]，其他参数设置与前文一致。图 4－20（a）所示为多源融合结果。图 4－20（b）和图 4－20（c）给出了多源融合目标信号的滑窗对比度权重分布以及对应的场景指数型似然比，可以看出由目标距离环引起的扩展区域能量大幅降低。图 4－20（d）~图 4－20（f）对比了不同算法的多目标检测性能，检测结果表明 LRWB 算法可实现对多个目标区域更精确的提取，进一步验证了本章融合理论的有效性。

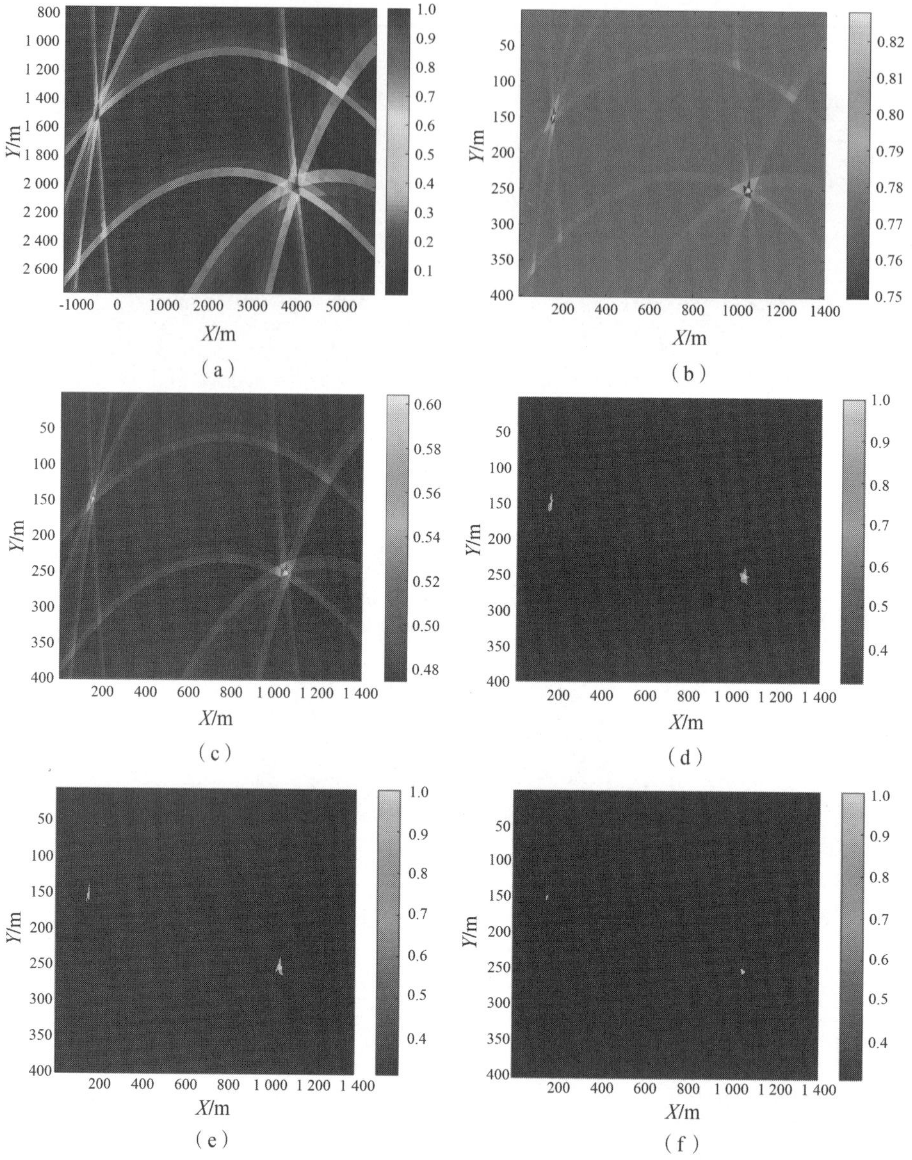

图 4-20　多目标场景多源融合处理结果（附彩插）

（a）多源融合结果；（b）滑窗对比度权重分布；（c）场景指数型似然比；

（d）基于 LRB 算法的单站检测；（e）基于 LRB 算法的多站检测；

（f）基于 LRWB 算法的多站检测

综上，对于多源卫星的目标融合检测，利用基于滑窗对比度的恒虚警检测方法可在相同的虚警概率条件下有效提升目标的检测性能。

4.2.2　多站三维滑窗非相参融合检测技术

随着雷达分辨率的不断提高，目标在图像域中往往呈现出分布式特征。现有的分布式目标检测方法多集中在多分辨单元联合检测量生成和多站雷达融合检测等方面。多分辨单元联合检测量生成主要包括分辨单元间的非相参积累和扩展目标检测量构建两种方法。以上方法在理论上为分布式目标检测提供了有效手段，然而这类方法需要结合分辨单元维度对目标 SNR 进行累积，在复杂场景下进行检测量构建时会引起不同程度的检测损失。同时，上述方法未给出分布式目标探测性能的定量分析方法，不利于对该方法进行性能的综合评估。因此，有必要探索一种通用的分布式目标检测方法，并利用原始图像域数据设计一种扩展的目标检测准则。

1. 信号模型

经典的恒虚警检测方法是利用待检测目标周边单元的观测值形成检测门限，判断目标是否存在。目前，在恒虚警检测方法中，可根据场景选择合适的杂波概率分布模型，并结合雷达系统中的虚警概率 P_{fa}，得到检测门限 T。假设图像中要检测的单元幅度为 x，检测门限 T 和虚警概率 P_{fa}之间的关系定义为

$$1 - P_{fa} = \int_0^T p(x)\,dx \tag{4-17}$$

式中，P_{fa}是虚警概率；$p(x)$是所选杂波分布模型的概率密度函数。在计算检测门限 T 之后，恒虚警检测问题可以被视为二元假设问题，即

$$\begin{cases} H_0: x > T, & \text{有目标} \\ H_1: x \leqslant T, & \text{无目标} \end{cases} \tag{4-18}$$

平均单元恒虚警（CA-CFAR）检测器[6]在目标检测领域有着广泛应用，其工作流程如图 4-21 所示。

假设场景杂波单元满足独立同分布的条件，可对信号的正交分量和同相分量进行匹配滤波处理，并对滑窗中的信号幅值求平均值，从而获得背景杂波的强度。然后，根据雷达系统的虚警概率，设置自适应计算判决阈值，得到检测输出。恒虚警门限的标准设置为[7]

$$T_0 = \frac{(2I_0 - 2)/(I_0 - 2) - 1}{P_{fa}^{(I_0-2)/(2I_0-2)}} + 1 - \frac{(2I_0 - 2)}{(I_0 - 2)} \tag{4-19}$$

式中，T_0 是多站融合数据的恒虚警门限，I_0 是振幅的二阶统计量。

由于传统的恒虚警检测方法主要用于点目标的检测，因此滑窗通常被设计为二维形状。然而，对于分辨率较高的图像，一些目标占据了多个分辨单元，

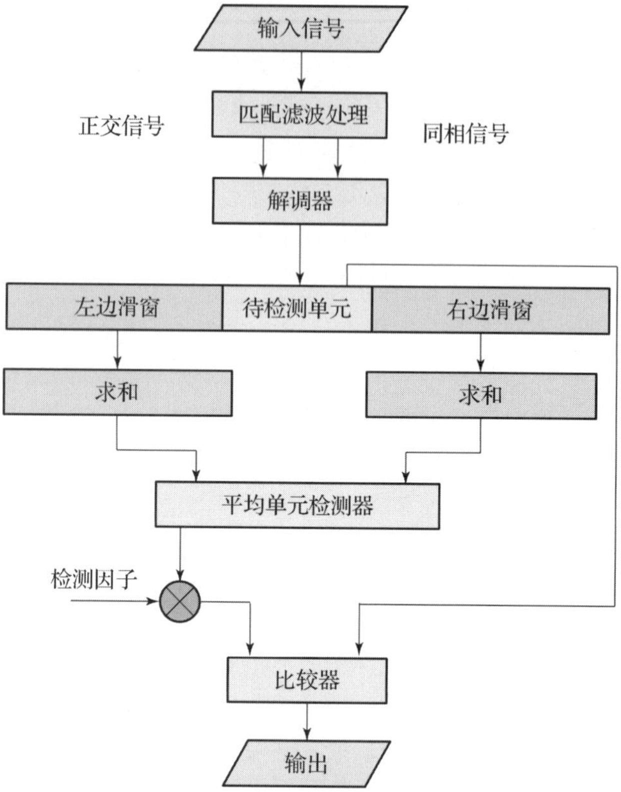

图 4-21　CA-CFAR 检测器工作流程

就会导致传统的恒虚警检测方法难以有效使用。此外，由于传统的恒虚警检测方法只是简单地使用单站雷达的回波信息，没有充分利用多站雷达回波的融合信息，因此，传统的恒虚警检测方法难以应用于分布式目标的检测。为了充分利用多站平台的融合信息对分布式目标进行检测以及定量性能评估，有必要研究适用于高分辨率图像的新型分布式目标检测方法。

2. 回波融合处理

相比于利用传统的单站恒虚警检测方法，应该充分利用多个接收平台的回波信息来检测分布式目标。多站雷达融合检测构型示意图如图 4-22 所示。在该模型中，辐射源向目标区域发射电磁波信号，不同的接收站获得目标反射回波信号，并通过融合处理不同接收站的回波信息来提高目标检测性能。

距离压缩后第 k 个接收站的回波信号为

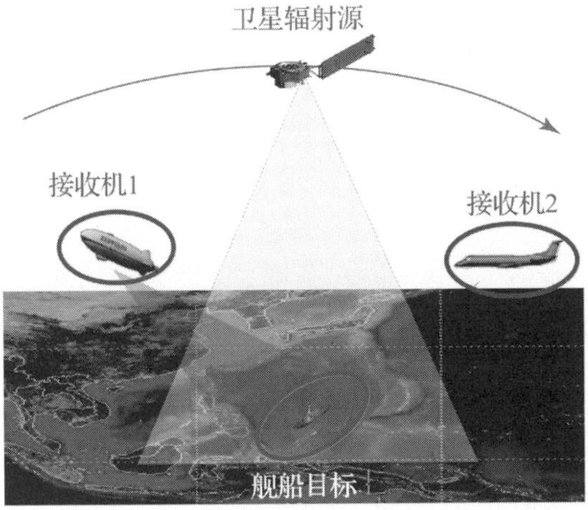

图 4-22　多站雷达融合检测构型示意图

$$S_k(f_\tau,\eta)=\sigma_{\eta,k}P(f_\tau)\operatorname{rect}\left(\frac{\eta}{T_a}\right)\exp\left(-\mathrm{j}2\pi\frac{f_\tau+f_c}{c}R_k(\eta)\right) \tag{4-20}$$

式中，τ，f_τ 和 η 表示快时间、快频率和慢时间；$\sigma_{\eta,k}$ 表示目标和第 k 个接收站之间的复反射率；T_a 是驻留时间；f_c 是载波频率；$P(f_\tau)$ 表示距离包络的傅里叶变换；$R_k(\eta)$ 代表第 k 个接收站的双基地距离。基于投影关系，笛卡儿-调频率域坐标系中的回波数据由 $\mathrm{num2}=\mathrm{x}\cdot\mathrm{y}=\max\left\{\mathrm{ceil}\left(\frac{\mathrm{length}}{\mathrm{resolution\_ra}}\right)\cdot\mathrm{ceil}\left(\frac{\mathrm{width}}{\mathrm{resolution\_az}}\right),\ \mathrm{ceil}\left(\frac{\mathrm{length}}{\mathrm{resolution\_az}}\right)\cdot\mathrm{ceil}\left(\frac{\mathrm{width}}{\mathrm{resolution\_ra}}\right)\right\}$ 给出，目标坐标投影过程如图 4-23 所示，其中 x 和 y 分别是投影后的横向和纵向坐标。

在图 4-23 中，当多个平台的雷达回波数据进行融合时，传统的笛卡儿坐标系中增加了多普勒调频率方向的维度。三维坐标系中横向、纵向坐标的单元格大小与双基地距离、目标大小等先验信息有关，而高度坐标的网格尺寸与不同接收站平台的多普勒调频率有关。尽管目标回波位于不同接收站的不同分辨率单元中，但这些回波在三维投影后在笛卡儿-多普勒调频率域相交，其中目标位于交点位置。

在多站雷达模式下，假设有 K 个接收雷达，在积累所有卫星信号之后，融合信息 $S(x,y,f_{\mathrm{dr}})$ 为

$$S(x,y,f_{\mathrm{dr}})=\sum_{k=1}^{K}\left|S_k(x,y,f_{\mathrm{dr}})\right| \tag{4-21}$$

上述过程可以等效为不同接收站之间的非相参积累。在多站雷达模式下，融合回波可以提高目标的 SNR，从而实现对分布式目标的增强检测。类似地，

对于占据多个分辨率单元的分布式目标，它在笛卡儿－多普勒调频率域中具有多个相交区域。

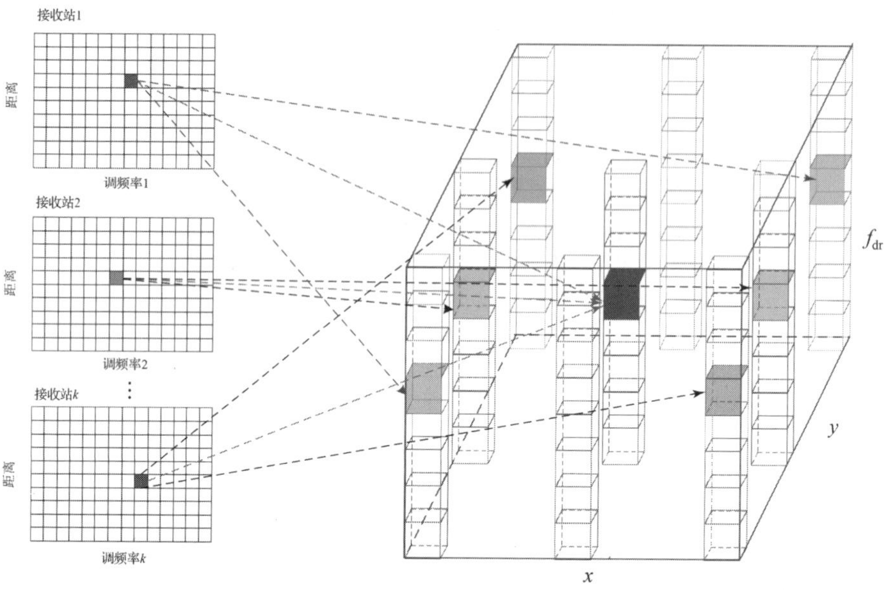

图 4－23　目标坐标投影过程

3. 三维滑窗融合检测

鉴于上述思想，本节提出一种基于多站融合的分布式目标三维滑窗检测方法。在恒虚警检测的基础上，利用不同接收平台的目标回波在多普勒调频率域分布特征进行多站构型。此外，根据分布式目标尺寸、RCS 和雷达系统参数设计了适当的滑窗，通过 M/N 准则来检测分布式目标。因此，上述算法可以解决高分辨率成像雷达中扩展目标的检测问题，其主要步骤如下。

步骤 1　获取多站高分辨雷达成像结果。

利用不同接收平台的回波信息，对多站目标信号进行三维非相参积累，得到笛卡儿－多普勒调频率三维聚焦图像。

步骤 2　根据雷达分辨率、多普勒调频率和目标尺寸，设计三维滑窗尺寸。

设成像雷达在本地直角坐标系的横向分辨率、纵向分辨率和多普勒调频率网格尺寸分别为 R_{tr}，R_{lo}和 R_{d}。分布式目标的长、宽和最大多普勒调频率分别为 l_{length}，l_{width}和 l_{dop}，考虑到目标在雷达观测场景出现位置的随机性，其占据的最小分辨单元个数 n_1 和最大分辨单元个数 n_2 可分别表示为

$$n_1 = \min\left\{\text{ceil}\left(\frac{l_{\text{length}}}{R_{\text{tr}}}\right)\cdot\text{ceil}\left(\frac{l_{\text{width}}}{R_{\text{lo}}}\right)\cdot\text{ceil}\left(\frac{l_{\text{dop}}}{R_{\text{d}}}\right),\text{ceil}\left(\frac{l_{\text{length}}}{R_{\text{lo}}}\right)\cdot\text{ceil}\left(\frac{l_{\text{width}}}{R_{\text{tr}}}\right)\cdot\text{ceil}\left(\frac{l_{\text{dop}}}{R_{\text{d}}}\right)\right\} \tag{4-22}$$

$$n_2 = \max\left\{\text{ceil}\left(\frac{l_{\text{length}}}{R_{\text{tr}}}\right)\cdot\text{ceil}\left(\frac{l_{\text{width}}}{R_{\text{lo}}}\right)\cdot\text{ceil}\left(\frac{l_{\text{dop}}}{R_{\text{d}}}\right),\text{ceil}\left(\frac{l_{\text{length}}}{R_{\text{lo}}}\right)\cdot\text{ceil}\left(\frac{l_{\text{width}}}{R_{\text{tr}}}\right)\cdot\text{ceil}\left(\frac{l_{\text{dop}}}{R_{\text{d}}}\right)\right\} \tag{4-23}$$

式中，ceil 代表向上取整操作；min 和 max 分别为求最小值和最大值操作。将三维滑窗形状设计为沿着横向、纵向和多普勒调频率方向上的立方体，立方体的横向边长 W_{t}、纵向边长 W_{l} 和多普勒调频率域边长 W_{d} 分别为

$$W_{\text{t}} = M_{\text{t}}\cdot R_{\text{tr}} \tag{4-24}$$

$$M_{\text{t}} = \text{ceil}\left(\frac{\max(l_{\text{length}},l_{\text{width}})}{R_{\text{tr}}}\right) \tag{4-25}$$

$$W_{\text{l}} = M_{\text{l}}\cdot R_{\text{lo}} \tag{4-26}$$

$$M_{\text{l}} = \text{ceil}\left(\frac{\max(l_{\text{length}},l_{\text{width}})}{R_{\text{lo}}}\right) \tag{4-27}$$

$$W_{\text{d}} = M_{\text{d}}\cdot R_{\text{d}} \tag{4-28}$$

式中，M_{t}，M_{l} 和 M_{d} 分别是横向、纵向和多普勒调频率方向上滑窗的数量。假设共有 K 个接收平台，第 k 个平台接收到目标的多普勒调频率为 $f_{\text{dr},k}$，相应的多普勒调频率分辨率为 $R_{\text{d},k}$，则目标在多普勒调频率方向上的离散化个数为

$$M_{\text{d}} = \text{ceil}\left(\frac{W_{\text{d}}}{R_{\text{d}}}\right) \tag{4-29}$$

式中，$W_{\text{d}} = \max(|f_{\text{dr},k} - f_{\text{dr},l}|)(1\leqslant l\leqslant k\leqslant K)$；$R_{\text{d}} = \max(R_{\text{d},k})(1\leqslant k\leqslant K)$。

对于固定的杂波分辨单元，$f_{\text{dr},k}$可表示为

$$\begin{aligned} f_{\text{dr},k} = -\frac{1}{\lambda}\{ & -|\boldsymbol{P}_{\text{T}}-\boldsymbol{P}_{\text{clutter}}|^{-3}\cdot[(\boldsymbol{P}_{\text{T}}-\boldsymbol{P}_{\text{clutter}})(\boldsymbol{v}_{\text{T}})^{\text{T}}]^2 + |\boldsymbol{P}_{\text{T}}-\boldsymbol{P}_{\text{clutter}}|^{-1}\cdot \\ & [|\boldsymbol{v}_{\text{T}}|^2 + (\boldsymbol{P}_{\text{T}}-\boldsymbol{P}_{\text{clutter}})\boldsymbol{a}_{\text{T}}] + |\boldsymbol{P}_{\text{T}}-\boldsymbol{P}_{\text{R},k}|^{-3}\cdot[(\boldsymbol{P}_{\text{T}}-\boldsymbol{P}_{\text{R},k})\cdot \\ & (\boldsymbol{v}_{\text{T}}-\boldsymbol{v}_{\text{R},k})^{\text{T}}]^2 - |\boldsymbol{P}_{\text{T}}-\boldsymbol{P}_{\text{R},k}|^{-1}\cdot[|\boldsymbol{v}_{\text{T}}-\boldsymbol{v}_{\text{R},k}|^2 + (\boldsymbol{P}_{\text{T}}-\boldsymbol{P}_{\text{R},k})\boldsymbol{a}_{\text{T}}^{\text{T}}] - \\ & |\boldsymbol{P}_{\text{clutter}}-\boldsymbol{P}_{\text{R},k}|^{-3}\cdot[(\boldsymbol{P}_{\text{clutter}}-\boldsymbol{P}_{\text{R},k})(-\boldsymbol{v}_{\text{R},k})^{\text{T}}]^2 + \\ & |\boldsymbol{P}_{\text{clutter}}-\boldsymbol{P}_{\text{R},k}|^{-1}\cdot|\boldsymbol{v}_{\text{R},k}|^2\} \end{aligned} \tag{4-30}$$

式中，λ 为波长；$\boldsymbol{P}_{\text{T}}$表示发射源的位置矢量；$\boldsymbol{v}_{\text{T}}$和 $\boldsymbol{a}_{\text{T}}$分别表示该卫星的速度矢量和加速度矢量；$\boldsymbol{P}_{\text{R},k}$是第 k 个接收平台的位置矢量；$\boldsymbol{v}_{\text{R},k}$是第 k 个接收平台的速度矢量，$\boldsymbol{P}_{\text{clutter}}$为杂波点的位置矢量。

对于目标分辨率单元，$f_{\text{target},\text{dr},k}$可以定义为

$$
\begin{aligned}
f_{\text{target},\text{dr},k} = -\frac{1}{\lambda}\{ & -|\boldsymbol{P}_{\text{T}}-\boldsymbol{P}_{\text{clutter}}|^{-3}\cdot[(\boldsymbol{P}_{\text{T}}-\boldsymbol{P}_{\text{Tg}})(\boldsymbol{v}_{\text{T}}-\boldsymbol{v}_{\text{Tg}})^{\text{T}}]^{2}+|\boldsymbol{P}_{\text{T}}-\boldsymbol{P}_{\text{Tg}}|^{-1}\cdot \\
& [|\boldsymbol{v}_{\text{T}}-\boldsymbol{v}_{\text{Tg}}|^{2}+(\boldsymbol{P}_{\text{T}}-\boldsymbol{P}_{\text{clutter}})\boldsymbol{a}_{\text{T}}^{\text{T}}]+|\boldsymbol{P}_{\text{T}}-\boldsymbol{P}_{\text{R},k}|^{-3}\cdot[(\boldsymbol{P}_{\text{T}}-\boldsymbol{P}_{\text{R},k})\cdot \\
& (\boldsymbol{v}_{\text{T}}-\boldsymbol{v}_{\text{R},k})^{\text{T}}]^{2}-|\boldsymbol{P}_{\text{T}}-\boldsymbol{P}_{\text{R},k}|^{-1}\cdot[|\boldsymbol{v}_{\text{T}}-\boldsymbol{v}_{\text{R},k}|^{2}+(\boldsymbol{P}_{\text{T}}-\boldsymbol{P}_{\text{R},k})\boldsymbol{a}_{\text{T}}^{\text{T}}]- \\
& |\boldsymbol{P}_{\text{Tg}}-\boldsymbol{P}_{\text{R},k}|^{-3}\cdot[(\boldsymbol{P}_{\text{T}}-\boldsymbol{P}_{\text{R},k})(\boldsymbol{v}_{\text{T}}-\boldsymbol{v}_{\text{R},k})^{\text{T}}]^{2}+|\boldsymbol{P}_{\text{T}}-\boldsymbol{P}_{\text{R},k}|^{-1}\cdot \\
& |\boldsymbol{v}_{\text{T}}-\boldsymbol{v}_{\text{R},k}|^{2}\}
\end{aligned}
\tag{4-31}
$$

式中，$\boldsymbol{P}_{\text{Tg}}$与$\boldsymbol{v}_{\text{Tg}}$分别表示目标的位置矢量与速度矢量。目标多普勒调频率主要取决于接收站速度而不是目标速度，因为接收站速度远高于目标速度。这能够确保来自不同接收站的融合信号在距离多普勒调频率域中相交，从而实现目标检测。

步骤 3　在滑窗内利用 v_3 准则进行分布式目标检测。

将滑窗遍历整个三维图像区域，如图 4－24 所示，对滑窗内的所有分辨单元进行恒虚警检测，并对检测结果进行统计。

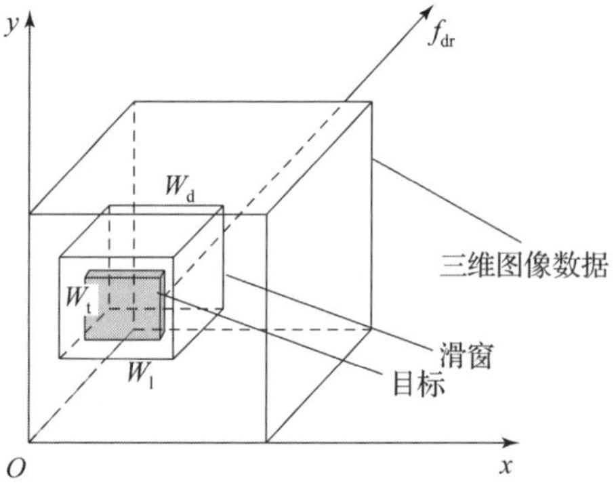

图 4－24　三维图像滑窗恒虚警检测示意图

需要说明的是，每个滑窗根据其中的分辨率单元自适应地生成阈值。然后，将滑窗中的所有分辨率单元与阈值进行比较，并对检测结果进行计数。在笛卡儿－多普勒调频率域坐标系中，噪声功率沿多普勒调频率方向分散，有利于目标检测。比较所有分辨率单元后，根据 M/N 准则判定统计结果。M/N 准则如下：如果有至少 M 个分辨率单元的幅度超过三维滑窗中的检测阈值，则认为目标被成功检测；N 表示整个滑窗占用的分辨率单元的数量。该步骤中，M 设置为 n_1-1，N 设置为 n_2。

步骤 4　对整个图像检测结果进行聚类。

对三维图像滑窗恒虚警检测后的结果进行聚类操作，即将超过门限的若干相邻像素点聚焦到该区域的几何中心位置处，判定此处区域为目标所在区域，并输出目标二维位置坐标及多普勒调频率信息。需要注意的是，在实际的舰船目标探测过程中，分布式目标的 RCS 不可能均匀分布在多个分辨单元上，可能出现边缘单元散射强度大、中间单元散射强度小的情况，即可能出现部分目标分辨单元漏检的情况。首先，所提三维滑窗分布式目标检测方法通过对每个分辨单元进行低门限检测，可保证单元的可靠检测；其次，利用设计的 M/N 准则进行多分辨单元的联合检测，可降低滑窗检测后的虚警出现概率；最后，三维滑窗中多普勒调频率维度的引入大幅削弱了目标位置的噪声功率，提升了目标的检测 SNR。这一思路有效解决了上述高分辨舰船目标探测面临的问题。假设笛卡儿坐标平面中目标回波的 SNR 为 SNR_0，则投影到笛卡儿－多普勒调频率坐标系后，目标 SNR 表示为

$$\mathrm{SNR}_1=\mathrm{SNR}_0\sqrt{M_{\mathrm{d}}} \tag{4-32}$$

考虑到目标检测的实时性，计算复杂度也是衡量算法性能的重要指标。该方法的计算复杂量主要由两部分组成，即门限值计算和多单元格聚类。对于第一部分，需要 $3N-1$ 个复数加法和 N 个复数乘法运算来计算三维滑窗中振幅的二阶统计量。类似地，当聚类这些分辨率单元时，需要 $3M$ 个复杂加法运算。设三维滑窗操作次数为 r，由于复数乘法过程包括 4 个实数乘法运算和 2 个实数加法运算，并且复数加法过程包括 2 个实数乘法操作，所以总运算量可以表示为 $2r(4N+3M-1)$ 个实数加法和 $4rN$ 个实数乘法，其中 N 和 M 可以从步骤 2 中获得。M_{t} 和 M_{l} 由先验信息确定，M_{d} 的选取需要覆盖所有目标单元格。因此，选择与多站构型相关的最大调频率分辨率可以降低计算量。

4. 仿真分析

假设低轨卫星平台高度为 550 km，波束中心入射角为 40°，5 个不同位置的无人机作为接收站，平台高度均为 1 km，速度设为 15 m/s，其他构型参数如表 4－1 所示。目标的坐标位置为[1 000 m,0 m,0 m]，速度为 5.14 m/s，速度方向与 X 轴夹角为 45°。考虑到多个平台视角引起的回波差异，仿真中不同接收站引入 3 dB 的目标幅度起伏。

表 4－1　无人机接收站构型参数

接收站序号	接收站构型参数		
	接收站入射角/(°)	双基投影角/(°)	速度方向角/(°)
1	42.89	2.31	302.10
2	32.48	5.11	22.17

续表

接收站序号	接收站构型参数		
	接收站入射角/(°)	双基投影角/(°)	速度方向角/(°)
3	32.53	358.90	22.20
4	39.28	0.12	17.63
5	40.23	8.23	67.60

对以上接收站的回波数据进行处理，将其转换到距离-多普勒调频率域（此处的距离指的是目标到接收站的斜距），可以得到不同接收站上目标的距离-多普勒调频率域图像，对于同一个目标，不同接收站的雷达回波信号如图4-25所示。

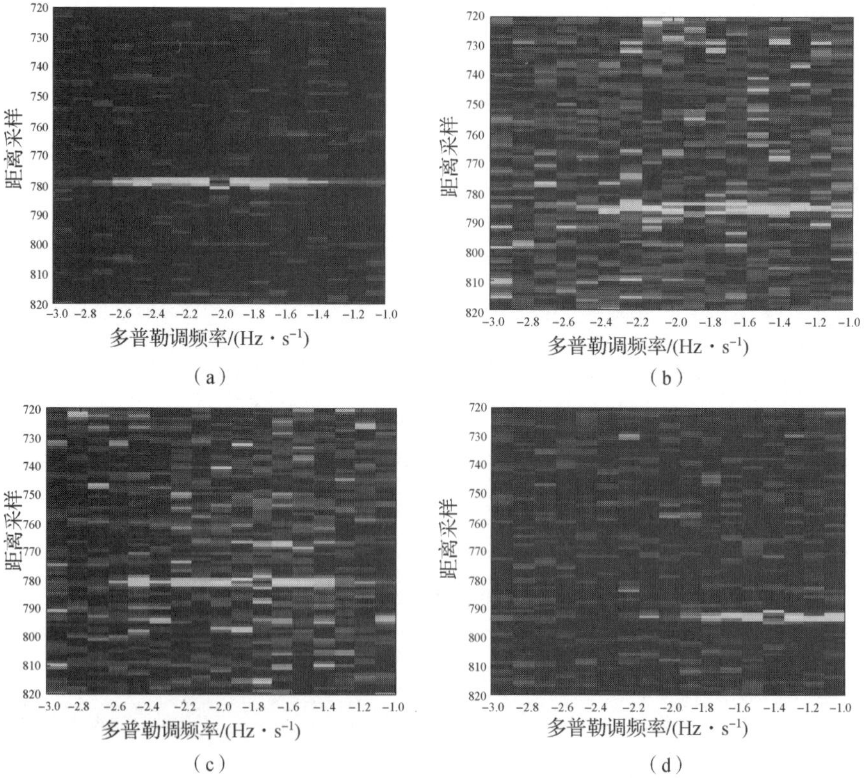

图4-25　不同接收站的雷达回波信号（附彩插）

(a) 接收站1的距离-多普勒调频率域图；(b) 接收站2的距离-多普勒调频率域图；(c) 接收站3的距离-多普勒调频率域图；(d) 接收站4的距离-多普勒调频率域图

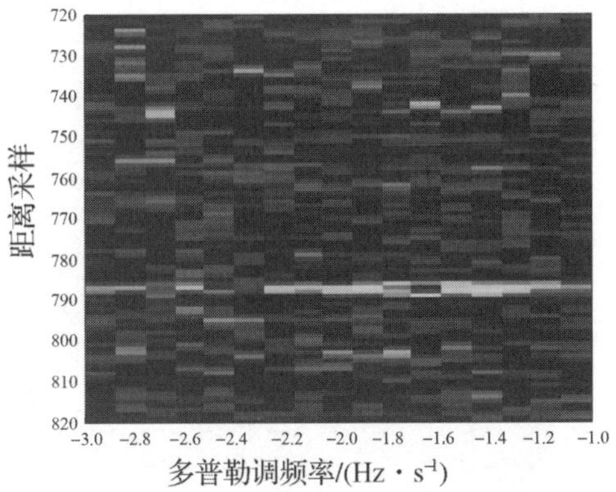

（e）

图 4－25　不同接收站的雷达回波信号（续）（附彩插）

（e）接收站 5 的距离－多普勒调频率域图

由图 4－25 可以看出，不同接收站目标回波信号的距离以及多普勒调频率存在一定的偏离，这是由无人机接收站位置适量及速度适量的差异导致的。经过三维投影变换，将不同接收站的三维回波数据进行融合处理，可以得到所有平台的融合信息，多站回波数据融合三维图像如图 4－26 所示，此时可以看到融合信息明显在一些地方存在增强。为了进一步观察目标的信息，对其三维信号功率最高处沿着 *XOY* 平面进行切片，得到的多站回波数据融合二维图像如图 4－27 所示。可以看出，不同接收平台对分布式目标的检测信息在二维图内得到了融合，在目标位置形成了能量增强效果。从该切片可以看出，目标位于 *XOY* 平面上的坐标(1 000,0)，与仿真设置的笛卡儿－多普勒调频率域坐标(1 000,0,0)吻合。

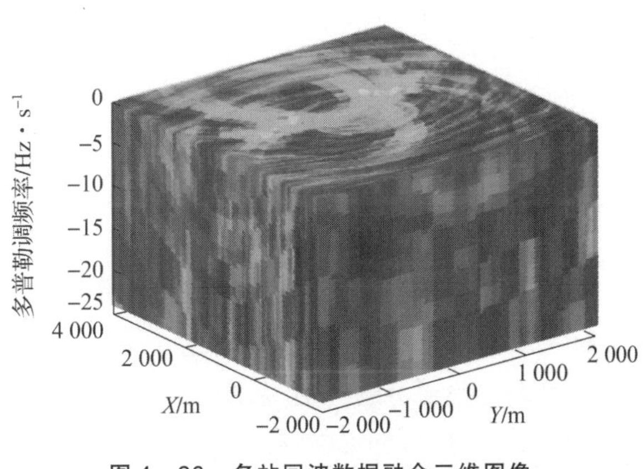

图 4－26　多站回波数据融合三维图像

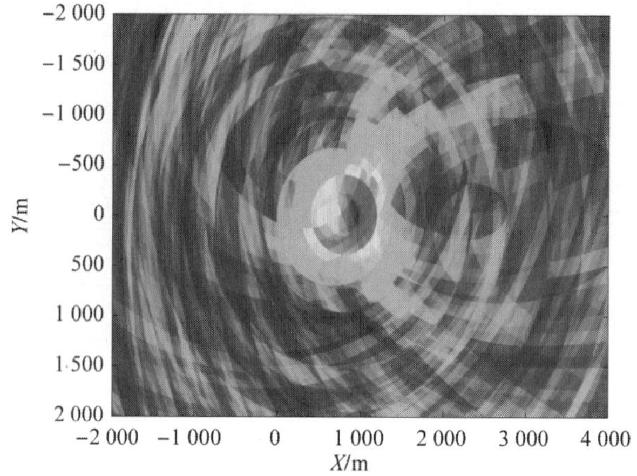

图 4 – 27　多站回波数据融合二维图像

根据图 4 – 26，用三维滑窗法对多站回波融合数据进行处理，根据 *M/N* 准则进行判定，对符合准则的单元格进行聚类，得到分布式目标的三维滑窗法检测结果，如图 4 – 28 所示。可以看出，三维滑窗检测法能够通过检测、聚类的方式对分布式目标进行检测，同时准确得到分布式目标的位置、分布特性、多普勒调频率等信息。

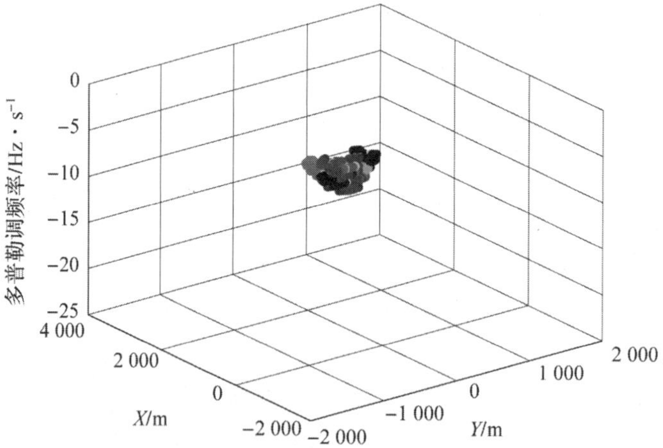

图 4 – 28　分布式目标的三维滑窗法检测结果

接下来从虚警概率出发，对所提算法的检测概率进行量化分析。假设成像雷达在地面的横向和纵向分辨率分别为 20 m 和 15 m，多普勒调频率分辨率为 2 Hz · s^{-1}，分布式目标长宽分别为 70 m 和 30 m，最大多普勒调频率为 6 Hz · s^{-1}。由式（4 – 22）、式（4 – 23）可知，其占据的最小分辨单元个数和最大分辨单

元个数可分别表示为

$$n_1=\min\left\{\mathrm{ceil}\left(\frac{70}{20}\right)\cdot\mathrm{ceil}\left(\frac{30}{15}\right)\cdot\mathrm{ceil}\left(\frac{6}{2}\right),\mathrm{ceil}\left(\frac{70}{15}\right)\cdot\mathrm{ceil}\left(\frac{30}{20}\right)\cdot\mathrm{ceil}\left(\frac{6}{2}\right)\right\}=24$$

$$n_2=\max\left\{\mathrm{ceil}\left(\frac{70}{20}\right)\cdot\mathrm{ceil}\left(\frac{30}{15}\right)\cdot\mathrm{ceil}\left(\frac{6}{2}\right),\mathrm{ceil}\left(\frac{70}{15}\right)\cdot\mathrm{ceil}\left(\frac{30}{20}\right)\cdot\mathrm{ceil}\left(\frac{6}{2}\right)\right\}=30$$

将滑窗形状设计为沿横向、纵向和多普勒调频率方向的矩形，且其横向边长、纵向边长和多普勒方向边长分别为

$$W_t=\mathrm{ceil}\left(\frac{\max(70,30)}{20}\right)\times 20=80$$

$$W_l=\mathrm{ceil}\left(\frac{\max(70,30)}{15}\right)\times 15=75$$

$$W_d=\mathrm{ceil}\left(\frac{6}{2}\right)=3$$

将三维滑窗遍历整个图像区域，M/N 准则中整个滑窗占据分辨单元的个数 N 设置为 n_2，即 30；M 设置为 24，因此若整个滑窗中目标区域有 24 个以上分辨单元被检测到，则认为分布式目标被成功检测。

根据雷达波位杂波后向散射模型[8]以及滑窗与目标所占据的分辨单元几何关系，对本节所提算法的性能作进一步评估。

场景 1：近端波位 + 沿横向航行。

雷达观测场景目标、杂波和噪声参数设置如下：近端波位的场景噪声等效后向散射系数 NESZ = −30 dB，杂波后向散射系数为 −28 dB，场景分辨单元杂噪比为 2 dB，按照目标占据 24 个三维分辨单元计算（沿横向航行），此时一个分辨单元下的信杂噪比约为 12.24 dB。

按照 24/30 准则进行分布式滑窗检测，为满足总的虚警概率小于 1e−12，单个分辨单元虚警概率需小于 0.169，则单个分辨单元检测概率为 0.902，相应的分布式目标检测概率优于 0.993。

场景 2：近端波位 + 沿纵向航行。

雷达观测场景目标、杂波和噪声参数设置如下：近端波位的场景噪声等效后向散射系数与杂波后向散射系数同场景 1，场景分辨单元杂噪比为 2 dB。对于 RCS = 120 m^2 的舰船目标，按照目标占据 30 个分辨单元计算（沿纵向航行），此时一个分辨单元下的信杂噪比约为 11.27 dB。

按照 23/30 准则进行分布式滑窗检测，为满足总的虚警概率小于 1e−12，单个分辨单元虚警概率需小于 0.145，则单个分辨单元检测概率为 0.881，相应的分布式目标检测概率优于 0.979。

场景 3：远端波位 + 沿横向航行。

雷达观测场景目标、杂波和噪声参数设置如下：远端波位场景的噪声等效后向散射系数 NESZ = −25 dB，杂波后向散射系数为 −32 dB，场景分辨单元杂噪比为 −7 dB，对于 RCS = 250 m^2 的舰船目标，按照目标占据 24 个分辨单元计算（沿横向航行），此时一个分辨单元下的信杂噪比约为 10.57 dB。

按照 23/30，21/28 准则进行分布式滑窗检测，为满足总的虚警概率小于 1e−12，单个分辨单元虚警概率需小于 0.145，则单个分辨单元检测概率为 0.863，相应的分布式目标检测概率优于 0.956。

场景 4：远端波位 + 沿纵向航行。

雷达观测场景目标、杂波和噪声参数设置如下：远端波位的场景噪声等效后向散射系数与杂波后向散射系数同场景 3，场景分辨单元杂噪比为 −7 dB。对于 RCS = 250 m^2 的舰船目标，按照目标占据 30 个分辨单元计算（沿纵向航行），此时一个分辨单元下的信杂噪比约为 9.61 dB。

按照 23/30 准则进行分布式滑窗检测，为满足总的虚警概率小于 1e−12，单个分辨单元虚警概率需小于 0.145，则单个分辨单元检测概率为 0.835，相应的分布式目标检测概率优于 0.891。

需要说明的是，对于任意航向的目标，其占据分辨单元个数位于沿横向航行和沿纵向航行情形之间，因此检测性能也位于两者之间。图 4−29 和图 4−30 分别给出了近端波位和远端波位目标分辨单元数与检测概率关系曲线，其结果与理论分析一致。

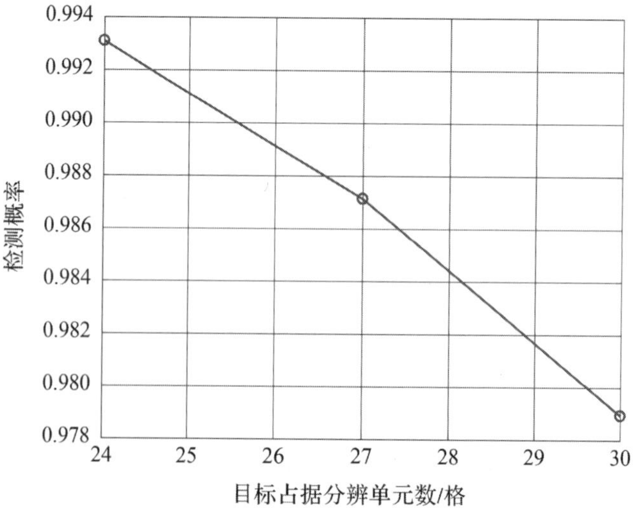

图 4−29　近端波位目标分辨单元数与检测概率关系曲线

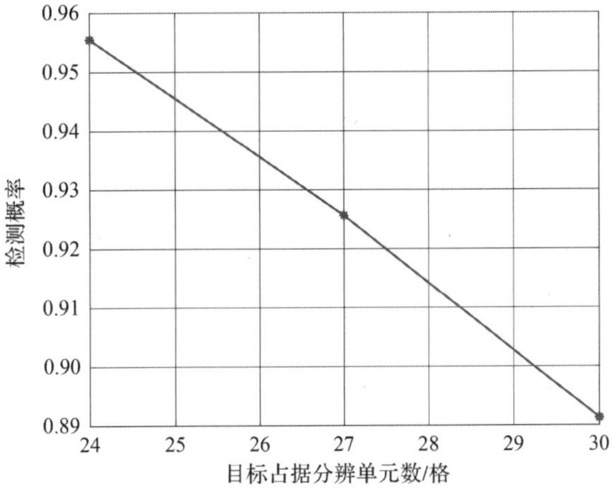

图 4－30　远端波位目标分辨单元数与检测概率关系曲线

对于复杂场景中的分布式目标，由于场景中存在杂波、噪声等干扰，回波中分辨率单元的 SNR 会波动，不利于分布式目标的检测。鉴于这种情况，可以根据分布式目标的尺寸分辨率和多普勒调频率分辨率的合理值获得适当的 M 和 N，从而有效地检测分布式目标。通过改变恒虚警检测中的单分辨率单元 SNR，可以获得不同 SNR 下 M/N 准则的检测概率，这反映了三维滑窗算法在笛卡儿－多普勒调频率域坐标系下对分布式目标的检测概率。假设通过 M/N 标准在三维观察场景中检测到分布式目标，其中 M 为 40，N 为 30。当分布式目标的虚警概率为 10e－14 时，计算出单个分辨率单元的虚警概率不小于 0.183。在这种情况下，所提算法（三维滑窗融合检测算法）在不同 SNR 下的检测概率如图 4－31 所示。

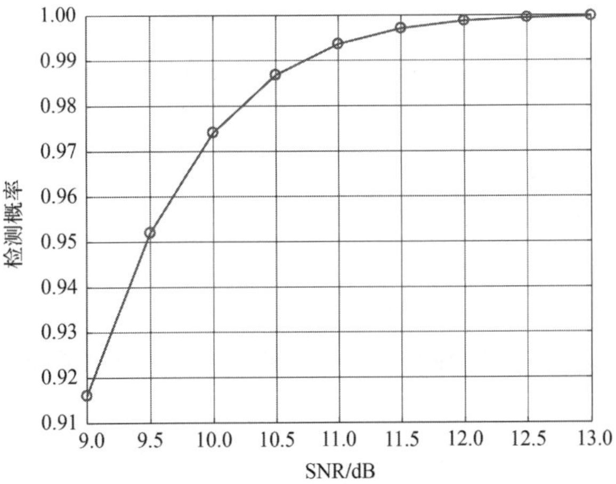

图 4－31　不同 SNR 下的检测概率

综上，对于分布式目标的检测，利用本节滑窗设计方法以及分布式检测准则，可在相同的虚警概率要求下实现任意航向高分辨目标的增强检测。对于更广泛场景中的分布式目标，可基于合理的三维分辨率单元选择适当的 M 和 N，所提算法可以有效地检测分布式目标并定量分析检测概率。

对于任意方向的高分辨率目标，在多站平台上使用所提算法可以实现增强检测。为了验证所提算法的有效性，将传统的恒虚警检测和二维滑窗方法[9]与所提算法进行比较，其中虚警概率设置为 1e-8，蒙特卡罗仿真试验次数为 300，SNR 间隔设置为 0~25 dB，相应的检测概率曲线如图 4-32 所示。可以看出，与其他算法相比，所提算法的检测概率显著提高。该算法不依赖传统的多分辨单元合成检测量，避免了人为构建融合统计量引起的检测损失，同时提供了分布式目标检测性能定量评估新方法，为高分辨率图像目标鲁棒性检测设计提供了一种可靠途径。

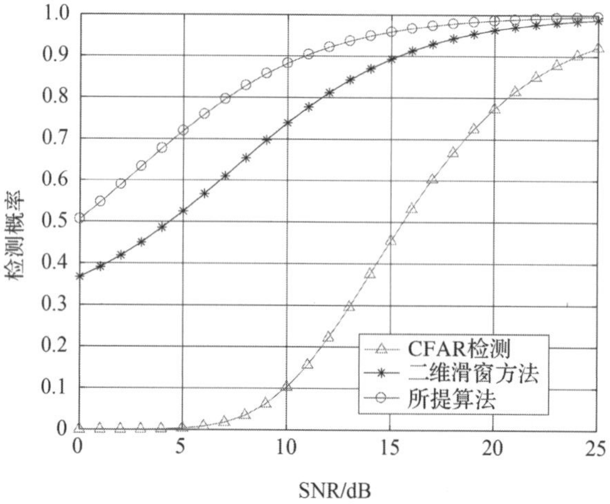

图 4-32　不同方法检测概率曲线随 SNR 的变化

4.3　多帧非相参融合检测技术

4.3.1　运动模型失配环境下的多帧非相参融合检测技术

基于粒子滤波的检测前跟踪（track before detect - particle filter，TBD - PF）算法引入了虚拟粒子近似系统变量的后验概率分布，不仅能检测低 SNR 下的目标，而且可以在高度非线性状态模型和量测模型中使用，因此适用于运动模型失配环境下的目标探测。然而经典算法存在很多不足，一方面，随着重采样的进行，粒子多样性衰退，出现粒子聚集现象，导致无法精确跟踪目标；另一方面，目标跟踪精度要求较高时，粒子数必须足够多，导致算法计算量庞大，因此如何降低算法复杂度也是粒子滤波算法亟待解决的问题。

1. 信号模型

点目标在一有限大小 $X-Y$ 平面做非线性运动，目标的运动模型表示为

$$\boldsymbol{x}_k = \boldsymbol{F}\boldsymbol{x}_{k-1} + \boldsymbol{w}_{k-1} \tag{4-33}$$

式中，$\boldsymbol{x}_k$ 表示目标在第 k 帧的状态；$\boldsymbol{F}$ 为状态更新矩阵；$\boldsymbol{w}_{k-1}$ 为均值为零、协方差为 $\boldsymbol{Q}$ 的高斯过程噪声。$\boldsymbol{x}_k$，$\boldsymbol{F}$ 和 $\boldsymbol{Q}$ 表示为

$$\boldsymbol{x}_k = \begin{bmatrix} x_k \\ \dot{x}_k \\ y_k \\ \dot{y}_k \\ I_k \end{bmatrix} \tag{4-34}$$

$$\boldsymbol{F} = \begin{bmatrix} 1 & \dfrac{\sin \omega T}{\omega} & 0 & -\dfrac{1-\cos \omega T}{\omega} & 0 \\ 0 & \cos \omega T & 0 & -\sin \omega T & 0 \\ 0 & \dfrac{1-\cos \omega T}{\omega} & 1 & \dfrac{\sin \omega T}{\omega} & 0 \\ 0 & \sin \omega T & 0 & \cos \omega T & 0 \\ 0 & 0 & 0 & 0 & 1 \end{bmatrix} \tag{4-35}$$

$$\boldsymbol{Q} = \begin{bmatrix} \dfrac{q_1}{3}T^3 & \dfrac{q_1}{2}T^2 & 0 & 0 & 0 \\ \dfrac{q_1}{2}T^2 & q_1 T & 0 & 0 & 0 \\ 0 & 0 & \dfrac{q_1}{3}T^3 & \dfrac{q_1}{2}T^2 & 0 \\ 0 & 0 & \dfrac{q_1}{2}T^2 & q_1 T & 0 \\ 0 & 0 & 0 & 0 & q_2 T \end{bmatrix} \tag{4-36}$$

式中，角速度 ω 计算式为

$$\omega = -\alpha_m / \sqrt{\dot{x}^2 + \dot{y}^2} \tag{4-37}$$

x_k 和 y_k 分别表示目标在 x 方向和 y 方向的位置；$\dot{x}_k$ 和 $\dot{y}_k$ 为相应方向上的速

度；I_k 为观测强度；α_m 是加速度；q_1 和 q_2 为常数；T 为相邻两帧数据的时间间隔。

为了描述每一时刻粒子中“新生”和“死亡”的比例，对目标的存在状态进行建模。目标“新生”概率定义为 $P_b = P\{E_k = 1 \mid E_{k-1} = 0\}$，即目标当前时刻存在且上一时刻不存在的概率。“死亡”概率定义为 $P_d = P\{E_k = 0 \mid E_{k-1} = 1\}$，即目标当前时刻不存在且上一时刻存在的概率。二阶马尔可夫转换矩阵为

$$\boldsymbol{C} = \begin{bmatrix} 1 - P_b & P_b \\ P_d & 1 - P_d \end{bmatrix} \tag{4-38}$$

假设传感器每帧图像包含 $M \times N$ 个分辨单元，每一个分辨单元的大小为 $\Delta_x \times \Delta_y$，第 k 帧强度观测集合 $Z(k)$ 可以表示为 $Z(k) = \{z_{ij}(k)\}$，其中 $1 \leqslant i \leqslant M$，$1 \leqslant j \leqslant N$，$z_{ij}(k)$ 表示分辨单元 (i,j) 的测量值，具体形式为

$$z_{ij}(k) = \begin{cases} A_{ij}(k) + v_{ij}(k), & E_k = 1 \\ v_{ij}(k), & E_k = 0 \end{cases} \tag{4-39}$$

式中，$A_{ij}(k)$ 表示目标幅度随时间的变化；观测噪声 $v_{ij}(k)$ 服从均值为零、方差 σ^2 的高斯分布，且噪声之间相互独立。实际中由于目标强度的扩散效应，目标周围区域分辨单元也会受到目标的干扰，分辨单元 (i,j) 受到来自目标坐标 (x_k, y_k) 的干扰[10]为

$$A_{ij}(k) \approx \frac{\Delta_x \Delta_y I_k}{2\pi\Sigma^2} \exp\left(-\frac{(i\Delta_x - x_k)^2 + (j\Delta_y - y_k)^2}{2\Sigma^2}\right) \tag{4-40}$$

式中，Δ_x 和 Δ_y 分别是沿 x 和 y 方向的分辨单元的长度；Σ 为一常数，由传感器扩散特性决定。

基于上述模型，观测似然函数可描述为

$$p(z_k \mid \boldsymbol{x}_k, E_k) = \begin{cases} \prod\limits_{i=1}^{L} \prod\limits_{j=1}^{M} p_{S+N}(z_k^{(i,j)} \mid \boldsymbol{x}_k), & E_k = 1 \\ \prod\limits_{i=1}^{L} \prod\limits_{j=1}^{M} p_N(z_k^{(i,j)}), & E_k = 0 \end{cases} \tag{4-41}$$

式中，$p_{S+N}(z_k^{(i,j)} \mid \boldsymbol{x}_k)$ 服从均值为 $A_{ij}(k)$、方差 σ^2 的高斯分布，表示有目标时似然函数的分布；$p_N(z_k^{(i,j)})$ 服从均值为零、方差 σ^2 的高斯分布，表示无目标时似然函数的分布。目标对部分观测区域强度的影响较大，而对其他区域的影响相对较弱，为了兼顾运算量和扩散强度，本节只考虑以目标点位置 (m_0, n_0) 为中心的 $5\Delta_x \times 5\Delta_y$ 大小区域，这样观测似然函数近似为

$$p(z_k \mid \boldsymbol{x}_k, E_k = 1) \approx \prod_{i=m_0-2}^{m_0+2} \prod_{j=n_0-2}^{n_0+2} p_{S+N}(z_k^{(i,j)} \mid \boldsymbol{x}_k) \prod_{i \neq m_0-2}^{m_0+2} \prod_{j \neq n_0-2}^{n_0+2} p_N(z_k^{(i,j)}) \tag{4-42}$$

定义分辨单元(i,j)有目标和无目标时的像素似然比分别为

$$\ell(z_k^{(i,j)} \mid \boldsymbol{x}_k^n, E_k = 1) = \frac{p_{S+N}(z_k^{(i,j)} \mid \boldsymbol{x}_k^n)}{p_N(z_k^{(i,j)})} = \exp\left(-\frac{A_{ij}(k)(A_{ij}(k) - 2z_k^{(i,j)})}{2\sigma^2}\right) \tag{4-43}$$

$$\ell(z_k^{(i,j)} \mid \boldsymbol{x}_k^n, E_k = 0) = \frac{p_N(z_k^{(i,j)})}{p_N(z_k^{(i,j)})} = 1 \tag{4-44}$$

未归一化的粒子权重 $\tilde{\omega}_k^n$ 由像素似然比计算得到

$$\tilde{\omega}_k^n = \begin{cases} \prod\limits_i \prod\limits_j \ell(z_k^{(i,j)} \mid \boldsymbol{x}_k^n, E_k = 1), & E_k^n = 1 \\ 1, & E_k^n = 0 \end{cases} \tag{4-45}$$

统计“存活”粒子数量在总粒子中所占比例，大于门限时视为目标存在，设粒子数量为 N_0，则根据粒子状态预测的目标状态为

$$\tilde{\boldsymbol{x}}_k^n = \sum_{n=1}^{N_0} (\boldsymbol{x}_k^n E_k^n) / \sum_{n=1}^{N_0} E_k^n \tag{4-46}$$

2. 一步预测滤波处理

针对一步非线性预测问题，已提出多种非线性滤波方法，下面结合 4.3.1 节第 1 部分信号模型分析几种一步预测滤波算法性能。

1）扩展卡尔曼滤波算法

扩展卡尔曼滤波（extended Kalman filter，EKF）算法[11]一阶线性化截断决定了它适合线性系统的求解，当系统非线性程度较高时，非线性函数泰勒展开的高阶项被忽略，这将影响其滤波性能，甚至导致 EKF 算法不收敛。为了验证 EKF 算法在运动模型中性能的好坏，将一步预测时用到的观测函数简化，即不考虑幅值对观测函数的影响，其二阶泰勒展开结果为

$$\begin{aligned} A_{ij}(k) &= \exp(-(i\Delta_x - x_k)^2 + (j\Delta_y - y_k)^2) \\ &\approx ((2\cdot(i\Delta_x)^2 - 1)\cdot x_k{}^2)/\exp((i\Delta_x)^2 + (j\Delta_y)^2) + \\ &\quad (4\cdot(i\Delta_x)\cdot(j\Delta_y)\cdot x_k \cdot y_k)/\exp((i\Delta_x)^2 + (j\Delta_y)^2) + \\ &\quad (2\cdot(i\Delta_x)\cdot x_k)/\exp((i\Delta_x)^2 + (j\Delta_y)^2) + \\ &\quad ((2\cdot(j\Delta_y)^2 - 1)\cdot y_k{}^2)/\exp((i\Delta_x)^2 + (j\Delta_y)^2) + \\ &\quad (2\cdot(j\Delta_y)\cdot y_k)/\exp((i\Delta_x)^2 + (j\Delta_y)^2) + \\ &\quad 1/\exp((i\Delta_x)^2 + (j\Delta_y)^2) \end{aligned} \tag{4-47}$$

其中，Δ_x 和 Δ_y 分别是沿 x 和 y 方向分辨单元的长度；$\boldsymbol{\Sigma}$ 为一常数，由传感器扩散特质决定。

式（4-47）的展开结果忽略了二阶以上的高次项。一方面由泰勒展开式可知，EKF 算法的一阶线性化截断将会丢失大量有用信息，包括由于耦合不能

被利用的一阶交叉项；另一方面，EKF 算法中雅可比矩阵需要烦琐的计算，算法复杂度的增加也降低了其实用性。

2）不敏感卡尔曼滤波算法

不敏感卡尔曼滤波（unscented Kalman filter，UKF）[12] 算法利用无损变换产生 $2m+1$ 个 Sigma 点逼近多维积分，无须对非线性系统线性化，经过非线性函数传播，预测均值和方差可以达到真实值三阶泰勒展开精度，因此预测误差远小于 EKF 算法，同时避免了 EKF 算法易发散的问题。每个 Sigma 点有着对应的权重，为

$$\begin{cases}\boldsymbol{\chi}_{k-1}^{(0)}=\boldsymbol{x}_{k-1}^{n}\\ \omega_0^{(b)}=\lambda/(m+\lambda),\omega_0^{(c)}=\lambda/(m+\lambda)+(1-\alpha^2+\beta)\\ \boldsymbol{\chi}_{k-1}^{(i)}=\boldsymbol{x}_{k-1}^{n}+\left(\sqrt{(m+\lambda)\boldsymbol{P}_{k-1}^{n}}\right)_i, & i=1,2,\cdots,m\\ \boldsymbol{\chi}_{k-1}^{(i)}=\boldsymbol{x}_{k-1}^{n}-\left(\sqrt{(m+\lambda)\boldsymbol{P}_{k-1}^{n}}\right)_i, & i=m+1,m+2,\cdots,2m\\ \omega_i^{(b)}=\omega_i^{(c)}=0.5/(m+\lambda), & i=1,2,\cdots,2m\end{cases}\tag{4-48}$$

式中，$\lambda=\alpha^2(m+\kappa)-m$，$m$ 为状态矢量的维数，α 表示 Sigma 点的离散度，κ 通常取零；β 表征 $\boldsymbol{x}$ 的分布；$\sqrt{\boldsymbol{P}_{k-1}^{n}}$是 $k-1$ 时刻数据相关矩阵；$\omega_i^{(b)}$ 和 $\omega_i^{(c)}$ 分别是求一阶统计特性和二阶统计特性的权系数。UKF 算法通过这些粒子更新每一时刻的滤波结果。

一般情况下，为了获得较高的估计精度，UKF 算法滤波时选择 $m+\lambda=3$ 。接下来通过定义稳定因子 I[13] 讨论 UKF 算法估计性能。I 的表达式为

$$I=\sum_i|\omega_i|/\sum_i\omega_i\tag{4-49}$$

当 $I>1$ 时，随着 I 的增大，UKF 算法将会发散；当 $I=1$ 时，算法数值稳定性最高。本节所用模型状态矢量维数是 $m=5$，对应 $\lambda=-2$，显然 $I>1$，ω_0 为负值。用负权值去更新协方差矩阵，在楚列斯基（Cholesky）分解时，就可能因为矩阵非正定而使计算中断，无法继续进行预测，这一点严重限制了 UKF 算法的应用范围。解决上述问题的一种有效途径是对负权重粒子进行平均，即重新引入 q 个粒子，使原来的权重 ω_0 变为 $\omega_0/(q+1)$，当 q 足够大时，负权重趋于零，同时稳定因子 $I\approx1$，然而大量粒子的引入，会使算法复杂度大大增加，降低其实用性。

3）立方卡尔曼滤波算法

考虑一种极端情况，去掉 UKF 算法中的负权重粒子，令 $\lambda=0$，则 UKF 粒子由 $2m+1$ 个非对称点变成 $2m$ 个对称点，如式（4-50）所示，这就是经典的立方卡尔曼滤波（cubature Kalman filter，CKF）[14] 算法。

$$\begin{cases}\boldsymbol{\chi}_{k-1}^{(i)} = \boldsymbol{x}_{k-1}^{n} + \left(\sqrt{m\boldsymbol{P}_{k-1}^{n}}\right)_i, & i = 1,2,\cdots,m \\ \boldsymbol{\chi}_{k-1}^{(i)} = \boldsymbol{x}_{k-1}^{n} - \left(\sqrt{m\boldsymbol{P}_{k-1}^{n}}\right)_i, & i = m+1,m+2,\cdots,2m \\ \omega_i = 0.5/m, & i = 1,2,\cdots,2m \end{cases} \tag{4-50}$$

不同于 UKF 算法，CKF 算法有严格的理论推导，而且所用粒子数量少于 UKF 算法，故在计算时间上具有优势。

4）改进 UKF 算法

为了仿真比较 UKF 算法与 CKF 算法的预测精度，需要消除非正定导致的运算中断问题。针对 UKF 算法的不足，在不引入计算复杂度的基础上，对原始 UKF 算法进行改进，用邻近时刻的正定协方差替代非正定协方差，继续进行预测，以下为改进 UKF 算法的描述。

算法 1：改进 UKF 算法。

（1）初始化各尺度参数 λ，α，β 和协方差矩阵 $\boldsymbol{P}_0^n$。

（2）若迭代次数 $i=1$，则 $\boldsymbol{P}_1^n = \boldsymbol{P}_0^n$；若迭代次数 $i \geqslant 2$，则判断 $\boldsymbol{P}_{k-1}^n$ 是否正定，如果满足正定条件，则 $\boldsymbol{P}_{k-1}^n = \boldsymbol{P}_{k-1}^n$，否则 $\boldsymbol{P}_{k-1}^n = \boldsymbol{P}_{k-2}^n$，计算 $\boldsymbol{x}_{k-1}^n$ 的 Sigma 点 $\boldsymbol{\chi}_{k-1}^{(i)}$ 及其对应的权重，其中 $i = 1,2,\cdots,2m$。

（3）状态的一步提前预测。

（4）量测的一步提前预测。

（5）根据新的观测信息，进行滤波更新。

3. 基于一步预测的粒子滤波多帧融合检测

在经典的 TBD - PF 算法中，随着滤波过程的进行，粒子出现严重的退化现象，重采样技术有效地解决了这一问题，使粒子按照权重大小进行复制。但重采样使权重大的粒子多次复制，导致粒子在迭代过程中集中在很小的区域，一旦预测有偏差，就无法正确跟踪目标。本节综合考虑粒子的有效性和多样性，采用如下策略。一方面，利用二阶马尔可夫转换矩阵在不同时刻产生“新生”和“死亡”粒子，令“新生”粒子服从均匀分布，“存活”粒子服从变参数正态分布，这样在目标出现前几帧，大量“新生”粒子均匀出现在观测区域，保证了粒子的多样性。随着时间的推移，“新生”粒子大大减少，不能继续保证粒子多样性，然而“存活”粒子不断增多，正态分布中方差 $\boldsymbol{\sigma}_0^2$ 也随时间成比例地变大，即 $\boldsymbol{\sigma}_0^2 \propto k$，“存活”粒子分布区域的不断扩大弥补了粒子多样性的下降。同时，考虑到当前时刻的观测，用一步预测确定粒子群下一帧的平均位置，即正态分布的中心点，体现了粒子的有效性。另一方面，在权重定义中，对重采样无贡献的“死亡”粒子权重为 1，它们只可能出现在无目标区域；然而传感器采用点扩散函数形式，一些位于目标强度扩散区域的粒子权重小于1，这些粒子权重反而小于无目标区域的粒子权重。上述的不合理现象将会使无效的“死亡”粒子代替目标位置附近的粒子成为新的“存活”粒子，对重采样过程产生严重干扰。因此，本节根据粒子权重的方差按比例淘汰无效“死亡”粒子。淘汰比例系数表示淘汰的“死亡”粒子占总“死亡”粒子的比例，定义为

$$EL_k = 1 - (\min(\mathrm{std}(\tilde{\omega}_k^n)/200, 1)) \tag{4-51}$$

式中，std(·)代表求方差运算。

由式（4-51）可知，淘汰比例系数随粒子分布变化，当“存活”粒子较少时，相应的粒子权重方差较小，淘汰的比例较大；当“存活”粒子较多时，淘汰的比例较小。这样，“死亡”粒子对重采样的干扰即可被大幅降低。

原始重采样方法要求输入粒子数与输出粒子数相等，因此在无效的“死亡”粒子按比例被淘汰后，这种重采样方法不再适用。对称重采样[15]（symmetric resample，SR）作为一种改进重采样技术，在不增加计算复杂度的条件下，解决了输入输出粒子不匹配问题，算法步骤如下。

算法2：对称重采样算法。

$$[\{\boldsymbol{x}_k^n\}_{n=1}^N] = \mathrm{Symmetricresample}[\{\boldsymbol{x}_k^m, w_k^m\}_{m=1}^M]$$

（1）k 时刻累积分布函数：

$c_1 = w_k^1$

For $m = 2:M$

$c_m = c_{m-1} + w_k^m$

End For

（2）初始化参数，产生新的粒子：

$n = 1, m = 1 \quad u_1 \sim U[0, 1/N]$

For $n = 1:N$

$u_n = u_1 + (n-1)/N$

While $u_n > c_m$

$m = m + 1$

End

$n = n + 1$

$\boldsymbol{x}_k^n = \boldsymbol{x}_k^m$

End For

基于非线性滤波的 TBD-PF 改进算法中，对于状态变量的更新，“新生”粒子均匀分布于强度大于阈值 t_0 的区域，速度变量和强度变量在一定区域内均匀产生，“存活”粒子采用一步预测进行更新，使粒子以预测位置为中心服

从变参数正态分布，下面给出算法步骤。

算法3：基于非线性滤波的 TBD - PF 改进算法。对于固定的 SNR 和粒子数，算法描述如下。

$$[\{\boldsymbol{y}_k^n\}_{n=1}^N,\{\boldsymbol{P}_k^n\}_{n=1}^N] = \text{ModifiedTBD - PF}[\{\boldsymbol{y}_{k-1}^n\}_{n=1}^N,\{\boldsymbol{P}_{k-1}^n\}_{n=1}^N,\boldsymbol{z}_k]$$

（1）根据二阶马尔可夫转换矩阵更新目标存在变量。

$$(E_k^n)_{n=1}^N = f[(E_{k-1}^n)_{n=1}^N,\boldsymbol{C}]$$

（2）更新粒子状态和粒子权重。

For $n = 1:N$

对"新生"粒子在限定区域均匀采样。

对"存活"粒子进一步预测，预测位置为(x_k, y_k)，更新粒子服从变参数正态分布，即满足 $\sigma_0^2 \propto k$。

根据观测似然比函数计算粒子权重。

End For

（3）按淘汰比例系数淘汰"死亡"粒子。

（4）归一化粒子权重，对归一化的粒子进行对称重采样。

（5）进行目标状态预测。

4. *仿真分析*

本节采用参考文献［16］所给的模型参数，仿真对比不同算法的目标检测跟踪性能。考虑到 EKF 算法对非线性系统滤波误差较大，算法容易发散，且 UKF 算法在数值计算中会因为协方差矩阵非正定而使算法失效，所以确定仿真时采用 CKF 算法和改进 UKF 算法[17]作为进一步预测。假设目标在一个大小为 $20\Delta_x \times 20\Delta_y$ 的平面做非线性运动，记录观测场景 30 帧的图像，目标在第 7 帧开始出现，到第 22 帧消失。仿真参数设置为 $\Delta_x = \Delta_y = 1$，$\Sigma = 0.9$，$\alpha_m = 0.3$，观测噪声方差 $\sigma^2 = 1$。马尔可夫矩阵中 P_b，P_d 均为 0.1，幅度门限设为 0.65，粒子初始存在概率选为 0.05，"新生"粒子初始速度和强度分别在区间 $[-1,1]$ 和 $[5,50]$ 中均匀产生，蒙特卡罗仿真试验次数为 60，粒子数量选为 4 000，SNR = 6 dB，目标起始状态变量 $\boldsymbol{x}_1 = [10,1,2,0,I]^{\mathrm{T}}$，观测强度 I 与 SNR 的关系为

$$\text{SNR} = 20\lg\left[\frac{I\Delta_x\Delta_y/(2\pi\Sigma^2)}{\sigma}\right] \tag{4-52}$$

设 $\tilde{x}_m$ 为 x_m 的估计，$\tilde{y}_m$ 为 y_m 的估计，则均方根误差（RMSE）定义为

$$\text{RMSE} = \sqrt{\frac{1}{N_0}\sum_{m=1}^{N_0}((\tilde{x}_m - x_m)^2 + (\tilde{y}_m - y_m)^2)} \tag{4-53}$$

噪声强度超过强度门限 V 会形成虚假目标，对应虚警概率定义为

$$P_{\mathrm{fa}} = \int_V^\infty \frac{1}{\sqrt{2\pi}\sigma}\exp\left(-\frac{x^2}{2\sigma^2}\right)\mathrm{d}x \tag{4-54}$$

而分辨单元 (i,j) 处目标强度超过门限 V 对应的检测概率为

$$P_{\mathrm{d}} = \int_V^\infty \frac{1}{\sqrt{2\pi}\sigma}\exp\left(-\frac{(x-A_{ij})^2}{2\sigma^2}\right)\mathrm{d}x \tag{4-55}$$

目标运动信息不可预知。目标开始出现时有大量“存活”粒子，它们均匀分布在观测区域，导致跟踪效果不好，但粒子分布的有效性和多样性使跟踪轨迹很快逼近真实轨迹，并持续跟踪。轨迹比较如图 4－33 所示，表明融合一步预测后的算法比传统 TBD－PF 算法跟踪性能更好。

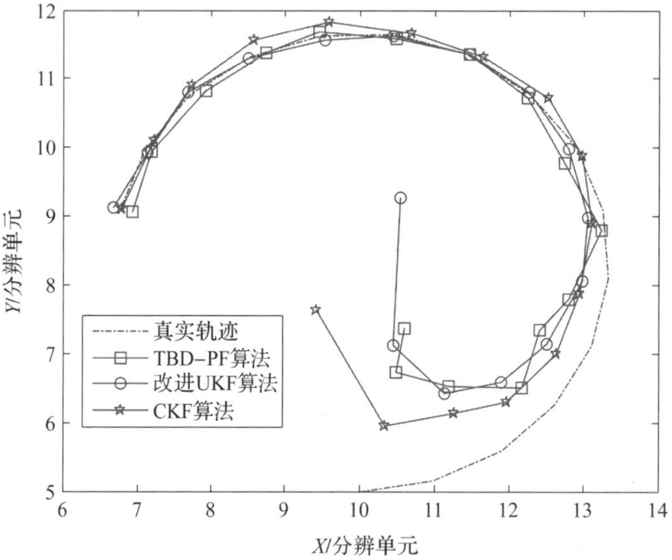

图 4－33　轨迹比较

图 4－34 所示为不同算法在不同帧对应的距离误差比较，改进 UKF 算法的误差下降速度略快于 CKF 算法，它们的误差收敛均快于传统 TBD－PF 算法。

目标存在概率比较如图 4－35 所示，点线为目标存在概率门限，大于该门限表示目标存在，仿真中目标在第 7 帧出现，共出现 16 帧。从图 4－35 中可知，TBD－PF 算法在目标开始出现后一段时间才达到此门限并开始跟踪，而改进 UKF 算法可及时检测出目标并进行跟踪。

图 4－36 所示为不同回波 SNR 下目标检测概率比较，当目标预测坐标和实际坐标距离相差小于或等于 2 个分辨单元时，目标被视为成功检测。由图 4－36 可知，采用改进 UKF 算法作为一步预测目标检测效率最高，CKF 算法其次，两者均高于传统的 TBD－PF 算法。

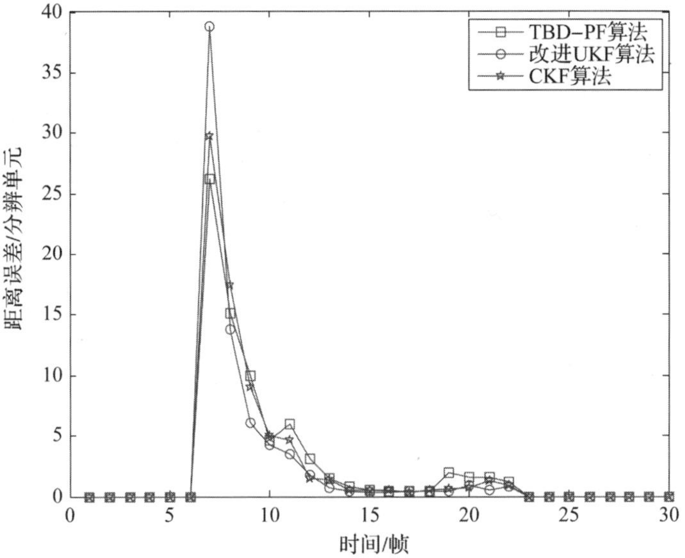

图4-34　不同算法在不同帧对应的距离误差比较

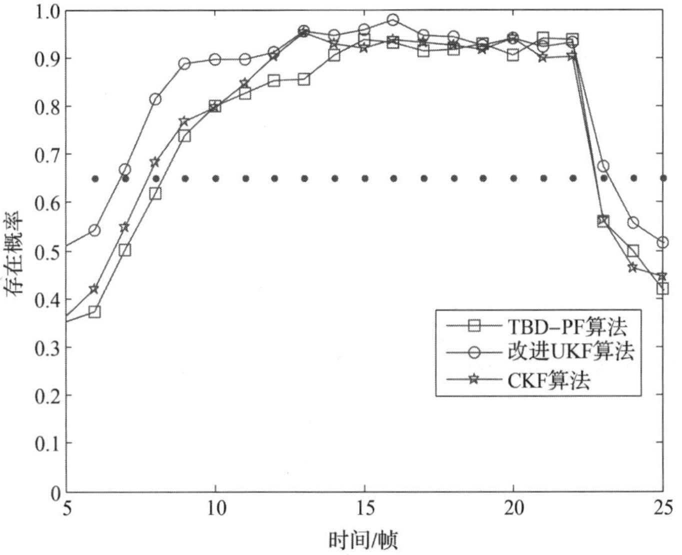

图4-35　目标存在概率比较

表4-2比较了不同算法的运行时间，其中融合一步预测的改进算法与TBD-PF算法运行时间在同一数量级。另外，与理论分析一致，选用CKF算法作为一步预测所需的运行时间少于改进UKF算法。

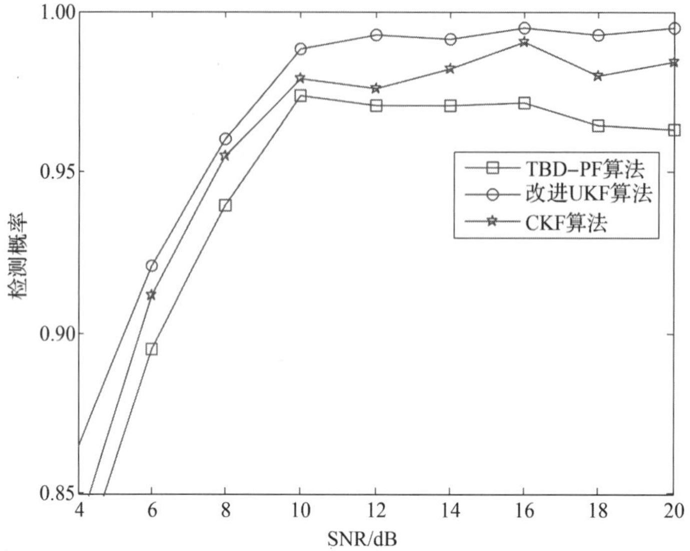

图 4-36 不同回波 SNR 下目标检测概率比较

表 4-2 不同算法的运行时间比较

算法名称	运行时间/s
TBD-PF	2.544×10^4
改进 UKF	2.696×10^4
CKF	2.666×10^4

4.3.2 多目标干扰环境下的多帧非相参融合检测技术

动态规划检测前跟踪（DP-TBD）算法[18]大幅降低了传统 TBD-PF 算法的运算复杂度。到目前为止，相关研究主要集中在单目标场景中，然而在实际场景中，往往会出现多个目标在低 SNR 环境下做邻近和交叉运动的问题，解决在多目标场景中航迹干扰、计算量指数级增长等问题才是算法在雷达领域应用的前提。

1. 信号模型

假设机载雷达发射脉冲为宽度 T_r、调频率 K_r 的线性调频信号，初始位置为$(0,0,h)$，沿 x 轴方向以速度 v 运动，飞行高度为 h，地面点目标 P 位于测绘带中心(x_0,y_0)，速度矢量为(v_x,v_y)，加速度矢量为(a_x,a_y)，则t时刻目标到载机的距离为

$$R(t)=\sqrt{\left(vt-x_0-v_xt-\frac{1}{2}a_xt^2\right)^2+\left(y_0+v_yt+\frac{1}{2}a_yt^2\right)^2+h^2} \tag{4-56}$$

对式（4-56）进行二阶泰勒展开

$$R(t)\approx R_0+\frac{x_0v_x+y_0v_y-x_0v}{R_0}t+\frac{v^2+v_x^2+v_y^2+x_0a_x+y_0a_y-2vv_x}{2R_0}t^2 \tag{4-57}$$

$$R_0=(x_0+y_0+h)^{1/2} \tag{4-58}$$

式中，R_0为初始斜距。回波信号与发射信号混频、低通滤波后可得

$$S_R(t,\tau)=A\mathrm{rect}\left\{\frac{\left(\tau-\frac{2R(t)}{c}\right)}{T_\mathrm{r}}\right\}\exp\left(\mathrm{j}\pi K_\mathrm{r}\left(\tau-\frac{2R(t)}{c}\right)^2\right)\exp\left(-\mathrm{j}\frac{4\pi R(t)}{\lambda}\right) \tag{4-59}$$

式中，τ为慢时间；λ为工作波长。由式（4-59）可得目标的相位，为

$$\Phi(t)=-4\pi R_0/\lambda-4\pi\frac{x_0v_x+y_0v_y-x_0v}{\lambda R_0}t-2\pi\frac{v^2+v_x^2+v_y^2+x_0a_x+y_0a_y-2vv_x}{\lambda R_0}t^2 \tag{4-60}$$

对于目标P，多普勒中心频率和多普勒调频率分别为

$$f_\mathrm{dc}=-\frac{2}{\lambda}\frac{x_0v_x+y_0v_y-x_0v}{R_0} \tag{4-61}$$

$$f_\mathrm{dr}=-\frac{2}{\lambda}\frac{v_x^2+v_y^2+x_0a_x+y_0a_y-2vv_x}{R_0} \tag{4-62}$$

下面计算方位向散焦大小和距离走动量。考虑到$x_0\ll R_0$，则直角坐标系与距离方位坐标系可以近似为

$$v_\mathrm{r}\cong\frac{y_0}{R_0}v_y \tag{4-63}$$

$$a_\mathrm{r}\cong\frac{y_0}{R_0}a_y \tag{4-64}$$

动目标相对静止目标的多普勒调频率差为

$$\begin{aligned}\Delta f_\mathrm{dr}&=-\frac{2}{\lambda}\frac{v_x^2+v_y^2+x_0a_x+y_0a_y-2vv_x}{R_0}\\&=-\frac{2}{\lambda}\frac{v_x^2+(v_\mathrm{r}R_0/y_0)^2+x_0a_x+R_0a_\mathrm{r}-2vv_x}{R_0}\\&\approx-\frac{2}{\lambda}\frac{v_x^2+R_0a_\mathrm{r}-2vv_x}{R_0}\end{aligned} \tag{4-65}$$

对应的二次相位误差（quadratic phase error，QPE）为

$$\mathrm{QPE} = -\frac{\pi}{2}\frac{\lambda R_0(v_x^2 + R_0 a_r - 2vv_x)}{(vD_a)^2} \tag{4-66}$$

式中，D_a 为方位向分辨单元大小。则散焦的表达式可以写为

$$\Delta D = D_a\left[1 + \left(\frac{\lambda R_0(v_x^2 + a_r R_0 - 2v_x v)}{2v^2 D_a^2}\right)^2\right]^{1/2} \tag{4-67}$$

目标速度、加速度导致目标运动跨越多个距离单元，造成距离向扩展。设 T 为合成孔径时间，目标的走动大小 ΔR 对应距离在 T 时间内的变化量为

$$\begin{aligned}\Delta R &= \frac{x_0 v_x + y_0 v_y - x_0 v}{R_0}T + \frac{v^2 + v_x^2 + v_y^2 + x_0 a_x + y_0 a_y - 2vv_x}{2R_0}T^2 \\ &\approx v_r T + \frac{\left((v - v_x)^2 + \left(\frac{v_r R_0}{y_0}\right)^2 + a_r R_0\right)T^2}{2R_0} \\ &= v_r T + \frac{(v - v_x)^2}{2R_0}T^2 + \frac{{v_r}^2 R_0}{2y_0^2}T^2 + \frac{a_r}{2}T^2\end{aligned} \tag{4-68}$$

2. 值函数建模

由 4.3.2 节第 1 部分可知，目标的运动导致雷达检测到的目标不再是单一的点目标，而是具有一定面积的扩展区域，这使多目标检测与跟踪问题复杂度大大增加。本节引入 DP－TBD 算法，将地面运动目标指示（GMTI）环境下的多目标扩展区域作为新的目标作用区域，这样得到的值函数模型更可靠，同时降低了 DP－TBD 算法的数据处理范围。

传统的 DP－TBD 算法构造值函数分为两大类，一类是基于强度的积累，另一类是基于似然比函数的积累。考虑到目标幅度基本不变，而且有较低的 SNR，本节选取第二类值函数模型并在此基础上进行改进。值函数的积累过程为

$$I_k(\boldsymbol{x}_k) = \lg\frac{p(z_{i,j}\mid\boldsymbol{x}_k)}{p(z_{i,j}\mid H_0)} + \max_{x_{k-1}}[\lg p(\boldsymbol{x}_k\mid\boldsymbol{x}_{k-1}) + I_{k-1}(\boldsymbol{x}_{k-1})] \tag{4-69}$$

$$I_1(\boldsymbol{x}_1) = \lg\frac{p(z_{i,j}\mid\boldsymbol{x}_1)}{p(z_{i,j}\mid H_0)} \tag{4-70}$$

式中，$I_k(\boldsymbol{x}_k)$代表第 k 帧能量的积累值；$z_{i,j}$是坐标(i,j)处的量测值；$p(z_{i,j}\mid\boldsymbol{x}_k)$和 $p(z_{i,j}\mid H_0)$分别对应有无目标时量测值的概率密度函数；$p(\boldsymbol{x}_k\mid\boldsymbol{x}_{k-1})$为惩罚项。式（4－69）中 $p(z_{i,j}\mid\boldsymbol{x}_k)$和 $p(z_{i,j}\mid H_0)$表示为

$$p(z_{i,j}\mid\boldsymbol{x}_k) = \frac{1}{\sqrt{2\pi}\sigma}\exp\left(-\frac{(z_{i,j}(k) - A)^2}{2\sigma^2}\right) \tag{4-71}$$

$$p(z_{i,j}\mid H_0) = \frac{1}{\sqrt{2\pi}\sigma}\exp\left(-\frac{z_{i,j}(k)^2}{2\sigma^2}\right) \tag{4-72}$$

式中，A 代表目标幅度；σ 为噪声标准差。

式（4－72）表明观测单元越远离目标，强度越低。将距离向和方位向引起的扩展作为具有一定面积的矩形窗函数，窗函数中心位于目标区域，即得到了 GMTI 模型下的扩展区域。设窗函数在距离向、方位向扩展单元分别为 A 和 B，其中 $A=\mathrm{ceil}\left(\frac{R_A}{\Delta_r}\right)$，$B=\mathrm{ceil}\left(\frac{R_B}{\Delta_a}\right)$，$R_A$ 和 R_B 为距离向和方位向实际扩展距离，Δ_r 和 Δ_a 为对应方向的分辨率，ceil 表示向上取整。若目标位于(p,q)，对值函数有贡献的扩展区域可表示为

$$\begin{bmatrix} \left(\mathrm{ceil}\left(\frac{p-A/2}{\Delta_r}\right),\mathrm{ceil}\left(\frac{q-B/2}{\Delta_a}\right)\right),\cdots,\left(\mathrm{ceil}\left(\frac{p+A/2}{\Delta_r}\right),\mathrm{ceil}\left(\frac{q-B/2}{\Delta_a}\right)\right) \\ \left(\mathrm{ceil}\left(\frac{p-A/2}{\Delta_r}\right),\mathrm{ceil}\left(\frac{q-B/2+1}{\Delta_a}\right)\right),\cdots,\left(\mathrm{ceil}\left(\frac{p+A/2}{\Delta_r}\right),\mathrm{ceil}\left(\frac{q-B/2+1}{\Delta_a}\right)\right) \\ \vdots \qquad\qquad \vdots \qquad\qquad \vdots \\ \left(\mathrm{ceil}\left(\frac{p-A/2}{\Delta_r}\right),\mathrm{ceil}\left(\frac{q+B/2}{\Delta_a}\right)\right),\cdots,\left(\mathrm{ceil}\left(\frac{p+A/2}{\Delta_r}\right),\mathrm{ceil}\left(\frac{q+B/2}{\Delta_a}\right)\right) \end{bmatrix} \tag{4-73}$$

3. 基于动态规划的多目标多帧融合检测

序贯目标取消类 viterbi 算法（STC－VTA）[19]具有较好的跟踪性能，但多目标引起的高维数空间不利于目标的实时处理。单通道 STC－VTA（SP－STC－VTA）[20]通过一次动态规划（DP）得到了目标所有候选集合，算法效率有很大提升，然而以牺牲算法性能为代价。为了结合以上两种算法的优点，本节提出了基于动态规划的多目标 GMTI－TBD 算法。

一方面，GMTI－TBD 算法利用卡尔曼滤波对交叉区域目标进行预测，减小邻近目标的相互干扰。目标强度叠加示意图如图 4－37 所示，从上到下分别给出了不同目标扩展区域相离、相交和重合时的强度叠加示意图，由于窗函数的引入，扩展函数被图中虚线截断。当目标之间不相交时，以目标为中心的$(A+1)\times(B+1)$区域内大于阈值（图中虚线）的强度单元个数为 S_1，相交时对应单元个数为 S_2，当目标接近重合时，对应单元个数为 S_3，显然，$S_1<S_3<S_2$，利用这一特征，当大于阈值的强度单元个数 S_0 足够大时，即不同目标扩展区域相交时，调用卡尔曼滤波对目标轨迹进行预测，不同目标轨迹重合时可认为不存在干扰目标，重合轨迹作为共有航迹。本节中滤波调用的条件设为 $S_0\geqslant S_1+\mathrm{ceil}(\sqrt{S_1})$。阈值 K_0 定义为 $K_0=(tA_0+(1-t)A_1)/2$，其中 A_0 为目标的强度，A_1 为目标扩展区域边缘的强度，t 为扩展区域平均强度和目标强度的比值。t 越大，表示目标扩展区域面积越小，阈值越高。由于只有当不

同目标扩展区域相交时才对目标状态进行预测，因此此步骤带来的计算量不大。

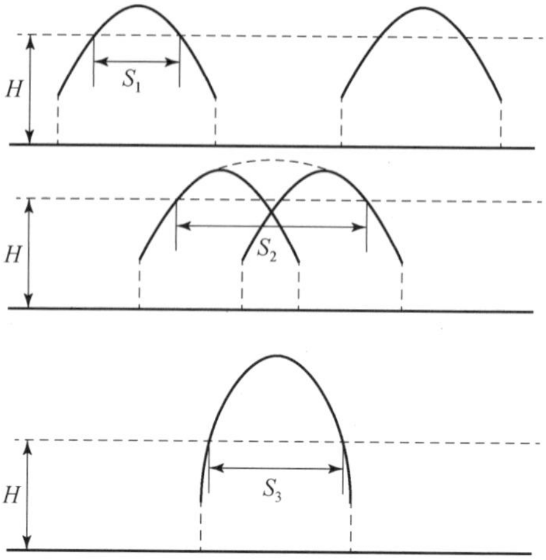

图 4－37　目标强度叠加示意图

另一方面，GMTI－TBD 算法使用类似 SP－STC－VTA 中的一次 DP 得到候选轨迹，所有候选轨迹中坐标的集合即搜索区域位置，轨迹递归搜索在此区域进行。此步骤是为了限定 DP 搜索区域，不同于 SP－STC－VTA 是为了提取目标轨迹集合。因此，新的算法搜索区域明显减小，有效缓解了多目标带来的计算量指数级增长问题，同时降低了 SP－STC－VTA 中跟踪轨迹的相互干扰。

为了方便验证算法性能，假设观测区域目标个数 M 恒定，且所有目标在观测的 K 帧内均做匀速直线运动。$\boldsymbol{x}_k^m=[p_{x,k}^m, v_{x,k}^m, p_{y,k}^m, v_{y,k}^m]^{\mathrm{T}}$ 表示第 k 帧中第 m 个目标的状态，其中 $m=1,2,\cdots,M$，$k=1,2,\cdots,K$，$p_{x,k}^m$ 和 $p_{y,k}^m$ 为目标的位置，$v_{x,k}^m$ 和 $v_{y,k}^m$ 为目标的速度。在第 k 帧，多目标状态定义为 $\boldsymbol{x}_k=((\boldsymbol{x}_k^1)^{\mathrm{T}},(\boldsymbol{x}_k^2)^{\mathrm{T}},\cdots,(\boldsymbol{x}_k^M)^{\mathrm{T}})^{\mathrm{T}}$，则多目标的状态转移方程为

$$\boldsymbol{x}_k^m=\boldsymbol{F}\boldsymbol{x}_{k-1}^m \tag{4-74}$$

式中，

$$\boldsymbol{F}=\begin{bmatrix}\boldsymbol{F}_s & 0\\ 0 & \boldsymbol{F}_s\end{bmatrix} \tag{4-75}$$

式中，

$$\boldsymbol{F}_s=\begin{bmatrix}1 & T\\ 0 & 1\end{bmatrix} \tag{4-76}$$

式中，T 为相邻两帧间的时间间隔。

由上述定义，K 帧内第 m 个目标的轨迹可表示为 $\boldsymbol{x}_{1:K}^m=(\boldsymbol{x}_1^m,\boldsymbol{x}_2^m,\cdots,\boldsymbol{x}_K^m)$，所有的目标的轨迹可表示为 $\boldsymbol{X}_{1:K}=(\boldsymbol{x}_1,\boldsymbol{x}_2,\cdots,\boldsymbol{x}_K)$，则多目标问题可以表示为

$$\boldsymbol{X}_{1:K} = \arg\max_{\boldsymbol{X}_{1:K}} \boldsymbol{I}(\boldsymbol{X}_{1:K} \mid \boldsymbol{Z}_{1:K}) \tag{4-77}$$
$$\text{s. t. } \boldsymbol{I}(\boldsymbol{X}_{1:K} \mid \boldsymbol{Z}_{1:K}) > V_{DT}$$

式中，门限 V_{DT} 由虚警概率确定；$\boldsymbol{I}(\cdot)$ 为累积值函数；$\boldsymbol{Z}_{1:K}$ 为每一帧的观测值。

STC－VTA 每次只提取最大值函数对应的轨迹，将其他目标轨迹作为背景噪声处理，然后将得到的轨迹剔除并重复上述步骤提取其余的目标轨迹。SP－STC－VTA 只进行一次 DP 得到所有满足检测门限的轨迹，以算法性能为代价减小计算复杂度。一般情况下，若算法估计的目标数量 M 可靠，则提取 M 个目标轨迹后算法终止。若无法得到准确的目标数，则值函数不再超过设定的检测门限作为算法终止条件。以上两种算法的本质是在算法性能和计算复杂度上做取舍，本节中基于动态规划的多目标 GMTI－TBD 算法综合了两者的优点，其步骤如下。

步骤 1　初始化 $m=1$ 并令 $\boldsymbol{I}(\boldsymbol{x}_1)=z_1$。

步骤 2　进行一次 DP，求出值函数积累值大于 V_{DT} 的目标轨迹区域。

步骤 3　将目标运动平面坐标系转换到距离方位坐标系，计算每个目标第 $k(1 \leqslant k \leqslant M)$ 帧距离向和方位向扩展。

步骤 4　判断第 k 帧目标之间是否满足滤波调用条件。若是，则进行如下循环；若否，则进行步骤 5。

设第 k 帧交叉目标数为 T_0，对于目标 $i(1 \leqslant i \leqslant T_0)$：

for $i=1:T_0$

for $j=1:T_0$

if $j \neq i$

对目标 j 进行卡尔曼滤波。

更新预测位置为中心的扩展区域单元强度，即此区域强度减去目标 j 对应的扩展区域强度。

end

end

计算第 k 帧目标 i 的值函数。

end

步骤 5　在求出的目标轨迹区域进行单目标 DP－TBD，在第 k 帧$(2 \leqslant k \leqslant K)$执行：

$$\begin{cases} \boldsymbol{I}(\boldsymbol{x}_k) = \max\limits_{X_{1:K}^m} \boldsymbol{I}(\boldsymbol{X}_{1:K} \mid \boldsymbol{Z}_{1:K}) \\ \boldsymbol{\Psi}(\boldsymbol{x}_k) = \arg\max \boldsymbol{I}(\boldsymbol{x}_{k-1}) \end{cases} \tag{4-78}$$

步骤 6　在第 K 帧进行目标检测，检测条件为

$$\boldsymbol{X}_K = \{\arg\max_{\boldsymbol{X}_K} \boldsymbol{I}(\boldsymbol{X}_{1:K} \mid \boldsymbol{Z}_{1:K}), \boldsymbol{I}(\boldsymbol{x}_{K:}) > V_{DT}\} \tag{4-79}$$

步骤 7　轨迹回溯：$\boldsymbol{x}_k = \boldsymbol{\Psi}(\boldsymbol{x}_{k-1})$，保存目标轨迹，并将得到的轨迹从搜索区域删除。

步骤 8　判断若 $m < M$ 或 $\boldsymbol{I}(\boldsymbol{x}_{K:}) < V_{DT}$，则迭代终止；否则，$m = m + 1$，重复步骤 3。

步骤 9　输出所有的目标轨迹。

4. 仿真分析

为了验证所提算法的有效性，本节仿真中令目标 1、目标 2、目标 3 和目标 4 平行运动，其中目标 2 和目标 4 的航迹邻近，目标 3 则在不同的时间分别与目标 1、目标 2 和目标 4 交叉。图 4-38 给出了 4 个目标的轨迹曲线，结合 GMTI 环境下雷达检测目标时出现的能量扩展问题，可以看出仿真场景有效体现了多目标检测和跟踪中出现的邻近、交叉等问题。4 个目标的初始状态分别为$[160\ \text{m}, 10\ \text{m/s}, 6150\ \text{m}, 7.5\ \text{m/s}]^{\mathrm{T}}$，$[250\ \text{m}, 10\ \text{m/s}, 6150\ \text{m}, 7.5\ \text{m/s}]^{\mathrm{T}}$，$[400\ \text{m}, -10\ \text{m/s}, 6150\ \text{m}, 7.5\ \text{m/s}]^{\mathrm{T}}$ 和$[275\ \text{m}, 7.5\ \text{m/s}, 6165\ \text{m}, 5.6\ \text{m/s}]^{\mathrm{T}}$。积累帧数 $K = 18$，虚警概率 P_{fa}定义为噪声单元值函数超过门限 V_{DT}的概率，噪声服从标准正态分布，仿真中 $P_{\mathrm{fa}} = 10^{-4}$，$V_{DT}$通过虚警概率计算得到。蒙特卡罗仿真试验次数为 200 次。假设各目标幅度均恒定不变，且与 SNR 之间满足 $\mathrm{SNR} = 10\lg(A^2/\sigma^2)$，其中 A 为目标幅度，σ 为噪声标准差，其他仿真参数设置如表 4-3 所示。

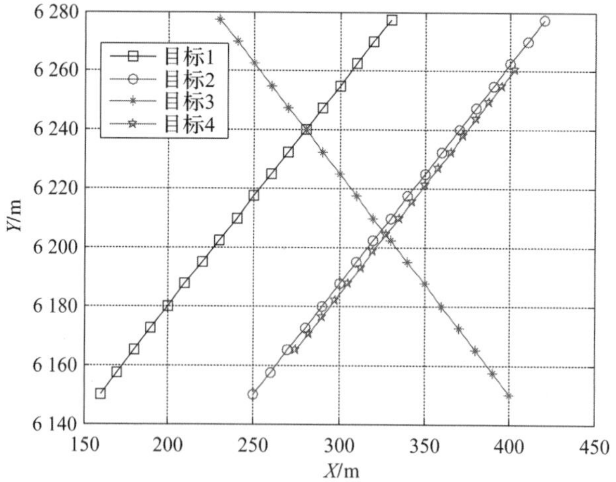

图 4-38　4 个目标的轨迹曲线

检测概率 P_{d} 定义为至少存在一个值函数超过门限 V_{DT}的单元，且此单元与目标的真实位置误差在两个分辨单元内。

跟踪概率 P_g 定义为在检测到目标的前提下，每一帧恢复的目标单元与真实的目标单元误差在两个分辨单元内。

仿真参数设置如表 4－3 所示，通过表 4－3 中参数可计算得本节仿真场景中距离向分辨率为 3 m，方位向分辨率为 5 m。在多目标运动轨迹上，不同目标每帧扩展区域中强度大于阈值的分辨单元如图 4－39 所示，由于目标 2 和目标 4 存在多帧邻近运动，目标 3 与多个目标轨迹相交，目标 1 轨迹所受干扰最小，因此可以看出，4 个目标总的滤波调用次数分别为 2 次、3 次、4 次和 3 次，即随着目标所受干扰时间变长，滤波调用次数相应增加。考虑一种极端情况，当场景只有单目标时，由于不存在多目标航迹邻近、交叉等问题，所以目标扩展区域分辨单元个数较少，这种情况下滤波调用条件不再满足。因此，所提算法可以有效处理实际场景中的单目标或多目标检测与跟踪问题。

表 4－3　仿真参数设置

参数	大小
载频	1 GHz
天线方位向长度	10 m
合成孔径时间	1 s
带宽	50 MHz
载机速度	80 m/s
雷达高度	5 000 m

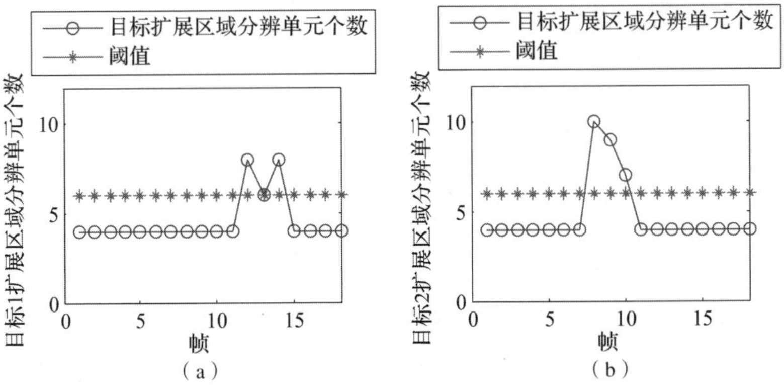

图 4－39　不同目标每帧扩展区域中强度大于阈值的分辨单元

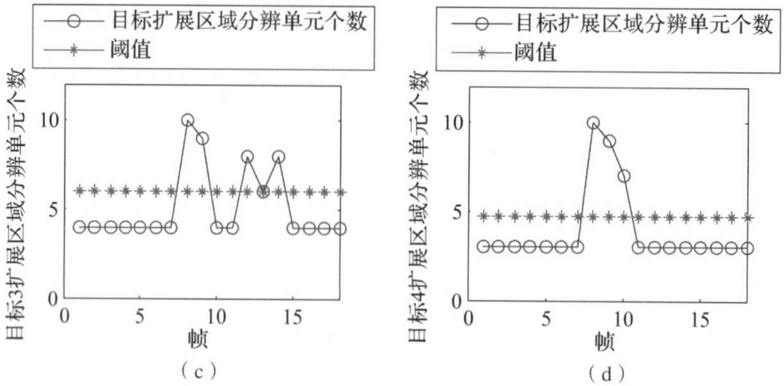

图 4－39　不同目标每帧扩展区域中强度大于阈值的分辨单元（续）

图 4－40 给出了对目标 2 引入卡尔曼滤波前后的能量积累示意图，由于能量的扩展，值函数在图中没有形成理想的尖峰，而是具有一定体积的棱锥状凸起。图 4－40（a）中多帧能量积累后形成的峰值凸起不明显，这是因为目标 2 受到目标 4 多帧航迹干扰，能量积累发散。图 4－40（b）中出现了 1 个能量积累值较大的峰值，表明经过滤波，目标 2 受到的其他目标的干扰大大减小，更有利于准确航迹的提取。

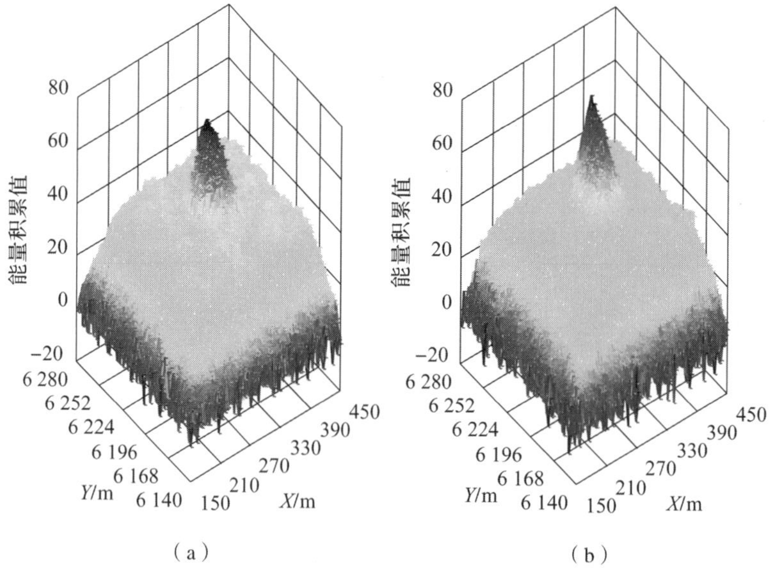

图 4－40　对目标 2 引入卡尔曼滤波前后的能量积累示意图

（a）引入卡尔曼滤波前；（b）引入卡尔曼滤波后

图 4－41 对比了 STC－VTA、SP－STC－VTA 和所提算法（基于动态规划的多目标 GMTI－TBD 算法）估计的目标数量，可以看出所提算法和 STC－VTA 估计的目标

数更接近真实数量，SP－STC－VTA 估计得到的目标数偏高，这是由于后者只利用一次 DP 就提取了所有目标候选航迹，能量积累过程中航迹间易出现相互干扰，导致大量虚假目标航迹的出现，因此，最终得到的目标数量高于真实数量。

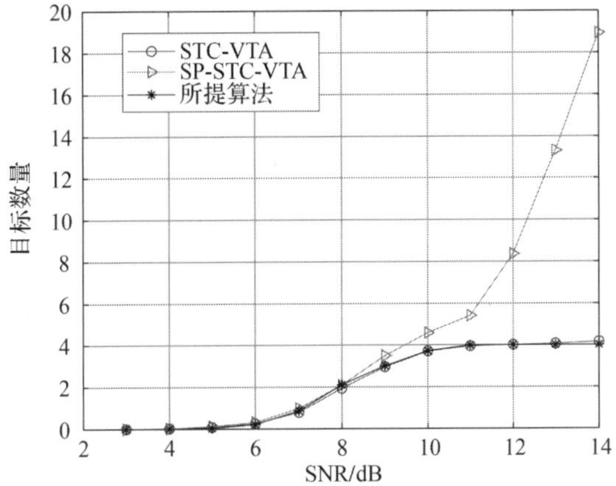

图 4－41　三种算法估计目标数量对比

图 4－42 和图 4－43 分别对比了 STC－VTA、SP－STC－VTA 和所提算法的检测概率和跟踪概率。STC－VTA 和所提算法每次提取单个目标航迹，并将已提取目标航迹删除后的航迹集合作为其他目标的候选航迹，这样相比单次提取所有目标航迹的 SP－STC－VTA，在航迹可靠性和检测性能上更具优势，但缺点是目标航迹提取效率低。图 4－42 中，由于目标 1 航迹所受干扰最小，三种算法均能得到较高的目标 1 检测概率。图 4－43 中 3 个目标的跟踪概率对比表明所提算法跟踪性能最好，由于目标 2 的航迹处理操作严重影响了邻近目标 4 的跟踪性能，STC－VTA 相邻目标跟踪概率大幅度降低。综合对比 4 个目标的检测概率和跟踪概率，所提算法性能最优。

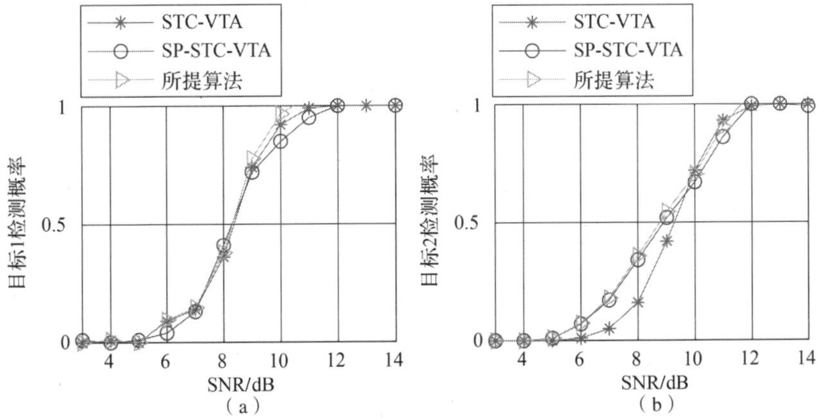

图 4－42　三种算法的检测概率比较

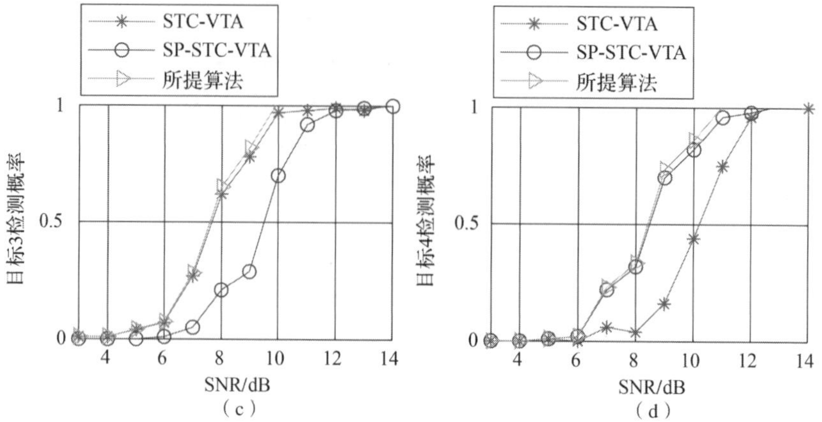

图 4－42　三种算法的检测概率比较（续）

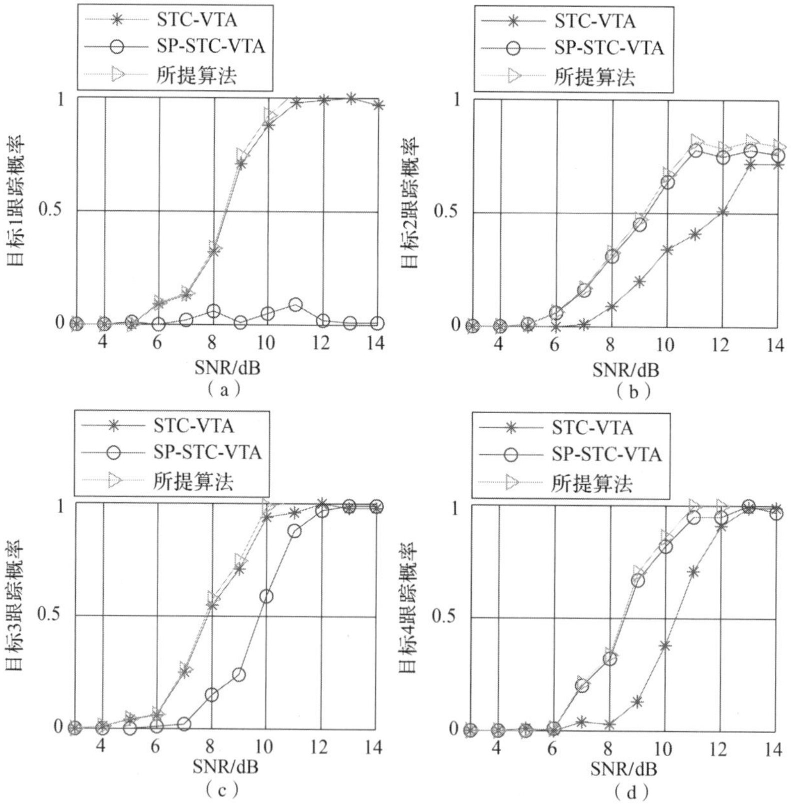

图 4－43　三种算法的跟踪概率比较

表 4－4 给出了不同算法平均一次蒙特卡罗仿真试验时间，与理论分析一致，所提算法和 SP－STC－VTA 计算复杂度小于 STC－VTA。从算法检测和跟踪性能以及计算量综合考虑，所提算法更适合工程应用。

表 4-4　不同算法平均一次蒙特卡罗仿真试验时间

算法	STC-VTA 算法	SP-STC-VTA 算法	所提算法
时间/s	51	21	18

4.3.3　二维模糊环境下的多帧非相参融合检测技术

对于时敏目标的探测，严重的二维模糊和低 SNR 问题是不可避免的。TBD 算法基于长期能量积累策略提高了目标的 SNR，适用于 RCS 较小的目标检测。然而，由于二维模糊的存在，多帧时空相关性被破坏，目标的真实运动航迹难以提取。一种可行的解决方案是将帧内检测和帧间检测相结合，将解模糊和多帧融合检测模型一体化，从而获得真实的目标跟踪航迹[21]。

1. 信号模型

假设观察场景中有 M 个目标，雷达回波由 K 帧组成，每个帧有 N 个相参处理间隔（CPI），CPI_n 代表第 n 个 CPI。在直角坐标系中，第 m 个目标的运动状态可以表示为

$$\boldsymbol{x}_k^{m,n}=[p_{x,k}^{m,n},v_{x,k}^{m,n},p_{y,k}^{m,n},v_{y,k}^{m,n}]^{\mathrm{T}} \tag{4-80}$$

式中，$m=1,2,\cdots,M$；$k=1,2,\cdots,K$；$n=1,2,\cdots,N$；变量 $p_{x,k}^{m,n}$，$p_{y,k}^{m,n}$，$v_{x,k}^{m,n}$ 和 $v_{y,k}^{m,n}$ 分别表示沿轴的速度和位置。因此，多目标运动方程可表示为

$$\boldsymbol{x}_k^{m,n}=\boldsymbol{F}\boldsymbol{x}_{k-1}^{m,n} \tag{4-81}$$

这里，目标运动状态的转移矩阵表示为

$$\boldsymbol{F}=\begin{bmatrix}1 & \sum_{i=1}^{N}\mathrm{CPI}_i & 0 & 0\\ 0 & 1 & 0 & 0\\ 0 & 0 & 1 & \sum_{i=1}^{N}\mathrm{CPI}_i\\ 0 & 0 & 0 & 1\end{bmatrix} \tag{4-82}$$

对于脉冲多普勒雷达，令 $r_k^{m,n}$，$\theta_k^{m,n}$ 和 $v_k^{m,n}$ 为第 m 个目标在第 n 个 CPI 的距离、方位角和径向速度，则在直角坐标系下的关系为

$$\begin{cases}r_k^{m,n}=\sqrt{(p_{x,k}^{m,n})^2+(p_{y,k}^{m,n})^2}\\ \theta_k^{m,n}=\arctan(p_{y,k}^{m,n}/p_{x,k}^{m,n})\\ v_k^{m,n}=\sqrt{(v_{x,k}^{m,n})^2+(v_{y,k}^{m,n})^2}\cos(\tilde{\theta}_k^{m,n})\end{cases} \tag{4-83}$$

式中，arctan 和 cos 表示反切运算和余弦运算；$\tilde{\theta}_k^{m,n}$ 是第 m 个目标相对于天线主瓣方向的夹角。

在二维模糊情况下，扩展模糊距离测速模型可以表示为

$$\begin{cases} \tilde{r}_k^{m,n} = r_k^{m,n}\mathrm{mod}(R_w^{m,n}) + (l-1)R_w^{m,n}, & l = 1,2,\cdots,R_{\mathrm{amb\_num}}^{m,n} \\ \tilde{v}_k^{m,n} = v_k^{m,n}\mathrm{mod}(v_w^{m,n}) + (s-1)v_w^{m,n}, & s = 1,2,\cdots,v_{\mathrm{amb\_num}}^{m,n} \end{cases} \tag{4-84}$$

式中，$R_w^{m,n}$ 和 $v_w^{m,n}$ 为最大无模糊范围和最大无模糊速度；$R_{\mathrm{amb\_num}}^{m,n}$ 和 $v_{\mathrm{amb\_num}}^{m,n}$ 依次为对应的模糊数；$r_k^{m,n}\mathrm{mod}(R_w^{m,n})$ 和 $v_k^{m,n}\mathrm{mod}(v_w^{m,n})$ 分别代表雷达系统的测量距离和测量速度。

观测场景中目标的帧航迹集可以描述为

$$\boldsymbol{X}_{1:K} = \begin{Bmatrix} (\boldsymbol{x}_{1:K}^{1,1}, \boldsymbol{x}_{1:K}^{1,2}, \cdots, \boldsymbol{x}_{1:K}^{1,N}) \\ (\boldsymbol{x}_{1:K}^{2,1}, \boldsymbol{x}_{1:K}^{2,2}, \cdots, \boldsymbol{x}_{1:K}^{2,N}) \\ \vdots \\ (\boldsymbol{x}_{1:K}^{M,1}, \boldsymbol{x}_{1:K}^{M,2}, \cdots, \boldsymbol{x}_{1:K}^{M,N}) \end{Bmatrix} \tag{4-85}$$

根据上述模糊量测模型，DP-TBD 算法的判定准则可归纳为

$$\begin{gathered} \boldsymbol{X}_{1:K} = \arg\max_{\boldsymbol{X}_{1:K}} \boldsymbol{I}(\boldsymbol{X}_{1:K} \mid \boldsymbol{Z}_{1:K}) \\ \mathrm{s.\,t.}\ \boldsymbol{I}(\boldsymbol{X}_{1:K} \mid \boldsymbol{Z}_{1:K}) > \mathrm{Threshold} \end{gathered} \tag{4-86}$$

式中，s. t. 表示约束函数；arg max 表示查找与最大函数值相关的参数；Threshold 是多帧累积阈值；$\boldsymbol{Z}_{1:K}$是多帧测量回波集；$\boldsymbol{I}(\cdot)$代表了二维模糊条件下的累积值函数。

2. 发射脉冲时序设计

对于发射脉冲序列的设计，主要关注二维模糊度和空间填充时间问题[22]。因此，在随后的处理中，脉冲重复频率（PRF）、载波频率和正交波形被合并在一起。假设 CPI_n 内的累积脉冲数为 T_n，对应的正交信号可以表示为 $S_n(t)(t=1,2,\cdots,T_n)$，它们相互满足正交性，即

$$\begin{cases} S_n(t) = S_n(t+\mathrm{num}), & 1 \leqslant t \leqslant T_n - \mathrm{num} \\ \int S_n(t) S_n^*(t+t_0)\mathrm{d}t = 0, & 1 \leqslant t_0 \leqslant \mathrm{num} - 1 \\ \int S_u(t_u) S_v^*(T_v - t_v)\mathrm{d}t = 0, & t_u, t_v \in \{1,2\}, u - \mathrm{mod}(v,N) = 1 \end{cases} \tag{4-87}$$

式中，$1 \leqslant u$；$v \leqslant N$；上标 * 和 mod 分别表示共轭运算和余数运算。

本节通过 CPI 内正交码分多址设计以及 CPI 间正交码分多址 + 正交分频设

计，在发送脉冲序列中采用两个 PRF 和两个载频（the two PRFs & two carrier frequencies，TT）正交信号集，每帧包含四个 CPI。TT 发射序列如图 4－44 所示。该方法既保证了相邻脉冲的正交性，又便于工程实现。四个 CPI 发射脉冲参数设置为（PRF_1, f_1），（PRF_1, f_2），（PRF_2, f_1）和（PRF_2, f_2），其中 PRF_1，PRF_2，f_1和f_2 表示上述 TT 脉冲序列中的两个 PRF 和两个载波频率，并且满足 $|f_2 - f_1| > B$，B 为对应的信号带宽。TT 算法具有以下优点。

（1）在相邻区域采用不同的载波频率，通过不同中心频率的滤波器分离不同的数据，有效降低了由空间填充时间引起的累积 SNR 损失。

（2）为了减少由二维模糊序列引起的模糊度，利用扩展的 TT 序列实现了模糊度的解耦。首先，将具有相同重复频率但不同载频的数据集应用于速度模糊度的求解；然后，利用不同重复频率的数据集来解决距离模糊问题。

（3）上述信号的模糊度可以降低$\frac{1}{\text{num}}$。

对于 TT 算法需要注意的是，多普勒域的回波数据需要转换至速度域。这样，对于同一个目标，在没有量测误差的情况下，不同数据集的速度位置是一致的，因此重合方法适用于速度模糊度的求解。

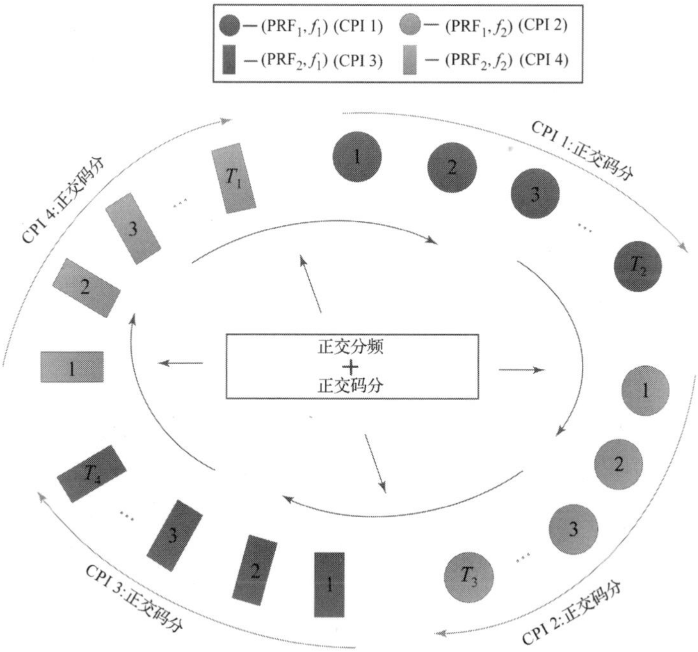

图 4－44　TT 发射序列

3. 多帧融合初级门限检测

考虑到 TBD 处理过程中，噪声及多目标混合航迹值函数与独立目标航迹值函数幅度差异不大，很难通过恒虚警门限将这类混合量测引起的虚假航迹剔除，即恒虚警门限仅适用于剔除完全由噪声构成的虚假航迹。

为了提升初级自适应门限设置的合理性，需要深入挖掘二维模糊条件下累积值函数与 N 个独立值函数的关系，并对累积值函数航迹组成进行判决，从而兼顾目标解模糊及多帧联合检测性能。这里，累积值函数生成方式有两种。如图 4-45 所示，第一种是利用单帧内 N 个 CPI 数据解模糊，再将解模糊后的 N 个 CPI 数据叠加，经过多帧关联后形成累积值函数；第二种是在分别利用 N 个 CPI 对应的多帧数据形成值函数及航迹后，再利用航迹解模糊，将解模糊后的值函数求和形成累积值函数。第一种生成方式的优势在于二维解模糊在帧内完成，降低了目标模糊延拓引起的帧间关联复杂度，但单帧数据重合法解模糊在存在严重二维模糊和低 SNR 的多目标场景中会形成大量的虚影，极大增加了累积值函数回溯过程虚假航迹数量。第二种生成方式的优势在于不同 CPI 对应的多帧数据构造的值函数由完整的航迹信息构成，而航迹形成过程中航迹关联特性会剔除大量的虚警点。此外，利用航迹重合法对距离和速度独立解模糊，可以进一步降低最终的虚假航迹数量。上述两种累积值函数生成方式中均采用重合解模糊准则，其中数据解模糊采用 2/4 重合准则，对单帧数据进行二维同时解模糊；航迹解模糊采用 2/2 重合准则，实现了不同 CPI 多帧数据距离/速度维的独立解模糊。数据重合定义为单帧不同 CPI 观测数据位于同一分辨单元内，航迹重合定义为不同 CPI 观测形成的独立航迹数据每帧均位于同一分辨单元内。

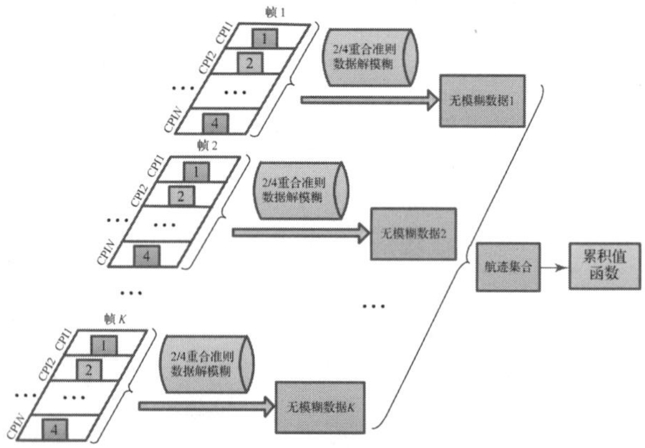

(a)

图 4-45 两种累积值函数生成方式

(a) 第一种

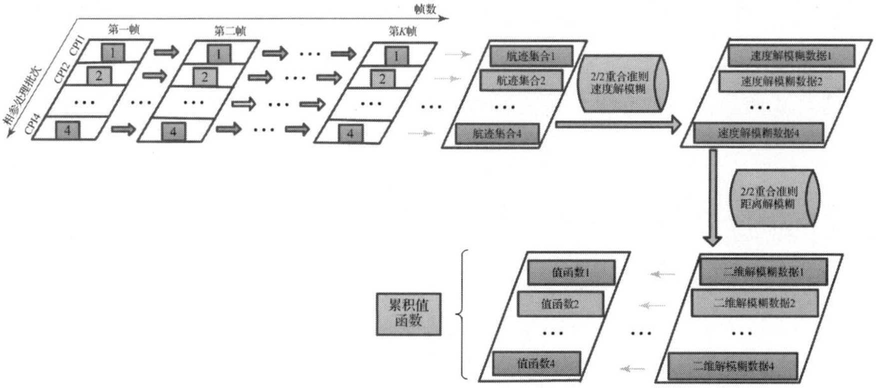

(b)

图4-45 两种累积值函数生成方式(续)

(b) 第二种

基于上述分析，所提方法采用第二种累积值函数生成方式，累积值函数航迹组成判断准则设计如下。

(1) 若当前累积值函数最大值与 N 个独立 CPI 值函数最大值之间满足

$$\frac{\max(\sum_i \boldsymbol{I}_{\text{CPI}\_i})}{N[\max(\boldsymbol{I}_{\text{CPI}\_1},\boldsymbol{I}_{\text{CPI}\_2},\cdots,\boldsymbol{I}_{\text{CPI}\_N})]} < (1-10^{-\delta/20}) \tag{4-88}$$

则认为该累积值函数最大值的回溯航迹由噪声量测组成，其中比例系数 $\delta = \min\left[20\lg\left(\frac{\max(\sum_i \boldsymbol{I}_{\text{CPI}\_i})}{\eta_1}\right),13\right]$。

(2) 若当前累积值函数最大值与 N 个独立 CPI 值函数最大值之间满足

$$\left|\frac{\frac{\max(\sum_i \boldsymbol{I}_{\text{CPI}\_i})}{N}-\max(\boldsymbol{I}_{\text{CPI}\_1},\boldsymbol{I}_{\text{CPI}\_2},\cdots,\boldsymbol{I}_{\text{CPI}\_N})}{\max(\boldsymbol{I}_{\text{CPI}\_1},\boldsymbol{I}_{\text{CPI}\_2},\cdots,\boldsymbol{I}_{\text{CPI}\_N})}\right| \leqslant 10^{-\delta/20} \tag{4-89}$$

则认为该累积值函数最大值的回溯航迹由噪声、多目标及其模糊延拓量测组成，但不存在帧内真实目标与其他目标模糊延拓位置重合的情况。

(3) 若当前累积值函数最大值与 N 个独立 CPI 值函数最大值之间满足

$$\frac{\max(\sum_i \boldsymbol{I}_{\text{CPI}\_i})}{N[\max(\boldsymbol{I}_{\text{CPI}\_1},\boldsymbol{I}_{\text{CPI}\_2},\cdots,\boldsymbol{I}_{\text{CPI}\_N})]} > (1+10^{-\delta/20}) \tag{4-90}$$

则认为该累积值函数最大值的回溯航迹由噪声、多目标及其模糊延拓量测构成，且存在帧内真实目标与其他目标模糊延拓位置重合的情况。

基于上述累积值函数航迹组成判断准则，对于情形（1），自适应门限 T_1 设置为幅度恒虚警门限 η_1，主要用于剔除噪声引起的虚假航迹。在非均匀场景中，自适应门限 T_1 的概率密度函数为

$$p(x) = \frac{\gamma(\gamma-1)^{\gamma}}{(\gamma-1+x)^{\gamma+1}} \tag{4-91}$$

式中，$\gamma=(2m_2-2)/(m_2-2)$，表示观测场景的非均匀程度，m_2 为幅度检测量的二阶统计量。对于给定的虚警概率 P_{fa}，可以获得幅度恒虚警门限为

$$\eta_1 = \frac{\gamma-1}{P_{fa}^{1/\gamma}} + 1 - \gamma \tag{4-92}$$

由于初级门限目的是剔除累积值函数较小的虚假航迹，同时避免目标的漏检，故允许设置较高的虚警概率，这里 P_{fa} 设为 10^{-3}。

对于情形（2）及情形（3），自适应门限 T_1 设置为 $\eta_1 + \left(\max\left(\sum_i \boldsymbol{I}_{CPI\_i}\right) - \eta_1\right) \cdot \left(1 - \frac{\eta_1}{\max\left(\sum_i \boldsymbol{I}_{CPI\_i}\right)}\right)$，即 T_1 正比于累积值函数最大值与幅度恒虚警门限的差异，这样在保证目标航迹可靠检测的基础上，不仅可以抑制噪声引起的虚假航迹，而且极大降低了噪声、多目标及其模糊延拓量测组成的混合虚假航迹。

综上，初级自适应门限 T_1 可表示为

$$T_1 = \begin{cases} \eta_1, & \text{情形(1)} \\ \eta_1 + \left(\max\left(\sum_i \boldsymbol{I}_{CPI\_i}\right) - \eta_1\right)\left(1 - \dfrac{\eta_1}{\max\left(\sum_i \boldsymbol{I}_{CPI\_i}\right)}\right), & \text{情形(2)} \\ \eta_1 + \left(\max\left(\sum_i \boldsymbol{I}_{CPI\_i}\right) - \eta_1\right)\left(1 - \dfrac{\eta_1}{\max\left(\sum_i \boldsymbol{I}_{CPI\_i}\right)}\right), & \text{情形(3)} \end{cases} \tag{4-93}$$

化简得

$$T_1 = \begin{cases} \eta_1, & \text{情形(1)} \\ \max\left(\sum_i \boldsymbol{I}_{CPI\_i}\right) - \eta_1 + \dfrac{\eta_1^2}{\max\left(\sum_i \boldsymbol{I}_{CPI\_i}\right)}, & \text{情形(2)，情形(3)} \end{cases} \tag{4-94}$$

4. 多帧融合二级门限检测

由于非同一目标的多帧数据之间统计独立，且航迹每帧数据在波门内出现位置具有随机性，因此虚假航迹与真实目标航迹分布特征差异较大，本节在初级自适应

门限的基础上，依据多项式回归思想，进一步剔除剩余虚假航迹。首先，从第一帧开始每 K_0 帧做一次局部多项式拟合，那么对于雷达第 n 次 CPI 观测中的第 m 个目标，多项式拟合系数的求解等价于求式（4－95）的最小值，即

$$\min_{\beta}\sum_{c=1}^{K-K_0+1}\sum_{k=c}^{c+K_0-1}\left(\sum_{i=0}^{Z}\beta_{c,i}\left(p_{x,k}^{m,n}\right)^{i}-p_{y,k}^{m,n}\right)^{2} \tag{4-95}$$

式中，$\beta=\{\beta_{c,i}\}$；$c=1,2,\cdots,K-K_0+1$；$i=0,1,\cdots,Z$。

对于第 c 帧起始的局部多项式拟合，等价于求解式（4－96）的最小二乘解 $\boldsymbol{\beta}=(\beta_{c,0},\beta_{c,1},\cdots,\beta_{c,Z})^{\mathrm{T}}$。

$$\begin{pmatrix} 1 & p_{x,c}^{m,n} & (p_{x,c}^{m,n})^2 & \cdots & (p_{x,c}^{m,n})^Z \\ 1 & p_{x,c+1}^{m,n} & (p_{x,c+1}^{m,n})^2 & \cdots & (p_{x,c+1}^{m,n})^Z \\ \vdots & \vdots & \vdots & & \vdots \\ 1 & p_{x,c+K_0-1}^{m,n} & (p_{x,c+K_0-1}^{m,n})^2 & \cdots & (p_{x,c+K_0-1}^{m,n})^Z \end{pmatrix}\begin{pmatrix}\beta_{c,0}\\ \beta_{c,1}\\ \vdots \\ \beta_{c,Z}\end{pmatrix}=\begin{pmatrix}p_{y,c}^{m,n}\\ p_{y,c+1}^{m,n}\\ \vdots \\ p_{y,c+K_0-1}^{m,n}\end{pmatrix} \tag{4-96}$$

式（4－96）最小二乘解可表示为 $\boldsymbol{\beta}=\boldsymbol{A}^{+}\boldsymbol{b}$，其中 $\boldsymbol{A}$ 是左端的系数矩阵，$\boldsymbol{A}^{+}$ 是 $\boldsymbol{A}$ 的广义逆矩阵，$\boldsymbol{b}=(p_{y,c}^{m,n},p_{y,c+1}^{m,n},\cdots,p_{y,c+K_0-1}^{m,n})^{\mathrm{T}}$。考虑到超高声速目标运动多帧航迹的平滑性，$Z$ 一般取 2 即可满足目标局部航迹拟合要求，此时 $\boldsymbol{A}$ 为列满秩矩阵，$\boldsymbol{A}^{+}=(\boldsymbol{A}^{\mathrm{T}}\boldsymbol{A})^{-1}\boldsymbol{A}^{\mathrm{T}}$，T 代表转置操作。多项式拟合矢量可表示为

$$\boldsymbol{\beta}=(\boldsymbol{A}^{\mathrm{T}}\boldsymbol{A})^{-1}\boldsymbol{A}^{\mathrm{T}}\boldsymbol{b} \tag{4-97}$$

可以看出，上述方法通过将 K 帧航迹特征分段，充分挖掘了目标航迹的局域化信息，接下来对航迹的全局特征进行统计并设计虚假航迹剔除准则。全局多项式系数方差统计量定义为

$$\Psi(\boldsymbol{\beta})=\sum_{i=0}^{Z}\left[\mathrm{Var}(\beta_{c,i})\right],c=1,2,\cdots,K-K_0+1 \tag{4-98}$$

该统计量体现了每个分段航迹在整个航迹序列中的相似度。若 $\Psi(\boldsymbol{\beta})<\eta\dfrac{(Z+1)A_r}{\mathrm{SNR}}$，则判定为目标航迹；否则，判定为虚假航迹。弹性系数 η 设为 0.2，SNR 为目标 SNR，A_r 为系统分辨单元面积，由雷达系统参数决定。

5. 仿真分析

假设观测场景由 22 500 个单元（150 个距离单元 × 150 个速度单元）组成，其中 6 个目标做独立匀速运动。设第 m 个目标的初始运动状态为 $[p_0^m,\ v_0^m]^{\mathrm{T}}$（$m=1,2,\cdots,6$），其中 p_0^m 和 v_0^m 代表测量范围和测量速度。这 6 个目标的初始状态设置为[10,30]，[54,60]，[70,105]，[80,65]，[85,35]，[100,100]。

图4－46（a）和图4－46（b）给出了无模糊情况和二维模糊情况下的能量积累图，其中每个目标的单帧 SNR 为 8 dB，距离模糊数和速度模糊数均设为8，总累积帧数为8。显然，在二维模糊情况下，多帧能量积累后的观测场景中会出现许多虚警峰。同时，在实际目标位置没有明显的峰值。因此，传统的恒虚警检测方法会不可避免地造成真实目标的漏检以及虚警数量的增加。

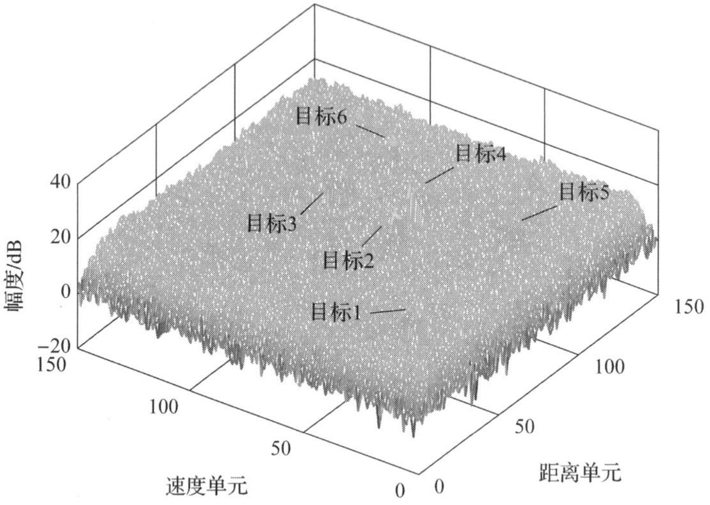

（a）

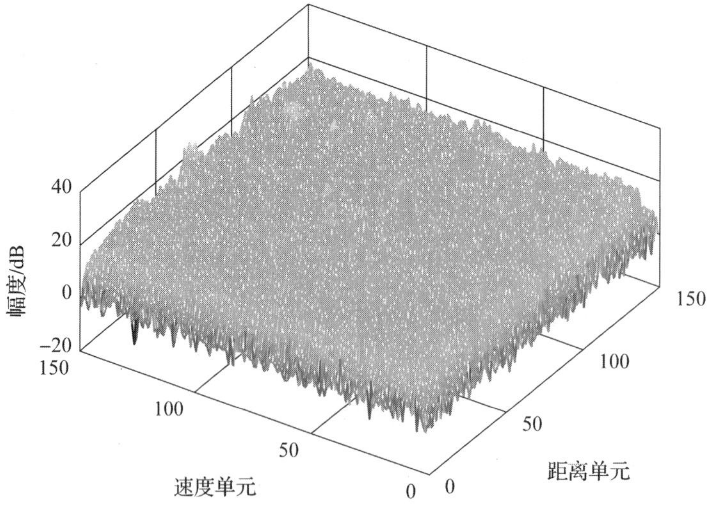

（b）

图4－46　能量积累结果

（a）无模糊情况下的能量积累图；（b）二维模糊情况下的能量积累图

为了评估在严重的二维模糊度和低 SNR 环境下的检测性能，下面对 Li 方法[21]、Zhu 方法[23]和所提算法（TT 算法）的检测概率曲线与 SNR 进行比较。仿真中蒙特卡罗仿真试验次数为 500 次；所提算法中双重频对应的距离/速度模糊数次数分别设为(7,5)，(11,4)；Li 方法和 Zhu 方法对应的距离/速度模糊数依次设为(5,6)，(7,5)，(11,4)，(13,2)。这里，成功检测候选目标的条件是累积值函数的幅度超过了自适应阈值，并且在距离－多普勒域内它与真实目标的位置偏差在每帧内小于一个分辨单元。与 Li 方法和 Zhu 方法相比，所提算法对所有 6 个目标都有很好的检测性能。在这些方法中，由于在累积值函数的更新过程中采用了一步预测策略，因此 Li 方法可以避免漏检问题。然而，未考虑扩展模糊距离测速的更新过程，导致了一级自适应阈值偏大以及多目标检测性能的下降。对于 Zhu 方法，模糊度的解算是基于帧内数据而不是帧间数据，这种方法不具备所提算法 TT 时序组合处理的优点，从而造成了目标能量的累积损失，尤其是对于低 SNR 目标。同时，在航迹回溯过程中，在进行帧内模糊度解算过程中形成了大量的虚假目标，使得虚警航迹的数量大大增加。所提算法采用 TT 脉冲序列来减少距离模糊数，缩短了相邻 CPI 之间的空间填充时间。此外，在模糊度解算前完成了累积值函数的生成，这样可以保留每帧内的原始数据，避免累积的能量损失。不同算法检测概率比较如图 4－47 所示，以 6 个目标中检测概率最差的目标 5 为例，验证理论分析的可靠性。从中可以看出，所提算法的多目标检测概率均高于其他方法，在低 SNR 环境（SNR $<$ 8 dB）下具有明显的优势。

下面采用不同的方法对候选航迹集进行处理，从而评估其虚警性能，其中对应的累积值函数由三种类型的虚警航迹组成，即噪声航迹、扩展模糊量测航迹和混合量测航迹。因此，虚警航迹抑制方法应满足对上述虚警航迹的抑制能力。为了直观地比较不同方法的虚警航迹抑制能力，采用二维笛卡儿坐标系对航迹结果进行表征。第 k 帧、第 n 个 CPI 和第 m 个目标的扩展模糊量测位置可表示为

$$\begin{cases} \tilde{p}_{x,k}^{m,n} = \tilde{r}_k^{m,n}\cos\theta_k^{m,n} \\ \tilde{p}_{y,k}^{m,n} = \tilde{r}_k^{m,n}\sin\theta_k^{m,n} \end{cases} \tag{4-99}$$

图 4－48 给出了使用不同检测方法得到的候选目标航迹，其中“○”曲线表示真实目标航迹，“＊”曲线表示候选航迹。在图 4－48（a）中，对于 Li 方法，累积值函数更新过程中忽略了扩展的模糊量测，导致候选航迹集中出现大量的虚警航迹。在图 4－48（b）中，基于 Zhu 方法，采用模糊矩阵完成和消除策略形成累积值函数，该方法只能抑制单个帧内产生的虚假目标，而不能

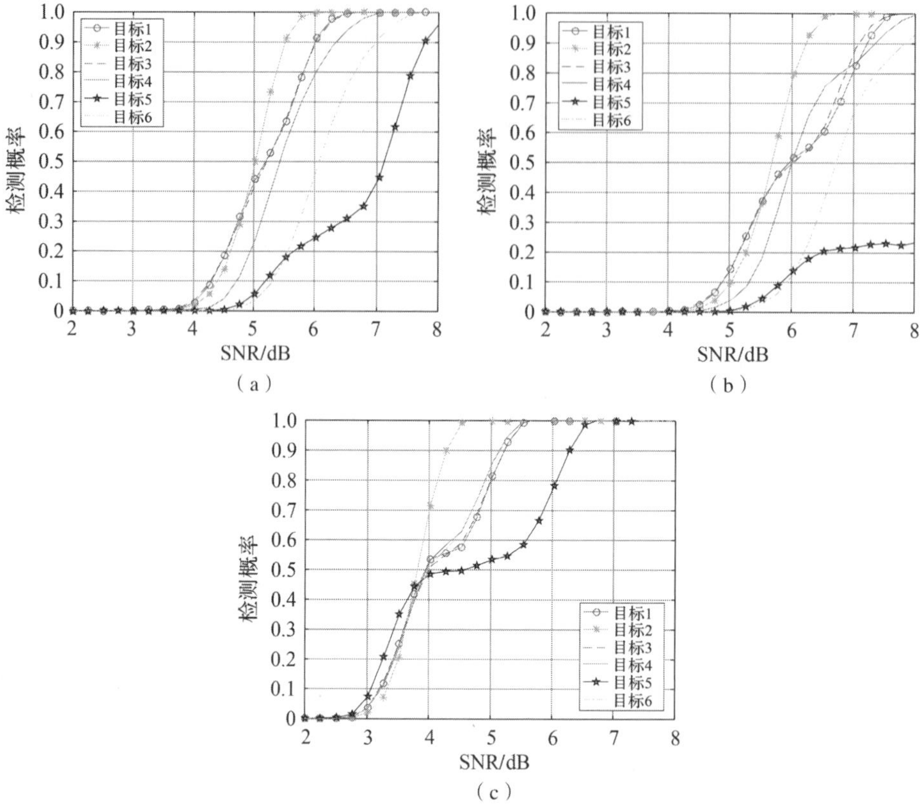

图 4-47　不同算法检测概率比较

（a）Li 方法检测概率；（b）Zhu 方法检测概率；（c）所提算法检测概率

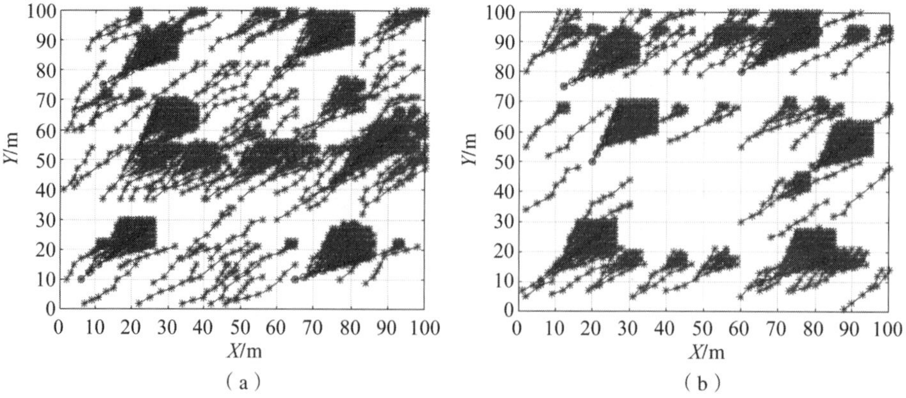

图 4-48　使用不同检测方法得到的候选目标航迹

（a）Li 方法；（b）Zhu 方法

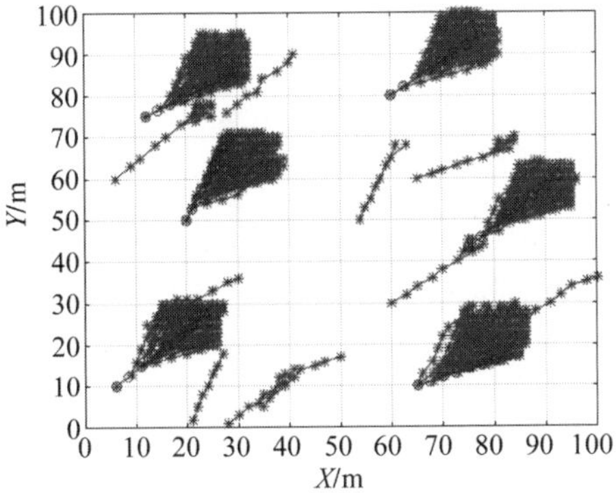

（c）

图 4－48　使用不同检测方法得到的候选目标航迹（续）

（c）所提算法

抑制多帧内形成的虚警航迹，不适合多帧联合检测。相比之下，通过应用发射脉冲序列设计方法和基于累积值函数的初级阈值设置策略，所提算法的虚警航迹数显著减少，如图 4－48（c）所示。这是由于采用发射 TT 方法使距离模糊数大幅度降低，因此在初级阈值设置过程中，可以通过挖掘累积值函数的航迹组成来获得自适应检测阈值，在鲁棒多目标检测的前提下，可以更有效地消除虚警航迹。

图 4－49 对比了不同算法的航迹处理结果。在图 4－49（a）中，Li 方法提出的基于一步预测策略的航迹更新技术，可以降低相邻航迹或交叉航迹引起的目标干扰，但不能有效处理扩展模糊量测引起的虚警航迹。图 4－49（b）给出了使用联合策略提取的航迹，即综合了轨迹重叠法、方向直方图统计法和 Zhu 方法，该方法适用于抑制噪声航迹以及与真实目标航迹共享多帧数据的航迹，但航迹处理后仍存在一定数量的虚警。对于所提算法，通过推导与局部航

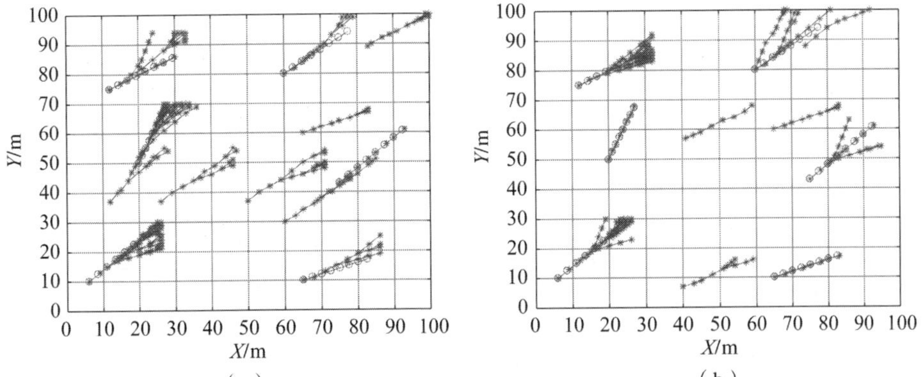

（a）　　（b）

图 4－49　不同算法的航迹处理结果

（a）Li 方法；（b）轨迹重叠法＋方向直方图统计法＋Zhu 方法

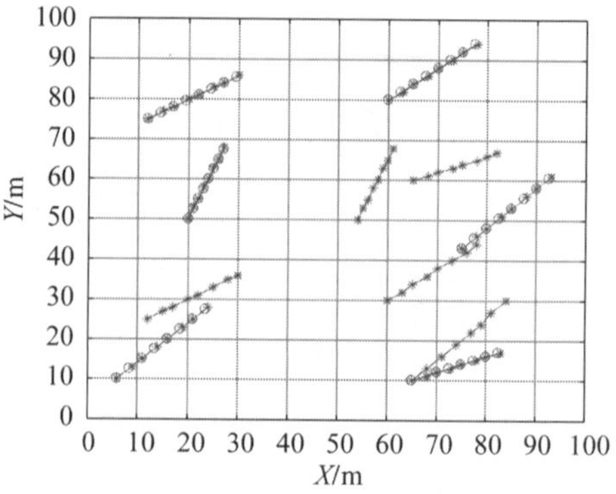

（c）

图 4－49　不同算法的航迹处理结果（续）

（c）所提算法

迹特征和全局航迹特征相关的二级航迹自适应门限，可以较好地消除不同类型的虚警航迹，如图 4－49（c）所示，可以看出，在提取的航迹中，只有少数与真实目标航迹相似的虚警航迹。此外，目标 6 不包含在图 4－49（a）和图 4－49（b）提取的航迹中。也就是说，在 SNR 为 6 dB 的情况下，用 Li 方法和 Zhu 方法无法成功地检测到目标 6，这与图 4－47 中的仿真结果是相符的。

4.4　其他非相参融合检测技术

4.4.1　特征级非相参融合检测技术

TBD 技术利用多帧联合检测策略，充分发挥帧内短时相参积累和帧间长时间非相参积累的优势，为微弱目标探测提供了一种可行渠道。值函数[23-24]是影响 TBD 算法性能的重要因素，现有的值函数选取方法主要分为幅度累积算法和似然比函数累积算法两种。前者利用目标运动帧间的关联性及噪声帧间的非关联性，将多帧目标幅度信息进行非相参累积；后者则利用概率密度函数构造似然比检测量，以提升多帧能量积累效率。以上值函数选取方法简单，并没有挖掘其他具有高对比度的目标及背景信息，因此有必要研究适用于低信杂噪比场景的新型值函数，进一步提升现有 TBD 算法的探测性能。

1. 信号模型

TBD 算法以时间为代价，换取小目标检测能力的提升。然而，对于低信杂噪比环境，非合作目标的长时间关联会出现帧间匹配预测难度大的问题。值函数模型的选择是决定 TBD 算法性能的另一重要因素，且利用值函数实现目标能量积累的代价远小于雷达系统多帧累积的代价。现有的值函数主要分为两类：第一类是幅度值函数，即简单地进行目标多帧幅度非相参叠加实现值函数的累积；第二类是似然比函数，即利用目标信号和噪声的分布特性，通过在每帧构建似然比检测量以区分目标和噪声单元，有利于低 SNR 环境的目标检测。

第一类幅度值函数多帧累积模型为

$$\begin{cases} I(\boldsymbol{x}_k) = \max\limits_{x_{k-1}}[I(\boldsymbol{x}_{k-1})] + z_{i,j}(k) \\ I(\boldsymbol{x}_1) = z_{i,j}(\boldsymbol{x}_1) \end{cases} \tag{4-100}$$

第二类似然比值函数多帧累积模型为

$$\begin{cases} I_k(\boldsymbol{x}_k) = \lg \dfrac{p(z_{i,j} \mid \boldsymbol{x}_k)}{p(z_{i,j} \mid H_0)} + \max\limits_{x_{k-1}}[\lg p(\boldsymbol{x}_k \mid \boldsymbol{x}_{k-1}) + I_{k-1}(\boldsymbol{x}_{k-1})] \\ I_1(\boldsymbol{x}_1) = \lg \dfrac{p(z_{i,j} \mid \boldsymbol{x}_1)}{p(z_{i,j} \mid H_0)} \end{cases} \tag{4-101}$$

式中，max 表示取最大值运算；$I_k(\boldsymbol{x}_k)$ 代表第 k 帧能量的积累值；$z_{i,j}$ 是坐标 (i,j) 处的量测值；$p(z_{i,j} \mid \boldsymbol{x}_k)$ 和 $p(z_{i,j} \mid H_0)$ 分别对应有无目标时量测值的概率密度函数；$p(\boldsymbol{x}_k \mid \boldsymbol{x}_{k-1})$ 为惩罚项。式（4-101）中 $p(z_{i,j} \mid \boldsymbol{x}_k)$ 和 $p(z_{i,j} \mid H_0)$ 表示为

$$\begin{cases} p(z_{i,j} \mid \boldsymbol{x}_k) = \dfrac{1}{\sqrt{2\pi}\sigma} \exp\left(-\dfrac{(z_{i,j}(k) - A)^2}{2\sigma^2}\right) \\ p(z_{i,j} \mid H_0) = \dfrac{1}{\sqrt{2\pi}\sigma} \exp\left(-\dfrac{z_{i,j}(k)^2}{2\sigma^2}\right) \end{cases} \tag{4-102}$$

式中，A 代表目标幅度；σ 为噪声标准差。

2. 基于级联增量值函数的特征融合检测

本节所提算法提供了一种基于级联增量值函数的 TBD 方法，以解决低信杂噪比环境下目标的可靠检测问题，其主要步骤如下。

步骤 1　对潜在目标的径向速度值进行粗估计。

首先利用三导向矢量方法对潜在目标的径向速度进行搜索，三个导向矢量分别定义为

$$\boldsymbol{a}_{\mathrm{s}}(v_1)=\left[1,\exp\left(\frac{2\pi\mathrm{j}dv_1}{\lambda V_a}\right),\cdots,\exp\left(\frac{2\pi\mathrm{j}(N-1)dv_1}{\lambda V_a}\right)\right]^{\mathrm{T}} \tag{4-103}$$

$$\boldsymbol{a}_{\mathrm{s}}(v_2)=\left[1,\exp\left(\frac{2\pi\mathrm{j}dv_2}{\lambda V_a}\right),\cdots,\exp\left(\frac{2\pi\mathrm{j}(N-1)dv_2}{\lambda V_a}\right)\right]^{\mathrm{T}} \tag{4-104}$$

$$\boldsymbol{a}_{\mathrm{s}}(v_3)=\left[1,\exp\left(\frac{2\pi\mathrm{j}dv_3}{\lambda V_a}\right),\cdots,\exp\left(\frac{2\pi\mathrm{j}(N-1)dv_3}{\lambda V_a}\right)\right]^{\mathrm{T}} \tag{4-105}$$

式中，

$$\begin{cases} v_1=-\dfrac{5v_{\mathrm{start}}}{6}+\dfrac{v_{\mathrm{end}}}{6} \\ v_2=\dfrac{v_{\mathrm{start}}+v_{\mathrm{end}}}{2} \\ v_3=\dfrac{5v_{\mathrm{end}}}{6}+\dfrac{v_{\mathrm{start}}}{6} \end{cases} \tag{4-106}$$

$v_{\mathrm{start}}=-v_m$，$v_{\mathrm{end}}=v_m$，v_m 为空域最大无模糊速度；V_a 为平台速度；d 代表阵元间距；N 为阵元数量；T 表示转置；λ 表示雷达电磁波波长。

目标的径向速度搜索方法为

$$v=\underset{v_1,v_2,v_3}{\arg\max}\left(|\boldsymbol{w}_{\mathrm{sp}}^{\mathrm{H}}(v_1)\boldsymbol{Z}|^2,|\boldsymbol{w}_{\mathrm{sp}}^{\mathrm{H}}(v_2)\boldsymbol{Z}|^2,|\boldsymbol{w}_{\mathrm{sp}}^{\mathrm{H}}(v_3)\boldsymbol{Z}|^2\right) \tag{4-107}$$

式中，$\boldsymbol{Z}$ 表示场景中目标、杂波和噪声的混合回波信号；$\boldsymbol{w}_{\mathrm{sp}}(v_r)=\boldsymbol{P}_{\mathrm{cn}}^{\perp}\boldsymbol{a}_{\mathrm{s}}(v_r)$ 表示基于子空间投影算法的杂波抑制权矢量，$r=1,2,3$，$\boldsymbol{P}_{\mathrm{cn}}^{\perp}$ 是杂波的正交投影矩阵，表示杂波的正交补空间；H 表示共轭转置；$|\cdot|$ 代表求绝对值操作。

步骤 2　对潜在目标的径向速度值进行精搜索。

（1）若 $|\boldsymbol{w}_{\mathrm{sp}}^{\mathrm{H}}(v_1)\boldsymbol{Z}|^2$，$|\boldsymbol{w}_{\mathrm{sp}}^{\mathrm{H}}(v_2)\boldsymbol{Z}|^2$，$|\boldsymbol{w}_{\mathrm{sp}}^{\mathrm{H}}(v_3)\boldsymbol{Z}|^2$ 之间满足

$$|\boldsymbol{w}_{\mathrm{sp}}^{\mathrm{H}}(v_1)\boldsymbol{Z}|^2<|\boldsymbol{w}_{\mathrm{sp}}^{\mathrm{H}}(v_2)\boldsymbol{Z}|^2<|\boldsymbol{w}_{\mathrm{sp}}^{\mathrm{H}}(v_3)\boldsymbol{Z}|^2 \tag{4-108}$$

则令 $v_{\mathrm{start}}^{*}=\dfrac{2v_{\mathrm{end}}}{3}+\dfrac{v_{\mathrm{start}}}{3}$，$v_{\mathrm{end}}^{*}=v_{\mathrm{end}}$，对 v_1，v_2，v_3 进行更新。

（2）若 $|\boldsymbol{w}_{\mathrm{sp}}^{\mathrm{H}}(v_1)\boldsymbol{Z}|^2$，$|\boldsymbol{w}_{\mathrm{sp}}^{\mathrm{H}}(v_2)\boldsymbol{Z}|^2$，$|\boldsymbol{w}_{\mathrm{sp}}^{\mathrm{H}}(v_3)\boldsymbol{Z}|^2$ 之间满足

$$|\boldsymbol{w}_{\mathrm{sp}}^{\mathrm{H}}(v_1)\boldsymbol{Z}|^2>|\boldsymbol{w}_{\mathrm{sp}}^{\mathrm{H}}(v_2)\boldsymbol{Z}|^2>|\boldsymbol{w}_{\mathrm{sp}}^{\mathrm{H}}(v_3)\boldsymbol{Z}|^2 \tag{4-109}$$

则令 $v_{\mathrm{start}}^{*}=v_{\mathrm{start}}$，$v_{\mathrm{end}}^{*}=\dfrac{2v_{\mathrm{start}}}{3}+\dfrac{v_{\mathrm{end}}}{3}$，对 v_1，v_2，v_3 进行更新。

（3）若 $|\boldsymbol{w}_{\mathrm{sp}}^{\mathrm{H}}(v_1)\boldsymbol{Z}|^2$，$|\boldsymbol{w}_{\mathrm{sp}}^{\mathrm{H}}(v_2)\boldsymbol{Z}|^2$，$|\boldsymbol{w}_{\mathrm{sp}}^{\mathrm{H}}(v_3)\boldsymbol{Z}|^2$ 之间满足

$$\begin{cases} |\boldsymbol{w}_{\mathrm{sp}}^{\mathrm{H}}(v_2)\boldsymbol{Z}|^2>|\boldsymbol{w}_{\mathrm{sp}}^{\mathrm{H}}(v_1)\boldsymbol{Z}|^2 \\ |\boldsymbol{w}_{\mathrm{sp}}^{\mathrm{H}}(v_2)\boldsymbol{Z}|^2>|\boldsymbol{w}_{\mathrm{sp}}^{\mathrm{H}}(v_3)\boldsymbol{Z}|^2 \end{cases} \tag{4-110}$$

则令 $v_{\mathrm{start}}^{*}=\dfrac{2v_{\mathrm{start}}}{3}+\dfrac{v_{\mathrm{end}}}{3}$，$v_{\mathrm{end}}^{*}=\dfrac{2v_{\mathrm{end}}}{3}+\dfrac{v_{\mathrm{start}}}{3}$，对 v_1，v_2，v_3 进行更新。

对步骤 2 循环迭代，直到满足约束条件 $10\times\lg\left|\,|\boldsymbol{w}_{\mathrm{sp}}^{\mathrm{H}}(v_1)\boldsymbol{Z}|^2-|\boldsymbol{w}_{\mathrm{sp}}^{\mathrm{H}}(v_2)\boldsymbol{Z}|^2\,\right|<0.5$，接着将 v_1，v_2，v_3 更新后获得目标的精搜索结果 $\hat{v}$。

步骤 3　构造级联增量值函数。

定义杂波抑制增量[25]和正交投影增量[26]表达式分别为

$$P_1=\frac{\boldsymbol{w}_{\mathrm{opt}}^{\mathrm{H}}\boldsymbol{Z}\boldsymbol{Z}^{\mathrm{H}}\boldsymbol{w}_{\mathrm{opt}}}{\boldsymbol{Z}\boldsymbol{Z}^{\mathrm{H}}} \tag{4-111}$$

$$P_2=\frac{\boldsymbol{Z}\boldsymbol{Z}^{\mathrm{H}}}{\boldsymbol{w}_{\mathrm{sp}}^{\mathrm{H}}\boldsymbol{Z}\boldsymbol{Z}^{\mathrm{H}}\boldsymbol{w}_{\mathrm{sp}}} \tag{4-112}$$

式中，$\boldsymbol{w}_{\mathrm{opt}}=\mu_0\hat{\boldsymbol{R}}^{-1}\boldsymbol{a}_{\mathrm{s}}(v_r)$，$\mu_0$ 表示常数，$\hat{\boldsymbol{R}}$ 为最大似然估计方法得到的样本协方差矩阵。构造的级联增量值函数表达式为

$$P=P_1P_2 \tag{4-113}$$

步骤 4　对多帧数据回溯得到真实目标航迹。

基于单帧内级联增量值函数，目标帧间运动方程表示为

$$\boldsymbol{x}_k=\boldsymbol{F}\boldsymbol{x}_{k-1} \tag{4-114}$$

式中，$k=2,3,\cdots,T$，T 为观测帧数；$\boldsymbol{F}$ 为目标运动状态转移矩阵。

假设目标的 T 帧运动航迹为 $\boldsymbol{X}_{1:T}=(\boldsymbol{x}_1,\boldsymbol{x}_2,\cdots,\boldsymbol{x}_T)$，则基于动态规划的 TBD 算法可描述为

$$\begin{gathered}\boldsymbol{X}_{1:T}=\arg\max_{\boldsymbol{X}_{1:T}}\boldsymbol{I}(\boldsymbol{X}_{1:T}\,|\,\boldsymbol{Z}_{1:T})\\ \text{s. t. }\boldsymbol{I}(\boldsymbol{X}_{1:T}\,|\,\boldsymbol{Z}_{1:T})>T_0\end{gathered} \tag{4-115}$$

多帧累积判决门限 T_0 的设置方法为

$$T_0=\frac{(2\boldsymbol{I}(\boldsymbol{X}_{1:T}\,|\,\boldsymbol{Z}_{1:T})-2)/(\boldsymbol{I}(\boldsymbol{X}_{1:T}\,|\,\boldsymbol{Z}_{1:T})-2)-1}{P_{\mathrm{fa}}^{(\boldsymbol{I}(\boldsymbol{X}_{1:T}\,|\,\boldsymbol{Z}_{1:T})-2)/(2\boldsymbol{I}(\boldsymbol{X}_{1:T}\,|\,\boldsymbol{Z}_{1:T})-2)}}+1-\frac{(2\boldsymbol{I}(\boldsymbol{X}_{1:T}\,|\,\boldsymbol{Z}_{1:T})-2)}{(\boldsymbol{I}(\boldsymbol{X}_{1:T}\,|\,\boldsymbol{Z}_{1:T})-2)} \tag{4-116}$$

式中，T_0 为算法多帧累积判决门限；$\boldsymbol{I}(\boldsymbol{X}_{1:T}\,|\,\boldsymbol{Z}_{1:T})$ 为多帧累积值函数；$\boldsymbol{Z}_{1:T}$ 为 T 帧观测数据；P_{fa} 为虚警概率。

图 4-50 给出了基于级联增量值函数的 TBD 算法流程图。

3. 仿真分析

仿真中观测场景雷达平台、目标、杂波和噪声参数设置如下：载机平台速度为 120 m/s，雷达载频为 10 GHz，脉冲重复频率为 1 200 Hz，天线采用阵元间距为 0.125 m 的 8 通道设计，回波距离单元样本数为 1 000，其中均匀杂波和非均匀杂波占比分别为 80% 和 20%，相应的杂噪比分别为 13 dB 和 25 dB，均匀杂波位于前 200 距离单元，非均匀样本位于后 800 距离单元。

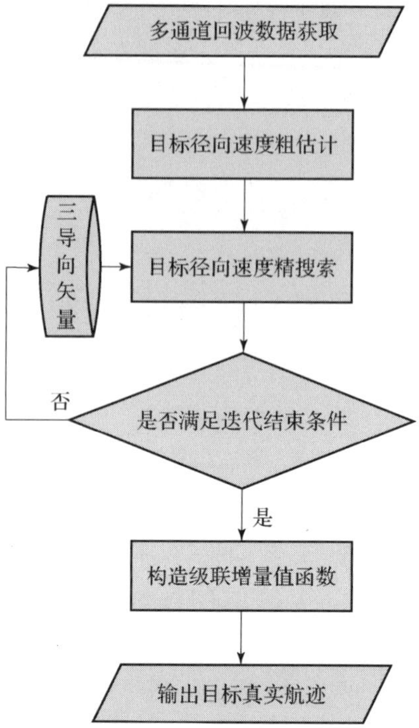

图 4-50 基于级联增量值函数的 TBD 算法流程图

图 4-51 对比了基于不同值函数的单帧检测结果，其中 20 个目标均匀分布于[500,700]距离区间，速度均匀分布于[0 m/s,5 m/s]区间。可以看出，只利用幅度检测量难以区分目标及杂波单元；空时滤波检测量一定程度上提升了目标检测信杂噪比，但对于径向速度较小的目标依然无法实现可靠检测。级联增量值函数综合了空时滤波和子空间投影的优势，有效缓解了上述小目标的稳健检测问题。

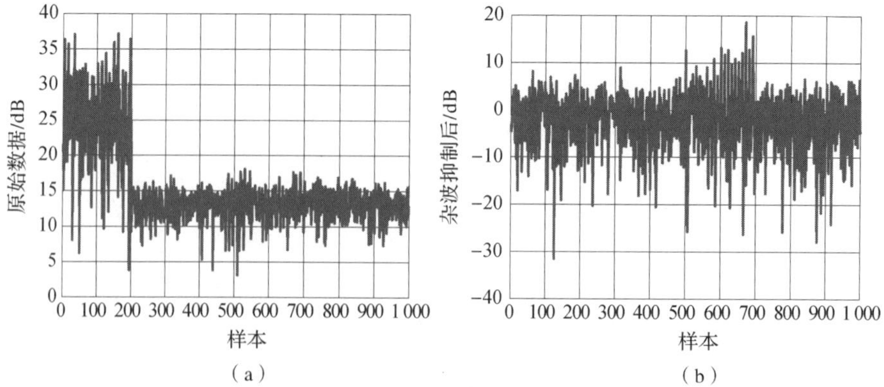

图 4-51 基于不同值函数的单帧检测结果

(a) 单帧幅度检测结果；(b) 单帧空时滤波检测结果

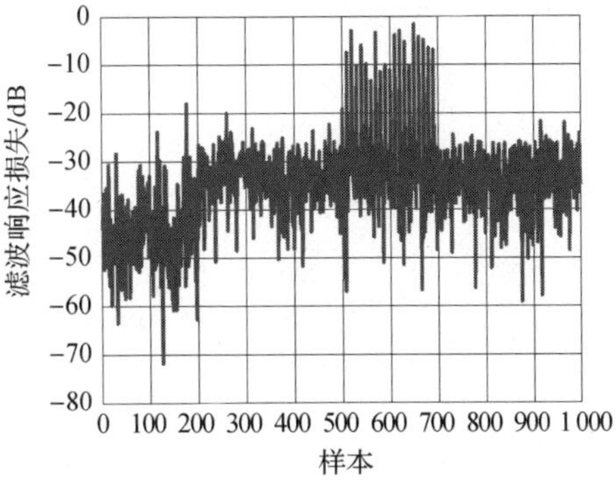

(c)

图 4－51　基于不同值函数的单帧检测结果（续）

(c) 单帧级联增量检测结果

图 4－52 对比了基于不同值函数的目标 SNR 与检测概率曲线，仿真中目标相对于雷达平台的径向速度设为 1 m/s，蒙特卡罗仿真试验次数设为 50。经过 8 帧能量积累，基于级联增量值函数的多帧联合检测概率明显高于幅度值函数和空时滤波值函数对应的检测概率。

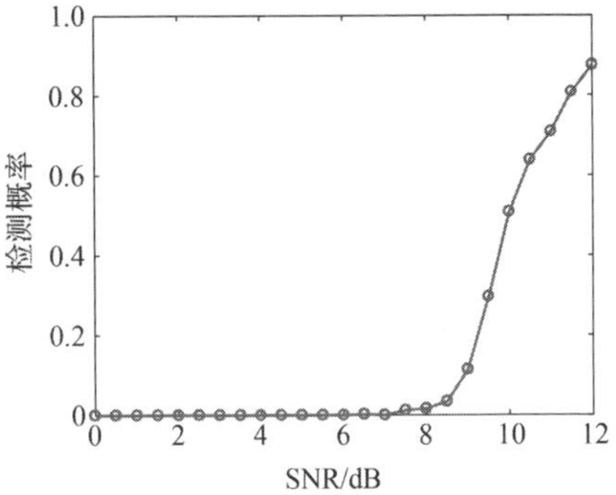

(a)

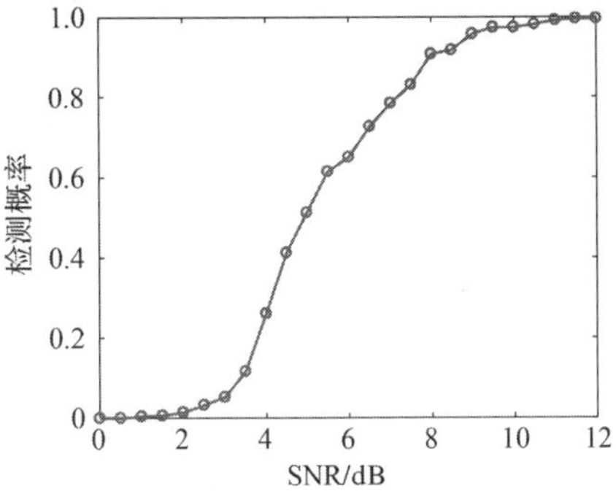

(b)

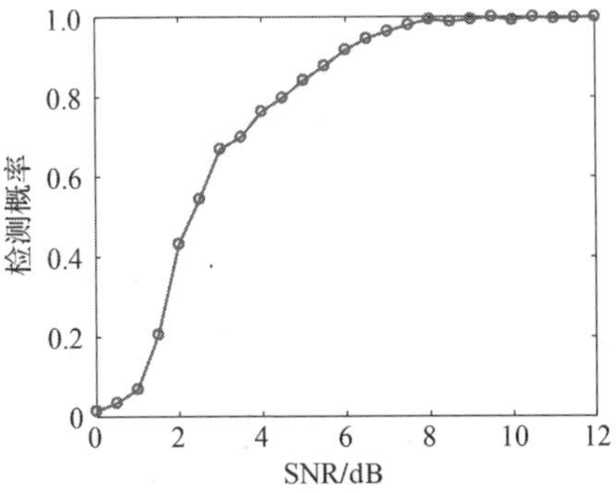

(c)

图 4－52　基于不同值函数的目标 SNR 与检测概率曲线

(a) 幅度值函数；(b) 空时滤波值函数；(c) 级联增量值函数

表4-5通过统计平均一次蒙特卡罗仿真试验运行时间，对比了不同算法的计算复杂度。级联增量值函数算法使用三导向矢量约束算法实现目标速度的精确搜索，兼顾了算法检测性能和计算量，其平均一次蒙特卡罗仿真试验运行时间接近幅度值函数算法，约为空时滤波值函数算法的1/3，表明级联增量值函数的构建可高效应用于多帧TBD领域。因此，对于低信杂噪比环境目标的检测，利用本节基于级联增量值函数的TBD方法，可在相同的虚警概率条件下有效提升目标的检测概率，同时降低了多帧联合检测的计算复杂度。

表4-5 不同算法计算复杂度对比

算法	平均一次蒙特卡罗仿真试验运行时间/s
幅度值函数	25.94
空时滤波值函数	120.85
级联增量值函数	38.23

4.4.2 像素级非相参融合检测技术

传统的恒虚警检测根据设定的虚警概率生成一个自适应于背景噪声、杂波和干扰的检测阈值，从而实现不同背景下点目标的稳健检测。然而，随着高分辨雷达成像应用领域的不断扩展，用户不仅要求获取感兴趣目标的位置、速度信息，同时希望得到目标的轮廓特征以及类别信息，因此需要充分利用分辨单元维度提升分布式目标的探测性能，满足精细化观测需求。

1. 信号模型

经典的恒虚警检测方法利用待检测目标周边单元的观测值形成检测门限，判断目标的有无。以应用领域较广的单元平均恒虚警为例，如图4-53所示，假设场景杂波满足独立同分布条件，通过对信号的正交分量和同相分量进行匹配滤波处理，并对检波后滑窗内左右观测单元求平均值，得到背景噪声的强度，接着结合雷达系统的虚警概率要求，自适应计算出比较器的判决门限，并获得检测输出。

对于高分辨合成孔径雷达，舰船等目标占据多个分辨单元，然而传统的恒虚警检测方法适用于点目标检测，无法利用分布式目标多分辨单元特征改善其检测性能。

2. 基于分布式目标特性的像素级融合检测

本节所提算法提供了一种分布式目标滑窗检测方法[9]，用于解决高分辨成像雷达对扩展目标的检测问题，其主要步骤如下。

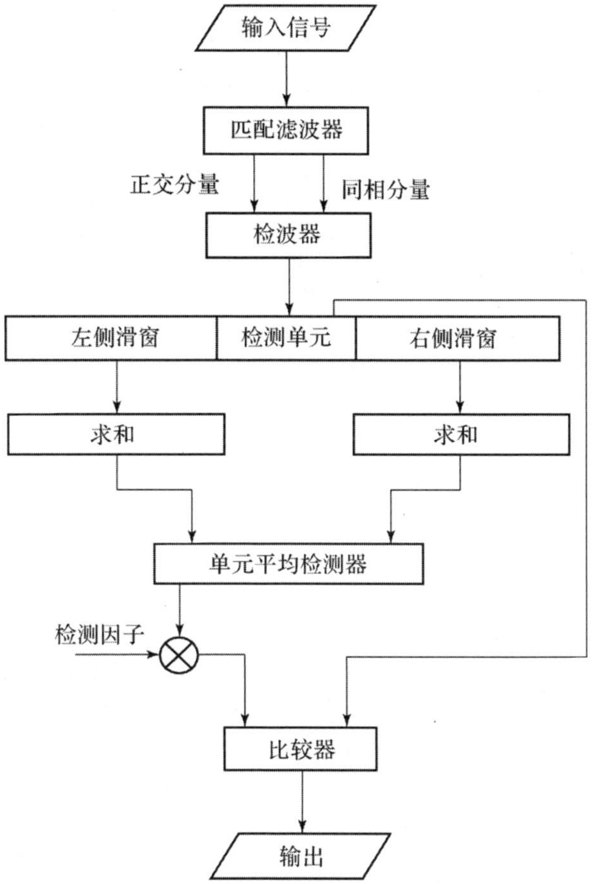

图 4 - 53　单元平均恒虚警工作流程

步骤 1　获取高分辨雷达成像结果。

对雷达接收回波进行二维处理，得到距离 - 方位二维聚焦图像。

步骤 2　根据雷达分辨率和目标尺寸设计滑窗。

假设成像雷达距离分辨率和方位分辨率分别为 resolution_ra 和 resolution_az，感兴趣分布式目标长宽分别为 length 和 width，考虑到目标在雷达观测场景出现位置的随机性，其占据的最小分辨单元个数 num1 和最大分辨单元个数 num2 可分别表示为

$$\text{num1} = \min\left\{\text{ceil}\left(\frac{\text{length}}{\text{resolution\_ra}}\right)\cdot\text{ceil}\left(\frac{\text{width}}{\text{resolution\_az}}\right),\right.$$
$$\left.\text{ceil}\left(\frac{\text{length}}{\text{resolution\_az}}\right)\cdot\text{ceil}\left(\frac{\text{width}}{\text{resolution\_ra}}\right)\right\} \tag{4-117}$$

$$\text{num2} = \max\left\{\text{ceil}\left(\frac{\text{length}}{\text{resolution\_ra}}\right)\cdot\text{ceil}\left(\frac{\text{width}}{\text{resolution\_az}}\right),\right.$$
$$\left.\text{ceil}\left(\frac{\text{length}}{\text{resolution\_az}}\right)\cdot\text{ceil}\left(\frac{\text{width}}{\text{resolution\_ra}}\right)\right\} \quad (4-118)$$

式中，ceil 代表向上取整操作；min 和 max 分别为求最小值和最大值操作。本节中滑窗形状设计为沿距离向和方位向的矩形，其距离向边长 window_ra 和方位向边长 window_az 分别为

$$\text{window\_ra} = \text{ceil}\left(\frac{\max(\text{length},\text{width})}{\text{resolution\_ra}}\right)\cdot\text{resolution\_ra} \quad (4-119)$$

$$\text{window\_az} = \text{ceil}\left(\frac{\max(\text{length},\text{width})}{\text{resolution\_az}}\right)\cdot\text{resolution\_az} \quad (4-120)$$

步骤 3　在滑窗内利用 M/N 准则进行分布式目标检测。

将滑窗遍历整个图像区域，如图 4－54 所示，根据 M/N 准则对分布式目标进行检测，M/N 准则定义为若滑窗内至少有 M 个分辨单元幅值超过检测门限，则认为成功检测目标。其中 N 代表整个滑窗占据分辨单元的个数，该步骤中 N 设置为 num2，M 设置为 num1。

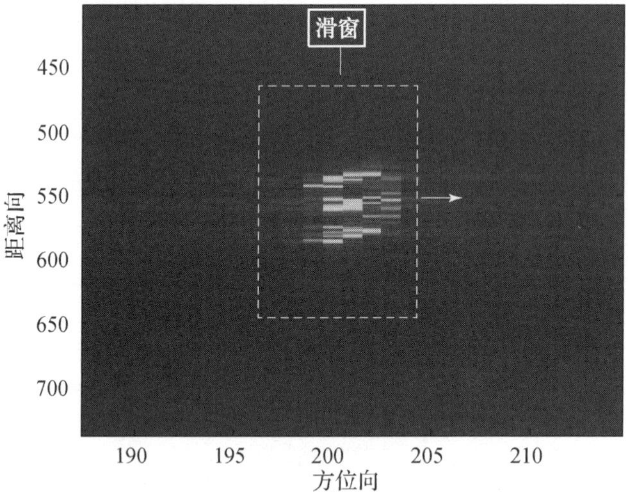

图 4－54　滑窗检测示意图（附彩插）

步骤 4　对整个图像检测结果进行聚类。

将滑窗检测后的结果进行聚类操作，即将超过门限的若干相邻像素点聚焦到该区域的几何中心位置处，并输出目标的二维位置信息。

图 4－55 给出了分布式目标滑窗检测方法流程图。

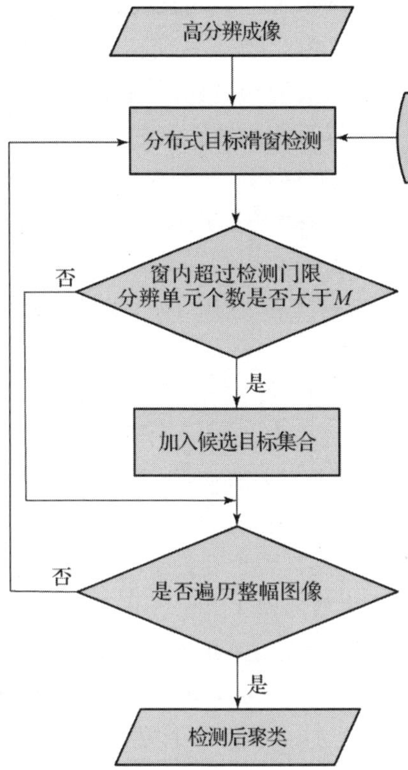

图 4－55　分布式目标滑窗检测方法流程图

3. 仿真分析

假设成像雷达距离分辨率和方位分辨率分别为 20 m 和 15 m，感兴趣分布式目标长宽分别为 210 m 和 30 m，其占据的最小分辨单元个数 num1 和最大分辨单元个数 num2 可分别表示为

$$\mathrm{num1} = \min\left\{\mathrm{ceil}\left(\frac{210}{20}\right)\cdot \mathrm{ceil}\left(\frac{30}{15}\right), \mathrm{ceil}\left(\frac{210}{15}\right)\cdot \mathrm{ceil}\left(\frac{30}{20}\right)\right\} = 22$$

$$\mathrm{num2} = \max\left\{\mathrm{ceil}\left(\frac{210}{20}\right)\cdot \mathrm{ceil}\left(\frac{30}{15}\right), \mathrm{ceil}\left(\frac{210}{15}\right)\cdot \mathrm{ceil}\left(\frac{30}{20}\right)\right\} = 28$$

本节中滑窗形状设计为沿距离向和方位向的矩形，其距离向边长 window_ra 和方位向边长 window_az 分别为

$$\mathrm{window\_ra} = \mathrm{ceil}\left(\frac{\max(210,30)}{20}\right)\cdot 20 = 220\ \mathrm{m}$$

$$\mathrm{window\_az} = \mathrm{ceil}\left(\frac{\max(210,30)}{15}\right)\cdot 15 = 210\ \mathrm{m}$$

将滑窗遍历整个图像区域，M/N 准则中整个滑窗占据分辨单元的个数 N

设置为 num2，即 28，M 设置为 num1，即 21，因此若整个滑窗中目标区域有 21 个以上分辨单元被检测到，则认为分布式目标成功检测。

下面根据雷达波位杂波后向散射模型以及滑窗与目标所占据的距离/方位分辨单元几何关系，对本节所提算法的性能作进一步评估。

场景 1：近端波位 + 沿方位向航行。

雷达观测场景目标、杂波和噪声参数设置如下：近端波位场景噪声等效后向散射系数为 NESZ = −30 dB，杂波后向散射系数为 −28 dB，一个分辨单元的杂波 RCS 为 −3.2 dBm^2，杂噪比为 2 dB。对于 RCS = 250 m^2 的舰船目标，按照目标占据 22 个分辨单元计算（沿方位向航行），此时一个分辨单元下的信杂噪比约为 11.60 dB。按照 21/28 准则进行分布式滑窗检测，为满足总的虚警概率小于 1e − 12，单个分辨单元虚警概率需小于 0.145，则单个分辨单元检测概率为 0.879，相应的分布式目标检测概率优于 0.985。

场景 2：近端波位 + 沿距离向航行。

雷达观测场景目标、杂波和噪声参数设置如下：近端波位场景噪声等效后向散射系数与杂波后向散射系数同场景 1，场景分辨单元杂噪比为 2 dB。对于 RCS = 250 m^2 的舰船目标，按照目标占据 28 个分辨单元计算（沿距离向航行），此时一个分辨单元下的信杂噪比约为 10.56 dB。按照 21/28 准则进行分布式滑窗检测，为满足总的虚警概率小于 1e − 12，单个分辨单元虚警概率需小于 0.145，则单个分辨单元检测概率为 0.848，相应的分布式目标检测概率优于 0.951。

场景 3：远端波位 + 沿方位向航行。

雷达观测场景目标、杂波和噪声参数设置如下：远端波位场景噪声等效后向散射系数 NESZ = −25 dB，杂波后向散射系数为 −32 dB，一个分辨单元的杂波 RCS 为 −7.23 dB，杂噪比为 −7 dB。对于 RCS = 250 m^2 的舰船目标，按照目标占据 22 个分辨单元计算（沿方位向航行），此时一个分辨单元下的信杂噪比约为 10.79 dB。按照 21/28 准则进行分布式滑窗检测，为满足总的虚警概率小于 1e − 12，单个分辨单元虚警概率需小于 0.145，则单个分辨单元检测概率为 0.857，相应的分布式目标检测概率优于 0.962。

场景 4：远端波位 + 沿距离向航行。

雷达观测场景目标、杂波和噪声参数设置如下：远端波位场景噪声等效后向散射系数与杂波后向散射系数同场景 3，场景分辨单元杂噪比为 −7 dB。对于 RCS = 250 m^2 的舰船目标，按照目标占据 28 个分辨单元计算（沿距离向航行），此时一个分辨单元下的信杂噪比约为 9.74 dB。按照 21/28 准则进行分布式滑窗检测，为满足总的虚警概率小于 1e − 12，单个分辨单元虚警概率需小于 0.145，则单个分辨单元检测概率为 0.825，相应的分布式目标检测概率优于 0.897。

需要指出，对于任意航向的目标，其占据分辨单元个数位于沿方位向航行和沿距离向航行情形之间，因此检测性能也位于两者之间。图 4 - 56 和图 4 - 57 分别给出了近端波位和远端波位目标分辨单元数与检测概率关系曲线，与理论分析相一致。

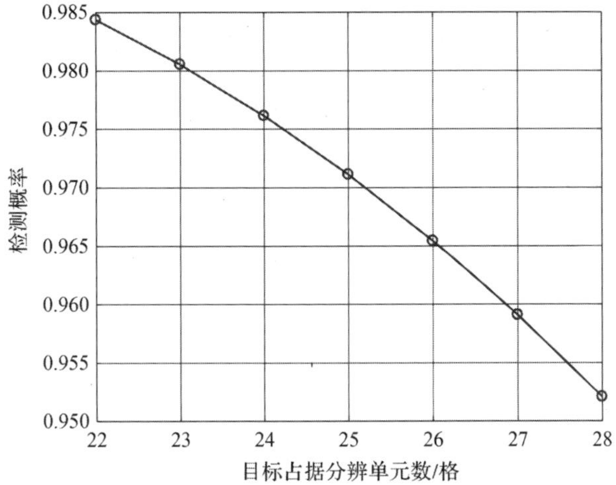

图 4 - 56　近端波位目标分辨单元数与检测概率关系曲线

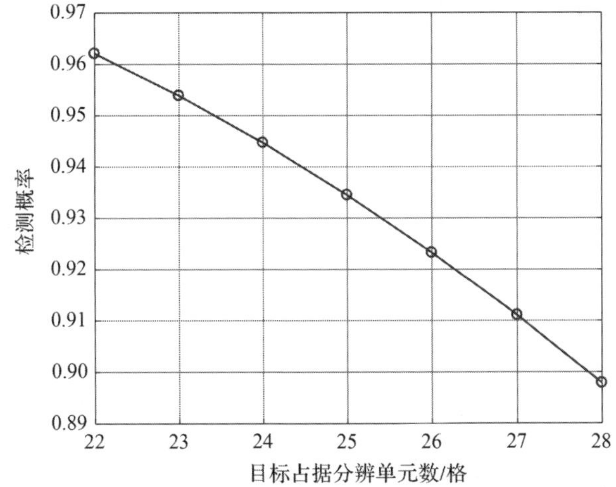

图 4 - 57　远端波位目标分辨单元数与检测概率关系曲线

参 考 文 献

[1] DUAN C ，LI Y, WANG W W ，et al. LEO - based Satellite Constellation for Moving Target Detection[J]. Remote Sensing,2022,14(2):403.

[2] WEN H, Li Y, DUAN C, et al. A three - dimensional sliding window detection

method of marine warship target based on multi - source fusion [J] . IEEE Transactions on Geoscience and Remote Sensing,2023,44(2):646 - 665.

[3] CHEN J, ZHANG J, JIN Y, et al. Real - time processing of spaceborne SAR data with nonlinear trajectory based on variable PRF [J] . IEEE Transactions on Geoscience and Remote Sensing,2021,(99):1 - 12.

[4] XIONG Y, LIANG B, YU H, et al. Processing of bistatic SAR data with nonlinear trajectory using a controlled - SVD algorithm[J]. IEEE Journal of Selected Topics in Applied Earth Observations and Remote Sensing,2021,(99):1 - 1.

[5] HUANG C, LI Z, WU J, et al. Multistatic beidou - based passive radar for maritime moving target detection and localization[C]//Yokohama:2019 IEEE International Geoscience and Remote Sensing Symposium,2019.

[6] SUN Y L, XIE N B. Performance analysis of cell average CFAR detector based on measured data[J]. Journal of Ordnance Equipment Engineering,2016,37(10): 84 - 87.

[7] HE Y, GUAN J, MENG X W. Radar target detection and CFAR processing[M]. 2nd edition. Beijing:Tsinghua University Press,2011:9 - 12.

[8] YU L, PUMING H, CHENCHEN L. Multi - objective GMTI - TBD technology based on dynamic programming [J] . Chinese Journal of Scientific Instrument, 2016,37(2):356 - 364.

[9]李渝,吴涛,杨文海. 一种分布式目标滑窗检测方法[J]. 空间电子技术, 2022,19(2):64 - 68.

[10] FANG Z, YI W, CUI G, et al. A fast implementation of dynamic programming based track - before - detect for radar system[C]//Arlington:2015 IEEE Radar Conference,2015:577 - 580.

[11] FAKOORIAN S A, DAN S, RICHTER H, et al. Ground reaction force estimation in prosthetic legs with an extended Kalman filter[C]//Orlando:2016 Annual IEEE Systems Conference. 2016.

[12] ATRSAEI A, SALARIEH H, ALASTY A. Human arm motion tracking by orientation - based fusion of inertial sensors and kinect using unscented Kalman filter[J]. Journal of Biomechanical Engineering,2016,138(9).

[13] GOPINATH G R, DAS S P. Sensorless control of permanent magnet synchronous motor using square - root cubature Kalman filter [C]//Hefei: 2016 IEEE 8th International Power Electronics and Motion Control Conference,2016:1898 - 1904.

[14] ZHU W, WANG W, YUAN G. An improved interacting multiple model filtering

algorithm based on the cubature Kalman filter for maneuvering target tracking [J]. Sensors,2016,16(6):805.

[15] LI T C, MIODRAG B, PETAR M D. Resampling methods for particle filtering [J]. IEEE Signal Processing Magazine,2014:1 – 42.

[16] 吴孙勇,廖桂生,杨志伟,等. 基于粒子滤波的检测前跟踪改进算法[J]. 控制与决策,2010,25(12):1843 – 1847.

[17] YU L, PUMING H, CHENCHEN L. Improved track before detect algorithm based on non – linear filter[J]. Journal of Computational Information Systems,2015,11(1):1 – 9.

[18] BARNIV Y. Dyanmic programming solution for detecting dim moving targets[J]. IEEE Transactions on Aerospace and Electronic Systems,1985,21(1):144 – 156.

[19] YI W. Research on multi target tracking algorithm based on detection front tracking technique [D]. Chengdu: University of Electronic Science and Technology of China,2012.

[20] BOERS Y, EHLERS F, KOCH W, et al. Track before detect algorithms [J]. Eurasip Jounal on Advances in Signal Processing,2008,2.

[21] LI Y, LI C P, TIAN M, et al. Two – step thresholds TBD algorithm for time sensitive target based on dynamic programming[J]. IEEE Access,2020,8(1), 209267 – 209277.

[22] CLIVE A. Pulse Doppler radar principles, technology, application[M]. Edison: SciTech Publishing,2012.

[23] ZHU J, LI Y, DUAN C D, et al. A range and velocity ambiguity resolution method based on ambiguity matrix completion and elimination with low SNR[C]//2019 IEEE International Conference on Signal, Information and Data Processing (ICSIDP),2019:1 – 6.

[24] TONISSEN S M, EVANS R J. Performance of dynamic programming track before detect algorithm[J]. IEEE Transactions on Aerospace and Electronic Systems, 1996,32(4):1440 – 1451.

[25] MIN T, ZHIWEI Y, HUAJIAN X, et al. An enhanced approach based on energy loss for multichannel SAR – GMTI systems in heterogeneous environment[J]. Digital Signal Processing,2018,72:147 – 159.

[26] YUAN L, BO J, HONGWEI L. Clutter – based gain and phase calibration for monostatic MIMO radar with partly calibrated array[J]. Signal Processing,2019, 158:219 – 226.

第5章
分布式跨域高精度融合定位技术

多站定位[1-2]是实现目标快速高精度定位的一种有效方式，相较于单站定位，其能在更短时间内获得更高的定位精度，灵活性更强。目前针对地面运动目标的定位技术较为成熟，而针对空中目标的高精度定位，尤其是有限接收站情况下的定位有待进一步研究。雷达系统可获得时延、多普勒频率、角度等量测，由此衍生出多种定位体制，如多站时延定位、多站时延差定位、多站多普勒频率差定位、多站时延差－多普勒频率差－角度联合定位等。本章首先建立基本量测模型，给出几种常见的定位评判标准；然后，针对采用卫星辐射源的多站接收构型下的空中目标定位问题展开分析，给出不同接收站下的定位解决方案；最后，讨论航迹级目标跟踪定位问题。

5.1　基本量测模型

本节给出几种常见的量测类型，从几何角度分析它们的目标定位原理，并简要讨论各种量测的应用场景及其在目标定位中的局限性。

在本节量测模型建立的过程中，假设空－天分布式雷达网络空中目标定位如图 5－1 所示，由单部星载雷达和 K 部无人机载雷达组成，星载雷达发射信号，经目标照射后，无人机载雷达接收信号。高轨卫星的实际位置位于 $\boldsymbol{a}=[x_a,y_a,z_a]^{\mathrm{T}}$，第 i 部接收雷达的实际位置位于 $\boldsymbol{s}_i=[x_i,y_i,z_i]^{\mathrm{T}}(i=1,2,\cdots,K)$。此外，场景中的空中目标位置未知，记为 $\boldsymbol{u}=[x,y,z]^{\mathrm{T}}$。

5.1.1　TOA 和 TDOA

到达时间（TOA）量度了从高轨卫星发射，经过目标，再由第 i 部接收雷达接收的双基距离引起的时延。对于第 i 部接收雷达，目标实际双基距离表示为

$$\bar{r}_i=\|\boldsymbol{u}-\boldsymbol{a}\|_2+\|\boldsymbol{u}-\boldsymbol{s}_i\|_2 \tag{5-1}$$

根据距离和时延之间的关系 $\tau=r/c$，其中光速 $c=3\times10^8$ m/s，可以得到相应的实际 TOA 为

$$\bar{\tau}_i=\frac{1}{c}\bar{r}_i \tag{5-2}$$

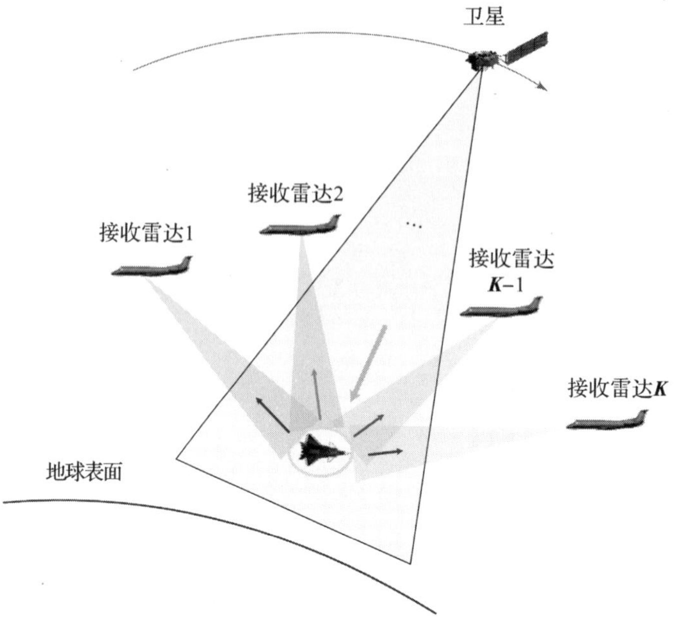

图 5-1　空-天分布式雷达网络空中目标定位

目标双基距离可以通过脉冲法、调频法等方法测量，但由于雷达系统自身带宽有限，外加接收雷达噪声的影响，仅能获得双基距离观测值，又称双基距离量测，则 TOA 量测可以表示为

$$\tau_i = \bar{\tau}_i + \Delta\tau_i \tag{5-3}$$

式中，$\Delta\tau_i$ 表示 TOA 量测误差。将所有接收雷达的 TOA 量测排成量测矢量，即

$$\begin{aligned}\boldsymbol{\tau} &= [\tau_1, \tau_2, \cdots, \tau_K]^{\mathrm{T}} \\ &= \bar{\boldsymbol{\tau}} + \Delta\boldsymbol{\tau}\end{aligned} \tag{5-4}$$

式中，

$$\bar{\boldsymbol{\tau}} = [\bar{\tau}_1, \bar{\tau}_2, \cdots, \bar{\tau}_K]^{\mathrm{T}} \tag{5-5}$$

$$\Delta\boldsymbol{\tau} = [\Delta\tau_1, \Delta\tau_2, \cdots, \Delta\tau_K]^{\mathrm{T}} \tag{5-6}$$

由于距离量测和时延量测仅相差常数 c 倍，大多数情况下在使用这两种量测时不加以区分，即

$$\begin{aligned}\boldsymbol{r} &= c\boldsymbol{\tau} = [r_1, r_2, \cdots, r_K]^{\mathrm{T}} \\ &= \bar{\boldsymbol{r}} + \Delta\boldsymbol{r}\end{aligned} \tag{5-7}$$

式中，

$$\bar{\boldsymbol{r}} = [\bar{r}_1, \bar{r}_2, \cdots, \bar{r}_K]^{\mathrm{T}} \tag{5-8}$$

$$\Delta \boldsymbol{r} = [\Delta r_1, \Delta r_2, \cdots, \Delta r_K]^{\mathrm{T}} \tag{5-9}$$

观察式（5-1）和式（5-7）可知，TOA 量测矢量中的每一个元素均表示一个椭球面，椭球面的两个焦点分别位于发射雷达和接收雷达位置处，目标在椭球面上，利用多个 TOA 量测对目标进行定位相当于寻找多个椭球面的交点。因此，对于三维空中目标定位而言，至少需要 3 部接收雷达才能唯一确定交点，而 TOA 噪声量测带来的不确定性，相当于原先多个椭球面的交叠被替换为有一定厚度的椭球环的交叠，交点扩展为交叠区域，对应目标定位精度。

在应用 TOA 量测定位时，目标和接收站之间需设置公共的时间参考点，严格地实现时间同步，此外，发射雷达位置信息的不确定性也会对目标定位精度产生影响。

差分定位通过量测值取差的方式，可有效消除雷达收发路径中公共不确定因素的影响，如发射雷达位置误差和时钟误差、电离层和对流层时延误差等[3]。

以第 1 部接收雷达作为参考，则第 i 部接收雷达的双基距离和参考雷达的双基距离之差为

$$\bar{r}_{i1} = \bar{d}_i - \bar{d}_1 \tag{5-10}$$

式中，$\bar{d}_i = \|\boldsymbol{u} - \boldsymbol{s}_i\|_2$ 为目标到第 i 部接收雷达的实际距离。相应的实际到达时间差（TDOA）为

$$\bar{\tau}_{i1} = \frac{1}{c}\bar{r}_{i1} \tag{5-11}$$

则 TDOA 量测可以写成

$$\tau_{i1} = \bar{\tau}_{i1} + \Delta\tau_{i1} \tag{5-12}$$

式中，$\Delta\tau_{i1}$ 表示 TDOA 量测误差。将所有的 TDOA 量测排成矢量，为

$$\begin{aligned} \boldsymbol{\tau}_1 &= [\tau_{21}, \tau_{31}, \cdots, \tau_{K1}]^{\mathrm{T}} \\ &= \bar{\boldsymbol{\tau}}_1 + \Delta\boldsymbol{\tau}_1 \end{aligned} \tag{5-13}$$

式中，

$$\bar{\boldsymbol{\tau}}_1 = [\bar{\tau}_{21}, \bar{\tau}_{31}, \cdots, \bar{\tau}_{K1}]^{\mathrm{T}} \tag{5-14}$$

$$\Delta\boldsymbol{\tau}_1 = [\Delta\tau_{21}, \Delta\tau_{31}, \cdots, \Delta\tau_{K1}]^{\mathrm{T}} \tag{5-15}$$

类似于 TOA 量测，有

$$\begin{aligned} \boldsymbol{r}_1 &= c\boldsymbol{\tau}_1 = [r_{21}, r_{31}, \cdots, r_{K1}]^{\mathrm{T}} \\ &= \bar{\boldsymbol{r}}_1 + \Delta\boldsymbol{r}_1 \end{aligned} \tag{5-16}$$

式中，

$$\bar{\boldsymbol{r}}_1 = [\bar{r}_{21}, \bar{r}_{31}, \cdots, \bar{r}_{K1}]^{\mathrm{T}} \tag{5-17}$$

$$\Delta\boldsymbol{r}_1 = [\Delta r_{21}, \Delta r_{31}, \cdots, \Delta r_{K1}]^{\mathrm{T}} \tag{5-18}$$

下面从几何角度出发，对式（5－16）给出解释。将 TDOA 量测矢量中的每一个元素视为一个双曲面，双曲面的焦点分别位于第 i 部接收雷达和参考雷达位置处，目标在双曲面上，利用多个 TDOA 量测定位目标相当于确定多个双曲面的交点。由于将第 1 部接收雷达作为参考雷达，因此对于三维空中目标定位而言，至少需要 4 部接收雷达。同样地，TDOA 量测噪声也带来了定位的不确定性，限制了目标定位精度。

TDOA 定位要求接收雷达之间有严格的时间同步，并需要设置参考雷达。在此基础上，由于 TDOA 定位消除了收发雷达之间的公共不确定性，因此目标定位精度可以显著提高[4]。

5.1.2 FOA 和 FDOA

雷达通过发射多脉冲的方式可以获得目标多普勒信息。但对于运动平台而言，这一过程将变得更为复杂，下面对该过程进行建模。第 i 部接收雷达接收到的多普勒频率包含两方面，一方面是目标运动带来的多普勒频率，另一方面是平台运动带来的多普勒频率，则实际到达频率（frequency of arrival, FOA）表示为

$$\bar{f}_{d_i} = \frac{(\boldsymbol{v}_u + \boldsymbol{v}_a)^{\mathrm{T}}(\boldsymbol{u} - \boldsymbol{a})}{\lambda \bar{d}_a} + \frac{(\boldsymbol{v}_u + \boldsymbol{v}_{s_i})^{\mathrm{T}}(\boldsymbol{u} - \boldsymbol{s}_i)}{\lambda \bar{d}_i} \tag{5-19}$$

式中，$\boldsymbol{v}_a = [v_{xa}, v_{ya}, v_{za}]^{\mathrm{T}}$，$\boldsymbol{v}_{s_i} = [v_{xs_i}, v_{ys_i}, v_{zs_i}]^{\mathrm{T}}$ 和 $\boldsymbol{v}_u = [v_{xu}, v_{yu}, v_{zu}]^{\mathrm{T}}$ 分别表示卫星、第 i 部接收雷达和空中目标的速度，并假设在观测时间内，所有速度均保持不变；$\bar{d}_a = \|\boldsymbol{u} - \boldsymbol{a}\|_2$ 表示发射雷达到目标的实际距离。

同样地，将有限的多普勒分辨率和接收站噪声带来的影响建模为量测噪声，则 FOA 量测可写成

$$f_{d_i} = \bar{f}_{d_i} + \Delta f_{d_i} \tag{5-20}$$

式中，Δf_{d_i} 表示 FOA 量测误差。将所有接收站的 FOA 量测排成量测矢量，即

$$\begin{aligned}\boldsymbol{f}_d &= [f_{d_1}, f_{d_2}, \cdots, f_{d_K}]^{\mathrm{T}} \\ &= \bar{\boldsymbol{f}}_d + \Delta\boldsymbol{f}_d\end{aligned} \tag{5-21}$$

式中，

$$\bar{\boldsymbol{f}}_d = [\bar{f}_{d_1}, \bar{f}_{d_2}, \cdots, \bar{f}_{d_K}]^{\mathrm{T}} \tag{5-22}$$

$$\Delta \boldsymbol{f}_d = [\Delta f_{d_1}, \Delta f_{d_2}, \cdots, \Delta f_{d_K}]^{\mathrm{T}} \tag{5-23}$$

实际上，很难单独利用 FOA 量测进行目标定位，这是因为目标的位置信息仅包含在发射和接收方向矢量 $\bar{\boldsymbol{d}}_a = (\boldsymbol{u} - \boldsymbol{a})/\bar{d}_a$ 和 $\bar{\boldsymbol{d}}_i = (\boldsymbol{u} - \boldsymbol{s}_i)/\bar{d}_i$ 中，且 $\bar{d}_a$ 和 $\bar{d}_i$ 未知，此外，目标速度也是一组未知量。可以考虑的方式是混合 FOA－TOA 量测进行目标位置和速度的联合估计，对于三维空中目标而言，至少需要 3 部接收雷达去获得 6 个独立量测，辨识目标的 6 个参数。

此外，FOA－TOA 联合定位和测速还需要获取较为精确的卫星和无人机的运动速度，或者通过信号处理的方式将平台运动引起的多普勒频率从 FOA 量测中剥离，否则会带来显著的定位偏差。

相较于利用 FOA－TOA 量测，通过引入到达频率差（FDOA），采用 FDOA－TDOA 量测在联合定位和测速过程中受到了更为广泛的关注[5-7]。给出第 i 部接收雷达的多普勒频率和参考雷达的多普勒频率之差，则 FDOA 为

$$\bar{f}_{i1} = \bar{f}_{s_i} - \bar{f}_{s_1} \tag{5-24}$$

式中，$\bar{f}_{s_i} = (\boldsymbol{v}_u + \boldsymbol{v}_{s_i})^{\mathrm{T}}(\boldsymbol{u} - \boldsymbol{s}_i)/\lambda\bar{d}_i$ 表示第 i 部接收雷达仅接收部分的多普勒频率。进一步地，FDOA 量测可以写成

$$f_{i1} = \bar{f}_{i1} + \Delta f_{i1} \tag{5-25}$$

式中，Δf_{i1} 表示 FDOA 量测误差。将所有的 FDOA 量测排成矢量，为

$$\begin{aligned}\boldsymbol{f}_1 &= [f_{21}, f_{31}, \cdots, f_{K1}]^{\mathrm{T}} \\ &= \bar{\boldsymbol{f}}_1 + \Delta \boldsymbol{f}_1\end{aligned} \tag{5-26}$$

式中，

$$\bar{\boldsymbol{f}}_1 = [\bar{f}_{21}, \bar{f}_{31}, \cdots, \bar{f}_{K1}]^{\mathrm{T}} \tag{5-27}$$

$$\Delta \boldsymbol{f}_1 = [\Delta f_{21}, \Delta f_{31}, \cdots, \Delta f_{K1}]^{\mathrm{T}} \tag{5-28}$$

相较于 TDOA 目标定位，FDOA－TDOA 联合目标定位和测速不仅可以获得目标速度，而且由于 FDOA 量测中也包含了目标位置信息，因此在 SNR 较高的条件下，可以一定程度地提升目标定位精度。

5.1.3　RSS

不同于 TOA 将信号传播路径量度为时延，接收信号强度（RSS）则以信号强度大小的方式量度传播路径[8]。下面对 RSS 量测进行建模。假设雷

达发射功率为 P_t，则第 i 部接收雷达接收到的信号功率为

$$P_{r,i}=\frac{P_t K_i}{\bar{d}_a^2\bar{d}_i^2} \tag{5-29}$$

式中，K_i 表示除传播路径之外的影响第 i 部接收雷达接收功率的因素。进一步地，将式（5-29）用对数形式表示，即

$$\ln P_{r,i}=\ln P_t+\ln K_i-2\ln(\bar{d}_a\bar{d}_i) \tag{5-30}$$

定义

$$P_{\mathrm{RSS},i}\triangleq\ln P_{r,i}-\ln P_t-\ln K_i \tag{5-31}$$

则 RSS 量测可以写成

$$P_{\mathrm{RSS},i}\triangleq-2\ln\bar{d}_a-2\ln\bar{d}_i+\Delta P_{\mathrm{RSS},i} \tag{5-32}$$

式中，$\Delta P_{\mathrm{RSS},i}$ 表示 RSS 量测误差。将所有接收雷达的 RSS 量测排成矢量，为

$$\begin{aligned}\boldsymbol{P}_{\mathrm{RSS}}&=[-2\ln\bar{d}_a-2\ln\bar{d}_1,-2\ln\bar{d}_a-2\ln\bar{d}_2,\cdots,-2\ln\bar{d}_a-2\ln\bar{d}_K]^{\mathrm{T}}\\&=\bar{\boldsymbol{P}}_{\mathrm{RSS}}+\Delta\boldsymbol{P}_{\mathrm{RSS}}\end{aligned} \tag{5-33}$$

式中，

$$\bar{\boldsymbol{P}}_{\mathrm{RSS}}=[\bar{P}_{\mathrm{RSS},1},\bar{P}_{\mathrm{RSS},2},\cdots,\bar{P}_{\mathrm{RSS},K}]^{\mathrm{T}} \tag{5-34}$$

$$\Delta\boldsymbol{P}_{\mathrm{RSS}}=[\Delta P_{\mathrm{RSS},1},\Delta P_{\mathrm{RSS},2},\cdots,\Delta P_{\mathrm{RSS},K}]^{\mathrm{T}} \tag{5-35}$$

比较式（5-7）和式（5-33）不难发现，TOA 目标定位利用多个椭球面相交定位目标，每个椭球面发射雷达到目标的距离与接收雷达到目标的距离之和为某一常数。而 RSS 目标定位则利用了更为复杂的几何曲面的交集，每个几何曲面发射雷达到目标的距离的对数与接收雷达到目标的距离的对数之和为固定值。

使用 RSS 进行定位无须完成目标、发射雷达和接收雷达之间的同步，对于三维空中目标定位而言，理论上也需要 3 部接收雷达。但注意到卫星到目标的距离远远大于无人机到目标的距离，不同接收雷达之间的 RSS 量测差异很小。因此，在本章所讨论的空-天分布式雷达系统中，暂不考虑这种类型的量测。

此外，类似于 TDOA，将不同接收雷达的 RSS 量测同参考雷达的 RSS 量测之间取商，可以得到差分 RSS 量测，这里不再赘述，有兴趣的读者可以查阅参考文献［9］。

5.1.4 AOA

如果雷达内安装有阵列天线，可以在接收站得到目标到达角度（angle of

arrival，AOA）信息。考虑二维面阵的情况，第 i 部接收雷达的俯仰 AOA 和方位 AOA 可以分别表示为

$$\bar{\varphi}_i = \arctan\left[\frac{z_i - z}{\sqrt{(x_i - x)^2 + (y_i - y)^2}}\right] \tag{5-36}$$

$$\bar{\theta}_i = \arctan\left(\frac{y_i - y}{x_i - x}\right) \tag{5-37}$$

测角精度和目标 SNR、波束宽度、信号处理方法等因素有关。将上述因素的影响建模为量测噪声，则俯仰 AOA 量测和方位 AOA 量测可以分别表示为

$$\varphi_i = \bar{\varphi}_i + \Delta\varphi_i \tag{5-38}$$

$$\theta_i = \bar{\theta}_i + \Delta\theta_i \tag{5-39}$$

式中，$\Delta\varphi_i$ 和 $\Delta\theta_i$ 分别表示俯仰 AOA 量测误差和方位 AOA 量测误差。将所有接收雷达的俯仰 AOA 量测和方位 AOA 量测分别排成矢量，可得

$$\begin{aligned}\boldsymbol{\varphi} &= [\varphi_1, \varphi_2, \cdots, \varphi_K]^{\mathrm{T}} \\ &= \bar{\boldsymbol{\varphi}} + \Delta\boldsymbol{\varphi}\end{aligned} \tag{5-40}$$

$$\begin{aligned}\boldsymbol{\theta} &= [\theta_1, \theta_2, \cdots, \theta_K]^{\mathrm{T}} \\ &= \bar{\boldsymbol{\theta}} + \Delta\boldsymbol{\theta}\end{aligned} \tag{5-41}$$

式中，

$$\begin{aligned}&\bar{\boldsymbol{\varphi}} = [\bar{\varphi}_1, \bar{\varphi}_2, \cdots, \bar{\varphi}_K]^{\mathrm{T}},\ \Delta\boldsymbol{\varphi} = [\Delta\varphi_1, \Delta\varphi_2, \cdots, \Delta\varphi_K]^{\mathrm{T}} \\ &\bar{\boldsymbol{\theta}} = [\bar{\theta}_1, \bar{\theta}_2, \cdots, \bar{\theta}_K]^{\mathrm{T}},\ \Delta\boldsymbol{\theta} = [\Delta\theta_1, \Delta\theta_2, \cdots, \Delta\theta_K]^{\mathrm{T}}\end{aligned} \tag{5-42}$$

然后，将俯仰 AOA 量测和方位 AOA 量测合并为 AOA 量测，即

$$\begin{aligned}\boldsymbol{\phi} &= [\boldsymbol{\varphi}^{\mathrm{T}}, \boldsymbol{\theta}^{\mathrm{T}}]^{\mathrm{T}} \\ &= [\bar{\boldsymbol{\varphi}}^{\mathrm{T}}, \bar{\boldsymbol{\theta}}^{\mathrm{T}}]^{\mathrm{T}} + [\Delta\boldsymbol{\varphi}^{\mathrm{T}}, \Delta\boldsymbol{\theta}^{\mathrm{T}}]^{\mathrm{T}}\end{aligned} \tag{5-43}$$

下面对 AOA 目标定位展开分析。不难发现，从几何角度，AOA 定位可以解释为观测视线的交集，对于三维目标定位而言，至少需要 2 组 AOA 量测，或者说，至少需要 2 部接收雷达。若只有一组 AOA 量测，则还需要利用目标 TOA 信息，即单站 TOA – AOA 定位。同样，AOA 定位和 RSS 定位一样，也无须进行目标和雷达、雷达和雷达之间的同步。

特别地，若雷达内的阵列天线为一维线阵，或者二维面阵中的每一列子阵进行了列合成，则阵列天线仅保留了目标的接收锥角信息，即

$$\bar{\psi}_i = \arctan\left[\frac{\sqrt{(y_i - y)^2 + (z_i - z)^2}}{x_i - x}\right] \tag{5-44}$$

则接收锥角量测表示为

$$\psi_i = \bar{\psi}_i + \Delta\psi_i \tag{5-45}$$

式中，$\Delta\psi_i$ 表示锥角量测误差。将所有接收站的锥角量测排成矢量，可得

$$\begin{aligned}\boldsymbol{\psi} &= [\psi_1, \psi_2, \cdots, \psi_K]^{\mathrm{T}} \\ &= \bar{\boldsymbol{\psi}} + \Delta\boldsymbol{\psi}\end{aligned} \tag{5-46}$$

式中，

$$\bar{\boldsymbol{\psi}} = [\bar{\psi}_1, \bar{\psi}_2, \cdots, \bar{\psi}_K]^{\mathrm{T}},\ \Delta\boldsymbol{\psi} = [\Delta\psi_1, \Delta\psi_2, \cdots, \Delta\psi_K]^{\mathrm{T}} \tag{5-47}$$

此时，$\boldsymbol{\phi}$ 退化为 $\boldsymbol{\psi}$，目标定位不仅需要额外的 TOA 量测或 TDOA 量测，还需要至少 3 部接收雷达。

从以上讨论中不难发现，AOA 量测常用于填补参数不可识别的缺项，即在独立量测数小于未知参数个数导致的方程组欠定条件下，通过额外引入 AOA 量测估计部分参数，使得剩余参数满足参数可识别条件，如单站 TOA－AOA 定位利用接收面阵的目标俯仰角和方位角，三站 TOA－AOA 或 TDOA－AOA 定位利用接收线阵的目标方位角。

5.2 可识别性及评估标准

在进行多站目标定位之前，首先需要判断目标参数是否可以利用当前量测进行识别。若目标参数可识别，则在给定 SNR、雷达构型和目标位置下，可以定量得出目标参数估计的克拉美－罗下界（CRLB）。进一步地，若要分析目标位置对目标参数估计精度的影响，还需要借助几何精度因子（GDOP），本节对这三种评判工具依次展开介绍。

5.2.1 参数可识别性

参数可识别性又称参数可观测性，用于判定待估计的兴趣参数是否可以通过当前观测唯一确定[10]。为了便于理解这一概念，首先从方程组解的角度给出相应的解释。对于矩阵方程 $\boldsymbol{A\eta} = \boldsymbol{b}$，其中 $\boldsymbol{A} \in \mathbb{R}^{M\times N}$ 为数据矩阵，$\boldsymbol{b} \in \mathbb{R}^{M\times 1}$ 为数据矢量，$\boldsymbol{\eta} \in \mathbb{R}^{N\times 1}$ 为解矢量，若 $M < N$，即观测数小于未知参数个数，则此时方程组欠定，解矢量存在无穷多个，参数不具备唯一性，称参数不可识别；若 $M \geqslant N$ 但 $\mathrm{rank}(\boldsymbol{A}) < N$，即观测数虽然大于未知参数个数，但矩阵不满行秩，此时，独立观测数仍小于未知参数个数，则方程组依然是欠定方程组，参数不

可识别；若 rank($\boldsymbol{A}$) ≥ N，即独立观测数大于未知参数个数，则方程组存在唯一确定解，称参数是可识别的。

一般地，可以使用 5.2.2 节介绍的 CRLB 工具对待估计参数的可识别性进行判断：若 SNR 趋于无穷大，CRLB 趋于零，则称该参数是可识别的。若 CRLB 趋于零，则对应的目标参数费希尔信息矩阵（FIM）$\boldsymbol{I}(\boldsymbol{\eta}) \in \mathbb{R}^{M\times M}$满秩，其中 $\boldsymbol{\eta} \in \mathbb{R}^{M\times 1}$，写成

$$\mathrm{rank}[\boldsymbol{I}(\boldsymbol{\eta})] = M \tag{5-48}$$

该条件在一些文献中也称参数的局部可识别条件。需要强调的是，参数可识别性区别于参数估计精度的概念，它单纯比较的是待估计的参数个数和当前独立观测数之间的关系，而后者更强调的是具体系统参数设定下的兴趣参数估计精度。

5.2.2　CRLB

CRLB 给出了确定参数的任意无偏估计器的估计下界，它是重要的，可作为参数估计性能评估工具[11]。若假定数据矢量 $\boldsymbol{b}$ 和参数矢量 $\boldsymbol{\eta}$ 构成的联合条件概率密度函数 $p(\boldsymbol{b};\boldsymbol{\eta})$ 满足正则条件：

$$E\left[\frac{\partial \ln p(\boldsymbol{b};\boldsymbol{\eta})}{\partial \boldsymbol{\eta}}\right]=0,\quad \forall \boldsymbol{\eta} \tag{5-49}$$

式中，$E[\cdot]$ 表示对$\dfrac{\partial \ln p(\boldsymbol{b};\boldsymbol{\eta})}{\partial \boldsymbol{\eta}}$取数学期望。那么无偏估计 $\hat{\boldsymbol{\eta}}$ 的协方差矩阵满足

$$\boldsymbol{C}_{\hat{\eta}} - \boldsymbol{I}(\hat{\boldsymbol{\eta}}) \geq 0 \tag{5-50}$$

式中，$\boldsymbol{A} \geq 0$ 表示矩阵 $\boldsymbol{A}$ 是半正定矩阵。FIM$\boldsymbol{I}(\boldsymbol{\eta})$ 中的元素可以写成

$$[\boldsymbol{I}(\boldsymbol{\eta})]_{i,j} = -E\left[\frac{\partial^2 \ln p(\boldsymbol{b};\boldsymbol{\eta})}{\partial \eta_i \partial \eta_j}\right] \tag{5-51}$$

式中，二阶导数在 $\boldsymbol{\eta}$ 的真实值处求得。进一步地，无偏参数估计器可以取得它的 CRLB，$\boldsymbol{C}_{\eta} = \boldsymbol{I}^{-1}(\boldsymbol{\eta})$，当且仅当

$$\frac{\ln p(\boldsymbol{b};\boldsymbol{\eta})}{\partial \boldsymbol{\eta}} = \boldsymbol{I}(\boldsymbol{\eta})[\boldsymbol{g}(\boldsymbol{b}) - \boldsymbol{\eta}] \tag{5-52}$$

估计量 $\hat{\boldsymbol{\eta}} = \boldsymbol{g}(\boldsymbol{b})$，是最小方差无偏估计量，协方差矩阵是 $\boldsymbol{I}^{-1}(\boldsymbol{\eta})$。

对于目标定位问题而言，观测矢量一般服从高斯分布，下面给出高斯观测矢量下的 CRLB。假设参数矢量 $\boldsymbol{\eta}$ 服从

$$\boldsymbol{\eta} \sim N(\boldsymbol{\mu}(\boldsymbol{\eta}), \boldsymbol{C}(\boldsymbol{\eta})) \tag{5-53}$$

也就是说，均值矢量和协方差矩阵都是 $\boldsymbol{\eta}$ 的函数，则 FIM 写成

$$[\boldsymbol{I}(\boldsymbol{\eta})]_{i,j} = \left[\frac{\partial \boldsymbol{\mu}(\boldsymbol{\eta})}{\partial \eta_i}\right]^{\mathrm{T}} \boldsymbol{C}^{-1}(\boldsymbol{\eta}) \left[\frac{\partial \boldsymbol{\mu}(\boldsymbol{\eta})}{\partial \eta_j}\right] + \frac{1}{2}\mathrm{tr}\left[\boldsymbol{C}^{-1}(\boldsymbol{\eta}) \frac{\partial \boldsymbol{C}^{-1}(\boldsymbol{\eta})}{\partial \eta_i} \boldsymbol{C}^{-1}(\boldsymbol{\eta}) \frac{\partial \boldsymbol{C}^{-1}(\boldsymbol{\eta})}{\partial \eta_j}\right] \tag{5-54}$$

式中，

$$\frac{\partial \boldsymbol{\mu}(\boldsymbol{\eta})}{\partial \eta_i} = \left[\frac{\partial [\boldsymbol{\mu}(\boldsymbol{\eta})]_1}{\partial \eta_i} \quad \frac{\partial [\boldsymbol{\mu}(\boldsymbol{\eta})]_2}{\partial \eta_i} \quad \cdots \quad \frac{\partial [\boldsymbol{\mu}(\boldsymbol{\eta})]_M}{\partial \eta_i}\right]^{\mathrm{T}} \tag{5-55}$$

$$\frac{\partial \boldsymbol{C}(\boldsymbol{\eta})}{\partial \eta_i} = \begin{bmatrix} \frac{\partial [\boldsymbol{C}(\boldsymbol{\eta})]_{11}}{\partial \eta_i} & \frac{\partial [\boldsymbol{C}(\boldsymbol{\eta})]_{12}}{\partial \eta_i} & \cdots & \frac{\partial [\boldsymbol{C}(\boldsymbol{\eta})]_{1M}}{\partial \eta_i} \\ \frac{\partial [\boldsymbol{C}(\boldsymbol{\eta})]_{21}}{\partial \eta_i} & \frac{\partial [\boldsymbol{C}(\boldsymbol{\eta})]_{22}}{\partial \eta_i} & \cdots & \frac{\partial [\boldsymbol{C}(\boldsymbol{\eta})]_{2M}}{\partial \eta_i} \\ \vdots & \vdots & \ddots & \vdots \\ \frac{\partial [\boldsymbol{C}(\boldsymbol{\eta})]_{M1}}{\partial \eta_i} & \frac{\partial [\boldsymbol{C}(\boldsymbol{\eta})]_{M2}}{\partial \eta_i} & \cdots & \frac{\partial [\boldsymbol{C}(\boldsymbol{\eta})]_{MM}}{\partial \eta_i} \end{bmatrix} \tag{5-56}$$

特别地，有时通过引入部分参数先验知识的方式来改善兴趣参数的估计精度，也就是知识辅助下的参数估计。此时，需要使用混合 FIM 替代原始 FIM，混合 FIM 由原始 FIM 和先验 FIM 构成，写成

$$\boldsymbol{H}(\boldsymbol{\eta}) = E[\boldsymbol{I}(\boldsymbol{\eta})] + \boldsymbol{\Gamma}(\boldsymbol{\eta}) \tag{5-57}$$

式中，$E[\cdot]$表示对$\boldsymbol{I}(\boldsymbol{\eta})$取数学期望；$\boldsymbol{\Gamma}(\boldsymbol{\eta})$表示先验知识得到的先验 FIM。

5.2.3 GDOP

本节引入 GDOP 的概念，对给定雷达构型下不同空间位置处的目标定位精度进行分析[12]。GDOP 广泛应用于全球导航卫星系统（global navigation satellite system，GNSS），用于测量给定用户接收雷达位置下，卫星几何分布确定的目标定位精度。

首先，给出目标定位方程

$$\boldsymbol{G}\boldsymbol{p} = \boldsymbol{b} \tag{5-58}$$

式中，$\boldsymbol{G} \in \mathbb{R}^{M\times 3}$表示几何观测方程，其中 M 为量测数；$\boldsymbol{p} = [x, y, z]^{\mathrm{T}}$ 表示目标三维坐标矢量；$\boldsymbol{b} \in \mathbb{R}^{M\times 1}$表示无噪量测矢量。若考虑量测中带有的噪声，以及参数估计方法对估计精度的影响，则式（5－58）改写为

$$\boldsymbol{G}\begin{bmatrix} x + \varepsilon_x \\ y + \varepsilon_y \\ z + \varepsilon_z \end{bmatrix} = \boldsymbol{b} + \boldsymbol{\varepsilon}_p \tag{5-59}$$

式中，$\boldsymbol{\varepsilon}_x$，$\boldsymbol{\varepsilon}_y$ 和 $\boldsymbol{\varepsilon}_z$ 分别表示 x，y 和 z 维定位误差；$\boldsymbol{\varepsilon}_p \in \mathbb{R}^{M\times 1}$ 表示噪声矢量。根据 Gauss - Markov 定理，可以解得

$$\begin{bmatrix} \varepsilon_x \\ \varepsilon_y \\ \varepsilon_z \end{bmatrix} = (\boldsymbol{G}^{\mathrm{T}}\boldsymbol{G})^{-1}\boldsymbol{G}^{\mathrm{T}}\boldsymbol{\varepsilon}_p \tag{5-60}$$

假设量测误差之间不相关，即 $E\{\boldsymbol{\varepsilon}_p\boldsymbol{\varepsilon}_p^{\mathrm{T}}\} = \sigma_\varepsilon^2\boldsymbol{I}$，则

$$\begin{aligned} E\left(\begin{bmatrix} \varepsilon_x \\ \varepsilon_y \\ \varepsilon_z \end{bmatrix}\begin{bmatrix} \varepsilon_x & \varepsilon_y & \varepsilon_z \end{bmatrix}\right) &= \begin{bmatrix} h_{11} & h_{12} & h_{13} \\ h_{21} & h_{22} & h_{23} \\ h_{31} & h_{32} & h_{33} \end{bmatrix}\sigma_\varepsilon^2 \\ &= \boldsymbol{H}\sigma_\varepsilon^2 \end{aligned} \tag{5-61}$$

式中，

$$\boldsymbol{H} = (\boldsymbol{G}^{\mathrm{T}}\boldsymbol{G})^{-1} \tag{5-62}$$

根据式（5 - 61），不难得到

$$\begin{bmatrix} \sigma_x^2 & & \\ & \sigma_y^2 & \\ & & \sigma_z^2 \end{bmatrix} = \begin{bmatrix} h_{11} & & \\ & h_{22} & \\ & & h_{33} \end{bmatrix}\sigma_\varepsilon^2 \tag{5-63}$$

式中，$\sigma_x^2 = E\{\varepsilon_x\varepsilon_x^{\mathrm{T}}\}$；$\sigma_y^2 = E\{\varepsilon_y\varepsilon_y^{\mathrm{T}}\}$；$\sigma_z^2 = E\{\varepsilon_z\varepsilon_z^{\mathrm{T}}\}$。定义三维位置误差的标准差

$$\begin{aligned} \sigma_p &\triangleq \sqrt{\sigma_x^2 + \sigma_y^2 + \sigma_z^2} \\ &= \sqrt{h_{11} + h_{22} + h_{33}}\,\sigma_\varepsilon \end{aligned} \tag{5-64}$$

则 GDOP 可以表示为

$$\begin{aligned} \mathrm{GDOP} &= \sqrt{h_{11} + h_{22} + h_{33}} \\ &= \sqrt{\frac{\sigma_x^2 + \sigma_y^2 + \sigma_z^2}{\sigma_\varepsilon^2}} \end{aligned} \tag{5-65}$$

在以上分析中，假设接收雷达之间已完成了时间同步，未考虑定时误差对目标定位精度的影响，否则，GDOP 还应包含定时误差部分。从式（5 - 65）中不难发现，GDOP 排除了量测误差因素，单纯量度的是空间几何分布对目标定位精度的影响。

5.3 利用 TOA 和 AOA 量测进行空-天分布式双站目标定位

5.3.1 概述

在未来信息化战争中，目标精确定位是实现高威胁目标精准打击的前提。空-天分布式雷达系统通过卫星发射、无人机接收目标辐射信号的方式，提取回波信号中的目标时延和相位量测信息，进而间接获取目标位置。可以利用多雷达接收站的空域分集特性对空中目标进行定位，然而，由于一些实际因素，很多空域只有单接收站覆盖，因此，有必要考虑单接收站下的空-天双基雷达目标定位。不同于高度为零的地面目标定位，空中目标定位至少需要 3 个自由度来唯一确定目标的三维位置，为此，采用安装面阵天线获取站内 AOA 量测，并借助卫星发射主波束先验知识的方式，开展空中目标定位的研究。本节给出一种利用 TOA-AOA 量测进行空中目标定位的方法。

对于单站目标定位而言，需要获得目标接收距离、接收俯仰 AOA 和方位 AOA 信息。此外，若采用双基体制，无法直接得到目标接收距离，还需要借助发射主波束的先验知识分离发射距离和接收距离。

在单站下，可以获得的量测包括双基距离时延、俯仰 AOA 和方位 AOA，分别记作

$$\bar{r}_1 = \bar{d}_a + \bar{d}_1 \tag{5-66}$$

$$\varphi_1 = \bar{\varphi}_1 + \Delta\varphi_1 \tag{5-67}$$

$$\theta_1 = \bar{\theta}_1 + \Delta\theta_1 \tag{5-68}$$

5.3.2 单站目标定位方法

由极坐标和直角坐标的几何关系，目标坐标 x 的估计可以写成

$$\hat{x} \approx d_1 \cos\varphi \cos\theta + x_i \tag{5-69}$$

进而，可得目标坐标 y 的估计，为

$$\hat{y} = \tan\theta(\hat{x} - x_i) + y_i \tag{5-70}$$

以及目标坐标 z 的估计，为

$$\hat{z} = \tan\varphi\sqrt{(\hat{x}-x_i)^2+(\hat{y}-y_i)^2}+z_i \tag{5-71}$$

对于单基地雷达，可以直接采用式（5－69）～式（5－71）对空中目标进行定位。然而，由于双基距离量测不能直接得到接收距离，还需要借助发射主波束和空中目标飞行高度先验知识。假设卫星的天线视角为 α_0，俯仰发射主波束的宽度为 α_{BW}，则根据余弦定理可得发射主波束的近端和远端视角，分别为

$$\alpha_- = \alpha_0 - \frac{\alpha_{BW}}{2} = \arccos\left[\frac{(H+R_e)^2+d_-^2-(R_e+h_+)^2}{2(H+R_e)d_+}\right] \tag{5-72}$$

$$\alpha_+ = \alpha_0 + \frac{\alpha_{BW}}{2} = \arccos\left[\frac{(H+R_e)^2+d_+^2-(R_e+h_-)^2}{2(H+R_e)d_+}\right] \tag{5-73}$$

式中，H 表示卫星高度；R_e 表示地球半径；h_- 和 h_+ 分别为空中目标最大和最小飞行高度；d_- 和 d_+ 分别为发射主波束近端和远端对应的斜距。求解式（5－72）和式（5－73），可得 d_- 和 d_+，则发射距离的估计为

$$\hat{d}_a \in [d_-, d_+] \tag{5-74}$$

进一步地，接收距离的估计为

$$\hat{d}_1 \in [r_1-d_+, r_1-d_-] \tag{5-75}$$

联合式（5－69）～式（5－72）和式（5－75），可得接收单站下空中目标位置的估计。

在双基构型下，无法直接获得目标接收距离，本节采用借助发射主波束先验知识的方法。从几何上，目标将落在以接收雷达为圆心、接收距离为半径的球面上，接收俯仰 AOA 和方位 AOA 给出了接收雷达指向目标的方向。然而，由于无法直接通过双基距离得到接收距离，因此只能通过借助发射主波束的先验知识，此时的目标观测方向和以目标最近接收距离和最远接收距离构成球壳的交线为目标位置的估计区间。发射波束宽度越窄，交线越短，目标位置估计精度也相应越高。

5.3.3 CRLB 推导

CRLB 是一种参数估计器评判准则，它给出了任意无偏参数估计器能够得出的方差下界，本节推导接收单站下的 CRLB。

假设三种量测误差互不相关，满足

$$\Delta r_1 \sim N(0, \sigma_{\Delta r}^2) \tag{5-76}$$

$$\Delta\theta_1 \sim N(0, \sigma_{\Delta\theta}^2) \tag{5-77}$$

$$\Delta\varphi_1 \sim N(0, \sigma_{\Delta\varphi}^2) \tag{5-78}$$

则量测矢量 $\boldsymbol{y}=[r_1,\theta_1,\varphi_1]^{\mathrm{T}}$ 的条件概率密度函数的对数形式可以表示为

$$\ln(\boldsymbol{y}\mid\boldsymbol{u})=\frac{1}{2\sigma_{\Delta r}^2}(r_1-\bar{r}_1)^2+\frac{1}{2\sigma_{\Delta\theta}^2}(\theta_1-\bar{\theta}_1)^2+\frac{1}{2\sigma_{\Delta\varphi}^2}(\varphi_1-\bar{\varphi}_1)^2+C \tag{5-79}$$

式中，C 为某一常数。

$\boldsymbol{u}$ 的 CRLB 可以表示为

$$\mathrm{CRLB}(\boldsymbol{u})=-E\left[\frac{\partial^2\ln(\boldsymbol{y}\mid\boldsymbol{u})}{\partial\boldsymbol{u}\partial\boldsymbol{u}^{\mathrm{T}}}\right]^{-1} \tag{5-80}$$

具体可以写成

$$\mathrm{CRLB}(\boldsymbol{u})=\left(\frac{\partial\boldsymbol{y}}{\partial\boldsymbol{u}^{\mathrm{T}}}\right)^{\mathrm{T}}\boldsymbol{Q}_{\Delta}^{-1}\left(\frac{\partial\boldsymbol{y}}{\partial\boldsymbol{u}^{\mathrm{T}}}\right) \tag{5-81}$$

式中，

$$\frac{\partial\boldsymbol{y}}{\partial\boldsymbol{u}^{\mathrm{T}}}=[\boldsymbol{\alpha},\boldsymbol{\beta}_1^{\mathrm{T}}]^{\mathrm{T}} \tag{5-82}$$

$$\boldsymbol{Q}_{\Delta}=\begin{bmatrix}\sigma_{\Delta r}^2 & 0 & 0\\ 0 & \sigma_{\Delta\theta}^2 & 0\\ 0 & 0 & \sigma_{\Delta\varphi}^2\end{bmatrix} \tag{5-83}$$

$$\boldsymbol{\alpha}=\frac{\boldsymbol{u}-\boldsymbol{a}}{\bar{d}_a}+\frac{\boldsymbol{u}-\boldsymbol{s}_1}{\bar{d}_1} \tag{5-84}$$

$$\boldsymbol{\beta}_1=\begin{bmatrix}\dfrac{-(y-y_1)}{\gamma_1^2} & \dfrac{x-x_1}{\gamma_1^2} & 0\\ \dfrac{-(x-x_1)(z-z_1)}{\gamma_1 d_1^2} & \dfrac{-(y-y_1)(z-z_1)}{\gamma_1 d_1^2} & \dfrac{\gamma_1}{d_1^2}\end{bmatrix} \tag{5-85}$$

$$\gamma_1=\sqrt{(x-x_1)^2+(y-y_1)^2} \tag{5-86}$$

5.3.4 仿真分析与总结

本节考虑卫星发射、单无人机接收的空中目标定位问题。以卫星的星下点位置为坐标原点，接收站的坐标为[100e3 m,100e3 m,22e3 m]^{T}，每一组结果的蒙特卡罗仿真试验次数为 2 000 次。目标飞行高度先验区间为[9e3 m, 20e3 m]。

图 5 - 2 给出了双站下目标位置估计的 RMSE 随发射波束宽度的变化。不难发现在发射波束中心指向不变的条件下，发射波束宽度越窄，发射距离估计区间越窄，相应的接收距离估计精度越高，目标位置估计的 RMSE

也相对越小。利用俯仰 AOA 和方位 AOA 量测定位目标，需要天线在俯仰和方位上的阵列孔径足够长，否则即便发射波束宽度很窄，目标的定位精度也接近 10^4 m 量级，而大型接收阵面对于机载接收雷达来说是很难实现的。

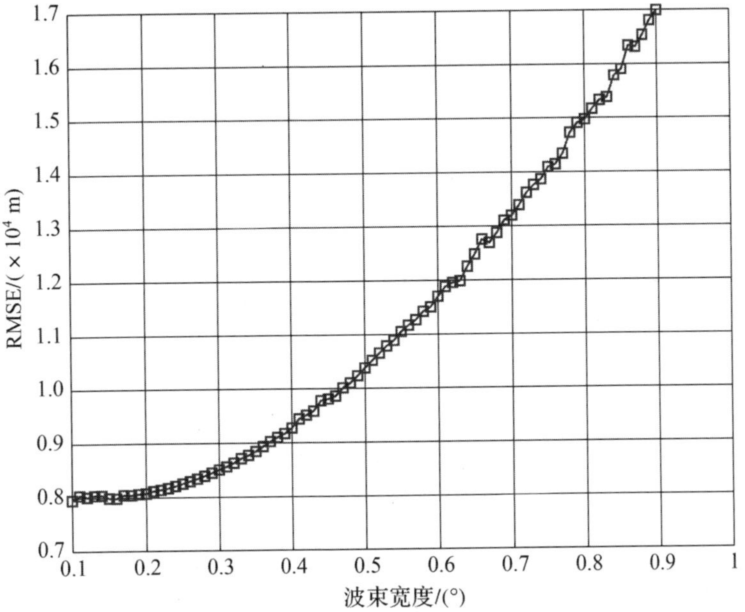

图 5-2　双站下目标位置估计的 RMSE 随发射波束宽度的变化

图 5-3 进一步给出了双站构型无先验信息条件下的 CRLB 曲线，即目标位置估计 RMSE 随 SNR 的变化。可以看到目标估计精度随着 SNR 的提高而不断提高，然而，即便对于 SNR 超过 60 dB 的区域，当使用双基距离、俯仰 AOA 和方位 AOA 量测定位目标时，目标估计的 RMSE 仍不低于 1×10^4 m，这对于高精度目标定位来说是不能接受的。因此，双站目标定位更多地用于定位方案的参考，用于比较三站甚至更多接收站下带来的定位精度得益。

本节针对卫星和单无人机组成的空-天双站目标定位问题，借助发射波束的先验知识分离接收距离，进而采用单站的方式进行目标定位。单站定位需要提供超大孔径天线阵面，这对于机载系统而言是不现实的。因此，双站目标定位更多作为一种参考基准，下面将利用多站观测目标时的空域分集特性，在多站条件下进行高精度目标定位。

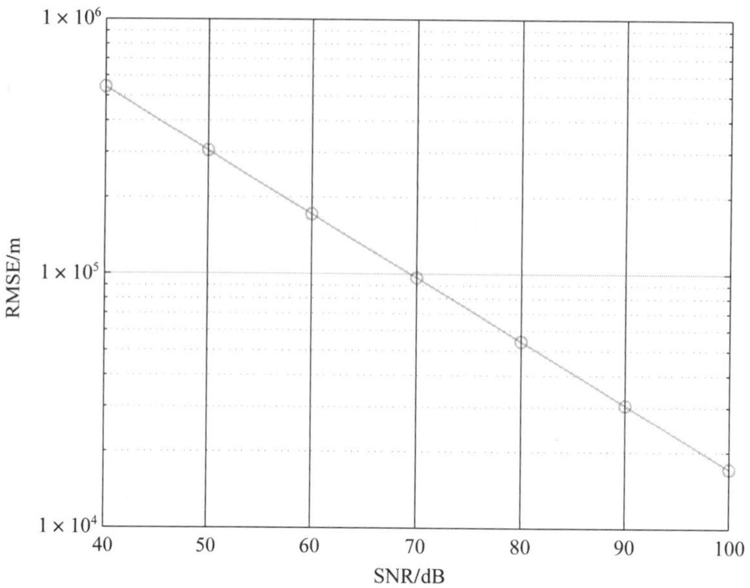

图 5－3　双站构型下目标位置估计 RMSE 随 SNR 的变化

5.4　利用 TDOA 和 AOA 量测进行空－天分布式三站目标定位

5.4.1　概述

在未来信息化战争的背景下，分布式多站目标定位可为有效施行敌方情报获取、电子干扰乃至最终的精确打击提供有力保障，是战场侦察和监视体系中的一项关键技术。相较于单站目标定位，分布式雷达系统中各雷达观测目标的视角不同，多站目标定位的基础正是这种观测视角差异带来的空域分集增益，每一观测视角对应一组定位曲面，最终可以体现为多组定位曲面相交，交叠区域为目标位置的估计范围。

空－天分布式雷达系统通过卫星辐射任务区域、无人机被动接收目标辐射信号的方式进行空中目标定位，己方卫星辐射源可控，无人机仅接收信号，不易受到敌方干扰，具有广阔的应用前景。对于“一发多收”模式而言，若任务区域只允许 3 架无人机执行任务，则根据 5.1.1 节分析可知，仅需 3 站 TOA 量测即可进行空中目标定位。实际中，一方面由于 GNSS 提供的位置精度有限，卫星的位置误差较大，直接利用 TOA 量测势必会引入较大的定位误差；另一方面，TDOA 目标定位可以通过求距离差的方式抵消发射站公共不确定性对定位的影响，但采用 TDOA 量测定位需要至少 4 个接收站，若只有 3 个接收站，则为了满足空中目标定位所需的参数可识别条件，还需要接收雷达内安装阵列天线，通过联合 TDOA 和 AOA 量测的方式进行三站混合目标定位。

如上所述，由于 GNSS 测量精度有限，仅可得到卫星和无人机的导航位置，分别记作 $\boldsymbol{a}^{\circ}=[x_a^{\circ},y_a^{\circ},z_a^{\circ}]^{\mathrm{T}}$ 和 $\boldsymbol{s}_i^{\circ}=[x_i^{\circ},y_i^{\circ},z_i^{\circ}]^{\mathrm{T}}(i=1,2,\cdots,K)$，它们的实际位置未知，实际位置和导航位置的关系可以分别表示为

$$\boldsymbol{a}=\boldsymbol{a}^{\circ}+\Delta\boldsymbol{a} \tag{5-87}$$

$$\boldsymbol{s}_i=\boldsymbol{s}_i^{\circ}+\Delta\boldsymbol{s}_i \tag{5-88}$$

式中，$\Delta\boldsymbol{a}$ 和 $\Delta\boldsymbol{s}_i$ 分别表示为卫星和第 i 架无人机的位置误差，服从分布

$$\Delta\boldsymbol{a}\sim N(\boldsymbol{0}_{3\times1},\boldsymbol{Q}_a) \tag{5-89}$$

$$\Delta\boldsymbol{s}_i\sim N(\boldsymbol{0}_{3\times1},\boldsymbol{Q}_{s0}) \tag{5-90}$$

式中，$\boldsymbol{Q}_a=E[\Delta\boldsymbol{a}\Delta\boldsymbol{a}^{\mathrm{T}}]$；$\boldsymbol{Q}_{s0}=E[\Delta\boldsymbol{s}_i\Delta\boldsymbol{s}_i^{\mathrm{T}}]$。

现在，可以给出 3 个接收站下的 TDOA 量测矢量 $\boldsymbol{r}_1\in\mathbb{R}^{2\times1}$，表示为

$$\boldsymbol{r}_1=\bar{\boldsymbol{r}}_1+\Delta\boldsymbol{r}_1 \tag{5-91}$$

以及每个接收站的 AOA 量测矢量 $\boldsymbol{\psi}\in\mathbb{R}^{3\times1}$，表示为

$$\boldsymbol{\psi}=\bar{\boldsymbol{\psi}}+\Delta\boldsymbol{\psi} \tag{5-92}$$

下面将介绍一种三站混合目标定位方法，通过联合利用站内和站间多种量测的方式，实现空中目标定位。

5.4.2 三站目标定位方法

本节给出一种三站混合目标定位方法，通过三阶段处理依次获得目标的三维坐标分量。首先，联合站内和站间的 TDOA 和 AOA 量测，估计目标的坐标 x 及参考距离（目标到参考雷达的距离）；然后，通过“压缩”参数的方式，利用站间的 TDOA 量测构造伪线性方程组进行目标定位；最后，利用参考距离和目标三维坐标之间的约束，对目标定位结果进行更新。

1. 站内和站间混合量测估计参考距离和坐标 x

第 i 部接收雷达的无噪 TDOA 量测，可以写成

$$\bar{r}_{i1}=\bar{d}_i-\bar{d}_1 \tag{5-93}$$

同时，根据第 i 部接收雷达的无噪 AOA 量测，有

$$\bar{\psi}_i = \arccos\left(\frac{x - x_i}{\bar{d}_i}\right) \tag{5-94}$$

考虑到雷达位置误差对观测视角的影响很小，因此有

$$\bar{\psi}_i \approx \bar{\psi}_i^{\circ} = \arccos\left(\frac{x - x_i^{\circ}}{\bar{d}_i}\right) \tag{5-95}$$

将式（5－95）代入 TDOA 量测，可得

$$x - \bar{d}_1 \cos \bar{\psi}_i = x_i^{\circ} + \bar{r}_{i1} \cos \bar{\psi}_i \tag{5-96}$$

定义参数矢量 $\boldsymbol{v}_1 \triangleq [x, \bar{d}_1]^{\mathrm{T}}$，式（5－96）整理为矩阵形式可以写成

$$\boldsymbol{h}_1 = \boldsymbol{G}_1 \boldsymbol{v}_1 \tag{5-97}$$

式中，

$$\boldsymbol{G}_1 = \begin{bmatrix} 1 & -\cos \bar{\psi}_2 \\ 1 & -\cos \bar{\psi}_3 \end{bmatrix} \tag{5-98}$$

$$\boldsymbol{h}_1 = \begin{bmatrix} x_2^{\circ} \\ x_3^{\circ} \end{bmatrix} + \begin{bmatrix} \bar{r}_{21} \cos \bar{\psi}_2 \\ \bar{r}_{31} \cos \bar{\psi}_3 \end{bmatrix} \tag{5-99}$$

用含噪量测矢量 $\boldsymbol{\psi}$ 和 $\boldsymbol{r}_1$ 分别替代无噪量测矢量 $\bar{\boldsymbol{\psi}}$ 和 $\bar{\boldsymbol{r}}_1$，则将式（5－97）表示为最小二乘问题：

$$\hat{\boldsymbol{v}}_1 = \min_{\boldsymbol{v}_1} \| \boldsymbol{h}_1 - \boldsymbol{G}_1 \boldsymbol{v}_1 \|_2^2 \tag{5-100}$$

最小二乘解为

$$\hat{\boldsymbol{v}}_1 = (\boldsymbol{G}_1^{\mathrm{T}} \boldsymbol{G}_1)^{-1} \boldsymbol{G}_1^{\mathrm{T}} \boldsymbol{h}_1 \tag{5-101}$$

2. 站间 TDOA 量测定位目标

经典的 Chan 方法[13]在第一阶段估计由目标参数和参考距离构成的增广参数矢量，对于空中目标定位而言，包含 4 个未知参数和至少 5 个接收站才能满足参数可识别条件。在本节方法中，已利用站内和站间的混合量测估计了参考距离和目标坐标 x，剩余 2 个未知参数，使接收雷达数量的需求降至最少 3 部。

类似 Chan 方法，将式 $\bar{r}_{i1} = \bar{d}_i - \bar{d}_1$ 整理为 $\bar{d}_i = \bar{r}_{i1} + \bar{d}_1$，两边平方，可得

$$\bar{r}_{i1}^2 + 2\bar{r}_{i1}\bar{d}_1 = R_i - R_1 - 2(\boldsymbol{s}_i - \boldsymbol{s}_1)^{\mathrm{T}} \bar{\boldsymbol{u}} \tag{5-102}$$

式中，$R_i = \boldsymbol{s}_i^{\mathrm{T}} \boldsymbol{s}_i$。考虑含噪量测 $\bar{r}_{i1} = r_{i1} - \Delta r_{i1}$ 和位置关系 $\boldsymbol{s}_i = \boldsymbol{s}_i^{\circ} + \Delta \boldsymbol{s}_i$，代入

式（5－102）中，整理后为

$$\zeta_{i1} \triangleq 2\Delta r_{i1}\bar{d}_1 - 2(\boldsymbol{s}_i^{\circ} - \boldsymbol{u})^{\mathrm{T}}\Delta\boldsymbol{s}_i + 2(\boldsymbol{s}_1^{\circ} - \boldsymbol{u})^{\mathrm{T}}\Delta\boldsymbol{s}_1$$

$$\approx r_{i1}^2 - R_i^{\circ} + R_1^{\circ} + 2(\boldsymbol{s}_i^{\circ} - \boldsymbol{s}_1^{\circ})^{\mathrm{T}}\boldsymbol{u} + 2r_{i1}\bar{d}_1 \tag{5-103}$$

式中，$R_i^{\circ} = \boldsymbol{s}_i^{\circ\mathrm{T}}\boldsymbol{s}_i^{\circ}$。定义参数矢量 $\boldsymbol{v}_2 \triangleq [y, z]^{\mathrm{T}}$，将来自所有接收站的 TDOA 量测整理为矩阵形式

$$\boldsymbol{\zeta} = \boldsymbol{h}_2 - \boldsymbol{G}_2\boldsymbol{v}_2 \tag{5-104}$$

式中，

$$\boldsymbol{\zeta} = [\zeta_{21}, \cdots, \zeta_{K1}]^{\mathrm{T}}$$

$$\boldsymbol{G}_2 = -2\begin{bmatrix} y_2^{\circ} - y_1^{\circ} & z_2^{\circ} - z_1^{\circ} \\ \vdots & \vdots \\ y_K^{\circ} - y_1^{\circ} & z_K^{\circ} - z_1^{\circ} \end{bmatrix} \tag{5-105}$$

$$\boldsymbol{h}_2 = \begin{bmatrix} r_{21}^2 - R_2^{\circ} + R_1^{\circ} \\ \vdots \\ r_{K1}^2 - R_K^{\circ} + R_1^{\circ} \end{bmatrix} + 2\begin{bmatrix} x_2^{\circ} - x_1^{\circ} \\ \vdots \\ x_K^{\circ} - x_1^{\circ} \end{bmatrix}\hat{x} \tag{5-106}$$

最小化 $\boldsymbol{\zeta W \zeta}$，其中 $\boldsymbol{W} = E[\boldsymbol{\zeta\zeta}^{\mathrm{T}}]^{-1}$，则 $\boldsymbol{v}_2$ 的加权最小二乘（WLS）估计为

$$\hat{\boldsymbol{v}}_2 = (\boldsymbol{G}_2^{\mathrm{T}}\boldsymbol{W}\boldsymbol{G}_2)^{-1}\boldsymbol{G}_2^{\mathrm{T}}\boldsymbol{W}(\boldsymbol{h}_2 + 2\tilde{\boldsymbol{r}}\hat{r}_1^{\circ}) \tag{5-107}$$

式中，$\tilde{\boldsymbol{r}} = [\tilde{r}_{21}, \cdots, \tilde{r}_{K1}]^{\mathrm{T}}$ 为 TDOA 矢量。

下面推导加权矩阵，考虑到

$$\boldsymbol{\zeta} = \boldsymbol{A}\Delta\boldsymbol{r}_1 + \boldsymbol{B}\Delta\boldsymbol{s} = [\boldsymbol{A} \quad \boldsymbol{B}]\begin{bmatrix} \Delta\boldsymbol{r}_1 \\ \Delta\boldsymbol{s} \end{bmatrix} \tag{5-108}$$

其中，$\Delta\boldsymbol{s} = [\Delta\boldsymbol{s}_1^{\mathrm{T}}, \Delta\boldsymbol{s}_2^{\mathrm{T}}, \cdots, \Delta\boldsymbol{s}_K^{\mathrm{T}}]^{\mathrm{T}}$。假设目标到接收站的距离和角度近似相同，即有

$$\boldsymbol{A} \approx \boldsymbol{I}_{K-1} \tag{5-109}$$

$$\boldsymbol{B} \approx \begin{bmatrix} \boldsymbol{1}_{1\times3} & -\boldsymbol{1}_{1\times3} & \cdots & \boldsymbol{0}_{1\times3} \\ \boldsymbol{1}_{1\times3} & \vdots & \ddots & \vdots \\ \boldsymbol{1}_{1\times3} & \boldsymbol{0}_{1\times3} & \cdots & -\boldsymbol{1}_{1\times3} \end{bmatrix} \tag{5-110}$$

则加权矩阵 $\boldsymbol{W}$ 可以表示为

$$\boldsymbol{W} = (\boldsymbol{A}\boldsymbol{Q}_{\Delta r_1}\boldsymbol{A}^{\mathrm{T}} + \boldsymbol{B}\boldsymbol{Q}_{\Delta s}\boldsymbol{B}^{\mathrm{T}})^{-1} \tag{5-111}$$

3. 利用参考距离约束更新目标定位结果

尽管通过上述两个步骤可以得到目标定位结果，但目标位置未受到参考距离 $\hat{\bar{d}}_1$ 的约束，由于接收站沿 Y 方向的空域分集增益远大于沿 Z 方向的空域分

集增益，因此目标二维坐标估计的精度不同。参考距离约束下目标位置更新如图 5－4 所示，环形浅灰色区域表示经过第一阶段估计之后目标坐标(y,z)所处的区域，矩形深灰色区域表示第二阶段目标坐标(y,z)的估计精度，“☆”表示第二阶段估计的目标坐标估计$(\hat{y},\hat{z})$，而“★”表示对应的目标实际坐标分量。

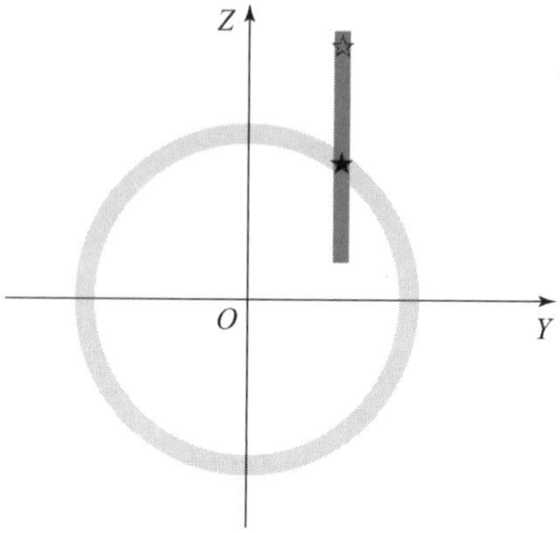

图 5－4　参考距离约束下目标位置更新

由于参数估计值 $\hat{y}$ 和 $\hat{z}$ 的估计精度不同，且 $\hat{y}$ 的估计精度远高于 $\hat{z}$，因此有一种简单的处理方式是直接使用参考距离 $\hat{\hat{d}}_1$ 和目标坐标 x，y 的估计 $\hat{x}$，$\hat{y}$，更新目标坐标 z 的估计，即

$$\hat{z}=z_1^{\mathrm{o}}-\sqrt{\hat{\hat{d}}_1^{\,2}-(x_1^{\mathrm{o}}-\hat{x})^2-(y_1^{\mathrm{o}}-\hat{y})^2} \tag{5-112}$$

进一步，三站目标定位方法流程图如图 5－5 所示。

5.4.3　CRLB 推导

本节推导 3 个接收站下利用 TDOA 和 AOA 量测进行目标定位的目标位置估计的 CRLB，以比较不同方法之间的目标定位性能。

假设 TDOA 量测误差 Δr_{1i}和 AOA 量测误差 $\Delta\psi_i$ 服从高斯分布：

$$\Delta r_{1i}\sim N(0,\sigma_{\Delta r_1}^2) \tag{5-113}$$

$$\Delta\psi_i\sim N(0,\sigma_{\Delta\psi}^2) \tag{5-114}$$

式中，$\sigma_{\Delta r_1}^2$和 $\sigma_{\Delta\psi}^2$ 分别表示 TDOA 量测误差和 AOA 量测误差的方差，且不同接收站、不同类型之间的量测误差互不相关，写成

$$E[\Delta r_{1i}\Delta r_{1i'}]=0,\ i,i'=2,3;i\neq i' \tag{5-115}$$

$$E[\Delta\psi_j\Delta\psi_j{}']=0,\ j,j'=2,3;j\neq j' \tag{5-116}$$

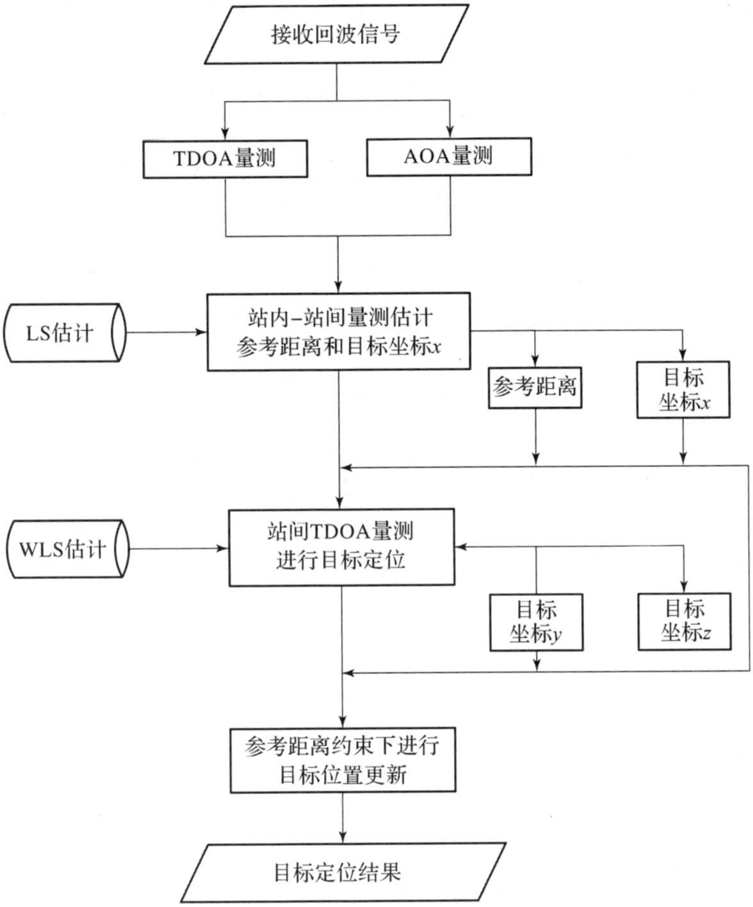

图 5-5　三站目标定位方法流程图

$$E[\Delta r_{1i}\Delta\psi_j]=0,\ i=2,3;j=1,2,3 \tag{5-117}$$

将量测矢量 $\boldsymbol{y}=[\boldsymbol{r}_1^{\mathrm{T}},\boldsymbol{\psi}^{\mathrm{T}}]^{\mathrm{T}}$ 的条件概率密度函数表示为对数形式：

$$\ln(\boldsymbol{y}\mid\boldsymbol{u})=-\frac{1}{2}(\boldsymbol{r}_1-\bar{\boldsymbol{r}}_1)^{\mathrm{T}}\boldsymbol{Q}_{\Delta r_1}(\boldsymbol{r}_1-\bar{\boldsymbol{r}}_1)-\frac{1}{2}(\boldsymbol{\psi}-\bar{\boldsymbol{\psi}})^{\mathrm{T}}\boldsymbol{Q}_{\Delta\psi}(\boldsymbol{\psi}-\boldsymbol{\psi})-$$

$$\frac{1}{2}(\boldsymbol{s}-\bar{\boldsymbol{s}})^{\mathrm{T}}\boldsymbol{Q}_{\Delta s}^{-1}(\boldsymbol{s}-\bar{\boldsymbol{s}})+C \tag{5-118}$$

式中，C 为某一常数。

$$\boldsymbol{Q}_{\Delta r_1}=\sigma_{\Delta r_1}^2\boldsymbol{I}_2 \tag{5-119}$$

$$\boldsymbol{Q}_{\Delta\psi}=\sigma_{\Delta\psi}^2\boldsymbol{I}_3 \tag{5-120}$$

$$\boldsymbol{Q}_{\Delta s}=\boldsymbol{I}_{K-1}\otimes\boldsymbol{Q}_{\Delta s0} \tag{5-121}$$

根据定义

$$\mathrm{CRLB}(\boldsymbol{\eta}) = -E\left[\frac{\partial^2 \ln(\boldsymbol{y} \mid \boldsymbol{\eta})}{\partial \boldsymbol{\eta} \partial \boldsymbol{\eta}^{\mathrm{T}}}\right]^{-1} \tag{5-122}$$

式中，$\boldsymbol{\eta} = [\boldsymbol{u}^{\mathrm{T}}, \Delta \boldsymbol{s}^{\mathrm{T}}]^{\mathrm{T}}$ 表示待估计参数矢量。将式（5－118）代入（5－122）中，可得

$$\mathrm{CRLB}(\boldsymbol{\eta}) = -E\left[\frac{\partial^2 \ln f(\boldsymbol{y} \mid \boldsymbol{\eta})}{\partial \boldsymbol{\eta} \partial \boldsymbol{\eta}^{\mathrm{T}}}\right]^{-1} = \begin{bmatrix} \boldsymbol{X} & \boldsymbol{Y} \\ \boldsymbol{Y}^{\mathrm{T}} & \boldsymbol{Z} \end{bmatrix}^{-1} \tag{5-123}$$

式中，分块矩阵 $\boldsymbol{X}$，$\boldsymbol{Y}$ 和 $\boldsymbol{Z}$ 可以分别表示为

$$\boldsymbol{X} = -E\left[\frac{\partial^2 \ln f(\boldsymbol{y} \mid \boldsymbol{u})}{\partial \boldsymbol{u} \partial \boldsymbol{u}^{\mathrm{T}}}\right] = \left(\frac{\partial \boldsymbol{y}}{\partial \boldsymbol{u}^{\mathrm{T}}}\right)^{\mathrm{T}} \boldsymbol{Q}_{\Delta y}^{-1} \left(\frac{\partial \boldsymbol{y}}{\partial \boldsymbol{u}}\right) \tag{5-124}$$

$$\boldsymbol{Y} = -E\left[\frac{\partial^2 \ln f(\boldsymbol{y} \mid \boldsymbol{u})}{\partial \boldsymbol{u} \partial \Delta \boldsymbol{s}^{\mathrm{T}}}\right] = \left(\frac{\partial \boldsymbol{y}}{\partial \boldsymbol{u}^{\mathrm{T}}}\right)^{\mathrm{T}} \boldsymbol{Q}_{\Delta y}^{-1} \left(\frac{\partial \boldsymbol{y}}{\partial \Delta \boldsymbol{s}}\right) \tag{5-125}$$

$$\boldsymbol{Z} = -E\left[\frac{\partial^2 \ln f(\boldsymbol{y} \mid \boldsymbol{u})}{\partial \Delta \boldsymbol{s} \partial \Delta \boldsymbol{s}^{\mathrm{T}}}\right] = \left(\frac{\partial \boldsymbol{y}}{\partial \Delta \boldsymbol{s}^{\mathrm{T}}}\right)^{\mathrm{T}} \boldsymbol{Q}_{\Delta y}^{-1} \left(\frac{\partial \boldsymbol{y}}{\partial \Delta \boldsymbol{s}}\right) + \boldsymbol{Q}_{\Delta s}^{-1} \tag{5-126}$$

式中，

$$\boldsymbol{Q}_{\Delta y} = \begin{bmatrix} \boldsymbol{Q}_{\Delta r_1} & \\ & \boldsymbol{Q}_{\Delta \psi} \end{bmatrix} \tag{5-127}$$

为量测误差的协方差矩阵，式中

$$\frac{\partial \boldsymbol{y}}{\partial \boldsymbol{u}^{\mathrm{T}}} = \begin{bmatrix} \dfrac{\partial \bar{\boldsymbol{r}}_1}{\partial \boldsymbol{u}^{\mathrm{T}}} \\[2ex] \dfrac{\partial \bar{\boldsymbol{\psi}}}{\partial \boldsymbol{u}^{\mathrm{T}}} \end{bmatrix} \tag{5-128}$$

$$\frac{\partial \bar{\boldsymbol{r}}_1}{\partial \boldsymbol{u}^{\mathrm{T}}} = \begin{bmatrix} \dfrac{(\boldsymbol{s}_2^{\mathrm{o}} - \boldsymbol{u})^{\mathrm{T}}}{\bar{d}_2} - \dfrac{(\boldsymbol{s}_1^{\mathrm{o}} - \boldsymbol{u})^{\mathrm{T}}}{\bar{d}_1} \\[2ex] \dfrac{(\boldsymbol{s}_3^{\mathrm{o}} - \boldsymbol{u})^{\mathrm{T}}}{\bar{d}_3} - \dfrac{(\boldsymbol{s}_1^{\mathrm{o}} - \boldsymbol{u})^{\mathrm{T}}}{\bar{d}_1} \end{bmatrix}, \quad \frac{\partial \bar{\boldsymbol{\psi}}}{\partial \boldsymbol{u}^{\mathrm{T}}} = \begin{bmatrix} \dfrac{w_1^2}{\bar{d}_1^2} & \dfrac{-(x_1^{\mathrm{o}} - x)(y_1^{\mathrm{o}} - y)}{w_1 \bar{d}_1^2} & \dfrac{-(x_1^{\mathrm{o}} - x)(z_1^{\mathrm{o}} - z)}{w_1 \bar{d}_1^2} \\[2ex] \dfrac{w_2^2}{\bar{d}_2^2} & \dfrac{-(x_2^{\mathrm{o}} - x)(y_2^{\mathrm{o}} - y)}{w_2 \bar{d}_2^2} & \dfrac{-(x_2^{\mathrm{o}} - x)(z_2^{\mathrm{o}} - z)}{w_2 \bar{d}_2^2} \\[2ex] \dfrac{w_3^2}{\bar{d}_3^2} & \dfrac{-(x_3^{\mathrm{o}} - x)(y_3^{\mathrm{o}} - y)}{w_3 \bar{d}_3^2} & \dfrac{-(x_3^{\mathrm{o}} - x)(z_3^{\mathrm{o}} - z)}{w_3 \bar{d}_3^2} \end{bmatrix} \tag{5-129}$$

$$\frac{\partial \boldsymbol{y}}{\partial \Delta \boldsymbol{s}^{\mathrm{T}}} = \begin{bmatrix} \dfrac{\partial \bar{\boldsymbol{r}}_1}{\partial \Delta \boldsymbol{s}^{\mathrm{T}}} \\[2ex] \dfrac{\partial \bar{\boldsymbol{\psi}}}{\partial \Delta \boldsymbol{s}^{\mathrm{T}}} \end{bmatrix} \tag{5-130}$$

$$\frac{\partial \bar{\boldsymbol{r}}_1}{\partial \Delta \boldsymbol{s}^{\mathrm{T}}}=\begin{bmatrix} \dfrac{(\boldsymbol{s}_1^{\circ}-\boldsymbol{u})^{\mathrm{T}}}{\bar{d}_1} & \dfrac{-(\boldsymbol{s}_2^{\circ}-\boldsymbol{u})^{\mathrm{T}}}{\bar{d}_2} \\ \dfrac{(\boldsymbol{s}_1^{\circ}-\boldsymbol{u})^{\mathrm{T}}}{\bar{d}_1} & \dfrac{-(\boldsymbol{s}_3^{\circ}-\boldsymbol{u})^{\mathrm{T}}}{\bar{d}_3} \end{bmatrix},\quad \frac{\partial \bar{\boldsymbol{r}}_1}{\partial \Delta \boldsymbol{s}^{\mathrm{T}}}=-\frac{\partial \bar{\boldsymbol{\psi}}}{\partial \boldsymbol{u}^{\mathrm{T}}} \tag{5-131}$$

为雅可比变换矩阵及具体表示，式中

$$w_i=\sqrt{(y-y_i)^2+(z-z_i)^2} \tag{5-132}$$

根据分块矩阵求逆引理，可得

$$\mathrm{CRLB}(\boldsymbol{u})=\boldsymbol{X}^{-1}+\boldsymbol{X}^{-1}\boldsymbol{Y}(\boldsymbol{Z}-\boldsymbol{Y}^{\mathrm{T}}\boldsymbol{X}^{-1}\boldsymbol{Y})^{-1}\boldsymbol{Y}^{\mathrm{T}}\boldsymbol{X}^{-1} \tag{5-133}$$

为目标位置估计的 CRLB。

5.4.4 仿真分析与总结

考虑卫星发射、无人机接收的空 – 天分布式雷达系统，以卫星的星下点位置作为坐标原点，卫星位置误差的方差为 100 m^2，3 架无人机分别位于 $[100\mathrm{e}3\ \mathrm{m}, 100\mathrm{e}3\ \mathrm{m}, 22\mathrm{e}3\ \mathrm{m}]^{\mathrm{T}}$，$[200\mathrm{e}3\ \mathrm{m}, 300\mathrm{e}3\ \mathrm{m}, 23\mathrm{e}3\ \mathrm{m}]^{\mathrm{T}}$ 和 $[400\mathrm{e}3\ \mathrm{m}, 400\mathrm{e}3\ \mathrm{m}, 25\mathrm{e}3\ \mathrm{m}]^{\mathrm{T}}$ 处，无人机位置误差的方差为 0.25 m^2。考虑到目标到各接收站的距离各不相同，接收 SNR 也不相同，定义相对 SNR 为相对于参考雷达的接收 SNR。每一组统计结果由 2 000 次蒙特卡罗仿真试验求平均得到。

首先评估不同方法在单次仿真试验下的目标定位性能。表 5 – 1 给出了分别使用 Ho 方法（WLS – Ho）、AOA 辅助定位方法（WLS – AOA）、第三阶段未更新的本节方法（WLS – Non）和更新方法（WLS – Proposed）的目标定位结果比较，其中 WLS – AOA 方法指的是利用发射主波束的先验知识和 AOA 来估计目标 X 坐标和参考距离，而不是通过联合 TDOA 和 AOA 的方式。此外，定位精度定义为

$$\sigma_u \triangleq \sqrt{(x-\hat{x})^2+(y-\hat{y})^2+(z-\hat{z})^2} \tag{5-134}$$

表 5 – 1　不同方法的目标定位结果比较

类型	WLS – Ho	WLS – AOA	WLS – Non	WLS – Proposed
X 方向偏差/m	84 920	327	13	13
Y 方向偏差/m	7 414	328	95	95
Z 方向偏差/m	145 218	62 844	8 144	847
定位精度/m	168 389	62 846	8 145	853

观察表 5－1 可知，WLS－Ho 方法和 WLS－AOA 方法的定位精度很差，不具备实际参考意义，这是因为 WLS－Ho 方法不满足参数可识别条件，无法实现三站 TDOA 目标定位，而 WLS－AOA 方法借助了发射主波束的先验知识，根据 5.3 节的分析，由于发射主波束很宽，利用发射、接收角度和双基距离去估计参考距离将存在很大偏差，进而导致目标偏离其实际位置。通过联合利用 TDOA 和 AOA 的方式，提升参考距离的估计精度，WLS－Non 方法和 WLS－Proposed 方法均在 *X*，*Y* 维获得了较好的估计精度，进一步地，WLS－Proposed 利用参考距离约束显著改善了 *Z* 维的估计精度，最终，三站目标定位精度可控制在 1 000 m 之内。

图 5－6 进一步给出了 WLS－Proposed 方法经过 2 000 次仿真试验的目标位置估计散点图。五角星代表目标的实际位置，而点表示每次仿真试验目标的估计位置。可以看到，目标位置的估计偏差在 *X*，*Y* 和 *Z* 维上，分别约为 50 m，100 m 和 1 000 m，也就是说，位置估计基本控制在一个以目标实际位置为中心，长、宽和高分别为 100 m，200 m 和 2 000 m 的立方体中。此外，即便使用参考距离约束，*Z* 维的估计精度仍然较差，这需要借助 CRLB 工具从构型优化的角度得到改善。

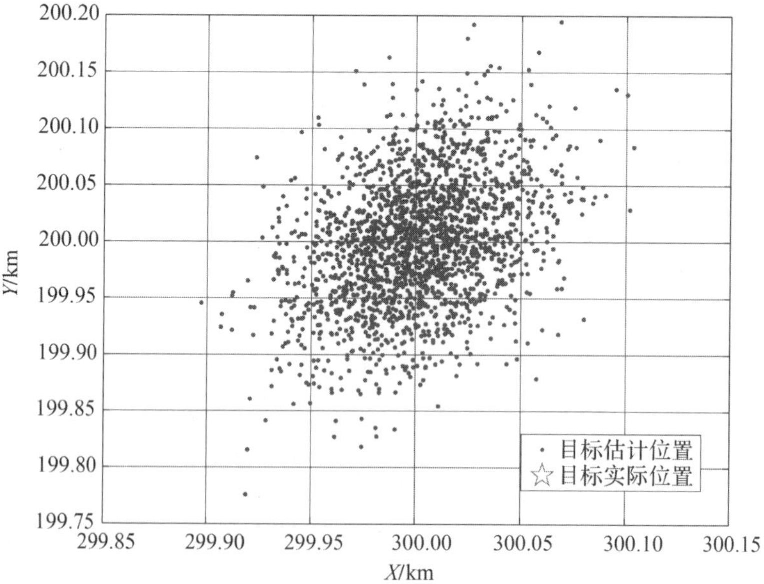

（a）

图 5－6　WLS－Proposed 方法经过 2 000 次仿真试验的目标位置估计散点图

（a）*X*－*Y* 平面

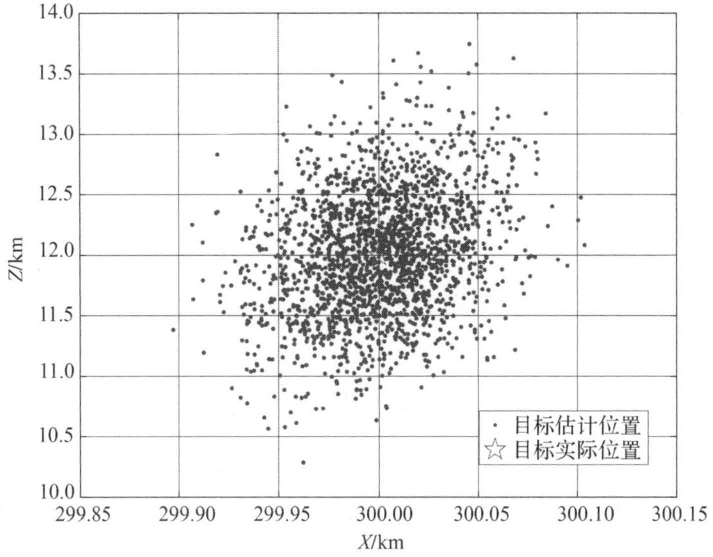

（b）

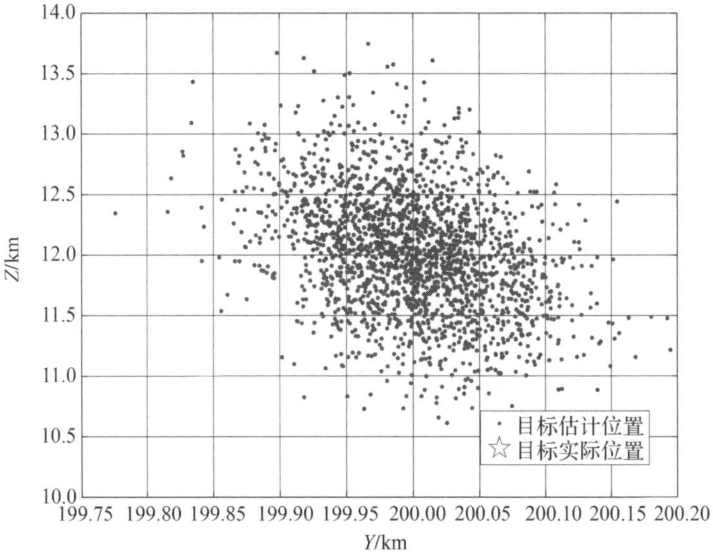

（c）

图 5－6　WLS－Proposed 方法经过 2 000 次仿真试验的目标位置估计散点图（续）

（b）*X*－*Z* 平面；（c）*Y*－*Z* 平面

图 5－7 给出了不同定位方法目标位置估计的 RMSE 随相对 SNR 的变化，可以看到，WLS－Ho 方法不满足参数可识别条件，WLS－AOA 方法依赖发射主波束的先验知识，随着相对 SNR 的增加，两者参数估计的 RMSE 很大，目标估计位置远离其实际位置。对于 WLS－Non 方法和 WLS－Proposed 方法，随

着相对 SNR 的增加，位置估计的 RMSE 逐渐降低，但 WLS - Non 方法的估计精度仍偏离 CRLB，WLS - Proposed 方法在相对 SNR 较高的区域可以接近 CRLB，这表明引入参考距离约束的有效性。通过图 5 - 7 可知，当相对 SNR 超过 20 dB 时，目标定位精度可控制在 1 000 m 之内。

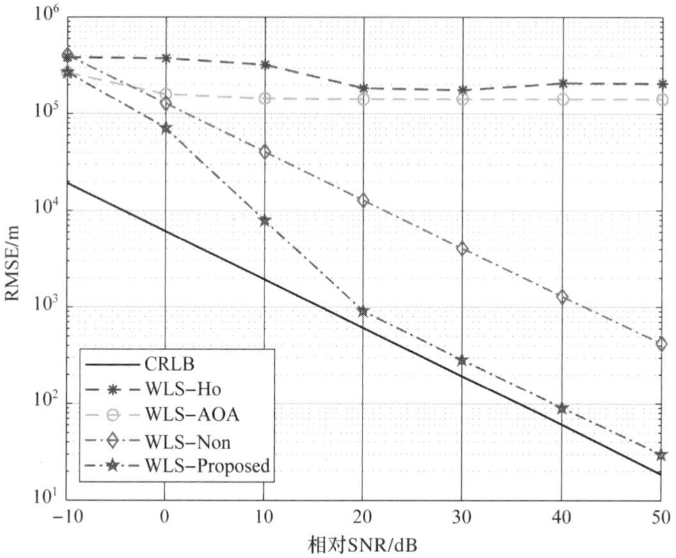

图 5 - 7　不同定位方法目标位置估计的 RMSE 随相对 SNR 的变化

本节针对卫星和 3 架无人机组成的空 - 天分布式雷达系统，联合接收站内和站间混合量测对空中目标进行定位。首先，利用站内 AOA 和站间 TDOA 混合量测估计参考距离和目标坐标 x；然后，利用站间 TDOA 量测进行目标定位；最后，利用参考距离约束更新目标位置。所提方法仅需 3 部接收雷达，当相对 SNR 超过 20 dB 时，目标定位精度在 1 000 m 之内，较好地为三站目标定位提供了一种解决方案。

5.5　利用 TDOA 量测进行空 - 天分布式四站目标定位

5.5.1　概述

根据空中目标定位对应的参数可识别条件可知，若空 - 天分布式雷达系统中包含 4 部接收雷达，则在排除病态观测构型的条件下，可直接利用 TDOA 量测对目标进行定位。然而，由于将参考距离（参考雷达到目标的距离）连同目标位置构成增广参数矢量，Chan 等人提出的两阶段椭球定位估计器需要至少 5 部接收雷达，而 Ma 等人[14]在被动多基雷达舰船目标定位的过程中运用了球面交点（SX）方法[15]，可降低接收站数量的要求，但该方法采用多发单收体制，接收站为地基雷达，没有充分考虑雷达位置误差对目标定位精度的影响。

尽管从理论上看，更多的接收站能获得更高的目标定位精度，但接收站是一种十分宝贵的资源，在满足定位精度指标要求的前提下，接收站数量越少，越能降低成本，同时也能降低被敌方发现的风险。因此，有必要挖掘量测之间的数学特性，透过几何关系设计目标定位方法，为火控、侦察、制导等提供高精度的目标定位信息。

本节主要研究在实际应用背景下，已知卫星和 4 部接收雷达位置下的目标定位问题，且由于 GNSS 测量精度有限，仅可得到卫星和无人机的导航位置，具体的参数表示和 5. 4. 1 节保持一致。

5. 5. 2　四站目标定位方法

本节提出一种收发站存在位置误差下的空中目标定位方法，该方法降低了在使用 TDOA 量测进行目标定位过程中对接收站数的要求，4 部接收雷达下即可获得目标位置估计。主要分为两个阶段：（1）增广参数矢量估计，将目标位置的加权最小二乘估计代入参考距离方程中，在只利用 4 部接收雷达的前提下迭代估计目标位置和参考距离；（2）目标定位精度改善，以第一阶段目标位置估计作为初值，通过一阶泰勒展开方法[16-17]，提升目标位置估计精度。

1. 增广参数矢量估计

根据无噪 TDOA 量测方程 $\bar{r}_{i1}=\bar{r}_i-\bar{r}_1$以及 $\bar{r}_{i1}=\bar{d}_a+\bar{d}_i$，可得

$$\bar{r}_{i1}+\bar{d}_1=\bar{d}_i \tag{5-135}$$

使用 TDOA 量测可以消除发射站雷达位置误差对目标定位精度的影响。左右两边平方，整理可得

$$\bar{r}_{i1}^2+2\bar{r}_{i1}\bar{d}_1=R_i-R_1-2(\boldsymbol{s}_i-\boldsymbol{s}_1)^{\mathrm{T}}\boldsymbol{u} \tag{5-136}$$

式中，$R_i=\boldsymbol{s}_i^{\mathrm{T}}\boldsymbol{s}_i$。令 $\boldsymbol{s}_i=\boldsymbol{s}_i^{\circ}+\Delta\boldsymbol{s}_i$ 和 $\bar{r}_{i1}=r_{i1}-\Delta r_{i1}$，其中 $\Delta r_{i1}=c\Delta\tau_{i1}$，同时忽略二阶误差项，可得

$$\zeta_{i1}\triangleq 2\Delta r_{i1}\bar{d}_1-2(\boldsymbol{s}_i^{\circ}-\boldsymbol{u})^{\mathrm{T}}\Delta\boldsymbol{s}_i+2(\boldsymbol{s}_1^{\circ}-\boldsymbol{u})^{\mathrm{T}}\Delta\boldsymbol{s}_1$$

$$\approx r_{i1}^2 - R_i^{\circ} + R_1^{\circ} + 2(\boldsymbol{s}_i^{\circ} - \boldsymbol{s}_1^{\circ})^{\mathrm{T}}\boldsymbol{u} + 2r_{i1}\bar{d}_1 \tag{5-137}$$

式中，$R_i^{\circ} = \boldsymbol{s}_i^{\circ\mathrm{T}}\boldsymbol{s}_i^{\circ}$。进一步地，将表示的来自所有接收站的 TDOA 量测整理为矩阵形式，即

$$\boldsymbol{\zeta}_1 = \boldsymbol{h}_1 - \boldsymbol{G}_1\boldsymbol{\varphi}_1 \tag{5-138}$$

式中，$\boldsymbol{\zeta}_1 = [\zeta_{21}, \cdots, \zeta_{K1}]^{\mathrm{T}}$；$\boldsymbol{\varphi}_1 = [\boldsymbol{u}^{\mathrm{T}}, \bar{d}_1]^{\mathrm{T}}$；$\boldsymbol{h}_1$ 和 $\boldsymbol{G}_1$ 可分别表示为

$$\boldsymbol{h}_1 = \begin{bmatrix} r_{21}^2 - R_2^{\circ} + R_1^{\circ} \\ \vdots \\ r_{K1}^2 - R_K^{\circ} + R_1^{\circ} \end{bmatrix} \tag{5-139}$$

$$\boldsymbol{G}_1 = -2\begin{bmatrix} (\boldsymbol{s}_2^{\circ} - \boldsymbol{s}_1^{\circ})^{\mathrm{T}} & r_{21} \\ \vdots & \vdots \\ (\boldsymbol{s}_K^{\circ} - \boldsymbol{s}_1^{\circ})^{\mathrm{T}} & r_{K1} \end{bmatrix} \tag{5-140}$$

由于观测方程包含 4 个未知参数，而 TDOA 量测数为 $K-1$，若采用 Chan 方法求解，则需要 $K \geqslant 5$ 部接收雷达才能满足参数可识别条件；否则，未知参数的个数大于量测数，无法进行目标定位。

进一步将式（5-138）中的 TDOA 量测矢量改写为

$$\boldsymbol{\zeta}_1 = \boldsymbol{h}_1 + 2\boldsymbol{r}_1\bar{d}_1 - \breve{\boldsymbol{G}}_1\boldsymbol{u} \tag{5-141}$$

式中，

$$\breve{\boldsymbol{G}}_1 = -2\begin{bmatrix} (\boldsymbol{s}_2^{\circ} - \boldsymbol{s}_1^{\circ})^{\mathrm{T}} \\ \vdots \\ (\boldsymbol{s}_K^{\circ} - \boldsymbol{s}_1^{\circ})^{\mathrm{T}} \end{bmatrix} \tag{5-142}$$

若最小化 $\boldsymbol{\zeta}_1^{\mathrm{T}}\boldsymbol{W}_1\boldsymbol{\zeta}_1$，其中 $\boldsymbol{W}_1 = E[\boldsymbol{\zeta}_1\boldsymbol{\zeta}_1^{\mathrm{T}}]^{-1}$，则根据 Gauss - Markov 定理，可得 $\boldsymbol{p}$ 的最小二乘估计为

$$\hat{\boldsymbol{p}} = (\breve{\boldsymbol{G}}_1^{\mathrm{T}}\boldsymbol{W}_1\breve{\boldsymbol{G}}_1)^{-1}\breve{\boldsymbol{G}}_1^{\mathrm{T}}\boldsymbol{W}_1(\boldsymbol{h}_1 + 2\boldsymbol{r}_1\bar{d}_1) \tag{5-143}$$

将式（5-143）代入参考距离 $\bar{d}_1$ 中，可近似得到

$$\|(\breve{\boldsymbol{G}}_1^{\mathrm{T}}\boldsymbol{W}_1\breve{\boldsymbol{G}}_1)^{-1}\breve{\boldsymbol{G}}_1^{\mathrm{T}}\boldsymbol{W}_1(\boldsymbol{h}_1 + 2\boldsymbol{r}_1\bar{d}_1) - \boldsymbol{s}_1^{\circ}\|_2 \approx \bar{d}_1 \tag{5-144}$$

整理式（5-144）为

$$A\bar{d}_1^2 + B\bar{d}_1 + C = 0 \tag{5-145}$$

式中，

$$A = 4\|(\breve{\boldsymbol{G}}_1^{\mathrm{T}}\boldsymbol{W}_1\breve{\boldsymbol{G}}_1)^{-1}\breve{\boldsymbol{G}}_1^{\mathrm{T}}\boldsymbol{W}_1\boldsymbol{r}_1\|_2^2 - 1 \tag{5-146}$$

$$B=4\left[(\breve{\boldsymbol{G}}_1^{\mathrm{T}}\boldsymbol{W}_1\breve{\boldsymbol{G}}_1)^{-1}\breve{\boldsymbol{G}}_1^{\mathrm{T}}\boldsymbol{W}_1\boldsymbol{h}_1-\boldsymbol{s}_1^{\mathrm{o}}\right]^{\mathrm{T}}(\breve{\boldsymbol{G}}_1^{\mathrm{T}}\boldsymbol{W}_1\breve{\boldsymbol{G}}_1)^{-1}\breve{\boldsymbol{G}}_1^{\mathrm{T}}\boldsymbol{W}_1\boldsymbol{r}_1 \tag{5-147}$$

$$C=\|(\breve{\boldsymbol{G}}_1^{\mathrm{T}}\boldsymbol{W}_1\breve{\boldsymbol{G}}_1)^{-1}\breve{\boldsymbol{G}}_1^{\mathrm{T}}\boldsymbol{W}_1\boldsymbol{h}_1-\boldsymbol{s}_1^{\mathrm{o}}\|_2 \tag{5-148}$$

计算式（5-141）中的左端来得到加权矩阵 $\boldsymbol{W}_1$ 的表达式。基于量测噪声和位置误差的先验知识，$\boldsymbol{\zeta}_1$ 可写成

$$\boldsymbol{\zeta}_1=\boldsymbol{A}_1\Delta\boldsymbol{r}_1+\boldsymbol{B}_1\Delta\boldsymbol{s}=[\boldsymbol{A}_1\quad\boldsymbol{B}_1]\begin{bmatrix}\Delta\boldsymbol{r}_1\\ \Delta\boldsymbol{s}\end{bmatrix} \tag{5-149}$$

式中，

$$\boldsymbol{A}_1=2\begin{bmatrix}\bar{d}_2 & & 0\\ & \ddots & \\ 0 & & \bar{d}_K\end{bmatrix} \tag{5-150}$$

$$\boldsymbol{B}_1=2\begin{bmatrix}(\boldsymbol{s}_1^{\mathrm{o}}-\boldsymbol{u})^{\mathrm{T}} & -(\boldsymbol{s}_2^{\mathrm{o}}-\boldsymbol{u})^{\mathrm{T}} & & \boldsymbol{0}_{1\times3}\\ (\boldsymbol{s}_1^{\mathrm{o}}-\boldsymbol{u})^{\mathrm{T}} & \vdots & \ddots & \vdots\\ (\boldsymbol{s}_1^{\mathrm{o}}-\boldsymbol{u})^{\mathrm{T}} & \boldsymbol{0}_{1\times3} & & -(\boldsymbol{s}_K^{\mathrm{o}}-\boldsymbol{u})^{\mathrm{T}}\end{bmatrix} \tag{5-151}$$

则加权矩阵 $\boldsymbol{W}_1$ 表示为

$$\boldsymbol{W}_1=(\boldsymbol{A}_1\boldsymbol{Q}_{\Delta\boldsymbol{r}_1}\boldsymbol{A}_1^{\mathrm{T}}+\boldsymbol{B}_1\boldsymbol{Q}_{\Delta\boldsymbol{s}}\boldsymbol{B}_1^{\mathrm{T}})^{-1} \tag{5-152}$$

式中，$\boldsymbol{Q}_{\Delta\boldsymbol{r}_1}=E[\Delta\boldsymbol{r}_1\Delta\boldsymbol{r}_1^{\mathrm{T}}]$；$\boldsymbol{Q}_{\Delta\boldsymbol{s}}=E[\Delta\boldsymbol{s}\Delta\boldsymbol{s}^{\mathrm{T}}]$，其中 $\Delta\boldsymbol{s}=[\Delta\boldsymbol{s}_1^{\mathrm{T}},\Delta\boldsymbol{s}_2^{\mathrm{T}},\cdots,\Delta\boldsymbol{s}_K^{\mathrm{T}}]^{\mathrm{T}}$。由于接收雷达到目标的距离以及角度未知，无法直接构造 $\boldsymbol{A}_1$ 和 $\boldsymbol{B}_1$，因此可以采用迭代估计的思想，并在首次估计中，假设目标到接收雷达的距离和角度近似相同，则 $\boldsymbol{A}_1$ 和 $\boldsymbol{B}_1$ 可进一步简化为

$$\boldsymbol{A}_1\approx\boldsymbol{I}_{K-1} \tag{5-153}$$

$$\boldsymbol{B}_1\approx\begin{bmatrix}\boldsymbol{1}_{1\times3} & -\boldsymbol{1}_{1\times3} & \cdots & \boldsymbol{0}_{1\times3}\\ \boldsymbol{1}_{1\times3} & \vdots & \ddots & \vdots\\ \boldsymbol{1}_{1\times3} & \boldsymbol{0}_{1\times3} & \cdots & -\boldsymbol{1}_{1\times3}\end{bmatrix} \tag{5-154}$$

求解含 $\bar{d}_1$ 的一元二次方程，可得参考雷达到目标的距离估计 $\hat{\bar{d}}_1$，进而可得第一阶段目标位置的估计

$$\hat{\boldsymbol{u}}^{\mathrm{I}}=(\breve{\boldsymbol{G}}_1^{\mathrm{T}}\boldsymbol{W}_1\breve{\boldsymbol{G}}_1)^{-1}\breve{\boldsymbol{G}}_1^{\mathrm{T}}\boldsymbol{W}_1(\boldsymbol{h}_1+2\boldsymbol{r}_1\hat{\bar{d}}_1) \tag{5-155}$$

需要强调的是，即便是对于多于4部接收雷达的定位场景，本节所提的目标定位方法在第一阶段目标位置估计的过程中也必须是4部接收雷达。所有接收雷达的TDOA量测将在第二阶段用于进一步提升目标定位精度。

2. 目标定位精度改善

在得到第一阶段目标位置的估计之后，对 r_{i1} 做一阶泰勒展开，可得

$$r_{i1} \approx \|\boldsymbol{s}_i^{\circ} - \hat{\boldsymbol{u}}^{\mathrm{I}}\|_2 - \|\boldsymbol{s}_1^{\circ} - \hat{\boldsymbol{u}}^{\mathrm{I}}\|_2 + (\boldsymbol{\alpha}_i - \boldsymbol{\alpha}_1)^{\mathrm{T}}\Delta\boldsymbol{u} + \boldsymbol{\alpha}_i^{\mathrm{T}}\Delta\boldsymbol{s}_i - \boldsymbol{\alpha}_1^{\mathrm{T}}\Delta\boldsymbol{s}_1 + \Delta r_{i1} \tag{5-156}$$

式中，$\Delta\boldsymbol{u} = \boldsymbol{u} - \hat{\boldsymbol{u}}^{\mathrm{I}}$ 表示第一阶段的目标位置估计偏差；

$$\boldsymbol{\alpha}_i = \frac{\boldsymbol{s}_i^{\circ} - \hat{\boldsymbol{u}}^{\mathrm{I}}}{\|\boldsymbol{s}_i^{\circ} - \hat{\boldsymbol{u}}^{\mathrm{I}}\|_2} \tag{5-157}$$

表示导航位置处的第 i 部接收雷达指向目标位置第一阶段估计处的方向矢量。

进一步整理可得

$$\zeta_{i2} = \boldsymbol{\alpha}_i^{\mathrm{T}}\Delta\boldsymbol{s}_i - \boldsymbol{\alpha}_1^{\mathrm{T}}\Delta\boldsymbol{s}_1 + \Delta r_{i1} = r_{i1} - \|\boldsymbol{s}_i^{\circ} - \hat{\boldsymbol{u}}^{\mathrm{I}}\|_2 + \|\boldsymbol{s}_1^{\circ} - \hat{\boldsymbol{u}}^{\mathrm{I}}\|_2 - (\boldsymbol{\alpha}_i - \boldsymbol{\alpha}_1)^{\mathrm{T}}\Delta\boldsymbol{u} \tag{5-158}$$

将所有接收站的 TDOA 量测整理为矩阵形式，写成

$$\boldsymbol{\zeta}_2 = \boldsymbol{h}_2 - \boldsymbol{G}_2\Delta\boldsymbol{u} \tag{5-159}$$

式中，$\boldsymbol{\zeta}_2 = [\zeta_{22}, \cdots, \zeta_{K2}]^{\mathrm{T}}$；$\boldsymbol{h}_2$ 和 $\boldsymbol{G}_2$ 可分别表示为

$$\boldsymbol{h}_2 = \begin{bmatrix} r_{21} - \hat{L}_2 + \hat{L}_1 \\ \vdots \\ r_{K1} - \hat{L}_K + \hat{L}_1 \end{bmatrix} \tag{5-160}$$

$$\boldsymbol{G}_2 = \begin{bmatrix} (\boldsymbol{\alpha}_2 - \boldsymbol{\alpha}_1)^{\mathrm{T}} \\ \vdots \\ (\boldsymbol{\alpha}_K - \boldsymbol{\alpha}_1)^{\mathrm{T}} \end{bmatrix} \tag{5-161}$$

式中，$\hat{L}_i = \|\boldsymbol{s}_i^{\circ} - \hat{\boldsymbol{u}}^{\mathrm{I}}\|_2$。目标位置估计偏差 $\Delta\boldsymbol{p}$ 的加权最小二乘估计可以写成

$$\Delta\hat{\boldsymbol{u}} = (\boldsymbol{G}_2^{\mathrm{T}}\boldsymbol{W}_2\boldsymbol{G}_2)^{-1}\boldsymbol{G}_2^{\mathrm{T}}\boldsymbol{W}_2\boldsymbol{h}_2 \tag{5-162}$$

式中，$\boldsymbol{W}_2 = E[\boldsymbol{\zeta}_2\boldsymbol{\zeta}_2^{\mathrm{T}}]^{-1}$。下面计算加权矩阵 $\boldsymbol{W}_2$，考虑到

$$\boldsymbol{\zeta}_2 = \boldsymbol{A}_2\boldsymbol{n}_1 + \boldsymbol{B}_2\Delta\boldsymbol{s} = [\boldsymbol{A}_2 \quad \boldsymbol{B}_2]\begin{bmatrix} \Delta\boldsymbol{r}_1 \\ \Delta\boldsymbol{s} \end{bmatrix} \tag{5-163}$$

式中，$\boldsymbol{A}_2$ 和 $\boldsymbol{B}_2$ 为

$$\boldsymbol{A}_2 = \boldsymbol{A}_1 \tag{5-164}$$

$$\boldsymbol{B}_2 = \begin{bmatrix} -\boldsymbol{\alpha}_1^{\mathrm{T}} & \boldsymbol{\alpha}_2^{\mathrm{T}} & \cdots & \boldsymbol{0}_{1\times 3} \\ -\boldsymbol{\alpha}_1^{\mathrm{T}} & \vdots & \ddots & \vdots \\ -\boldsymbol{\alpha}_1^{\mathrm{T}} & \boldsymbol{0}_{1\times 3} & \cdots & \boldsymbol{\alpha}_K^{\mathrm{T}} \end{bmatrix} \tag{5-165}$$

则加权矩阵 $\boldsymbol{W}_2$ 写成

$$\boldsymbol{W}_2 = (\boldsymbol{A}_2\boldsymbol{Q}_{\Delta r_1}\boldsymbol{A}_2^{\mathrm{T}} + \boldsymbol{B}_2\boldsymbol{Q}_{\Delta s}\boldsymbol{B}_2^{\mathrm{T}})^{-1} \tag{5-166}$$

结合式（5－166），可得第二阶段的目标位置估计

$$\hat{\boldsymbol{u}}^{\mathrm{II}} = \hat{\boldsymbol{u}}^{\mathrm{I}} + \Delta\hat{\boldsymbol{u}} \tag{5-167}$$

图 5－8 进一步给出了本节空中目标四站定位方法的流程图。

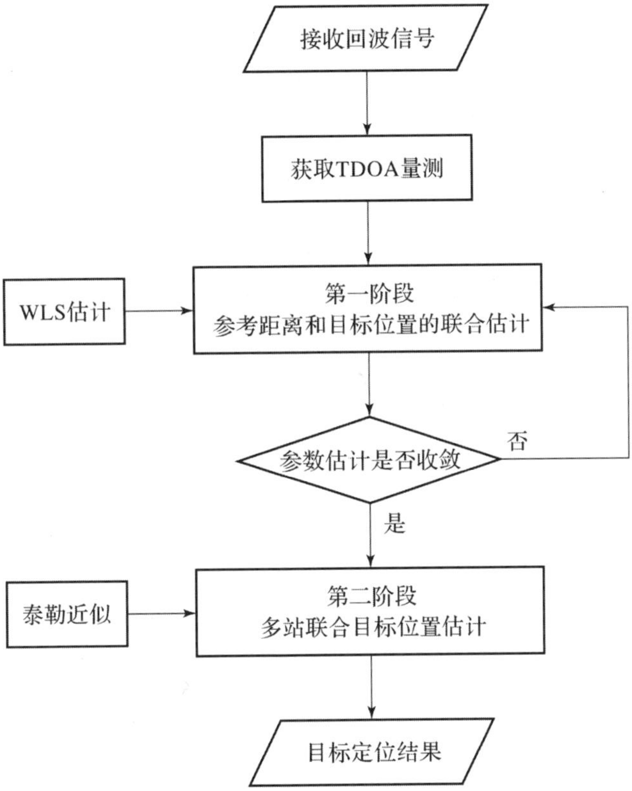

图 5－8　空中目标四站定位方法的流程图

5.5.3　CRLB 推导

为了评估本节算法的目标定位性能，下面推导使用 TDOA 量测进行空中目标定位的 CRLB。

TDOA 量测矢量 $\boldsymbol{r}_1$ 的条件概率密度函数的对数形式可以表示为

$$\ln f(\boldsymbol{r}_1 \mid \boldsymbol{u}) = -\frac{1}{2}(\boldsymbol{r}_1 - \bar{\boldsymbol{r}}_1)^{\mathrm{T}}\boldsymbol{Q}_{\Delta r_1}^{-1}(\boldsymbol{r}_1 - \bar{\boldsymbol{r}}_1) - \frac{1}{2}(\boldsymbol{s} - \bar{\boldsymbol{s}})^{\mathrm{T}}\boldsymbol{Q}_{\Delta s}^{-1}(\boldsymbol{s} - \bar{\boldsymbol{s}}) \tag{5-168}$$

式中，

$$\boldsymbol{Q}_{\Delta r_1}=E[\Delta\boldsymbol{r}_1\Delta\boldsymbol{r}_1^{\mathrm{T}}]=\sigma_{\Delta r_1}^2\boldsymbol{I}_{K-1} \tag{5-169}$$

$$\boldsymbol{Q}_{\Delta s}=E[\Delta\boldsymbol{s}\Delta\boldsymbol{s}^{\mathrm{T}}]=\boldsymbol{I}_{K-1}\otimes\boldsymbol{Q}_{\Delta s0} \tag{5-170}$$

式中，接收站位置矢量 $\boldsymbol{s}\in\mathbb{R}^{3K\times 1}$ 由接收站实际坐标组成，写成

$$\boldsymbol{s}=[\boldsymbol{s}_1^{\mathrm{T}},\boldsymbol{s}_2^{\mathrm{T}},\cdots,\boldsymbol{s}_K^{\mathrm{T}}]^{\mathrm{T}} \tag{5-171}$$

定义参数矢量 $\boldsymbol{\eta}\triangleq[\boldsymbol{u}^{\mathrm{T}},\Delta\boldsymbol{s}^{\mathrm{T}}]^{\mathrm{T}}$，则 $\boldsymbol{\eta}$ 的 CRLB 可以表示为

$$\mathrm{CRLB}(\boldsymbol{\eta})=-E\left[\frac{\partial^2\ln f(\boldsymbol{r}_1\mid\boldsymbol{u})}{\partial\boldsymbol{u}\partial\boldsymbol{u}^{\mathrm{T}}}\right]^{-1}=\begin{bmatrix}\boldsymbol{X} & \boldsymbol{Y}\\ \boldsymbol{Y}^{\mathrm{T}} & \boldsymbol{Z}\end{bmatrix}^{-1} \tag{5-172}$$

利用分块矩阵求逆引理，可得 $\boldsymbol{u}$ 的 CRLB

$$\mathrm{CRLB}(\boldsymbol{u})=\boldsymbol{X}^{-1}+\boldsymbol{X}^{-1}\boldsymbol{Y}(\boldsymbol{Z}-\boldsymbol{Y}^{\mathrm{T}}\boldsymbol{X}^{-1}\boldsymbol{Y})^{-1}\boldsymbol{Y}^{\mathrm{T}}\boldsymbol{X}^{-1} \tag{5-173}$$

式中，分块矩阵 $\boldsymbol{X}$，$\boldsymbol{Y}$ 和 $\boldsymbol{Z}$ 分别表示为

$$\boldsymbol{X}=-E\left[\frac{\partial^2\ln f(\boldsymbol{r}_1\mid\boldsymbol{u})}{\partial\boldsymbol{u}\partial\boldsymbol{u}^{\mathrm{T}}}\right]=\left(\frac{\partial\bar{\boldsymbol{r}}_1}{\partial\boldsymbol{u}^{\mathrm{T}}}\right)^{\mathrm{T}}\boldsymbol{Q}_{\Delta r_1}^{-1}\left(\frac{\partial\bar{\boldsymbol{r}}_1}{\partial\boldsymbol{u}}\right) \tag{5-174}$$

$$\boldsymbol{Y}=-E\left[\frac{\partial^2\ln f(\boldsymbol{r}_1\mid\boldsymbol{u})}{\partial\boldsymbol{u}\partial\Delta\boldsymbol{s}^{\mathrm{T}}}\right]=\left(\frac{\partial\bar{\boldsymbol{r}}_1}{\partial\boldsymbol{u}^{\mathrm{T}}}\right)^{\mathrm{T}}\boldsymbol{Q}_{\Delta r_1}^{-1}\left(\frac{\partial\bar{\boldsymbol{r}}_1}{\partial\boldsymbol{s}}\right) \tag{5-175}$$

$$\boldsymbol{Z}=-E\left[\frac{\partial^2\ln f(\boldsymbol{r}_1\mid\boldsymbol{u})}{\partial\Delta\boldsymbol{s}\partial\Delta\boldsymbol{s}^{\mathrm{T}}}\right]=\left(\frac{\partial\bar{\boldsymbol{r}}_1}{\partial\Delta\boldsymbol{s}^{\mathrm{T}}}\right)^{\mathrm{T}}\boldsymbol{Q}_{\Delta r_1}^{-1}\left(\frac{\partial\bar{\boldsymbol{r}}_1}{\partial\Delta\boldsymbol{s}}\right)+\boldsymbol{Q}_{\Delta s}^{-1} \tag{5-176}$$

式中，

$$\frac{\partial\bar{\boldsymbol{r}}_1}{\partial\boldsymbol{u}^{\mathrm{T}}}=\begin{bmatrix}\dfrac{(\boldsymbol{s}_2^{\mathrm{o}}-\boldsymbol{u})^{\mathrm{T}}}{\bar{d}_2}-\dfrac{(\boldsymbol{s}_1^{\mathrm{o}}-\boldsymbol{u})^{\mathrm{T}}}{\bar{d}_1}\\ \vdots\\ \dfrac{(\boldsymbol{s}_K^{\mathrm{o}}-\boldsymbol{u})^{\mathrm{T}}}{\bar{d}_K}-\dfrac{(\boldsymbol{s}_1^{\mathrm{o}}-\boldsymbol{u})^{\mathrm{T}}}{\bar{d}_1}\end{bmatrix} \tag{5-177}$$

$$\frac{\partial\bar{\boldsymbol{r}}_1}{\partial\Delta\boldsymbol{s}^{\mathrm{T}}}=\begin{bmatrix}\dfrac{(\boldsymbol{s}_1^{\mathrm{o}}-\boldsymbol{u})^{\mathrm{T}}}{\bar{d}_1} & \dfrac{-(\boldsymbol{s}_2^{\mathrm{o}}-\boldsymbol{u})^{\mathrm{T}}}{\bar{d}_2} & & \\ \vdots & & \ddots & \\ \dfrac{(\boldsymbol{s}_1^{\mathrm{o}}-\boldsymbol{u})^{\mathrm{T}}}{\bar{d}_1} & & & \dfrac{-(\boldsymbol{s}_K^{\mathrm{o}}-\boldsymbol{u})^{\mathrm{T}}}{\bar{d}_K}\end{bmatrix} \tag{5-178}$$

为雅可比变换矩阵。

5.5.4 仿真分析与总结

先考虑在 4 部接收雷达下，所提的空中目标定位方法的目标参数估计性能，再对多接收站下的定位性能展开分析。以卫星的星下点位置作为坐标原

点，无人机导航位置可通过 GNSS 获得，卫星和无人机位置误差的方差分别设为 100 m^2和 0.25 m^2，发射信号的载频为 1.25 GHz，信号带宽为 1 MHz，选取 WLS - Ho 方法和 WLS - Mao 方法[18]作为仿真试验对比方法，每一组定位结果均由 2 000 次蒙特卡罗仿真试验求平均得到。

图 5 - 9 给出了 4 部接收雷达下目标位置的 RMSE 随相对 SNR 的变化，其中“+”表示目标位于雷达系统构型内部，各接收雷达观测目标视角差异较大；而“□”表示目标位于构型外部，视角差异较小。由于目标到各接收雷达的距离各不相同，各雷达的接收 SNR 也不相同，故定义相对 SNR 为相对于参考雷达的接收 SNR。此外，4 架无人机的导航位置分别位于 $[100e3\ m, 100e3\ m, 23e3\ m]^T$，$[200e3\ m, 300e3\ m, 22e3\ m]^T$，$[-400e3\ m, 100e3\ m, 23e3\ m]^T$ 和 $[200e3\ m, 300e3\ m, 25e3\ m]^T$ 处。可以看到，随着相对 SNR 的增加，目标定位精度逐步改善，并且在相对 SNR 较高时，能够逼近参数估计的 CRLB。此外，用“+”表示（目标在内部）的定位结果优于用“□”表示（目标在外部）的定位结果，这说明分布式构型能获得更高的定位精度。在四站条件下，由于 WLS - Ho 和 WLS - Mao 方法在估计目标参数时不能满足参数可识别条件，无法进行目标定位，故这里未给出这两种方法的定位结果。

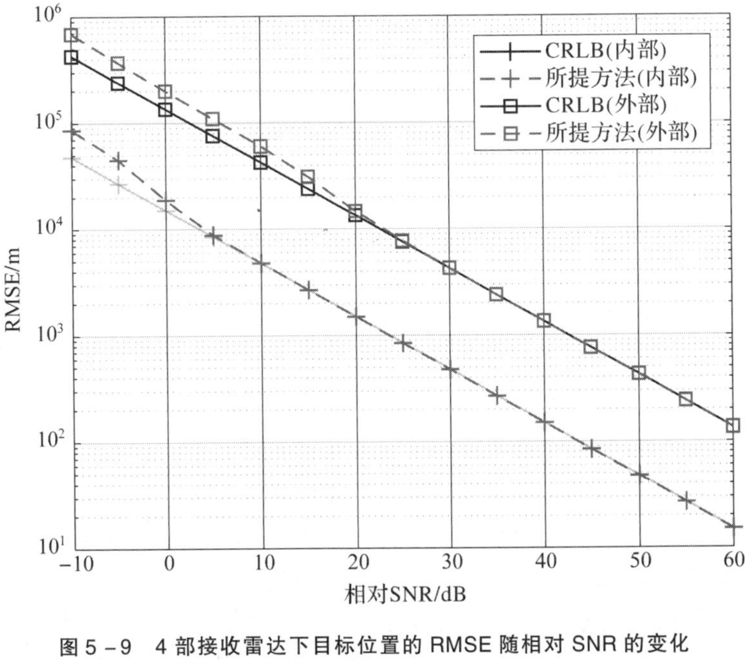

图 5 - 9　4 部接收雷达下目标位置的 RMSE 随相对 SNR 的变化

接着讨论存在雷达位置误差的情况。雷达位置参数不变，图 5－10 给出了位置估计的 RMSE 随相对 SNR 的变化，其中，“＋”和“○”分别表示不考虑雷达位置误差和考虑雷达位置误差的情形。在这两种情形下，所提方法的目标定位精度均随着相对 SNR 的提高而不断改善，且能在 SNR 较高的区域逼近参数估计的 CRLB，表明了该方法对位置误差的稳健性。然而，由于存在雷达位置误差，因此随着相对 SNR 的提高，目标定位精度将受限于雷达位置误差精度的先验统计知识而下降逐步变缓，若可通过 GNSS 获得更加精确的雷达位置，那么目标定位精度也将相应提高。

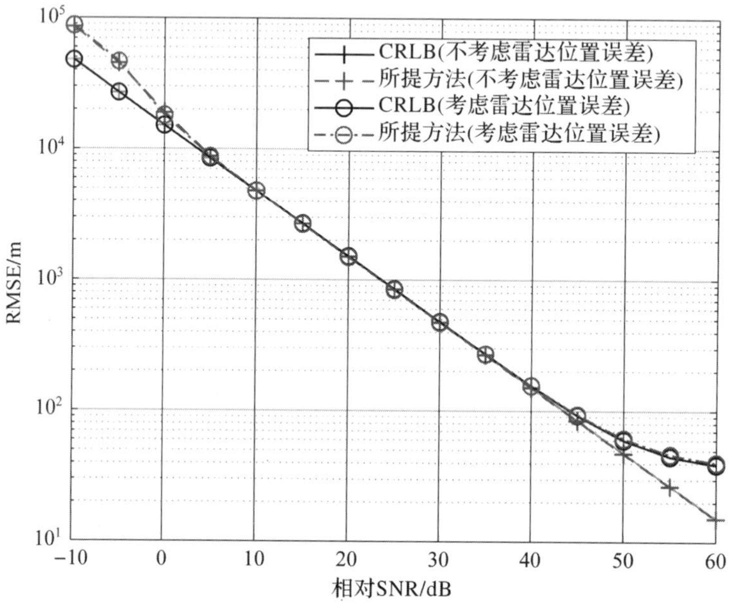

图 5－10　位置估计的 RMSE 随相对 SNR 的变化

为了评估给定构型下目标定位精度随目标位置的变换关系，下面给出 4 部接收雷达下的 GDOP，GDOP 排除了量测估计精度的影响，是一个纯粹的雷达几何构型评判工具。图 5－11 给出了 CRLB 和所提方法下的 GDOP，五角星表示接收雷达位置，等高线量度了目标定位精度，处于同一等高线上的目标定位精度相同。

观察图 5－11 不难发现，若目标处于接收雷达构成的虚拟多面体内部，则所提方法的定位性能较好；若目标处于外部，则目标定位精度显著下降，尤其是对于任意 2 部雷达的连线方向。这说明了若接收站观测目标的视角差异大，则可获得更高的空域分集增益，相应地，目标定位精度也会得到提高。多站观测目标的视角差异是多站目标定位的基础。

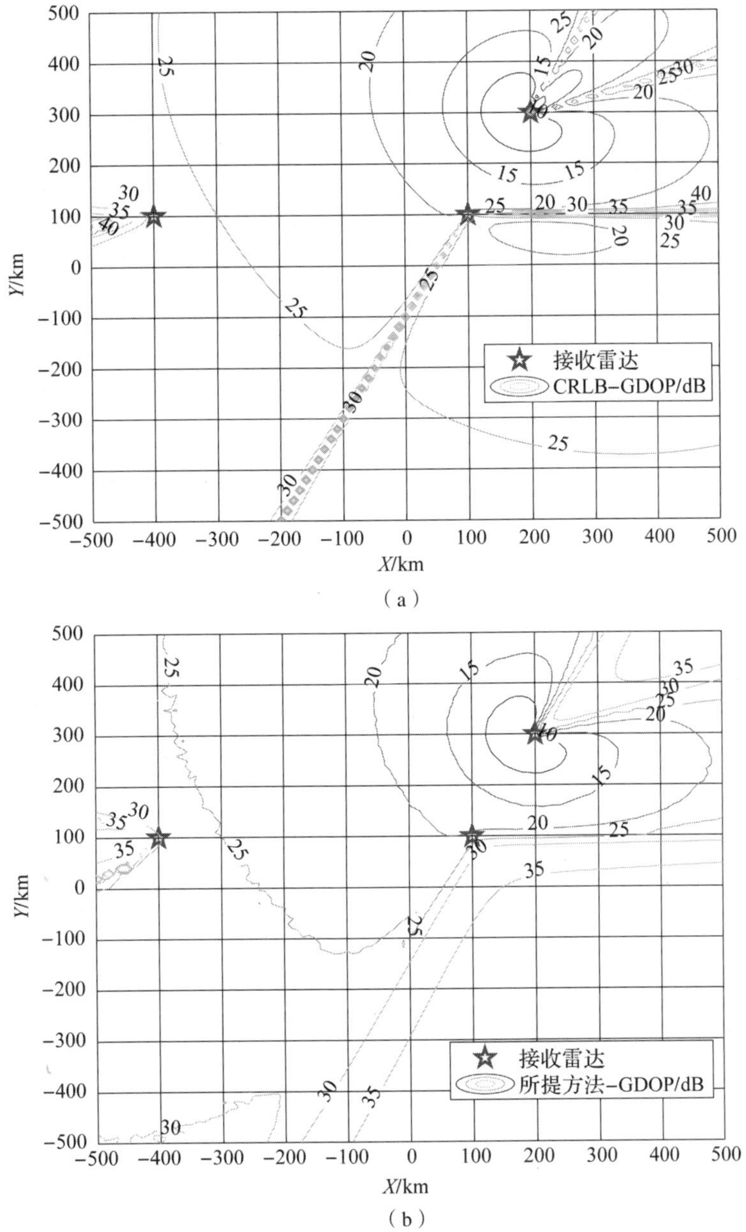

图 5－11　CRLB 和所提方法下的 GDOP

(a) CRLB－GDOP；(b) 所提方法－GDOP

为了不失一般性，下面讨论存在 5 部接收雷达的情况。仍采用之前的雷达构型，同时新加入接收雷达的导航位置位于[0e3 m,500e3 m,25e3 m]^{T} 处，图 5－12 给出了五站下不同定位方法目标位置估计的 RMSE 随相对 SNR 的变化，其中，分别用实线、带“×”的虚线、带“△”的虚线和带“☆”的线表示 CRLB 方法、WLS－Ho 方法、WLS－Mao 方法和所提方法。观察到所提方法和 WLS－Mao 方法的定位精度优于 WLS－Ho 方法，这主要是因为 WLS－Ho 方法利用了参考距离和目标位置之间的非线性关系，而在雷达位置误差较大的情况下，该非线性关系将带来较大的定位误差。此外，所提方法略优于 WLS－Mao 方法，这可以解释为前者在第一阶段获得了更高的目标定位精度。

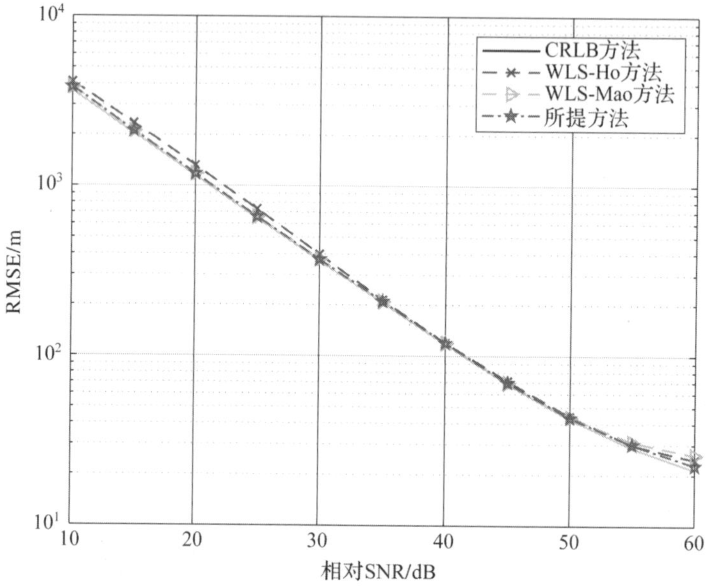

图 5－12　五站下不同定位方法目标位置估计的 RMSE 随相对 SNR 的变化

图 5－13 给出了五站下不同定位方法目标位置估计的 RMSE 随着雷达位置误差方差的变化。若雷达位置不确定性增加，则目标定位精度会受到一定程度的影响。此外，当雷达存在位置误差时，在第二阶段，直接应用泰勒方法相比利用参考距离和目标位置之间的非线性关系将获得更好的目标定位性能。

最后，图 5－14 给出了五站固定构型下不同方法的 GDOP。可以看到，所提方法在目标处于接收雷达视角差异较大的区域时，目标定位精度较高，优于两种参与比较的方法，而在视角差异较小的区域，目标定位估计精度较差，这主要是由于在第一阶段定位过程中，仅使用了 4 部接收雷达，因而目标位置的估计初值不够准确。至于如何在多站下选取其中 4 部接收雷达完成第一阶段的目标定位，则可以借助 CRLB 工具判断。

本节给出了一种基于空－天分布式雷达系统利用 TDOA 量测进行四站目标定位的方法，该方法通过将目标位置的 WLS 代入参考距离方程中，分离了参

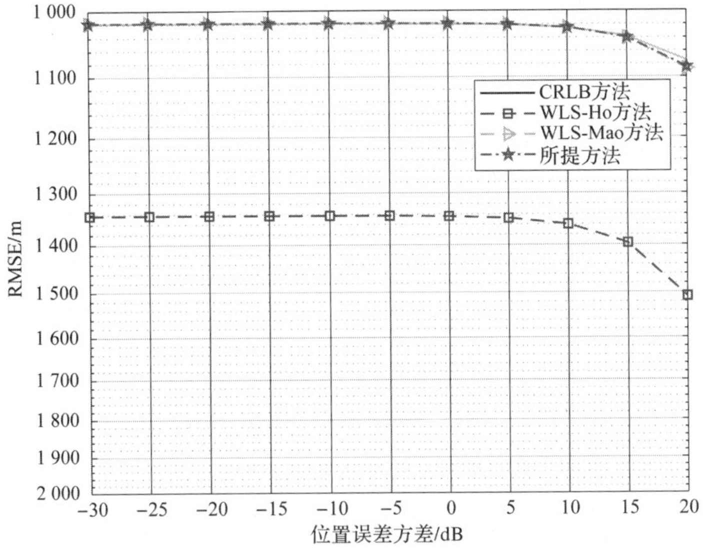

图 5－13　五站下不同定位方法目标位置估计的 RMSE 随雷达位置误差方差的变化

考距离和目标位置的估计。相较于 WLS－Ho 方法，所提方法由于降低了未知参数的个数，仅需 4 部接收雷达即可实现接收站位置存在误差下的 TDOA 定位。需要强调的是，对于接收站多于四站的情况，在本节所提方法的第一阶段中，也只允许使用其中 4 部接收雷达的 TDOA 量测，而所有接收雷达的量测均可以用于在第二阶段中对目标位置进行更新。

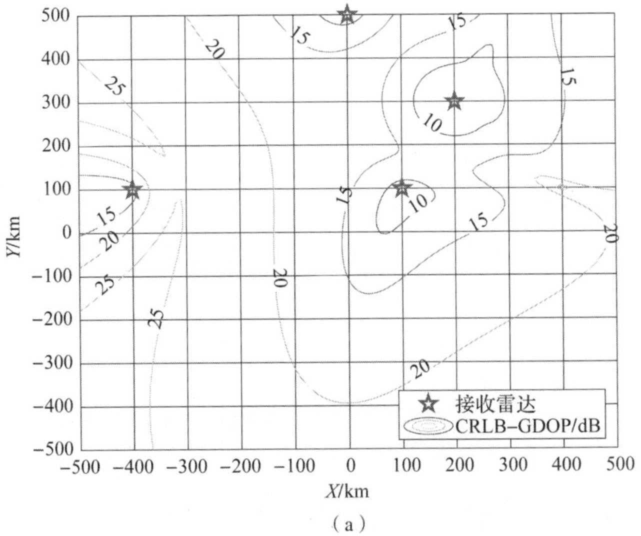

（a）

图 5－14　五站固定构型下不同方法的 GDOP

（a）CRLB－GDOP

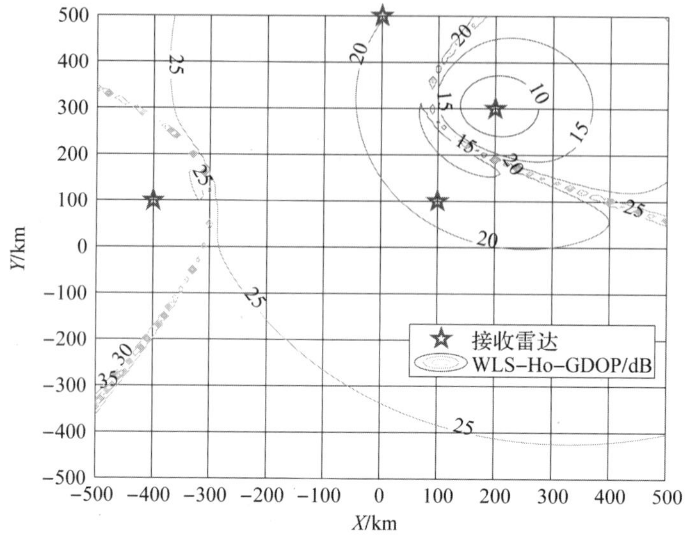

(b)

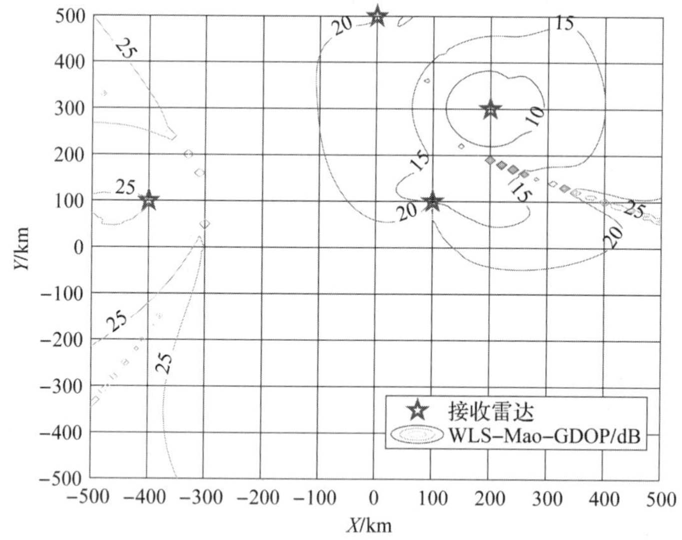

(c)

图 5-14 五站固定构型下不同方法的 GDOP（续）

(b) WLS-Ho-GDOP；(c) WLS-Mao-GDOP

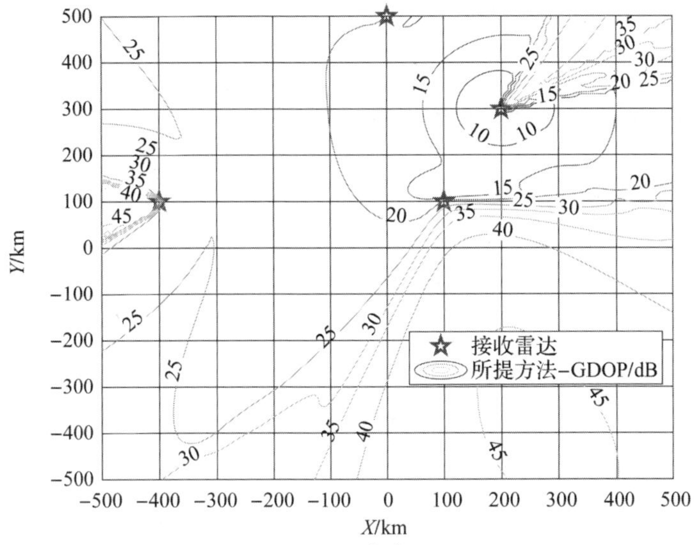

(d)

图 5-14　五站固定构型下不同方法的 GDOP（续）

(d) 所提方法 - GDOP

5.6　航迹跟踪定位

5.6.1　概述

目标跟踪的主要目的是通过一定的方式获得目标的运动状态轨迹。雷达系统可以获得关于目标状态的观测值（位置、速度等）[19-20]，从这些观测值中实时、准确地估计当前时刻的状态并预测下一时刻的状态就是目标跟踪的过程，同时也可以描述为建立跟踪模型和状态估计的过程。

目标跟踪模型分为运动模型和观测模型，运动模型描述了目标运动状态（位置、速度等）随时间的变化情况，又称系统的状态方程；观测模型是对目标状态的观测，又称系统的观测方程。通过滤波估计算法除去运动模型以及传感器的噪声，可以得到更准确的目标状态值，故目标跟踪建模和状态最优估计算法是解决目标跟踪问题的关键部分。目前关于状态估计的算法有很多，卡尔曼滤波算法就是一种递推的线性最小方差估计，计算简单方便，应用到目标跟踪领域可获得非常好的效果，是目前目标跟踪算法的基础。但是从系统角度分析，跟踪系统有可能是非线性的，非线性的系统则需要建立合适的运动模型和观测模型，并选用适当的跟踪算法。总之，目标跟踪所面临的环境越来越复杂多变，对与之相关的目标跟踪技术进行研究是非常有必要和有意义的。

5.6.2 状态方程和观测方程

根据信号与系统理论，一个多输入多输出（MIMO）的离散时间线性时不变（LTI）系统，可用状态方程和输入方程进行描述[21]，如图5-15所示。假设系统有N个状态变量，表示为$x_1(n),x_2(n),\cdots,x_N(n)$；有$S$个输入，表示为$f_1(n),f_2(n),\cdots,f_S(n)$；有$M$个输出，表示为$z_1(n),z_2(n),\cdots,z_M(n)$。

1. 状态方程

$$\boldsymbol{X}(n)=\boldsymbol{F}(n,n-1)\boldsymbol{X}(n-1)+\boldsymbol{\Gamma}(n,n-1)\boldsymbol{w}_1(n-1) \tag{5-179}$$

状态变量：$\boldsymbol{X}(n)\in\mathbb{C}^{N\times 1}$。

状态转移矩阵：$\boldsymbol{F}(n,n-1)\in\mathbb{C}^{N\times N}$。

状态噪声输入矩阵：$\boldsymbol{\Gamma}(n,n-1)\in\mathbb{C}^{N\times S}$。

系统状态噪声：$\boldsymbol{w}_1(n-1)\in\mathbb{C}^{S\times 1}$。

式中，系统的状态转移矩阵$\boldsymbol{F}(n,n-1)$描述了系统状态从$n-1$时刻到n时刻的变化规律。系统状态噪声$\boldsymbol{w}_1(n)$通常为随机过程矢量，并假设为零均值的高斯白噪声。

2. 观测方程

$$\boldsymbol{Z}(n)=\boldsymbol{H}(n)\boldsymbol{X}(n)+\boldsymbol{w}_2(n) \tag{5-180}$$

观测矢量：$\boldsymbol{Z}(n)\in\mathbb{C}^{M\times 1}$。

观测矩阵：$\boldsymbol{H}(n)\in\mathbb{C}^{M\times N}$。

观测噪声：$\boldsymbol{w}_2(n)\in\mathbb{C}^{M\times 1}$。

与状态方程类似，观测噪声$\boldsymbol{w}_2(n)$通常也假定为零均值的高斯白噪声。

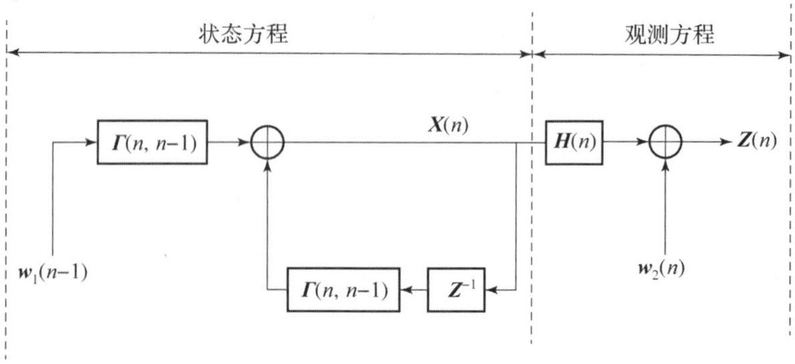

图5-15　系统状态方程与观测方程结构图

3. 卡尔曼滤波

状态方程：$\boldsymbol{X}(n)=\boldsymbol{F}(n-1)\boldsymbol{X}(n-1)+\boldsymbol{\Gamma}(n-1)\boldsymbol{w}_1(n-1)$

观测方程：
$$\boldsymbol{Z}(n)=\boldsymbol{H}(n)\boldsymbol{X}(n)+\boldsymbol{w}_2(n)$$
$$\boldsymbol{Q}(n)=E[\boldsymbol{w}_1(n)\boldsymbol{w}_1^{\mathrm{H}}(n)]$$
$$\boldsymbol{R}(n)=E[\boldsymbol{w}_2(n)\boldsymbol{w}_2^{\mathrm{H}}(n)]$$

初始时刻：由于不能精确知道过程方程的初始状态，因此通常用均值和相关矩阵对它进行描述。

卡尔曼滤波算法的递推步骤如下。

步骤1　状态一步预测。

$$\hat{\boldsymbol{X}}(n\mid n-1)=\boldsymbol{F}(n,n-1)\hat{\boldsymbol{X}}(n-1\mid n-1) \tag{5-181}$$

步骤2　由观测信号 $\boldsymbol{Z}(n)$ 计算新息过程。

$$\boldsymbol{e}(n)=\boldsymbol{Z}(n)-\boldsymbol{H}(n)\hat{\boldsymbol{X}}(n\mid n-1) \tag{5-182}$$

步骤3　一步预测误差自相关矩阵。

$$\boldsymbol{P}(n\mid n-1)=\boldsymbol{F}(k-1)\boldsymbol{P}(n-1)\boldsymbol{F}^{\mathrm{H}}(n-1)+\boldsymbol{\Gamma}(n-1)\boldsymbol{Q}(n-1)\boldsymbol{\Gamma}^{\mathrm{H}}(n-1) \tag{5-183}$$

步骤4　新息过程的自相关矩阵。

$$\boldsymbol{S}(n)=\boldsymbol{H}(n)\boldsymbol{P}(n\mid n-1)\boldsymbol{H}^{\mathrm{H}}(n)+\boldsymbol{R}(n) \tag{5-184}$$

步骤5　卡尔曼增益为

$$\boldsymbol{K}(n)=\boldsymbol{P}(n\mid n-1)\boldsymbol{H}^{\mathrm{H}}(n)\boldsymbol{S}^{-1}(n) \tag{5-185}$$

步骤6　状态估计及误差自相关矩阵为

$$\hat{\boldsymbol{X}}(n\mid n)=\hat{\boldsymbol{X}}(n\mid n-1)+\boldsymbol{K}(n)\boldsymbol{S}(n) \tag{5-186}$$

步骤7　重复步骤1～步骤6，进行递推滤波计算。

采用基本卡尔曼滤波算法实现目标跟踪时，系统状态方程描述了目标的运动特征，如进行匀速或匀加速运动等。然而，随着飞行器机动性能的提高或由于驾驶员的人为控制，目标随时会出现转弯、躲闪或其他特殊的攻击姿态等机动现象。因此，一般情况下，目标不会保持同一种运动状态，采用固定的系统状态方程无法描述机动目标的运动特性。

5.6.3　交互多模型算法

交互多模型（interacting multiple model，IMM）算法是 Blom 等人在 1989 年提出的一种具有马尔可夫转移概率的结构自适应算法[22]。由于目标运动模型的不确定性，因此采用固定的系统状态方程无法描述机动目标的运动特性。交互多模型算法是一种解决运动模式未知情况下的机动目标跟踪的有效方法，它包含一个交互作用器、多个滤波器、一个模型概率更新器和一个状态混合器。模型之间的转换规律遵循已知转换概率的马尔可夫过程。交互多模型的输入是上一时刻各个滤波器的状态估计输出值，其输出为各个滤波器输出状态的加权和，加权系数为更新后的模型概率[23]。

假设交互多模型算法包含 N 个滤波器，即运动模型个数为 N，则目标的运动状态方程满足

$$\boldsymbol{X}(k)=\boldsymbol{F}^{j}(k-1)\boldsymbol{X}(k-1)+\boldsymbol{\Gamma}^{j}(k-1)\boldsymbol{w}^{j}(k-1) \tag{5-187}$$

式中，$\boldsymbol{F}^{j}$，$\boldsymbol{\Gamma}^{j}$和 $\boldsymbol{w}^{j}$分别为模型 j 的运动状态方程、过程噪声输入矩阵和噪声矢量；$j=1,2,\cdots,N$。

交互多模型算法步骤具体如下。

步骤 1　输入交互的估计。

计算混合概率

$$\hat{\mu}_{k|k-1}^{i|j}=\frac{1}{C_j}\pi_{ij}\mu_{k-1}^{i} \tag{5-188}$$

式中，μ_{k-1}^{j}为 $k-1$ 时刻模型 j 的更新概率；π_{ij}为模型转换概率；C_j 为归一化常数，$C_j=\sum_{i=1}^{N}\pi_{ij}\mu_{k-1}^{i}$。

步骤 2　每个滤波器输入的状态估计和误差自相关矩阵。

$$\hat{\boldsymbol{X}}^{0j}(k-1\mid k-1)=\sum_{i=1}^{N}\hat{\boldsymbol{X}}^{j}(k-1\mid k-1)\hat{\mu}^{i|j}(k\mid k-1) \tag{5-189}$$

步骤 3　目标状态一步预测值。

$$\hat{\boldsymbol{X}}^{j}(k\mid k-1)=\boldsymbol{F}(k-1)\hat{\boldsymbol{X}}^{0j}(k-1\mid k-1) \tag{5-190}$$

步骤 4　一步预测误差自相关矩阵。

$$\boldsymbol{P}^{j}(k\mid k-1)=\boldsymbol{F}^{j}(k-1)\hat{\boldsymbol{P}}^{0j}\boldsymbol{F}(k\mid k-1)^{\mathrm{H}}+\boldsymbol{G}(k-1)\boldsymbol{Q}(k-1)^{j}\boldsymbol{G}(k-1)^{\mathrm{H}} \tag{5-191}$$

步骤 5　由量测 $\boldsymbol{Z}_m(k)$ 计算新息过程。

$$\boldsymbol{e}^{j}(k)=\boldsymbol{Z}_m^{j}(k)-\boldsymbol{H}\hat{\boldsymbol{X}}^{j}(k\mid k-1) \tag{5-192}$$

步骤 6　计算新息过程自相关矩阵。

$$\boldsymbol{S}^{j}(k)=\boldsymbol{H}\boldsymbol{P}^{j}(k\mid k-1)\boldsymbol{H}^{\mathrm{T}}+\boldsymbol{R}(k) \tag{5-193}$$

步骤 7　获得卡尔曼增益。

$$\boldsymbol{K}^{j}(k)=\boldsymbol{P}^{j}(k\mid k-1)\boldsymbol{H}^{\mathrm{T}}\boldsymbol{S}^{j}(k)^{-1} \tag{5-194}$$

步骤 8　概率模型更新。

$$\boldsymbol{\Lambda}^{j}(k)=\frac{1}{\sqrt{2\pi\left|S^{j}\right|}}\cdot\exp\left(-\frac{1}{2}e^{j}(k)^{\mathrm{H}}\left(S^{j}(k)\right)^{-1}e^{j}(k)\right) \tag{5-195}$$

$$\mu^{j}(k)=\frac{1}{c}\boldsymbol{\Lambda}^{j}(k)\boldsymbol{C}_{j} \tag{5-196}$$

步骤9　模型j的目标状态估计和状态估计误差自相关矩阵。

$$\hat{\boldsymbol{X}}^{j}(k\mid k)=\hat{\boldsymbol{X}}^{j}(k\mid k-1)+\boldsymbol{K}^{j}(k)\boldsymbol{S}^{j}(k) \tag{5-197}$$

$$\boldsymbol{P}^{j}(k\mid k)=[\boldsymbol{I}-\boldsymbol{K}^{j}(k)\boldsymbol{H}]\boldsymbol{P}^{j}(k\mid k-1) \tag{5-198}$$

步骤10　状态估计和状态估计误差自相关矩阵的组合。

$$\hat{\boldsymbol{X}}(k\mid k)=\sum_{j=1}^{N}\hat{\boldsymbol{X}}^{j}(k\mid k)\mu^{j}(k) \tag{5-199}$$

$$\boldsymbol{P}(k)=\sum_{j=1}^{N}\hat{\mu}_{k}^{j}\{\boldsymbol{P}^{j}(k)+[\hat{\boldsymbol{X}}^{j}(k\mid k)-\hat{\boldsymbol{X}}(k\mid k)][\hat{\boldsymbol{X}}^{j}(k\mid k)-\hat{\boldsymbol{X}}(k\mid k)]'\} \tag{5-200}$$

步骤11　重复以上步骤，进行递推滤波算法，实现目标跟踪。

交互多模型算法流程图如图5－16所示。其中，输入参数为上一时刻状态估计结果及模型概率矩阵，输出参数为该时刻状态估计结果及模型概率矩阵。

5.6.4　仿真分析与总结

本节考虑采用5.5节中所提方法获取目标定位，然后对目标的位置进行跟踪。在4部接收雷达下，以卫星的星下点位置作为坐标原点，无人机导航位置可通过GNSS获得，卫星和无人机位置误差的方差分别设为100 m^2和0.25 m^2。

假设四架无人机的导航位置分别位于$[100\mathrm{e}3\ \mathrm{m},100\mathrm{e}3\ \mathrm{m},23\mathrm{e}3\ \mathrm{m}]^{\mathrm{T}}$，$[200\mathrm{e}3\ \mathrm{m},300\mathrm{e}3\ \mathrm{m},22\mathrm{e}3\ \mathrm{m}]^{\mathrm{T}}$，$[-400\mathrm{e}3\ \mathrm{m},100\mathrm{e}3\ \mathrm{m},23\mathrm{e}3\ \mathrm{m}]^{\mathrm{T}}$和$[200\mathrm{e}3\ \mathrm{m},300\mathrm{e}3\ \mathrm{m},25\mathrm{e}3\ \mathrm{m}]^{\mathrm{T}}$处，发射信号的载频为1.25 GHz，信号带宽为1 MHz，每一组定位结果均由2 000次蒙特卡罗仿真试验求平均得到目标定位，目标初始位置位于$[300\mathrm{e}3\ \mathrm{m},200\mathrm{e}3\ \mathrm{m},12\mathrm{e}3\ \mathrm{m}]^{\mathrm{T}}$，速度为$[80\ \mathrm{m/s},80\ \mathrm{m/s},80\ \mathrm{m/s}]^{\mathrm{T}}$，加速度为$[10\ \mathrm{m/s^2},5\ \mathrm{m/s^2},5\ \mathrm{m/s^2}]^{\mathrm{T}}$，利用5.5节中的方法对目标进行定位，获得的目标定位作为交互多模型算法的量测输入，对目标进行跟踪。

图5－17给出了利用5.5节中所提方法对目标进行的定位量测点迹和已知目标速度和加速度情况下的目标真实航迹。

图5－18给出了将量测输入进行交互多模型滤波算法后的滤波轨迹和目标真实航迹。可以看出滤波轨迹与目标真实航迹基本吻合。

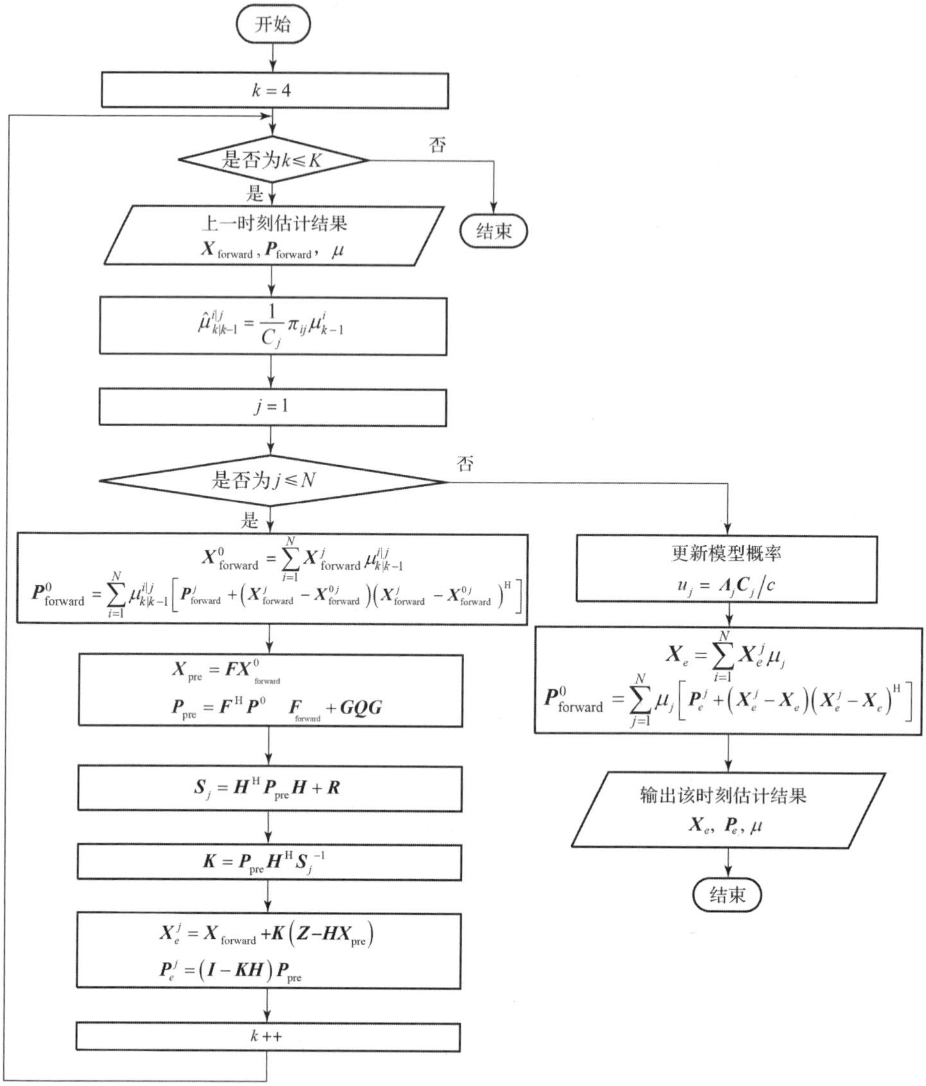

图 5－16　交互多模型算法流程图

图 5－19 和图 5－20 分别给出了滤波前后的位置均方根误差和滤波后的各方向位置均方根误差。可以看出，交互多模型算法对目标的跟踪性能较好。

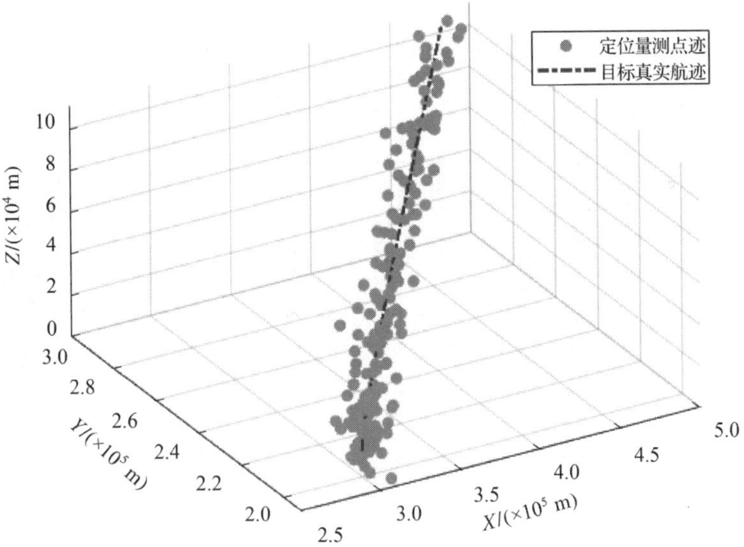

图 5－17　定位量测点迹和目标真实航迹

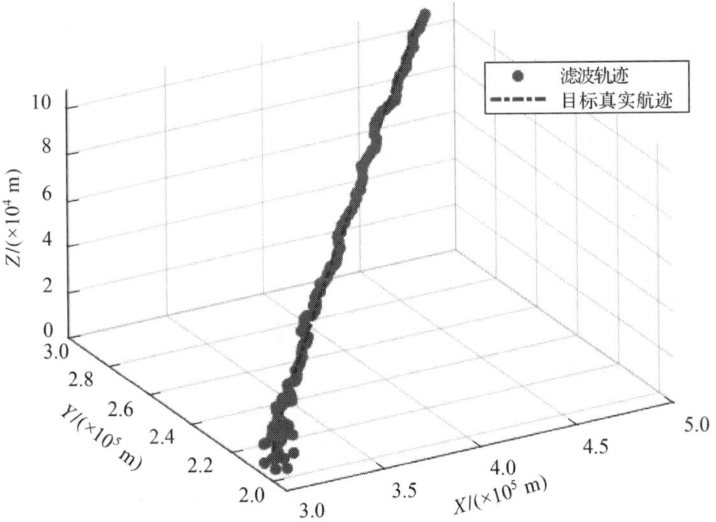

图 5－18　交互多模型算法滤波轨迹和目标真实航迹

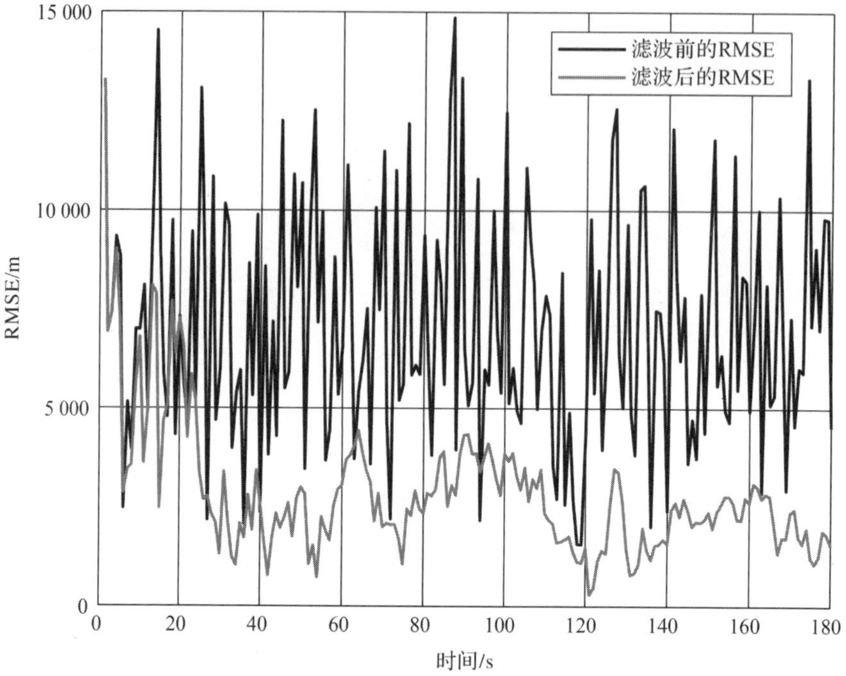

图 5－19　滤波前后的位置均方根误差

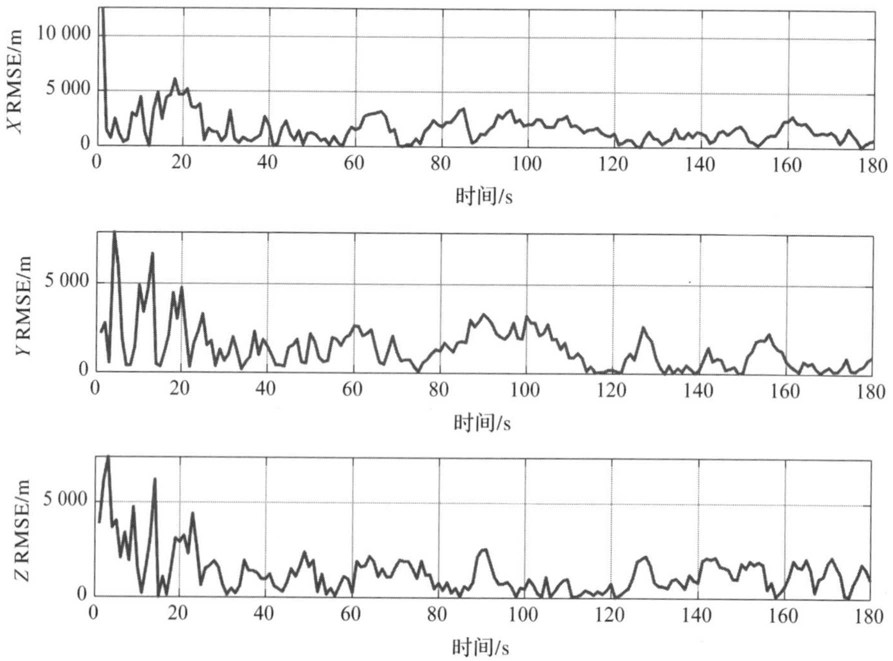

图 5－20　滤波后的各方向位置均方根误差

参考文献

[1] REZA A, BUEHRER R M. Handbook of position location: Theory, practice and advances[M]. Hoboken: John Wiley&Sons, Inc., 2019.

[2] RICHARD A P. Electronic warfare target location methods[M]. 2nd edition. Norwood: Artech House, 2012.

[3] 谢钢. GPS原理与接收机设计[M]. 1版. 北京:电子工业出版社,2017.

[4] 黄丁发,张勤,张小红,等. 卫星导航定位原理[M]. 武汉:武汉大学出版社,2015.

[5] HO K C, LU X N, KOVAVISARUCH L. Source localization using TDOA and FDOA measurements in the presence of receiver location errors: analysis and solution [J]. IEEE Transactions on Signal Processing, 2007, 55(2): 684-696.

[6] SUN M, HO K C. An asymptotically efficient estimator for TDOA and FDOA positioning of multiple disjoint sources in the presence of sensor location uncertainties [J]. IEEE Transactions on Signal Processing, 2011, 59(7): 3434-3440.

[7] WANG G, Li Y M, ANSARI N. Semidefinite relaxation method for source localization using TDOA and FDOA measurements [J]. IEEE Transactions on Vehicular Technology, 2013, 62(2): 853-862.

[8] SONG H L. Automatic vehicle location in cellular communications systems[J]. IEEE Transactions on Vehicular Technology, 1994, 43(4): 902-908.

[9] LIN L, SO H C, CHAN Y T. Accurate and simple source localization using differential received signal strength[J]. Digital Signal Processing, 2013, 23(3): 736-743.

[10] CHAN F K W, SO H C, HUANG L, et al. Parameter estimation and identifiability in bistatic multiple-input multiple-output radar[J]. IEEE Transactions on Aerospace and Electronic Systems, 2015, 51(3): 2047-2056.

[11] KAY S M. Fundamentals of statistical signal processing: Estimation theory[M]. Upper Saddle River: Prentice-Hall, 1993.

[12] LEE H B. Accuracy limitations of hyperbolic multilateration systems [J]. IEEE Transactions on Aerospace and Electronic Systems. 2010, 56(6): 16-29.

[13] CHAN Y T, HO K C. A simple and efficient estimator for hyperbolic location[J]. IEEE Transactions on Signal Processing, 1994, 42(8): 1905-1915.

[14] MA H, ANTONIOU M, STOVE A G, et al. Maritime moving target localization using passive GNSS-based multistatic radar[J]. IEEE Transactions on Geoscience and

Remote Sensing,2018,56(8):4808 -4819.

[15]MELLEN G,PACHTER M,RAQUET J. Closed - form solution for determining emitter location using time difference of arrival measurements[J]. IEEE Transactions on Aerospace and Electronic Systems,2003,39(3):1056 - 1058.

[16]FOY W H. Position - location solutions by - Taylor - series estimation[J]. IEEE Transactions on Aerospace and Electronic Systems. 1976,12(2):187 - 194.

[17]KOYAISARUCH L,HO K C,SO H C. Modified Taylor - series method for source and receiver localization using TDOA measurements with erroneous receiver positions [C]//Kobe: 2005 IEEE International Symposium on Circuits and Systems (ISCAS). Piscataway:IEEE,2005.

[18] MAO Z, SU H T, HE B, et al. Moving source localization in passive sensor network with location uncertainty[J]. IEEE Signal Processing Letters,2021,28: 823 - 827.

[19]黎新,虞亮. 神经网络辅助卡尔曼滤波技术在雷达目标跟踪中的应用研究[J]. 中国民航飞行学院学报,2009,20(6):3 - 6.

[20]SINHA A,KIRUBARAJAN T,BAR - SHALOM Y. Application of the Kalman - Levy filter for tracking maneuvering targets[J]. IEEE Transactions on Aerospace and Electronic Systems,2007,43(3):1099 - 1107.

[21]何子述,夏威. 现代数字信号处理及其应用[M]. 北京:清华大学出版社,2009.

[22]周宏仁,敬忠良,王培德. 机动目标跟踪[M]. 北京:国防工业出版社,1991.

[23]BIACKMAN S S. Multiple hypothesis tracking for multiple target tracking[J]. IEEE Transactions on Aerospace and Electronic Systems,2004,19(1):5 - 18.

缩 略 语

AFRL	Air Force Research Laboratory	美国空军研究实验室
AMTI	air moving target indication	空中运动目标指示
AOA	angle of arrival	到达角度
ARMSE	average root mean square error	平均均方根误差
CFAR	constant false alarm rate	恒虚警检测
CR	colocated radar	集中式雷达
CRLB	Cramer - Rao lower bound	克拉美 - 罗下界
CKF	cubature Kalman filter	立方卡尔曼滤波
DARPA	Defense Advanced Research Projects Agency	美国国防高级研究计划局
DCAR	distributed coherent aperture radar	分布式阵列相参合成雷达
DFR	Doppler frequency rate	多普勒调频率
DR	distributed radar	布式雷达
DP	dynamic programming	动态规划
DSA	distributed subarray antenna	分布式子阵天线
ENU	east north up	东北天
EKF	extended Kalman filter	扩展卡尔曼滤波
FOA	frequency of arrival	到达频率
FDOA	frequency difference of arrival	到达频率差
IC	interferometric cartwheel	干涉车轮
IMM	interacting multiple model	交互多模型
IP	interferometric pendulum	干涉钟摆
GEO	geosynchronous earth orbit	地球同步轨道
GDOP	geometric dilution of precision	几何精度因子

GMTI	ground moving target indication	地面运动目标指示
GPS	global positioning system	全球定位系统
GNSS	global navigation satellite system	全球导航卫星系统
LEO	low earth orbit	低轨道
LRB	likelihood ratio based	基于似然比
MEO	medium earth orbit	中轨道
MFAR	multi – function array radar	多功能相控阵雷达
MIMO	multiple – input multiple – output	多输入多输出
NGR	next generation radar	下一代雷达
RDOA	range difference of arrival	到达距离差
RMSE	root mean square error	均方根误差
RSS	received signal strength	接收信号强度
PF	particle filter	粒子滤波
PPS	pulse per second	秒脉冲
PRF	pulse repetition frequency	脉冲重复频率
PRI	pulse repetition interval	脉冲重复间隔
QPE	quadratic phase error	二次相位误差
RCS	radar cross section	雷达截面
SAR	synthetic aperture radar	合成孔径雷达
SBR	space based radar	天基雷达
SFT	sparse Fourier transform	稀疏傅里叶变换
SNR	signal noise ratio	信噪比
SR	symmetric resample	对称重采样
TBD	track before detect	检测前跟踪
TBD – PF	track before detect – particle filter	粒子滤波检测前跟踪
TCR	transmit – receive coherent radar	收发相参雷达
TDMA	time division multiple access	正交时分多址

TOA	time of arrival	到达时间
TDOA	time difference of arrival	到达时间差
TNR	transmit - receive noncoherent radar	收发非相参雷达
UAV	unmanned aerial vehicle	无人机
UKF	unscented Kalman filter	不敏感卡尔曼滤波
VHF	very high frequency	甚高频
WLSE	weighted least squares estimation	加权最小二乘估计

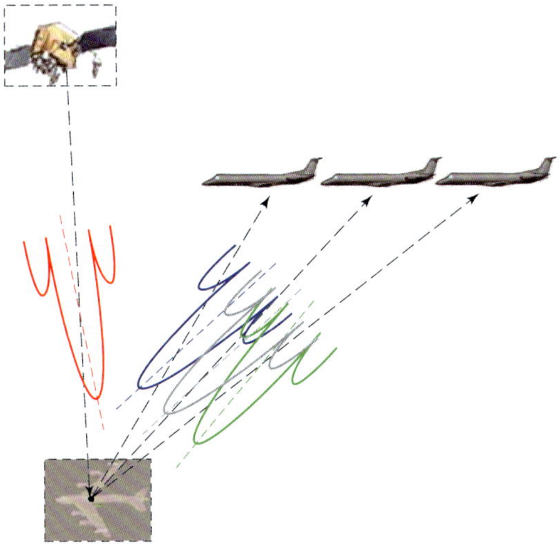

图 3-5　多雷达信号相参合成波束未对齐的示意图

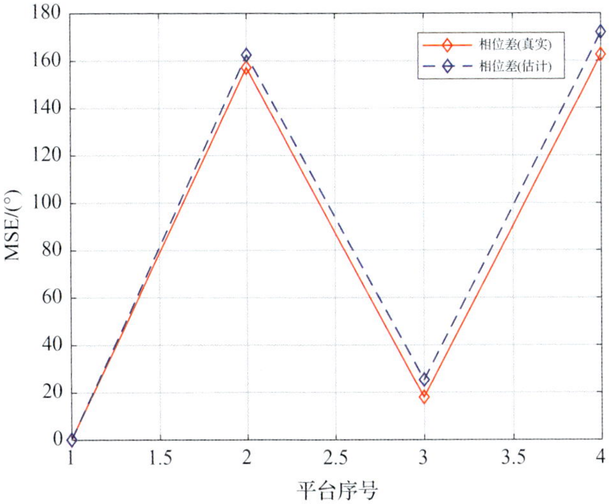

图 3-7　相对相位误差估计结果

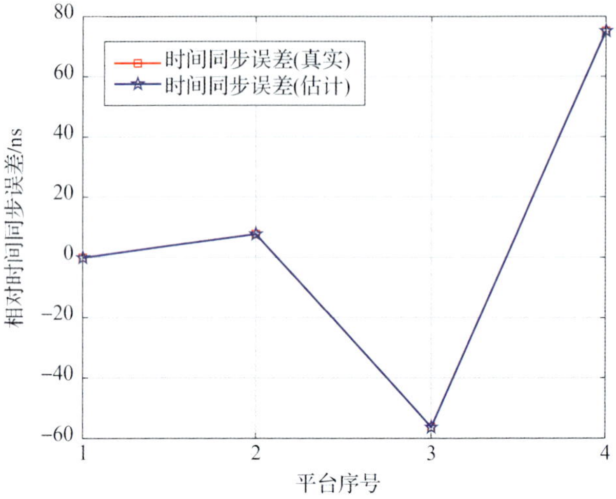

图 3－11　相对时间同步误差估计结果

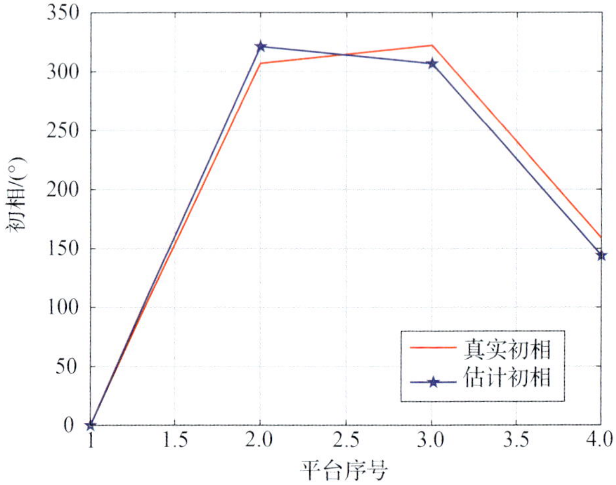

图 3－13　相对相位误差估计结果

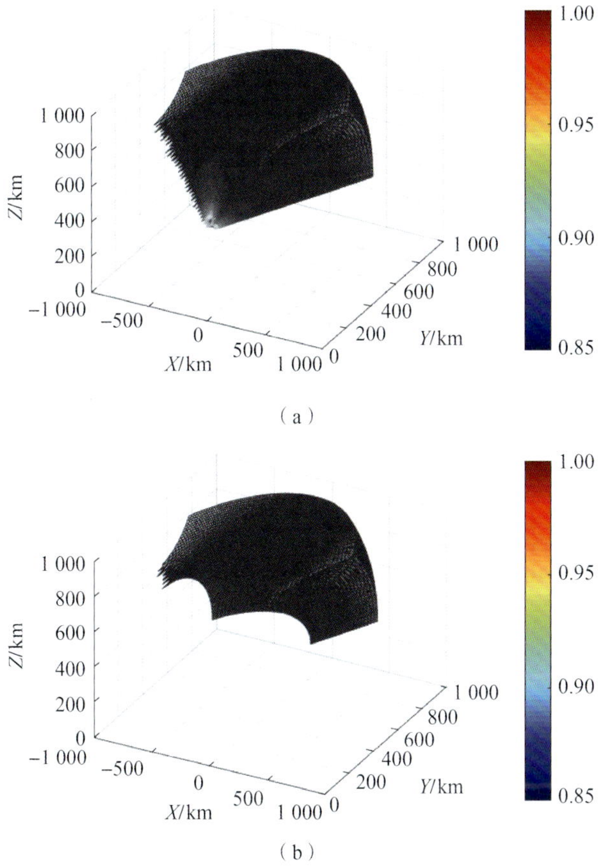

图 3－18　相参积累效率图

（a）理想条件下；（b）相参探测距离约束条件下

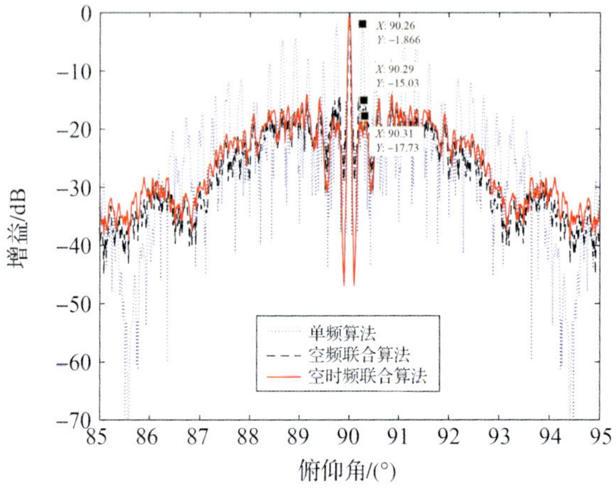

（a）

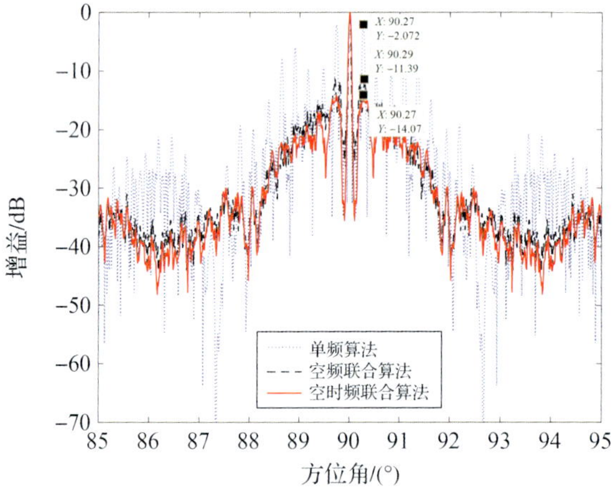

（b）

图 3-21　90°俯仰角，90°方位角波束指向条件下二维波束图

（a）俯仰波束图；（b）方位波束图

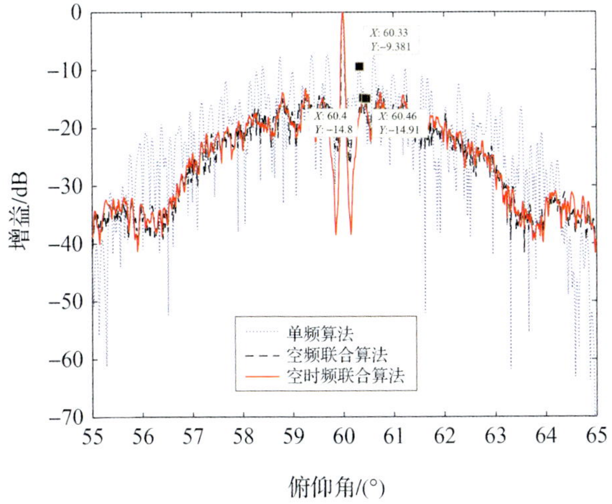

（a）

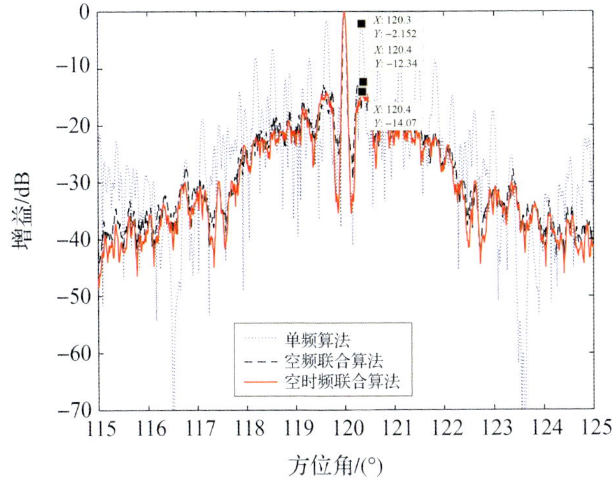

（b）

图 3-22　60°俯仰角，120°方位角波束指向条件下二维波束图

（a）俯仰波束图；（b）方位波束图

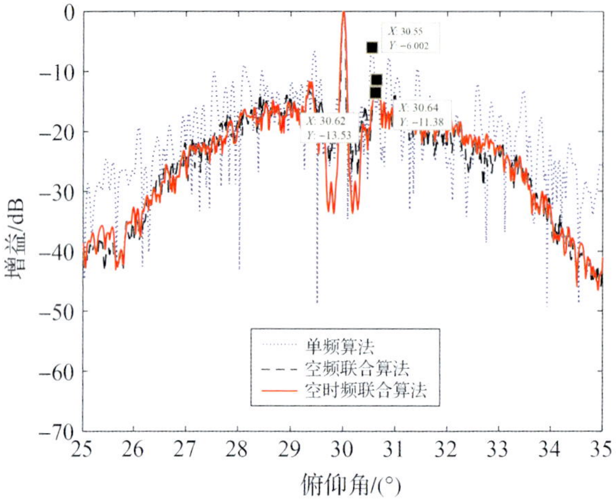

（a）

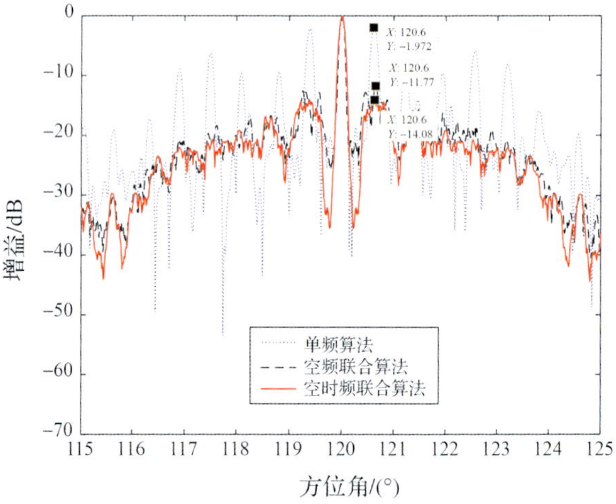

（b）

图 3-23　30°俯仰角，120°方位角波束指向条件下二维波束图

（a）俯仰波束图；（b）方位波束图

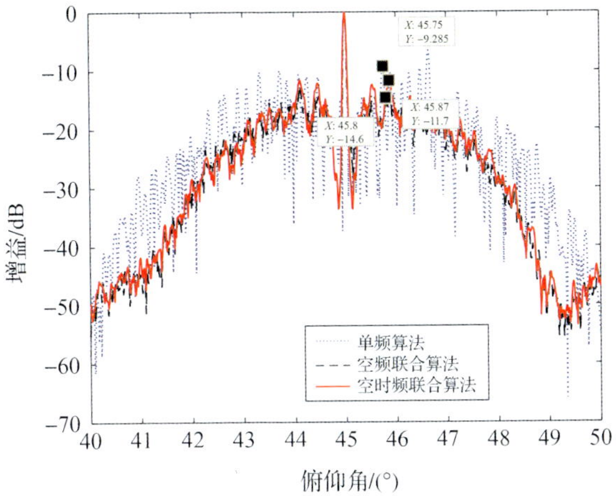

（a）

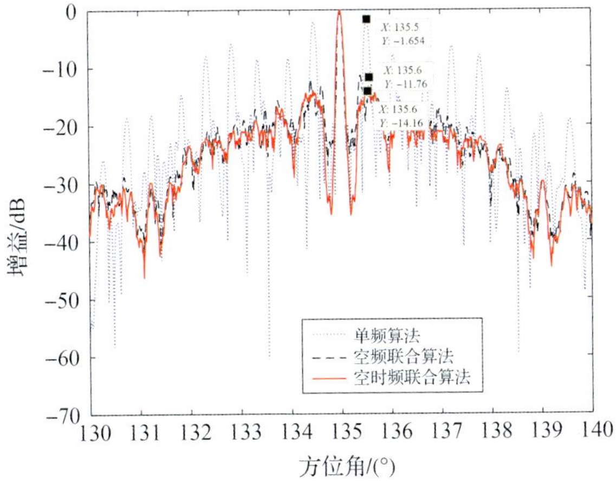

（b）

图 3-24　45°俯仰角，135°方位角波束指向条件下二维波束图

（a）俯仰波束图；（b）方位波束图

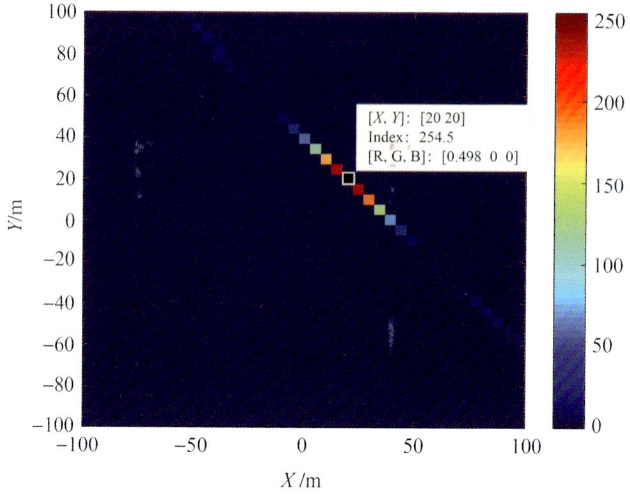

（a）

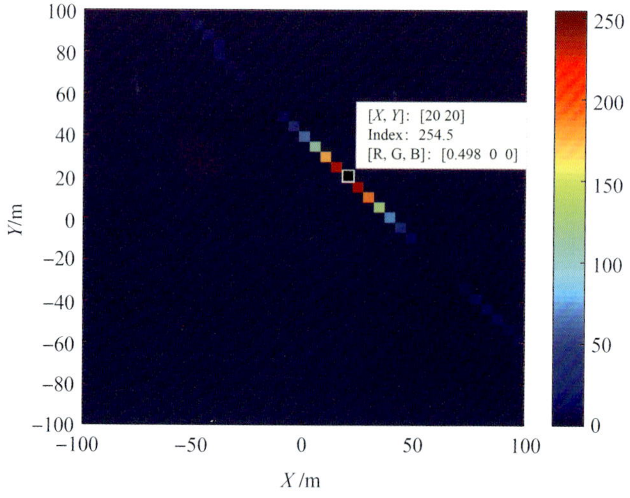

（b）

图 3－32　两种估计方法的目标定位结果

（a）全局－局域联合搜索；（b）基于 SFT

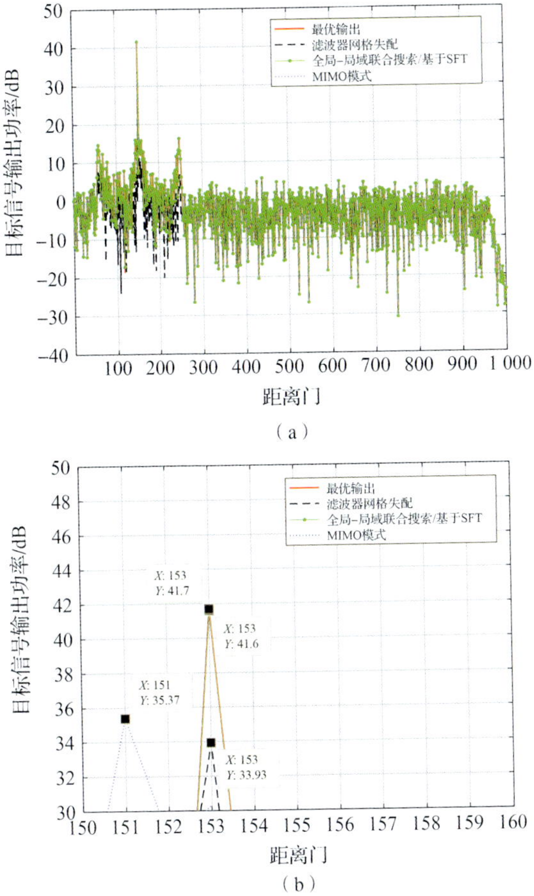

图 3－33 接收相参模式下目标信号相参合成比较

（a）目标信号输出功率比较；（b）局部放大结果

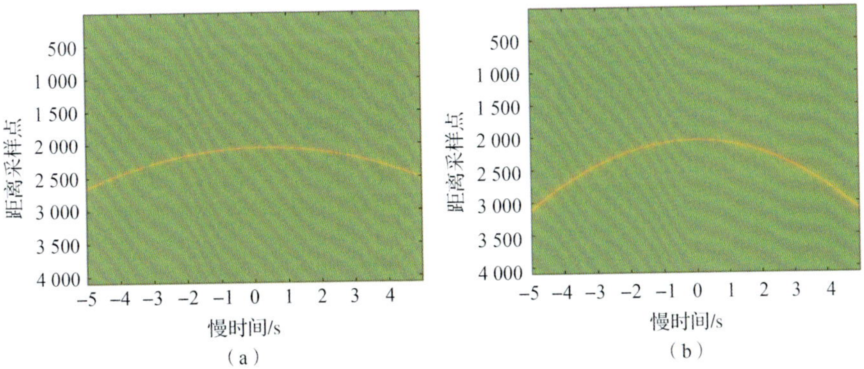

图 4－12 预补偿操作前后的对称 keystone 变换结果

（a）原始回波；（b）预补偿前的对称 keystone 变换结果

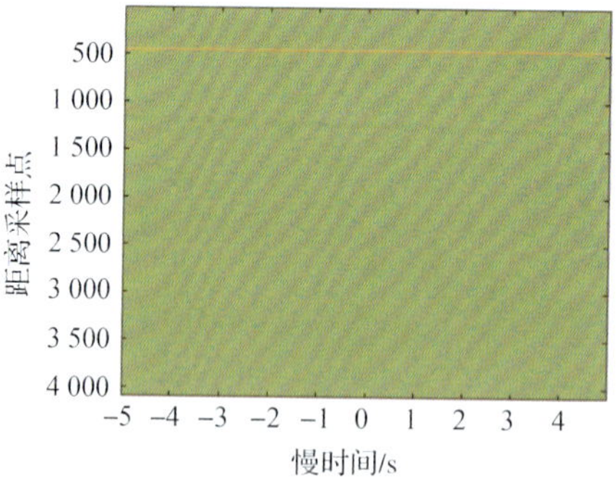

（c）

图 4－12 预补偿操作前后的对称 keystone 变换结果（续）

（c）预补偿后的对称 keystone 变换结果

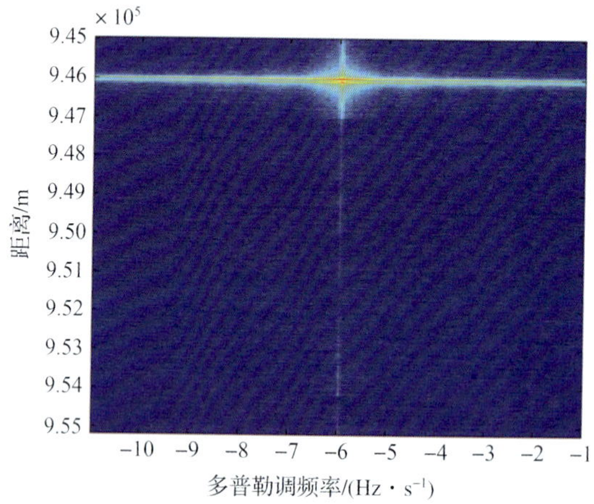

（a）

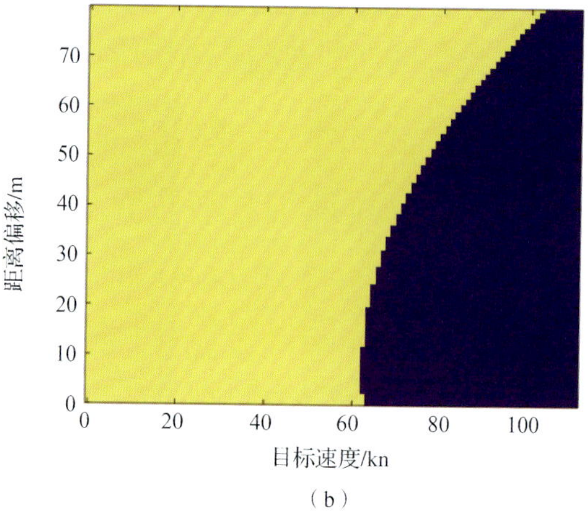

（b）

图 4－13 4 颗低轨卫星多源融合结果

（a）在距离－调频率域 （b）多普勒无模糊区间

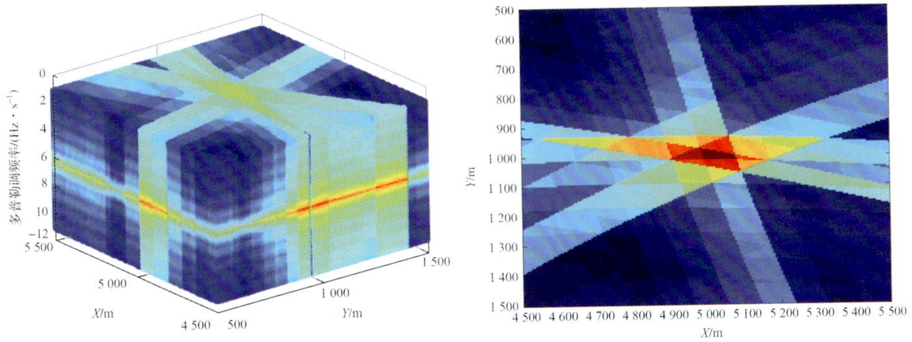

(a)　　　　　　　　　　　　　　　　(b)

图 4-16　目标多源融合处理结果

(a) 三维投影结果；(b) 二维目标信号融合结果

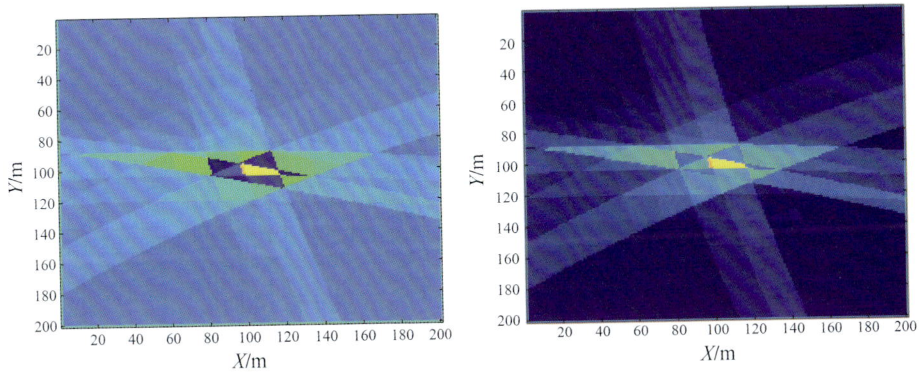

图 4-17　目标多源融合信号对应的中间变量图

(a) 滑窗对比度权重分布；(b) 场景指数型似然比

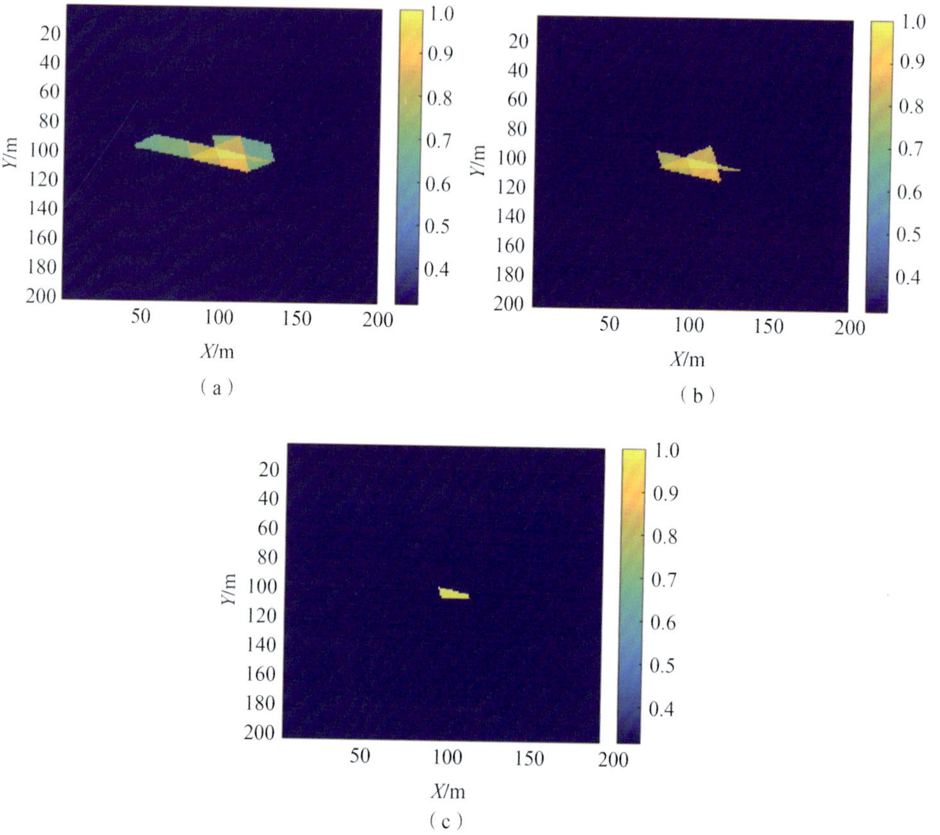

图 4－19 不同恒虚警检测融合算法检测结果

（a）基于 LRB 算法的单站检测；（b）基于 LRB 算法的多站检测；

（c）基于 LRWB 算法的多站检测

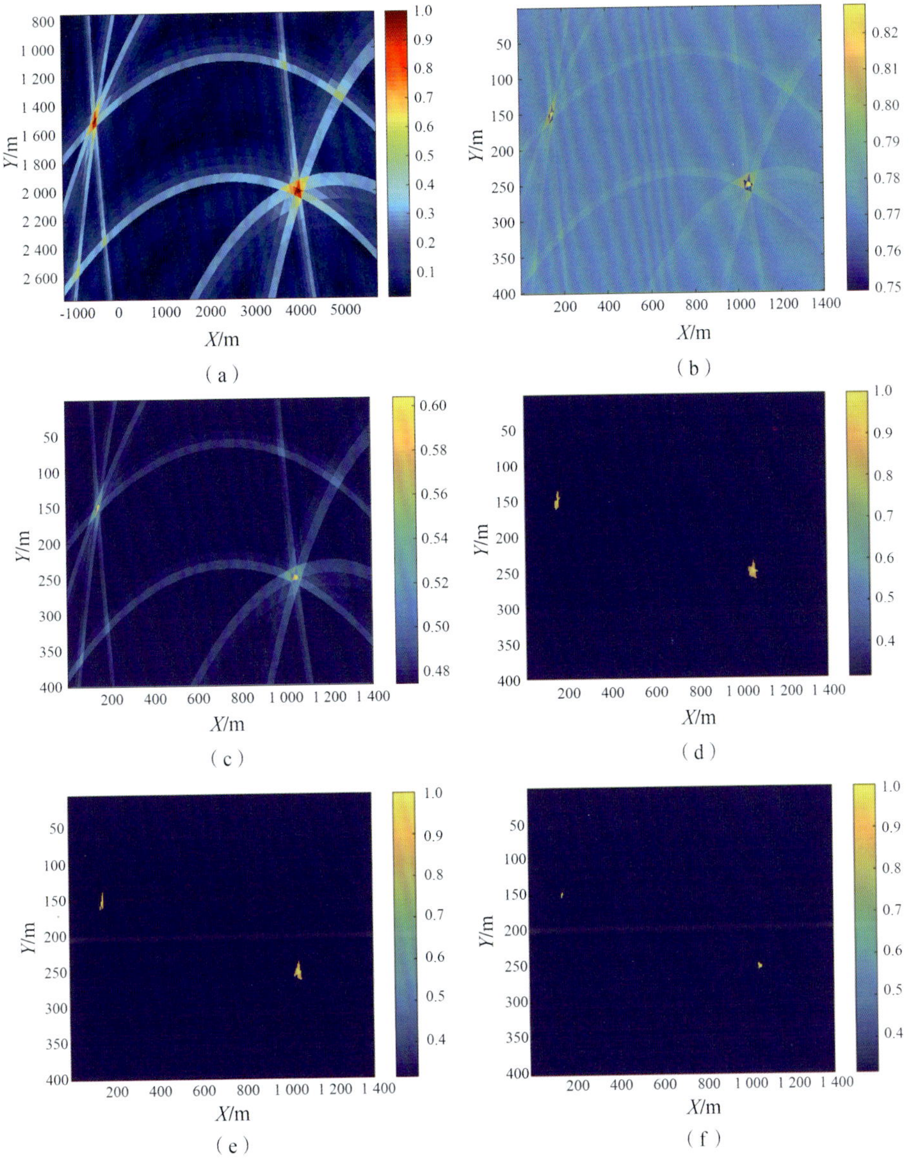

图 4-20　多目标场景多源融合处理结果

(a) 多源融合结果；(b) 滑窗对比度权重分布；(c) 场景指数型似然比；
(d) 基于 LRB 算法的单站检测；(e) 基于 LRB 算法的多站检测；
(f) 基于 LRWB 算法的多站检测

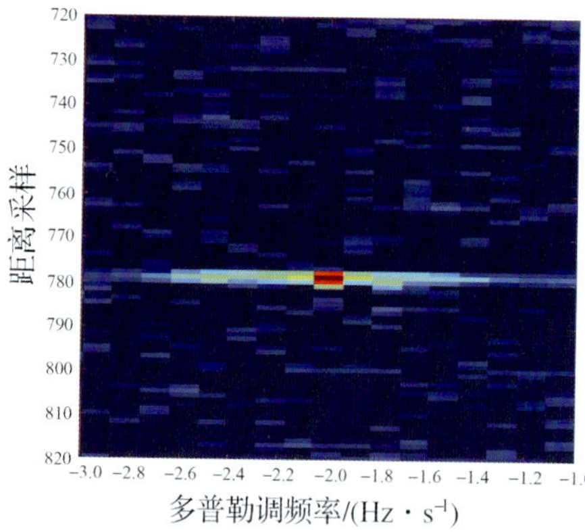

（a）

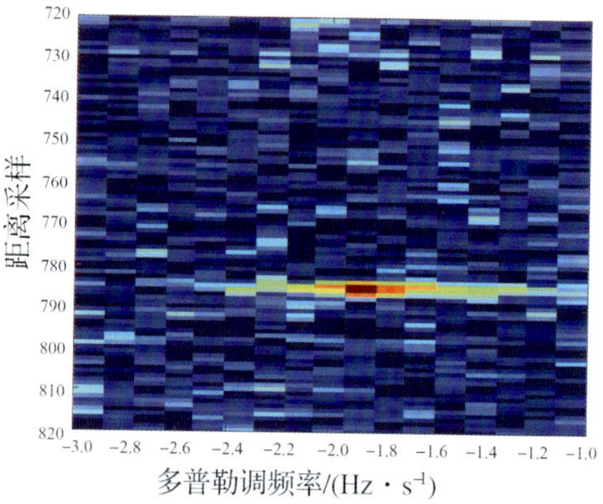

（b）

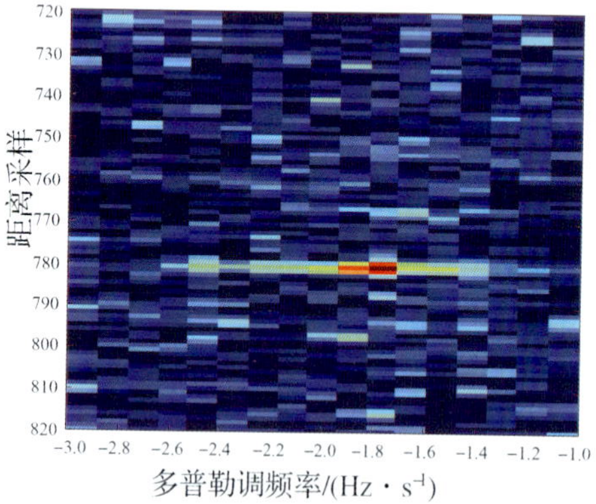

（c）

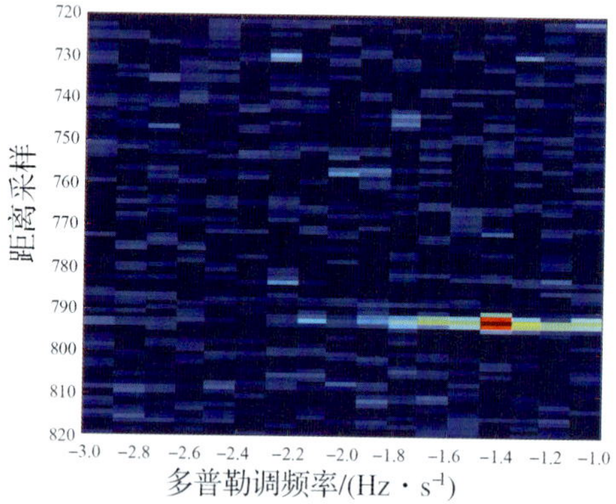

（d）

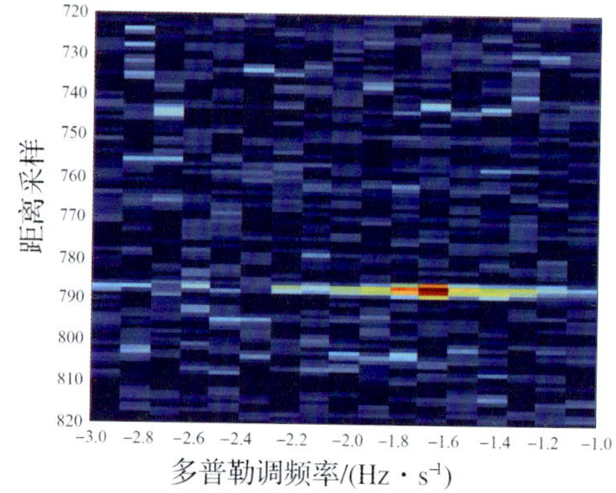

（e）

图 4－25　不同接收站的雷达回波信号

（a）接收站 1 的距离－多普勒调频率域图；（b）接收站 2 的距离－多普勒调频率域图；
（c）接收站 3 的距离－多普勒调频率域图；（d）接收站 4 的距离－多普勒调频率域图
（e）接收站 5 的距离－多普勒调频率域图

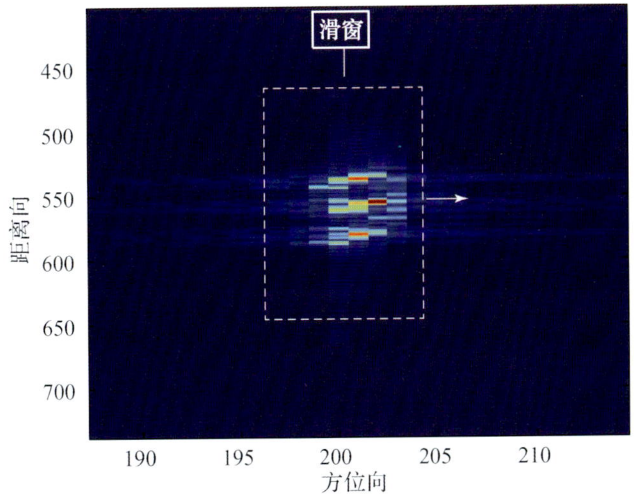

图 4－54　滑窗检测示意图